# 大学物理简明教程

金仲辉　申兵辉　主编



中国农业大学出版社

**主　编**　金仲辉　教授（中国农业大学）

申兵辉　副教授（中国农业大学）

**副主编**　彭仕政　教授（贵州大学）

柴丽娜　副教授（北京农学院）

徐晓洁　副教授（北京农学院）

曾庆军　副教授（长江大学）

# 前　　言

物理学研究自然界各种最基本的运动形态，它为自然界中的物质结构、物质的相互作用和运动规律提供了一幅丰富多彩、结构严谨的图画。人类自古至今的科学发展史雄辩地说明，物理学是一切自然科学、技术科学、生命科学乃至某些社会科学的基础，历史上的一些重要技术革命，社会生产力的每一次飞跃提高，无不以物理学的进展为先导。当前科学技术发展越来越呈现出各学科交叉与结合的特征，在这种学科交叉的大趋势中，最广泛和最具影响力的乃是与物理各学科的交叉与融合，而在生命科学日益成为科研热点的今天，物理学及其技术在农学的科研和技术发展中起着越来越重要的作用。

如何给非物理专业的学生，尤其是农科的学生讲授大学基础物理的课程，在农业院校中有不同的看法。一种看法是，既然讲授的对象是农学（和生物）的学生，讲授的内容乃至教材要与他们的专业相结合，简言之，物理课要为专业服务。另一种看法是，物理学是一切自然科学的基础，农科专业和理工科专业的学生一样，需要具备有关物理学知识的扎实基础；物理学中的一套最全面、最有效的科学方法以及物理学课程对学生科学素质所起的作用是其他课程无法替代的，这才是物理课程的主要目的。我们持后一种看法。实际上作为大学基础物理课程及其教材也是难以直接服务于专业的。一则我们的教师不够熟悉农学专业；二则即使对某一专业的某些方面有所了解，如果对此作较详细的介绍，也会喧宾夺主，冲淡大学基础物理的教学目的；三则农科有数十个专业，数十学时的物理课程及其教材何能做到都为它们服务，这是根本办不到的事情。当然，我们也主张在大学物理课程及其教材中，在可能的情况下举些物理学及其技术在农学中的应用实例，以此说明物理学也是农学的基础和提高学生学习物理学的兴趣，这对物理学教学无疑是有益的。

此外，学校的一些研究生和教师经常向我们物理教师请教他们在工作中遇到的一些问题。我们发现，这些问题并不涉及高深的物理学知识或物理学前沿问题，而往往是些物理学基础知识。这从一个侧面告诉我们，加强大学基础物理学教学是很重要的。

为了适应许多农、林院校物理学课程学时较少的状况，在本书编写过程中舍弃了大学基础物理学中的力学内容，对热学、电磁学、光学和量子物理基础中较深的内容也作了适当的删减。但对书中所涉及的物理概念、原理和规律，依然力求从现象、实验出发，着眼于物理内容的阐述和物理本质的揭示，希望能给读者留下清晰的物理图像。书中内容还包含了编者的一些相关研究成果。我们还对促进教材内容的现代化做了适当的努力，专门列出“物理专题”一章，它包含了原子能及其应用、激光、半导体物理基础和超导电性等内容，供读者选读。

本书共12章，每章后都附有一定数量的习题，这些习题基本上采用了《大学物理》(金仲辉主编，中国农业大学出版社2002年出版)中的习题。书后附有习题解答，供读者复习使用。

本书请北京大学博士生导师史謌教授审稿。她指出了原书稿中的一些疏失，并提出了中肯的意见和建议，基于这些建议所做的修改使本书生色不少。本书的第1章由北京农学院柴丽娜副教授执笔，第2章由北京农学院徐晓洁副教授执笔，第3章和第4章由贵州大学彭仕政教授执笔，第5章、第6章、第7章、第10章和第11章由中国农业大学申兵辉副教授执笔，第12章由长江大学曾庆军副教授执笔，绪论、第8章和第9章由中国农业大学金仲辉教授执笔。申兵辉副教授和金仲辉教授负责全书的统稿。书中难免有疏漏和错误之处，请读者不吝指正。

本书可供高等农、林、牧、水院校中农科各专业及水产、林业、畜牧、兽医等专业使用。

# 目　录

# 绪　论

物理学研究自然界中各种最基本的运动形态及其规律，为自然界的物质结构、物质的相互作用和运动规律提供了一幅幅绚丽多彩、结构严谨的图画。物理学作为一门独立的学科是从经典力学开始的。在经典力学时代，物理学最基本、最终极的追求和目标是自然界的统一，时至今日它依然是物理学发展的主线，指引着人类执着地寻找支配宇宙万物的最基本、最统一的规律。今天的物理学，大体上仍沿着牛顿所开创的研究途径，寻找统一的力，或统一的相互作用。因此，几乎所有基本的物理理论都称为某种力学，如牛顿力学、电动力学、色动力学等等。每一种新的力学的确立，都标志着人们在追求统一的过程中达到了一个新的水平。

物理学发展史上第一次大的统一是牛顿力学和万有引力定律。牛顿(I. Newton)通过研究发现，天体的运动和地面落体运动遵从相同的规律，它们都是由引力引起的。这样，牛顿用他的力学打破了天界和世俗的界限，找到了两个世界的统一，牛顿称引力为万有引力，就是强调这种统一。19 世纪 60 年代，麦克斯韦(J. C. Maxwell)完成了物理学第二次大的统一，他所建立的电磁理论，将电、磁和光学现象统一起来，这就是电动力学。20 世纪初，爱因斯坦(A. Einstein)摒弃了绝对时空观，提出了狭义相对论，使电磁学和力学在新时空观的基础上达到了协调和统一。爱因斯坦还曾企图把引力和电磁力二者统一起来，但他的努力没有成功。然而，他却找到了能与麦克斯韦电磁理论相协调的引力理论——广义相对论，广义相对论和麦克斯韦电磁理论构成了我们今天称为经典物理的理论基础。

与经典物理相对应的是量子论。量子力学最初是作为原子、分子的统一的力学而发展起来的，这种新的力学在解释微观粒子的许多现象(如光谱、元素周期表和分子键合等)时取得了极大的成功，但用于电磁场时遇到了困难，这本质上是由于电磁场是相对论性的。直到 20 世纪 40 年代末，发展了重整化方法解决了上述的困难，使量子论与电磁理论得到了统一，产生了量子电动力学。

自然界物质间的相互作用表现形式繁多，但可以归结为 4 种基本相互作用，按它们的强度顺序排列是：强相互作用、电磁相互作用、弱相互作用和引力相互作用。表 0-1 列出了 4 种基本相互作用的特点。这 4 种相互作用在粒子之间都是存在的，但它们的强度和力程相差十分悬殊。此外，还可根据基本粒子的反应和转化过程的快慢来表征相互作用的强弱，相互作用越强，作用时间越短；4 种基本相互作用都是通过交换某些规范粒子来实现相互作用的。

**表 0-1　4 种基本相互作用的特点**

| 相互作用类型 | 强度* | 力程/m | 作用时间/s | 传递媒介粒子 | 举　例 |
| --- | --- | --- | --- | --- | --- |
| 强 | 1 | $\leqslant 10^{-15}$ | $10^{-23}$ | 介子和胶子 | 核力 |
| 电磁 | $10^{-2}$ | $\infty$ | $10^{-21} \sim 10^{-15}$ | 光子 | 原子核和电子 |
| 弱 | $10^{-13}$ | $<10^{-17}$ | $>10^{-10}$ | $W^{\pm}$、$Z^0$ | β衰变 |
| 引力 | $10^{-39}$ | $\infty$ | | 引力子 | 天体 |

* 在距源 $10^{-15}$ m 处，该相互作用相对于强相互作用的相对强度。

1967 年温伯格（S. Weinberg）和萨拉姆（A. Salam）先后成功地提出了电磁相互作用和弱相互作用的统一理论，这一成功，促使许多人努力地去寻找电磁相互作用、弱相互作用和强相互作用的统一理论，通常称为“大统一理论”。这种统一理论已取得一些积极成果和令人感兴趣的预言，但也存在一些严重的困难和问题。20 世纪 80 年代有人提出超引力理论和超弦理论，试图将 4 种基本相互作用统一起来，目前还没有得到有实际意义的结果。引力虽然是物理学最早讨论的一种基本相互作用，但由于引力有一系列很特别的性质（例如这种力只有引力却无斥力），它与其他力的统一最难。建立一种支配宇宙万物的最基本的统一理论的目标将继续鼓舞人们不断深入地顽强探索自然的奥秘。

自然界中所有的物理对象可以分为两大类，一类就是上述的“4 种基本相互作用”；另一类是“物质”。人类对物质结构的认识是不断深化的。公元前 4 世纪我国哲学家墨翟和希腊哲学家德莫利特（Democritus）都曾提出，物质的构成有一个最小的单位，这就是古代朴素的原子论；1810 年英国自学成才的化学家道尔顿（J. Dalton）创立了原子论，认为一切元素都由微小的原子量相同的不可分割的粒子（原子）组成。1897 年汤姆孙（J. J. Thomson）在研究阴极射线过程中发现了电子；1911 年卢瑟福（E. Rutherford）由 α 粒子散射实验结果提出了原子的有核模型；1932 年查德威克（J. Chadwick）用钋源和威尔逊云室做了大量实验，发现了卢瑟福所预言的中子；不久，海森伯（W. K. Heisenberg）就提出原子核是由质子和中子构成的主张。

此后，人们从宇宙射线和加速器实验中发现了更多的粒子，至今发现的粒子已多达 700 余种，其中绝大多数是强子。强子分为介子和重子，重子又分为核子（中子和质子）和各种超子。除了强子一类粒子外，还有轻子，轻子总共有 6 种，即电子、$\mu$ 子、$\tau$ 子、电子中微子、$\mu$ 中微子、$\tau$ 中微子和它们的反粒子。高能碰撞实验表明，强子和轻子的区别之一是强子一类的粒子具有一定的大小并有内部结构。例如，以高能电子轰击质子，发现质子的电荷有一定的分布，其半径约为 $0.7\times10^{-15}$ m；中子虽然整体上是中性的，但其内部仍有电荷分布（大体上内部和外部带正电，中部带负电），分布半径约为 $0.8\times10^{-15}$ m。而对轻子，尚未观测到它们的内部结构，仍然可以把它们当作点粒子来看待。由此可见，原来称之为基本粒子的强子和轻子并不属于同一层次，因而，如今将基本粒子改称为粒子。

由于强子有内部结构，从 20 世纪 50 年代中期开始出现了多种有关强子结构的模型，其中以 1964 年盖尔曼（M. Gell-Mann）提出的"夸克模型"最为人们接受。此后又有许多物理学家不断完善这个模型。夸克模型认为所有的强子都可用 6 种基本夸克中的几个组成。这 6 种夸克是 u（上夸克）、d（下夸克）、s（奇异夸克）、c（粲夸克）、b（底夸克）和 t（顶夸克），称为夸克的"味"。质子是由 2 个上夸克和 1 个下夸克组成，即 p≡(uud)，而中子 n≡(ddu)。为了确保泡利不相容原理始终得到满足，又引入夸克的"色"，每一味夸克都有三色（这里的三色借用红、黄、蓝三基色）。总之，夸克有六"味"，每"味"有红、黄、蓝三"色"，再加上它们的反粒子，即反夸克，共有 36 种。夸克最大的特点之一是所谓的"夸克禁闭"，即在平常条件下无法把夸克从它们的束缚态中释放出来，至今所有试图产生和发现自由夸克的实验都未成功。值得一提的是，美籍华人物理学家丁肇中和美国物理学家里克特（B. Richter）于 1974 年各自独立发现 J/ψ 粒子，从而证实了粲夸克的存在，于 1976 年荣获诺贝尔物理学奖。

原子是由电子、中子和质子组成。今天我们知道，它们可以形成 111 种原子和 1 300 多种同位素。原子可以组成品种繁多的分子，人们至今还在实验室里制造新的分子。有些分子只有几个原子，而蛋白质、酶和核酸（DNA 和 RNA）等的分子却可以包含几百个乃至几十亿个原子。例如果蝇巨染色体天然 DNA 分子，长度可达 4 cm，而直径仅 2 nm。

分子聚集起来就形成一个五彩缤纷、复杂多变的物质世界。它们具有气态、液态、固态和等离子态 4 种状态。根据宇宙大爆炸理论，整个宇宙起源于 150 亿年前的一次大爆炸。在最简单的大爆炸理论中，在每个 $10^{-34}$ s 间隔内宇宙尺度就扩大 1 倍，那么在 100 个如此小的时间间隔后，一个原子核大小的区域就会扩大到大约 1 光年的直径！宇宙诞生的初期温度是很高的，刚爆炸瞬间温度为 $10^{28}$ K，1 s 后各处的温度约为 $10^{10}$ K，这样的温度对现有的原子核合成来说是太高了，那时物质犹如一锅粒子（诸如质子、中子和电子）汤。随着宇宙的迅速膨胀，温度逐渐下降，在大爆炸后约 3 min 时，宇宙的温度降到 $10^{9}$ K，这时中子开始失去自由存在的条件，它要么衰变，要么与质子合成氦核，大约有 1/4 物质的质量聚合成氦核，余下没有聚合的质子自然就成了氢核。又过了几十万年，宇宙的温度降到 3 000 K 以下，电子与原子核结合成稳定的原子，它们组成的气体由于万有引力的作用而形成气团，最后凝聚为今天宇宙里的恒星和星系。

还需要指出的是，从物理学研究对象的线度、时间间隔和质量来看，它们跨越的幅度是很大的。拿线度来说，质子的半径约为 $10^{-15}$ m，而可探测宇宙的边缘为 $10^{26}$ m，二者跨越 42 个数量级；时间间隔可跨越 65 个数量级，$Z^0$ 和 $W^{\pm}$ 粒子的寿命为 $10^{-25}$ s，而质子寿命为 $10^{39}$ s；质量跨越了 84 个数量级，电子的质量为 $10^{-30}$ kg，现在所知宇宙的总质量为 $10^{53}$ kg。

我们经常把具有原子尺度的研究对象称为微观系统，而 1 m 上下几个数量级范围的研究对象称为宏观系统，所以宏观系统比微观线度大了 8 个数量级左右，按体积计算，则大 $10^{24}$ 倍。一般来说，在非相对论情况下，宏观系统可用经典力学来处理，而微观系统需要用量子力学来处理。但是量子力学可以证明，对那些能量比较大且处于比较缓慢变化力场中的微观粒子，仍然可用经典力学来描述它们的运动。所以，笼统地说“经典力学不适用微观粒子”是不妥的。例如，讨论显像管内电子运动的轨迹，依然可用经典力学，而讨论原子中电子的运动就需要用量子力学来处理了。再如，在低温下超导体（宏观系统）呈现出磁感应通量的量子化。英国物理学家伦敦（F. London）说“超导电性是在宏观尺度上量子力学的表现”。

20 世纪 80 年代以来，人们对线度在 0.1～100 nm 的样品进行研究时，发现它们具有许多特殊性质。这些特殊性质已引起广大科学家的浓厚兴趣，并投以很大的精力进行研究。我们将呈现出微观特征的具有上述样品尺寸的系统称为介观系统。研究介观系统行为的介观物理学已发展成物理学中一个新分支。介观物理学的发展导致纳米技术的产生。由于纳米材料具有许多奇异特性，它们可在许多学科和技术领域里得到应用，产生新的交叉学科，纳米生物学就是其中之一。不难预见，纳米技术将在 21 世纪得到蓬勃发展。

随着科学的发展，物理学和其他学科的相互渗透产生了一系列的交叉学科，例如化学物理、生物物理、地球物理、海洋物理、天体物理等等。宇宙的结构和演化与粒子物理学之间的密切关系鲜明地表达了这一相互渗透过程。在物理学基础性研究过程中形成和发展出来的基本概念、基本理论、基本实验手段和精密的测试方法已成为许多学科的重要组成部分，并产生了良好的效果。这对于许多学科，包括农业科学都是如此。

# 第 1 章　流体力学

流体力学主要研究在各种力的作用下，流体本身的状态以及流体和固体壁面、流体和流体之间的相互作用的力学分支。按研究对象的运动方式分为流体静力学和流体动力学。

流体的运动取决于组成流体的每个分子的运动。由于分子运动的复杂性，不可能求解每个分子的运动，事实上也没有必要这样做。从宏观角度来看，流体是由无数流体元连续组成的。所谓流体元，指的是这样的一小块流体，它的大小与放置在流体中的实物相比较是微不足道的，但比分子的平均自由程却要大得多；它包含足够多的分子，能施行统计平均求出宏观参量，少数分子出入于流体元不会影响稳定的平均值。流体分子的物理量（质量、速度、动量和能量）经过统计平均后变成了流体元的质量、速度、压力和温度等宏观物理量；分子质量、动量和能量等输运过程，经过统计平均后表现为扩散、黏滞性等宏观性质。将流体看成是连续的假设称为连续介质假设。有了此假设才能把一个微观问题转化成宏观问题，且数学上容易处理。实验表明在一般情况下这个假设总是成立的。

流体力学在水利工程学、空气动力学、气象学、气体和液体输运、动物血液循环和植物液汁输运等科研技术领域有着广泛的应用。

## 1.1　流体静力学

### 1.1.1　静止流体内应力的特点　压强

物体内各个部分之间存在着相互作用，为了描述这种相互作用，引入应力这个物理量。在物体内通过一个点作一截面 $\Delta S$，截面两侧物体以力 $\Delta\boldsymbol{F}$ 通过面积 $\Delta S$ 相互作用，当 $\Delta S$ 以任何方式趋于零时，取 $\Delta\boldsymbol{F}$ 与 $\Delta S$ 比值的极限，定义为物体内在该点通过 $\Delta S$ 的应力，用 $\boldsymbol{\tau}$ 表示，即

$$\boldsymbol{\tau}=\lim_{\Delta S\to 0}\frac{\Delta\boldsymbol{F}}{\Delta S} \tag{1.1}$$

应力是一个矢量，它的方向与力 $\Delta\boldsymbol{F}$ 的方向相同。当谈及应力时，不仅必须指出物

体内点的位置，还必须指出所取截面 $\Delta S$ 的方位和相互作用力 $\Delta \boldsymbol{F}$ 的方向。

对于静止的流体，描述其内部一点的应力时，只需要应力大小就够了，不需要指明 $\Delta S$ 的方位和力的方向。这是因为静止流体内部的应力有如下两个特点：

(1)静止流体由于不能承受切向力，所以其内任一点通过任一截面的应力的方向和所取的截面垂直，即 $\Delta \boldsymbol{F}$ 垂直于 $\Delta S$。因此，静止流体对容器的静压力恒垂直于器壁，流体内部任一假想平面两侧的流体之间的作用力垂直于该平面。

(2)静止流体内同一点通过不同方位的截面的应力总是相等的，即 $\Delta \boldsymbol{F}$ 的大小与 $\Delta S$ 的方位无关。

基于以上特点，我们定义静止流体内部应力的大小为压强，它是一个标量，用 $p$ 表示，即

$$p=\lim_{\Delta S\to 0}\frac{\Delta F}{\Delta S} \tag{1.2}$$

式中：$\Delta S$ 是通过流体内一点任意方位的面元，$\Delta F$ 是截面两侧流体相互作用力的大小。

上述静止流体的两个特点是相关的，由第一个特点可以导出第二个特点。现推导如下。

在静止流体中，围绕某一点隔离出一个微小的三棱直角柱体，柱体横截面两直角边的长分别为 $\Delta x$ 和 $\Delta y$，斜边长为 $\Delta n$，另一边沿 $z$ 轴，长为 $\Delta z$，如图 1-1 所示。现在来分析柱体在 $Oxy$ 平面内的受力情况。根据静止流体的第一个特点，柱体外其他流体通过侧面 $\Delta x\Delta z$，$\Delta y\Delta z$ 和 $\Delta n\Delta z$ 作用于该柱体的力 $\Delta \boldsymbol{F}_x$，$\Delta \boldsymbol{F}_y$ 和 $\Delta \boldsymbol{F}_n$ 垂直于各个侧面，并指向柱体内部，如图 1-2 所示。其中 $\Delta F_x=p_x\Delta y\Delta z$，$\Delta F_y=p_y\Delta x\Delta z$，$\Delta F_n=p_n\Delta n\Delta z$，$p_x$、$p_y$ 和 $p_n$ 分别表示 3 个侧面处的压强。图中 $\Delta mg$ 为柱体所受的重力。由于柱体可以任意小，在这里重力作为三级小量($\Delta mg=\rho\Delta x\Delta y\Delta z g$)，比起侧面所受的力(二级小量)可忽略不计。力的平衡条件为

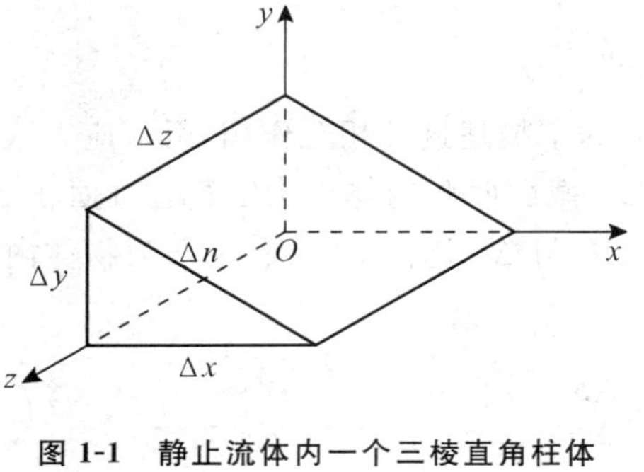


**图 1-1　静止流体内一个三棱直角柱体**

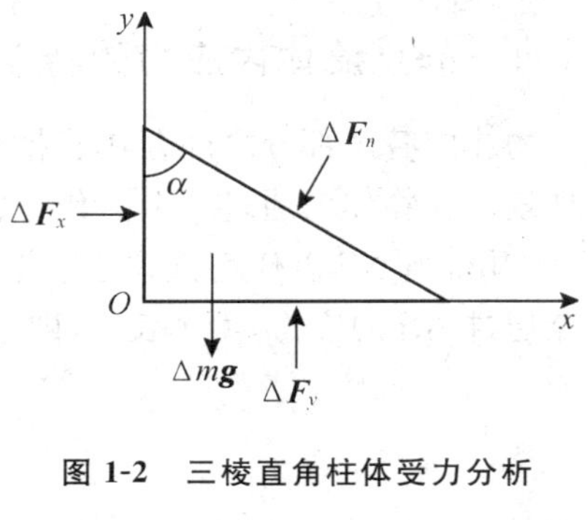


**图 1-2　三棱直角柱体受力分析**

$$\left.\begin{aligned} p_x\Delta y\Delta z - p_n\Delta n\Delta z\cos\alpha = 0 \\ p_y\Delta x\Delta z - p_n\Delta n\Delta z\sin\alpha = 0 \end{aligned}\right\} \tag{1.3}$$

从图中几何关系可以看出，$\Delta y=\Delta n\cos\alpha$，$\Delta x=\Delta n\sin\alpha$，于是有

$$p_x = p_y = p_n$$

若隔离出来的柱体的截面位于 $y$-$z$ 平面，用同样方法可以证明

$$p_y = p_z = p_n$$

因此有

$$p_x = p_y = p_z = p_n \tag{1.4}$$

式(1.4)表明，静止流体内任一点处应力大小与方向无关，这正是静止流体应力的第二个特点。

在国际单位制中，压强的单位为“帕斯卡”(帕)，记作 Pa。$1\ \text{Pa}=1\ \text{N}\cdot\text{m}^{-2}$。它与压强的另一单位大气压(atm)的换算关系为 $1\ \text{atm}=1.013\,250\times10^5\ \text{Pa}$。

### 1.1.2 静止流体内两点的压强差

在实际应用中，我们往往更注重流体内两点之间的压强差。下面推导静止流体内部任意两点压强之间的关系。

1. 同一高度处的压强

设静止流体内有两点 $A$ 和 $B$，它们处于同一高度。以 $AB$ 为轴线作一微小圆柱体，其横截面积为 $\Delta S$，如图 1-3 所示。现在我们分析小圆柱体的受力情况。由于小柱体是静止的，所以它所受合外力为零。在水平方向力的平衡方程为

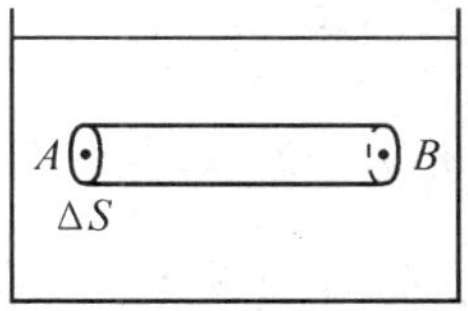

图 1-3 静止流体内同一高度压强相等

$$p_A\Delta S - p_B\Delta S = 0$$

式中 $p_A$ 和 $p_B$ 分别表示 $A$ 和 $B$ 两点的压强。由此可得

$$p_A = p_B$$

即同一高度处的压强相等。

2. 不同高度两点的压强差

设 $B$ 和 $C$ 两点位于静止流体内同一铅垂线上。以 $BC$ 为轴作高为 $h$ 的一微小圆柱体，其横截面积为 $\Delta S$，如图 1-4 所示。由于小柱体是静止的，所以作用于其上

的合外力为零。竖直方向上小柱体受到3个力的作用：向下的重力 $\Delta mg$，作用于上端面竖直向下的力 $p_B\Delta S$ 和其他流体作用于下端面的向上的力 $p_C\Delta S$。因此，沿竖直方向力的平衡条件为

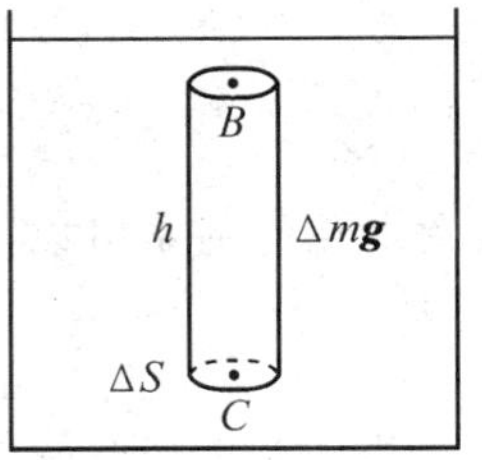

图 1-4 静止流体内不同高度的压强差

$$p_B\Delta S+\Delta mg-p_C\Delta S=0$$

对于液体，其密度随高度的变化很小，可忽略不计；对于气体，在 $h$ 不是很大的情况下也可认为其密度为常量。所以有 $\Delta m=\rho h\Delta S$，代入上式可得

$$p_C-p_B=\rho gh \tag{1.5}$$

即静止流体内的压强随深度的增加线性增大。

若流体表面的压强为 $p_0$，则流体内深度为 $h$ 处的压强为

$$p=p_0+\rho gh \tag{1.6}$$

式(1.6)表明，流体内任一点的压强包括两部分：一部分是流体表面的压强 $p_0$，另一部分是由深度引起的压强改变 $\rho gh$。流体表面上压强的变化会引起流体内各处压强的同样变化。这种压强在流体中传递的规律就是帕斯卡原理。水压机和液压传动装置的设计都是建立在帕斯卡原理基础上的。

对于气体，当密度随高度按 $\rho(z)$ 变化时，式(1.5)应该用下面的公式取代：

$$p_C-p_B=\int_0^h\rho(z)g\mathrm{d}z \tag{1.7}$$

## 1.2 理想流体的定常流动

### 1.2.1 理想流体

除流动性以外，流体还有可压缩性。不同流体在相同条件下的可压缩程度不同，气体很容易被压缩，而液体则很难被压缩。例如，水在增加1 000个大气压(约 $1.013\times10^8$ Pa)时，它的体积只减少5%左右。所以在大多数的情况下，液体的可压缩性可以忽略。虽说气体有明显的可压缩性，但是它的流动性极好，只要很小的压强差就会使气体迅速流动起来。因此在我们所研究的问题中，若压强差引起的气体密度变化不大时，可压缩性是可以忽略的。

流体的另一性质是黏滞性。实际流体流动时，相邻流层之间存在着沿分界面

切向的摩擦力，阻碍流层间的相对运动，流速大的流层对流速较小的流层施于与速度同向的拉力，流速小的流层对流速较大的流层施于与速度反向的阻力，这种力称为内摩擦力或黏滞力。流体具有的这种性质称为黏滞性。不同流体的黏滞性不同，如常温下油的黏滞性较大，水和酒精的黏滞性很小，而气体的黏滞性更小。若研究黏滞性较小的流体在小范围内运动时，可忽略其黏滞性。

综上所述，虽然流体的流动是比较复杂的，但在很多问题中，流体的可压缩性和黏滞性是可以忽略的次要因素。为了讨论问题方便，引入流体的理想模型——理想流体的概念。

所谓理想流体是指完全不可压缩的、没有黏滞性的流体。显然理想流体是不存在的，但若找出了理想流体的运动规律，就可在此基础上讨论实际流体的流动规律。

理想流体内不存在内摩擦力，使它在流动过程中内部不存在与流速方向平行的切向力，所以根据上节的讨论，它内部的应力仍有静止流体内部应力的两个特点。

### 1.2.2　定常流动　流线和流管

流体流经的空间称为流场。流体可看作由大量流体元组成的连续体。一般情况下，流体在空间各点的流动速度不同，且随时间变化。流速场可以表示为

$$\boldsymbol{v}=\boldsymbol{v}(x,y,z,t)$$

如果流体流经空间各点的速度不随时间变化，即速度场仅是空间坐标的函数：

$$\boldsymbol{v}=\boldsymbol{v}(x,y,z)$$

这样的流动叫做定常流动。在定常流动中，流体质元在不同地点的速度可以各不相同，但不同质元流经同一点时的速度都相同。

为了形象地描述流体的流动情况，引入流线的概念。在流体中作一系列曲线，使这些曲线上任一点的切线方向都和流体质元经过该点的速度方向一致，这样的曲线就叫做流线，如图 1-5 所示。流体作定常流动时，流线的形状保持不变，与流体质元运动的轨迹相重合。

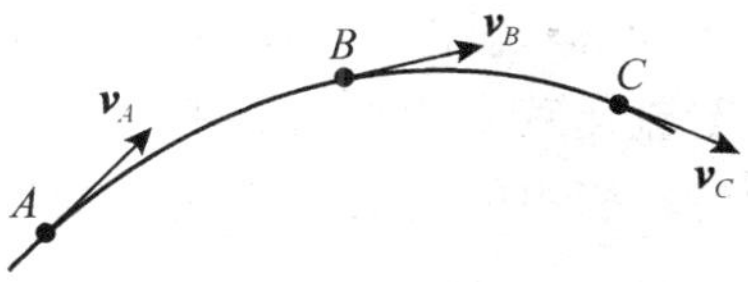


图 1-5　流线

由流线围成的管子称为流管。流体在定常流动中，流线不随时间变化，所以流管也不随时间变化。由于流体中任一流体质元运动都有确定的方向，所以流线永

不相交。即流管中的流体只在管中流动，不能流出管外；管外的流体也不能流入管内。在研究流体运动时，常常将流体划分成多个流管，只要掌握流体在流管内的运动规律，就可以了解流体的运动规律。

### 1.2.3 连续性方程

图 1-6 表示在流体中的一根流管，假设它足够细，以致于在与流速方向垂直的两个端面上各点流速均相等。设其两端面的横截面积分别为 $S_1$ 和 $S_2$，两截面处流体的流速分别为 $v_1$ 和 $v_2$。理想流体在定常流动中流管是静止不动的，且流体内各点的密度也不随时间改变，所以单位时间流过两截面的流体体积是相等的。即

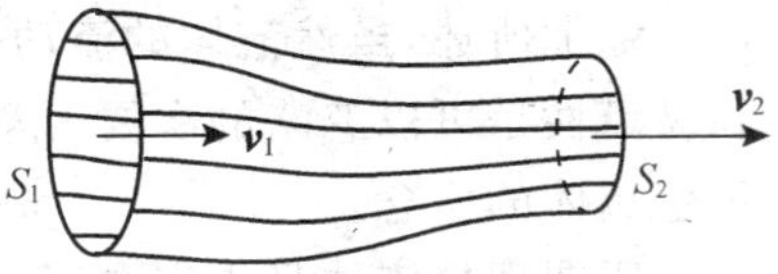

图 1-6 流管的连续性方程

$$v_1 S_1 = v_2 S_2 \tag{1.8}$$

式(1.8)表明，流管上任一截面处流速与截面积的乘积是一个常量，截面积大的地方流速小，截面积小的地方流速大。亦即，在同一流管中，不可压缩流体的体积流量为一恒量，即

$$vS = \text{恒量} \tag{1.9}$$

式(1.9)称为流体的连续性方程。如果在式(1.8)两边同乘以流体的密度，则等式两边分别表示单位时间通过流管两端的流体质量。因此，流体连续性方程的实质，就是质量守恒定律在不可压缩流体作定常流动情况下的体现。

### 1.2.4 伯努利方程

图 1-7 表示在重力场中作定常流动的一根流管，假定流管足够细，以至于流管中任意一个与流速垂直的截面上不同点的压强和流速都相等。管中的一段流体在时刻 $t$ 处于图中的 $a_1a_2$ 位置，经过时间 $\Delta t$ 后，它流动到了 $b_1b_2$ 位置。设两端的截面积分别为 $S_1$ 和 $S_2$，两截面上的流速分别为 $\boldsymbol{v}_1$ 和 $\boldsymbol{v}_2$。在流动过程中，对这段流体做功的外力有 2 个，一个是作用在 $a_1$ 端的推力 $p_1S_1$，另一个是作用在 $a_2$ 端的阻力 $p_2S_2$。其他部分的流体通过侧面作用于此流

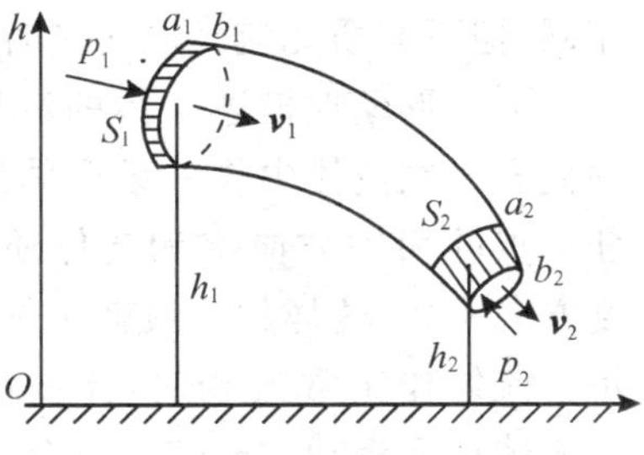

图 1-7 推导伯努利方程

管的力处处与流管表面垂直，从而也与流速垂直，所以不做功。于是外力做的净功为

$$A=(p_1S_1v_1-p_2S_2v_2)\Delta t$$

因为理想流体不可压缩，所以 $a_1b_1$ 和 $a_2b_2$ 段的体积相等，即

$$S_1v_1\Delta t=S_2v_2\Delta t=\Delta V$$

于是功可以改写为

$$A=(p_1-p_2)\Delta V \tag{1.10}$$

对于定常流动，在 $t$ 和 $t+\Delta t$ 两个时刻，图中 $b_1a_2$ 段的机械能保持不变，所以在此过程中机械能的增量为 $a_2b_2$ 段与 $a_1b_1$ 段的机械能的差值，即

$$E_2-E_1=\left(\frac{1}{2}\rho\Delta Vv_2^2+\rho\Delta Vgh_2\right)-\left(\frac{1}{2}\rho\Delta Vv_1^2+\rho\Delta Vgh_1\right)$$

或

$$E_2-E_1=\rho\Delta V\left[\left(\frac{1}{2}v_2^2+gh_2\right)-\left(\frac{1}{2}v_1^2+gh_1\right)\right] \tag{1.11}$$

理想流体中无内摩擦力存在，因此没有能量损耗。根据功能原理，有

$$E_2-E_1=A$$

将式(1.10)和式(1.11)代入上式，整理后得

$$p_1+\frac{1}{2}\rho v_1^2+\rho gh_1=p_2+\frac{1}{2}\rho v_2^2+\rho gh_2 \tag{1.12}$$

式(1.12)是我们选取一段细流管利用功能原理导出的。在 $S_1$，$S_2$ 及 $\Delta t$ 都趋于零的情况下，上面的流管将缩成一条流线，式(1.12)可写成普遍的形式，即，在同一流线上的任意点，有

$$p+\frac{1}{2}\rho v^2+\rho gh=\text{恒量} \tag{1.13}$$

这就是伯努利方程，是伯努利于1738年提出的，它是流体力学的基本关系式，是将功能原理应用到流体流动的一种表述形式。从式中可以看出，$\rho gh$ 和 $\frac{1}{2}\rho v^2$ 分别表示单位体积流体的重力势能与动能，且具有压强的量纲，所以 $p+\rho gh$ 常被称为静

压强，而$\frac{1}{2}\rho v^2$ 称为动压强。

### 1.2.5 伯努利方程的应用

1. 小孔流速

一个开口很大的容器中，液体从接近于底部的小孔流出。如图 1-8 所示，设液面的面积为 $S_A$，小孔的面积为 $S_B$（$S_B \ll S_A$），液面下降的速率为 $v_A$，小孔的流速为 $v_B$，小孔到液面的距离为 $h$。任选液面上的一点 $A$ 到小孔 $B$ 连接一条流线，可以列出伯努利方程：

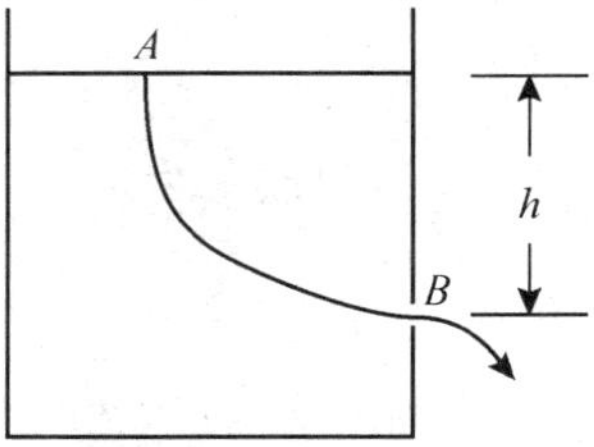

图 1-8 小孔流速

$$p_A+\rho gh+\frac{1}{2}\rho v_A^2=p_B+\frac{1}{2}\rho v_B^2$$

由连续性方程有

$$v_A S_A=v_B S_B$$

考虑到 $S_A \gg S_B$，可以认为 $v_A \approx 0$。另外 $A$，$B$ 两点都暴露在空气中，忽略空气中高处差为 $h$ 的两点的压强差，有 $p_A=p_B=p_0$，$p_0$ 是大气压强。将这些都代入伯努利方程，得

$$v_B=\sqrt{2gh}$$

这与一个质点从同样高度处自由下落得到的速率相等。

2. 皮托管

原始的皮托管是一根两端开口弯成直角的玻璃管，用于测量流体的速度。它的测量原理为，将玻璃管的一端面向流动的液体，另一端垂直向上，管内液面将升到高出液面 $h$，如图 1-9 所示。在管口内取一点 $A$，在 $A$ 点的上游取同一水平流线上的 $B$ 点。对 $A$ 和 $B$ 两点列出伯努利方程，有

$$p_A+\frac{1}{2}\rho v_A^2=p_B+\frac{1}{2}\rho v_B^2$$

将 $v_A=0$，$p_A=\rho gh+p_B$ 代入上式，得

$$v_B=\sqrt{2gh}$$

皮托在 1773 年第一次用这种简单的装置测量了法国塞纳河的流速。

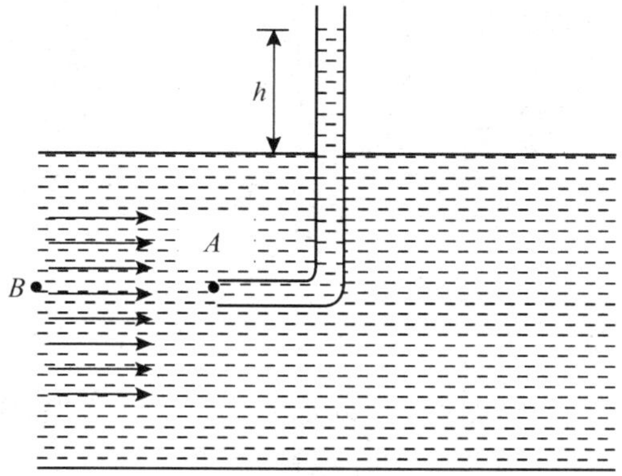


图 1-9　皮托管

3. 文特里流量计

文特里流量计用于测量管道中流体的流量，主要由收缩段、喉部和扩散段三部分组成，使用时将它水平连接在管道上，如图 1-10 所示。图中 $A$，$B$ 两处，由于截面积不同、流速不同，产生一定的压强差，用 U 形管内水银压强计测量出压强差，从而求出管道中流体的体积流量。

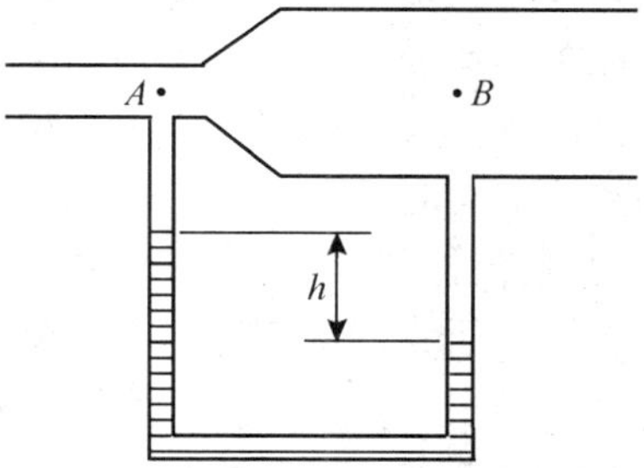


图 1-10　文特里流量计

对于图中处于同一水平流线上的 $A$ 和 $B$ 两点列出伯努利方程，有

$$p_A+\frac{1}{2}\rho v_A^2=p_B+\frac{1}{2}\rho v_B^2$$

将它与连续性方程

$$S_A v_A=S_B v_B$$

联立，可得 $A$ 处的流速为

$$v_A=\sqrt{\frac{2\,(p_B-p_A)}{\rho\,[1-(S_A/S_B)^2]}}$$

式中 $S_A$ 和 $S_B$ 分别表示 $A$ 和 $B$ 两点所在管道截面积，$\rho$ 为被测流体的密度。$p_B-p_A$ 可由水银液面的高度差表示为

$$p_B-p_A=(\rho_0-\rho)gh$$

$\rho_0$ 表示水银的密度。于是流量为

$$Q=S_Av_A=S_AS_B\sqrt{\frac{2gh(\rho_0-\rho)}{\rho(S_B^2-S_A^2)}}$$

# 1.3 黏滞流体的运动

## 1.3.1 层流的黏滞定律

实际流体都具有一定的黏滞性。以水在管内流动为例，管内任一截面上各点的速度并不相同，中心处的速度最大，愈靠近管壁速度愈小，在管壁处的水附于管壁上，速度为 0。其他流体在管内流动时也有类似的现象。所以，流体在圆管内流动时，实际上是被分割成无数极薄的圆筒层，一层套着一层，各层以不同的速度向前运动。由于各层速度不同，层与层之间发生了相对运动。速度较大的流体层对相邻的速度较小的流体层产生了一个向前的推动力；同时，速度小的流体层对速度大的流体层也作用一个大小相等、方向相反的力，从而阻碍较快流体层向前运动。流体流动时的内摩擦，是流动阻力产生的根源，流体流动时必须克服内摩擦力而做功，使流体的一部分机械能转变为热而损失掉。

下面我们从流体的一维分层流动研究影响流体流动时的内摩擦力的因素。

如图 1-11 所示，两无限大平行平板之间充满了静止的液体。现将下板固定，对上板施加一恒定外力，使上板以速度 $v$ 向右作匀速运动。可以想象，紧靠上板的液体将黏附在板表面上而与之以相同的速度 $v$ 向右运动；紧靠下板的液体，也因黏附作用而与下板一起保持不动，而两板之间的液体，则由于黏滞性作用，从上到下速度逐渐由大变小，直至为零。实验表明，竖直方向上的流体速度分布是线性的。因此，两板间的流体可以看作分成了无数个平行于上、下板的流体层，层与层之间存在着速度差，速度较大的流体层，其在水平方向的动量也大，该层流体分子中的一部分由于无规则热运动进入速度较慢的流体层，通过碰撞将动量传递给后者，使其产生一个加速力；同时，运动较慢的流体层亦有同样数量分子进入运动较快的流体层，而对后者产生一个大小相等、方向相反的减速力。这种传递一层一层地进行，直至板面。流体向板面传递动量的结果是产生了板面处的摩擦力。大量实验证明，当流体作层流且流速不太大时，在上述这种一维分层流动中，流体内部相邻两个层间的摩擦力与两层间的接触面积 $\Delta S$ 成正比，与速度梯度成正比。图 1-12 表示沿 $y$ 轴方向流动的、高度坐标分别为 $z$ 和 $z+\mathrm{d}z$ 的两个层，速度梯度沿 $z$ 轴方向、大小为 $\frac{\mathrm{d}v}{\mathrm{d}z}$、面积为 $\Delta S$ 的两层间的摩擦力可以表示为

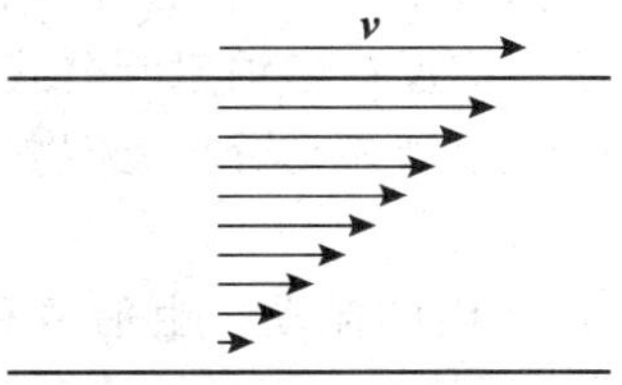


图 1-11　层流时的速度分布

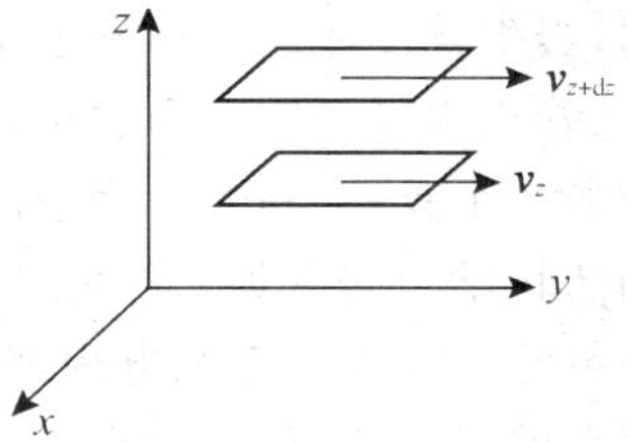


图 1-12　速度梯度

$$F=\eta\Delta S\frac{\mathrm{d}v}{\mathrm{d}z} \tag{1.14}$$

比例系数 $\eta$ 称为流体的黏滞系数，在国际单位制中，它的单位是 Pa・s（帕・秒）。式(1.14)叫做牛顿黏滞定律，凡是满足式(1.14)的黏滞性流体叫做牛顿流体，否则称为非牛顿流体。表 1-1 给出了一些流体的黏滞系数。由表中可以看出，流体的黏滞系数与温度有密切的关系。当温度升高时，液体的黏滞系数减小，而气体的黏滞系数增大。

表 1-1　一些流体的黏滞系数　Pa・s

| 温度/℃ | 蓖麻油 | 水 | 空气 | 正常血液* | 血浆* |
|---|---|---|---|---|---|
| 0 | 5.3 | $1.792\times10^{-3}$ | $1.71\times10^{-5}$ | | |
| 20 | 0.986 | $1.005\times10^{-3}$ | $1.81\times10^{-5}$ | $3.015\times10^{-3}$ | $1.810\times10^{-3}$ |
| 37 | — | $0.694\times10^{-3}$ | $1.87\times10^{-5}$ | $2.084\times10^{-3}$ | $1.257\times10^{-3}$ |
| 40 | 0.231 | $0.656\times10^{-3}$ | $1.90\times10^{-5}$ | | |
| 60 | 0.080 | $0.469\times10^{-3}$ | $2.00\times10^{-5}$ | | |
| 80 | 0.030 | $0.357\times10^{-3}$ | $2.09\times10^{-5}$ | | |
| 100 | 0.017 | $0.284\times10^{-3}$ | $2.18\times10^{-5}$ | | |

* 严格说来，血液不是牛顿流体，它的黏滞系数不是常量，但在正常生理条件下变化不大。

## 1.3.2　泊肃叶公式

实际中应用最多的输送各种流体的管道（例如输水和输油、气管道以及动物血管等）都是圆形管子，下面我们研究黏滞性流体经水平圆管定常流动的情形。根据牛顿黏滞定律可以导出，牛顿流体在水平圆管中作层流运动时，流量公式为

$$Q=\frac{\pi\Delta pR^4}{8\eta l} \tag{1.15}$$

式(1.15)是泊肃叶 1840 年研究动物毛细管中血液流动时得到的，称为泊肃叶公式。式中 $R$ 和 $l$ 分别为圆管的半径和长度，$\Delta p$ 为圆管两端的压强差。泊肃叶公

式表明，当牛顿流体在圆形管道中作定常层流运动时，流量与单位长度的压强差成正比，与管道半径的四次方成正比，与流体的黏滞系数成反比。泊肃叶公式是流体动力学的一个重要公式，常用于流体的黏滞系数测定、血液流动分析、药物分析，在医学和药物学中有着重要的意义。

泊肃叶公式和伯努利方程都可用于研究水平圆管内的流动。由伯努利方程，各截面上的压强相等，即在水平管内维持流动不需要压强差。而按泊肃叶公式，若无压强差则流量等于零，即需要压强差维持水平管内的流动。这是因为实际流体都具有黏滞性，为保证流体的流动必须利用压力差来克服内摩擦力，所以，泊肃叶公式比伯努利方程更适于实际流体。

**例 1.1** 已知动物某根动脉的半径为 $4.0\times10^{-3}$ m，流过的血液流量为 $1.0\ \mathrm{cm^3\cdot s^{-1}}$，血液的黏滞系数为 $2.15\times10^{-3}$ Pa·s。求：(1)血液的平均流速；(2)长度为 0.1 m 的一段动脉管两端的压强差；(3)在这段血管中维持上述流量需要的功率。

**解** (1)平均流速为

$$\bar{v}=\frac{Q}{\pi R^2}=\frac{1.0\times10^{-6}}{3.14\times(4.0\times10^{-3})^2}=1.99\times10^{-2}(\mathrm{m\cdot s^{-1}})$$

(2)由泊肃叶公式可得

$$\Delta p=\frac{8\eta lQ}{\pi R^4}=\frac{8\times2.15\times10^{-3}\times0.1\times1.0\times10^{-6}}{3.14\times(4.0\times10^{-3})^4}=2.14(\mathrm{Pa})$$

(3)所需的功率等于作用于这段血管的净力 $\Delta p\pi R^2$ 与平均流速的乘积，即

$$N=\Delta p\pi R^2\bar{v}=\Delta pQ=2.14\times10^{-6}\ \mathrm{W}$$

### 1.3.3 湍流 雷诺数

湍流又称紊流，是指很不规则的流动状态。在这一状态下流体内部充满大小不一的旋涡，流动空间中各点的运动速度和压强随时间变化。自然界和工程上涉及的流体流动大多属于湍流，例如大气和海水的流动、流体在管道中的流动、向空中排放的烟气流以及向江河排放的水流、流体在换热器和反应器等化工设备中的流动等。了解湍流，对解决许多工程问题有重要意义。

流体在管中的流速很小时，流体的流动是定常流动。如前所述，这种流动的一个特点是，流体分层流动，各层互不混杂，只有相对运动——层流。当流速进一步增大，层流状态将被破坏，流体将作不规则流动。当流速增大到一定程度，振荡的流束突然破裂，与周围的流体相混，流体呈完全湍流状态。图 1-13 显示了从层流

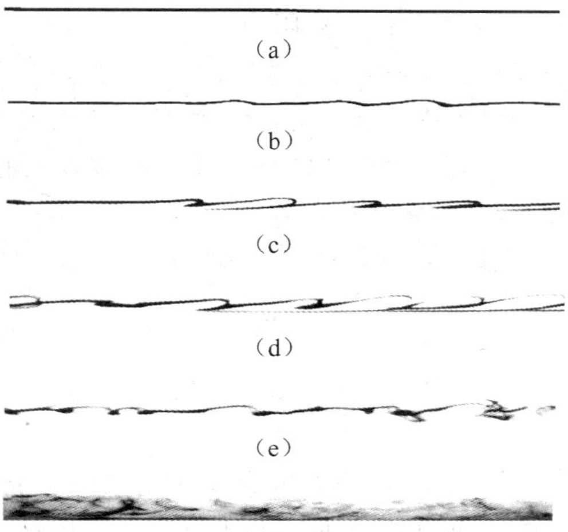


**图 1-13　从层流到湍流的变化过程**

到湍流的变化过程。

1880 年前后，英国的实验流体力学家雷诺研究了长管里流体的流动产生湍流的过程。发现运动流体由层流转变为湍流的条件不仅决定于流速的大小，还与流体的密度、黏滞系数以及管道的线度等密切相关。雷诺综合考虑了上述因素后，首先于 1883 年提出了一个被世人称为“雷诺数”的无量纲量：

$$Re=\frac{\rho v l}{\eta} \tag{1.16}$$

式中 $l$ 为物体的几何线度(如直径)。对于几何形状相似的管道，无论其 $\rho, v, \eta, l$ 如何不同，只要比值 $Re$ 相同，其流动状态就相同。

层流转变为湍流时的雷诺数称为临界雷诺数。在直圆管内流动时临界雷诺数的下限是比较明确的，只要雷诺数在 2 000 以下，流动状态一定为层流。对于非常光滑的管道，临界雷诺数的上限可以变得很大。一般工程上认为，流体在直圆管内流动时，当 $Re \leqslant 2\,000$ 时为层流；当 $Re \geqslant 4\,000$ 时，圆管内已形成湍流；当 $Re$ 在 2 000～4 000 范围内，流动处于一种过渡状态，可能是层流也可能是湍流，或是二者交替出现，这要视外界条件而定，一般称这一 $Re$ 数范围为过渡区。

### 1.3.4　黏滞流体中运动物体受到的阻力

物体在流体中与流体有相对运动时，受到的流体阻力主要有两种形式：因摩擦引起的黏滞阻力和由压力差引起的压差阻力。

物体在流体中运动时，会有一层流体附着在其表面，这层流体相对于物体静止，该层外侧的流体则相对于物体有一定运动速度，因此附着层内存在速度梯度和黏滞力，表现为对物体的阻力。比较小的物体在黏滞性较大的流体中缓慢运动的情况下，该阻力是主要因素，叫做黏滞阻力。

1851 年，斯托克斯导出了球状物体在流体中运动时所受的黏滞阻力公式

$$F=6\pi r\eta v \tag{1.17}$$

式中 $r$ 为刚性小球的半径，$v$ 为小球相对于流体的运动速度，$\eta$ 为流体的黏滞系数。式(1.17)称为斯托克斯公式。

斯托克斯公式提供了一种测量黏滞系数的简单方法。当一个小球在黏滞性流体中自由沉降时，它将受到重力、黏滞阻力以及流体对它的浮力的作用。由于阻力与其速度成正比，所以加速度愈来愈小，最终以匀速 $v$ 运动，这个速度称为终极速度。此时作用在小球上的合外力为零，即

$$\frac{4}{3}\pi r^3\rho g-\frac{4}{3}\pi r^3\rho_0 g-6\pi r\eta v=0$$

其中 $\rho$ 和 $\rho_0$ 分别表示小球和流体的密度。从上式中可以解得流体的黏滞系数

$$\eta=\frac{2(\rho-\rho_0)gr^2}{9v} \tag{1.18}$$

因而，如果测定了 $\rho$，$\rho_0$，$r$ 和 $v$，就可计算出流体的黏滞系数。

一旦层流被破坏，出现流体的涡旋运动，运动物体前进方向前面的压强将大于后面的压强，由压强差造成的对物体的阻力称为压差阻力。从本质上讲，压差阻力仍然是由流体的黏滞性引起的，但与前述黏滞阻力的机制不同。另外，虽然压差阻力与黏滞阻力同时存在，但涡旋产生以后，主要表现为压差阻力。

## 习　题

1. 如果忽略大气温度随高度的变化，求证海拔高度为 $h$ 处的大气压为

$$p=p_0\mathrm{e}^{-\frac{\mu gh}{RT}}$$

其中 $p_0$ 为海平面的大气压强，$\mu$ 为空气的平均摩尔质量，$T$ 为大气温度，$R$ 为普适气体常量。

2. 盛有水的圆筒容器，以匀角速度 $\omega$ 绕中心轴旋转，当容器中的水和容器同步旋转时，求水面上沿半径方向的压强分布。

3. 一水坝长 1 km，水深 5 m，水坝与水平方向夹角 60°，求水对坝身的总压力。

4. 在水平面上放着一个高度为 $H$ 的灌满了水的圆筒形容器。若略去水的黏滞性，试研究应当在容器壁多大的高度 $h$ 上钻一小孔，使得从小孔里流出的水落到桌面上的地点离容器最远。

5. 如图所示，虹吸管的粗细均匀，略去水的黏滞性，求水流速度及 $A$，$B$，$C$ 三处的压强。

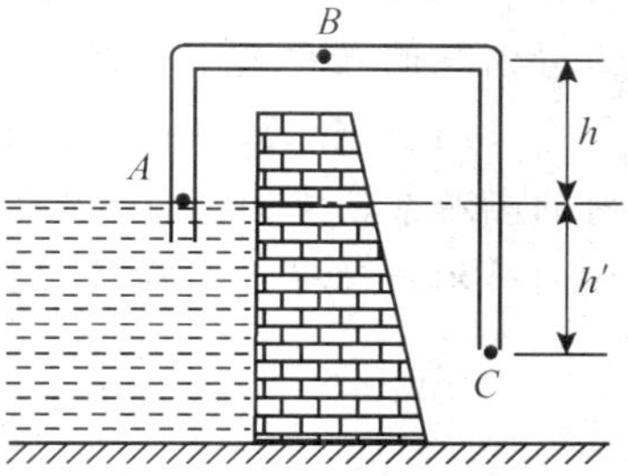

习题 1-5 图

6. 一开口容器截面积为 $S_1$，底部开一截面积为 $S_2$ 的孔。当容器内装的液体高度为 $h$ 时，液体从孔中喷出的速度为多大？设液体为理想流体且作定常流动。

7. 若上题中的容器内盛有两种液体：上层的密度为 $\rho_1$，厚度为 $h_1$，下层的密度为 $\rho_2$，厚度为 $h_2$，求液体由孔喷出时的速度。

8. 匀速直线运动的火箭，发动机燃烧室内高温气体的压强为 $p$，密度为 $\rho$，求气体从截面积为 $S$ 的狭窄喷嘴喷出时对火箭的反作用力，设喷出前后气流可视作理想流体的定常流动。

9. 一圆桶中的水深 $H=0.70$ m，底面积 $S_1=0.06\ \mathrm{m}^2$，桶的底部有一面积为 $1.0\times10^{-4}\ \mathrm{m}^2$ 的小孔。问桶中的水全部流尽需多长时间？

10. 一粒半径为 0.08 mm 的雨滴在空气中下降，假设它的运动符合斯托克斯定律。求雨滴的末速度以及在此速度下的雷诺数。空气的密度 $\rho=1.25\ \mathrm{kg\cdot m^{-3}}$，黏滞系数 $\eta=1.81\times10^{-5}\ \mathrm{Pa\cdot s}$。

11. 如图所示，两个相同的圆筒形水箱用一根很细的圆管连接，在管子中间装一个阀门。水箱的半径 $R=20.0$ cm，细管的半径 $r=1.00$ mm，管长 $l=1.00$ m。阀门的通道孔与管子的截面相吻合。把水灌进其中一个水箱，达到高度 $h=50.0$ cm，另一个水箱起初是空的。在 $t=0$ 时刻打开阀门。问经过多长时间后两个水箱中的水位差减小到原来的 $1/\mathrm{e}$？假定水的流动为层流，水的黏滞系数 $\eta=1.00\times10^{-3}\ \mathrm{Pa\cdot s}$。

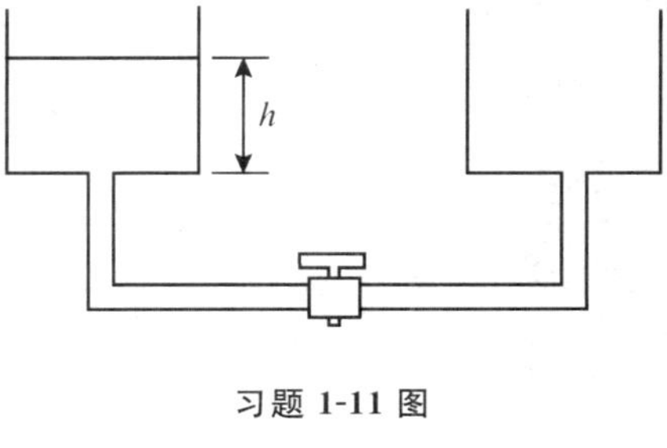

习题 1-11 图

12. 考虑到血管中细胞的代谢需要消耗一定的能量，维持动物体内正常的血液循环需要消耗的总功率分成两部分：心脏的功率和血管中细胞代谢消耗的功率。设血管中血液的流量 $Q$ 为一常量，单位体积的血管消耗的功率为 $\gamma$。(1)证明单位长度的血管消耗的总功率可写作

$$P=\frac{kQ^2}{R^4}+\gamma\pi R^2$$

其中 $k=8\eta/\pi$，$\eta$ 为血流的黏滞系数，$R$ 为血管半径。(2)$R$ 为多大时，单位长度的血管消耗的功率最小？写出最小功率的表达式。

13. 设水管的内径 $d=2.54$ cm，临界雷诺数 $Re=2\,000$，水在 1 个大气压下、20 ℃时的黏滞系数为 $\eta=1.0\times10^{-3}$ Pa·s，水的密度 $\rho=1.0\times10^3$ kg/m$^3$。试问自来水管内平均流速等于多少时，流动将从层流转变为湍流？

# 第2章　液体的表面性质

液体的表面性质是指液体在与固体或气体的接触面上所表现出来的不同于液体内部的物理性质。液体表面性质的种种表现广泛存在于自然界之中，研究液体的表面性质对农业和生命科学有极其重要的意义。

## 2.1　液体的表面张力

种种现象表明，液体的表面都有收缩的趋势，就像一张绷紧的弹性膜，尽量使其表面积最小。例如，空气中的小液滴和肥皂泡都呈球状，就是它们的表面尽量收缩的结果，因为体积相同时，球体的表面积最小。这些现象说明，液体表面存在着张力，称为液体的表面张力。表面张力不是由弹性形变引起的，而是表面分子力作用的结果。下面我们从分子力的特点来分析表面张力的成因。

图 2-1 为分子之间的相互作用力随分子间距变化的曲线。分子之间有引力的因素也有斥力的因素，总的分子力是它们共同作用的结果。当斥力和引力相互抵消时，分子力 $F_m=0$，分子间距为 $r_0$，这个位置称为平衡位置。$r_0$ 的数量级为 $10^{-10}$ m。在平衡位置以内，即 $r<r_0$ 时，斥力和引力都随 $r$ 的减小而增大，但斥力增大得更快，因此分子力表现为强大的斥力，即 $F_m>0$，并且分子越接近，斥力越大。在平衡位置以外，即 $r>r_0$ 时，斥力和引力都随 $r$ 的增大而减小，但斥力减小得更快，因此分子力表现为引力，即 $F_m<0$，并随分子间距离的增大，引力很快趋近于零。

在液体中，分子力的有效作用半径 $r_e$ 约为$10^{-9}$ m，超过这个半径时，分子力极小，可以忽略不计。对于液体内部的一个分子 $A$，如图 2-2 所示，在有效半径范围内其他液体分子对它的吸引力各向相等，因此它受到其他分子的合外力为零，处于平衡状态；但在靠近液体表面、深度小于 $r_e$ 的表面层内，每个液体分子，例如分子 $B$，与周围分子之间的吸引力不能达到平衡，而合成一个垂直于自由表面指向液体内部的合力。表面层内的所有液体分子均受到向内的吸引力，越靠近液体表面，这个力越大。如果液体内部的分子试图到达表面层，则必须克服上述指向液体内部的其他分子引力做功，这部分功将变成表面层中分子间的相互作用势能，称为表面

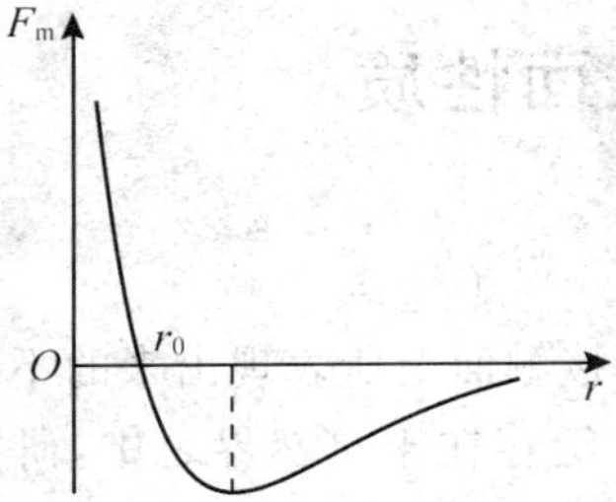


图 2-1　分子力随分子间距的变化

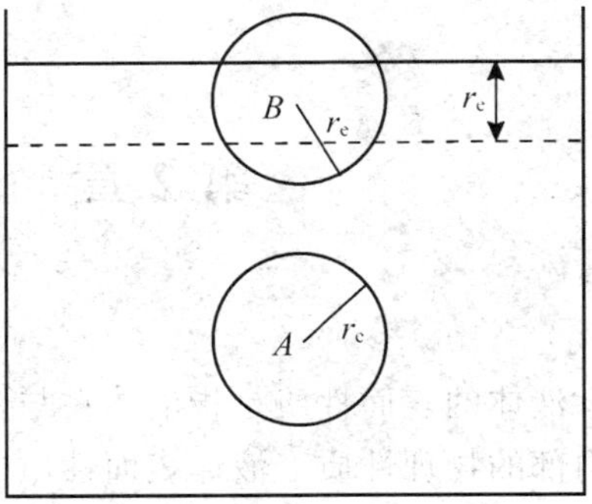


图 2-2　液体内部与表面层中分子受力对比

能。在一定的温度下，处于表面层的分子与液体内部分子达到动态平衡。当温度改变时，这种动态平衡将被破坏，例如温度升高时分子无规则热运动加剧，有更多分子具有进入表面层的能量，从而使表面层中分子数密度增大。但是表面层始终是存在的，表面层中分子数密度总是小于液体内部的分子数密度，分子的平均间距比液体内部大一些，因此分子之间的引力更强。表面张力就是表面层内分子引力优势的宏观体现，表面张力的方向与液体表面相切。

为了比较一定条件下不同物质的交界面上表面张力的大小，引入表面张力系数 $\alpha$ 这个物理量。在液面上任取长为 $l$ 的一段假想的线段，表面张力 $\boldsymbol{F}$ 为 $l$ 两侧液面间的相互拉力，它的方向与 $l$ 垂直，大小与 $l$ 成正比。定义比例系数

$$\alpha=\frac{F}{l} \tag{2.1}$$

为液体的表面张力系数，它表示单位长度直线两侧液面的拉力。在国际单位制中，表面张力系数的单位是牛顿·米$^{-1}$($\mathrm{N\cdot m^{-1}}$)。

表面张力系数也可从做功的角度定义。如图 2-3 所示，取一个 U 形金属框，在上面放一个细金属丝 $AB$，$AB$ 的左侧张满液膜，设金属框的宽度为 $l$，则维持 $AB$ 静止的力 $\boldsymbol{f}$ 必须与表面张力 $\boldsymbol{F}$ 的大小相等而方向相反。由于液膜有两个表面，所以

$$F=2\alpha l \tag{2.2}$$

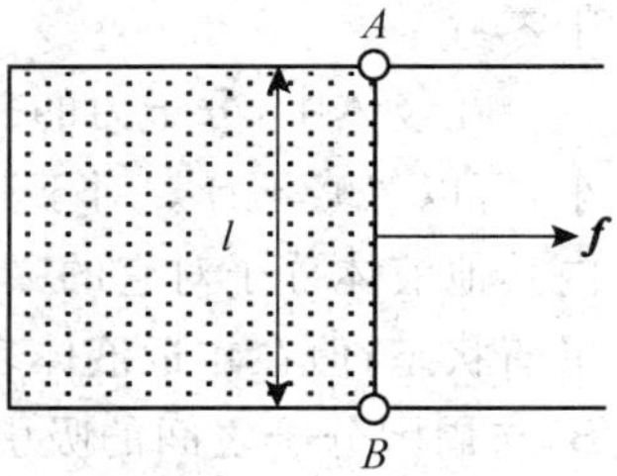


图 2-3　U 形金属框上的液膜

设想在 $\boldsymbol{f}$ 的作用下，$AB$ 缓慢地向右移动一个微小距离 $\Delta x$，则外力做的功为

$$\Delta A = F\Delta x = 2\alpha l\Delta x = \alpha\Delta S$$

式中 $\Delta S$ 是液膜表面积的增量。由上式可以看出，表面张力系数也等于增大液体单位表面积时外力所需做的功，即

$$\alpha = \frac{\Delta A}{\Delta S} \tag{2.3}$$

由于外力所做的功完全用于克服表面张力、用于增大液膜的表面能 $E$，所以表面张力系数也可以表示为

$$\alpha = \frac{\Delta E}{\Delta S} \tag{2.4}$$

式(2.4)说明，表面张力系数等于增大液体单位表面积时所增加的表面能。上述表面张力系数的 3 种定义是等价的，在实际应用中，可以针对具体问题灵活选用。

实验发现，影响表面张力系数的因素有如下 3 个：①表面张力系数与温度的关系密切，随着温度的升高，$\alpha$ 的值几乎是线性地减小，表 2-1 给出了水在不同温度下的表面张力系数。②同种液体在与不同物质接触时表现出不同的 $\alpha$ 值。例如 20° 时，在与苯为界的情形，水的表面张力系数为 $33.6\times10^{-3}\ \text{N}\cdot\text{m}^{-1}$，与醚为界时则为 $12.2\times10^{-3}\ \text{N}\cdot\text{m}^{-1}$。③液体中的杂质对表面张力系数有很大影响。某些杂质能使表面张力系数减小，有的能使表面张力系数增大。能使表面张力系数减小的物质称为表面活性物质。一般说来，醇、醛、酮等有机物质大都是表面活性物质。对于水来说，肥皂是常见的表面活性物质。

**表 2-1　水在不同温度下的表面张力系数 $\alpha$**

| 温度/℃ | 0 | 20 | 30 | 60 | 80 | 100 |
|---|---|---|---|---|---|---|
| $\alpha/10^{-3}\ \text{N}\cdot\text{m}^{-1}$ | 75.6 | 72.8 | 71.2 | 66.2 | 62.6 | 58.9 |

**例 2.1**　常温下油以水为界的表面张力系数为 $1.85\times10^{-2}\ \text{N}\cdot\text{m}^{-1}$，将质量为 1 g 的油在水内散布成半径为 5 μm 的小油滴，需要做多少功？已知油的密度 $\rho = 0.82\times10^{3}\ \text{kg}\cdot\text{m}^{-3}$。

**解**　外界做功用于增大油的表面积。设小油滴的数目为 $N$，半径为 $r$，大油滴的半径为 $R$，则表面积的增量为

$$\Delta S = N4\pi r^2 - 4\pi R^2 \tag{1}$$

大油滴散布成小油滴后质量不变，即

$$m = \frac{4}{3}\pi R^3\rho = \frac{4}{3}\pi r^3 N\rho \tag{2}$$

根据表面张力系数的定义式(2.3),所需做功为

$$A=\alpha\Delta S \tag{3}$$

将式(1)、式(2)、式(3)联立,可得

$$A=\frac{3m\alpha}{\rho}\left[\frac{1}{r}-\left(\frac{4\pi\rho}{3m}\right)^{1/3}\right]=1.35\times10^{-2}\ \mathrm{J}$$

## 2.2 弯曲液面的附加压强

像肥皂泡、水中的气泡、液滴及固体与液体接触的地方,液面都是弯曲的。在弯曲液面的两侧,由于表面张力的存在,液面内和液面外存在一个压强差,称为液体表面的附加压强。

先来研究半径为 $R$ 的球形液面的附加压强 $\Delta p$。在球形液面处取图 2-4 所示的一个球冠状的小液块,对此液块进行受力分析可知,此液块受到 3 个力的作用,它们分别是:①通过小液块的顶面圆周边线作用在液块上的表面张力;②液面内外的压强差 $\Delta p$ 所产生的压力;③小液块自身的重力,但重力远小于前面两个力,可以忽略。液块处于平衡时,所受合外力为零,据此条件可求出附加压强。首先计算表面张力。因液块很小,可把其表面近似看成一半径为 $r$ 的圆面。现在边线上取一长为 $\mathrm{d}l$ 的线元,过此微元作用在液块上的表面张力为 $\mathrm{d}F=\alpha \mathrm{d}l$。把 $\mathrm{d}F$ 分解为与底面垂直的分力 $\mathrm{d}F_1$ 和与底面平行的分力 $\mathrm{d}F_2$,其中

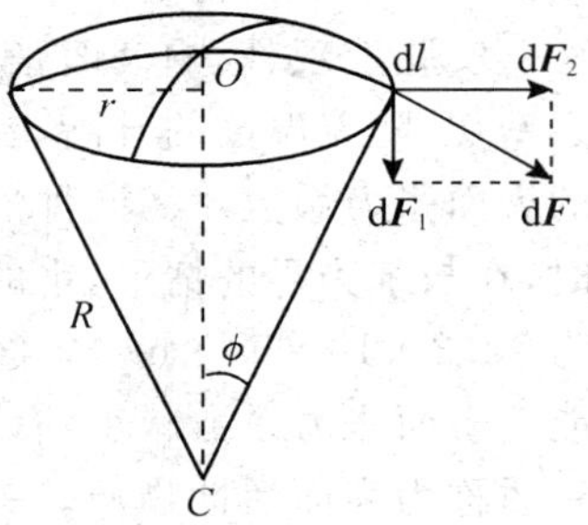


图 2-4 球形液面内外的压强差

$$\mathrm{d}F_1=\alpha\,\mathrm{d}l\sin\phi$$
$$\mathrm{d}F_2=\alpha\,\mathrm{d}l\cos\phi$$

由对称性,可以把整个液块的边线分割为无限多对对称的微元,作用在这些微元上的与底面平行的分力均为大小相等而方向相反,故水平方向的合力为零。$\mathrm{d}F_1$ 的方向均为竖直向下,故表面张力的合力为

$$F_1=\oint \mathrm{d}F_1=2\pi r\alpha\sin\phi$$

根据几何关系可知

$$\sin\phi=\frac{r}{R}$$

式中 $R$ 为球形液面的曲率半径。因此有

$$F_1=\frac{2\pi r^2\alpha}{R}$$

由液面内外的压强差，即附加压强产生的压力为 $\Delta p\pi r^2$，根据力的平衡条件，得

$$\frac{2\pi r^2\alpha}{R}=\Delta p\pi r^2$$

由上式可得

$$\Delta p=\frac{2\alpha}{R} \tag{2.5}$$

可见，表面张力系数越大，球面的半径 $R$ 越小，附加压强 $\Delta p$ 就越大。上式仅对凸液面适用，对凹液面，液体内部压强小于液体外部压强，故附加压强是负的，即

$$\Delta p=-\frac{2\alpha}{R} \tag{2.6}$$

对平液面，因 $R\to\infty$，所以 $\Delta p=0$。综合上面的讨论可知：对凸液面，附加压强为正，即液面内部的压强大于液面外部的压强；对凹液面，附加压强为负，即液面内部的压强小于液面外部的压强；对平液面，附加压强为零，即液面内部的压强等于液面外部的压强。

若液膜具有内、外两个表面（如球形肥皂泡，见图 2-5），一个是半径为 $r_1$ 的内表面，它是球形凹液面；另一个是半径为 $r_2$ 的外表面，它是球形凸液面，记泡内、液膜、泡外的压强分别为 $p_1, p_2, p_3$，根据前面的讨论可得

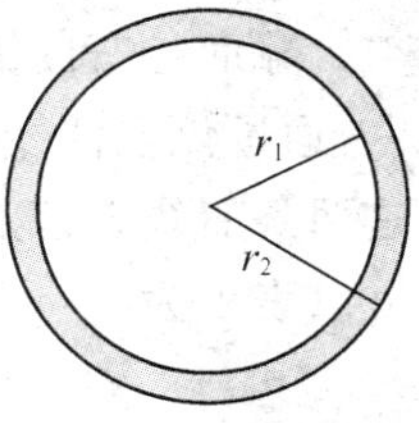


**图 2-5　肥皂泡内外的压强差**

$$p_1-p_2=\frac{2\alpha}{r_1}$$

$$p_2-p_3=\frac{2\alpha}{r_2}$$

因液膜很薄，内、外表面的半径近似相等，故有 $r_1\approx r_2\approx R$，于是

$$p_1-p_3=\frac{4\alpha}{R} \tag{2.7}$$

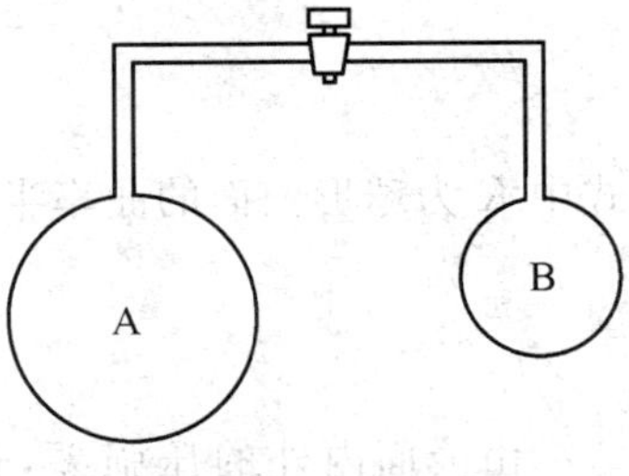


图 2-6 连通的肥皂泡

式(2.7)表明,由于球形液面两侧存在压强差,肥皂泡内空气的压强大于泡外空气的压强,并且肥皂泡半径越小,泡内外的压强差越大。这一结论可由下面的实验来证明:如图 2-6 所示,在连通管的两端先后吹成一大一小两个肥皂泡 A 和 B,并让它们同时存在。因为 B 泡的半径小于 A 泡半径,由式(2.7)可知 B 泡内空气的压强大于 A 泡内空气的压强。当连通管相通后,B 泡内的空气向 A 泡流动,小泡的体积越来越小,大泡的体积越来越大,直到小泡收缩到管口只剩下一个帽顶,其曲率半径与大泡半径相等时才停止,这时两边的压强相等。

我们以同样的方法分析肺泡。假设大小肺泡的表面张力系数相等,由于所有肺泡的导管是相通的,因此小肺泡内的压强大于大肺泡内的压强,大肺泡就会趋于膨胀,而小肺泡趋于萎缩,这样肺泡的生理功能就失效了。而实际上这种现象并没有出现,功能正常的大小肺泡的压强总是平衡的。由此,我们可以断定大肺泡的表面张力系数一定大于小肺泡的表面张力系数。

原来,正常肺泡表面的液层中分布着表面活性剂,其化学成分是一些磷脂类分子,它与液体分子的引力小于液体分子之间的引力,这样表面层中的部分液体分子就会被拉到液体内部,表面活性分子则集中在表面层中,从而降低了其表面张力。表面层中的表面活性物质浓度越大,液体分子间的引力越小,表面张力越小。大肺泡由于表面积大,所以大肺泡的表面活性剂浓度小,则其表面张力系数大;小肺泡的表面活性剂浓度大,表面张力系数小。正是这种表面活性剂在呼吸过程中调节着大小肺泡的表面张力系数,从而稳定了大小肺泡内的压强。

球面是弯曲液面中最简单的。可以证明,对于任意弯曲液面,在液面上任取一点,通过该点法线方向作两个互相垂直的平面,它们与曲面的交线为两条曲线,设这两条曲线在该点的曲率半径分别为 $R_1$ 和 $R_2$,则在该点弯曲液面两侧的压强差可以表示为

$$\Delta p=\alpha\left(\frac{1}{R_1}+\frac{1}{R_2}\right) \tag{2.8}$$

曲线曲率中心一侧的压强较大。式(2.8)称为拉普拉斯公式。对于球形液面,取 $R_1=R_2=R$,即得球形液面附加压强公式,显见,式(2.5)是式(2.8)的一个特例。对柱形液面,$R_1=R$,$R_2=\infty$,附加压强 $\Delta p=\alpha/R$。

# 2.3　毛细现象

## 2.3.1　接触角

当同一种液体与不同固体接触，或者不同液体与同种固体接触时，接触处的液面会表现出不同的形状。例如，在干净的玻璃板上滴一滴水和一滴水银，水会散开附在玻璃板上，而水银则团成近似的椭球状(图 2-7)。

(a) 水银滴　(b) 水滴

图 2-7　洁净玻璃板上的液滴

物理学上用润湿和不润湿来描述这两种情况。如图 2-8 所示，在液体与固体相接触处，分别作液面和固体表面的切面，这两个切面通过液体内部所夹的角 $\theta$ 叫做接触角。当 $\theta$ 为锐角时，称液体润湿固体；$\theta$ 为钝角时，称液体不润湿固体。$\theta=0$ 表示完全润湿；$\theta=\pi$ 表示完全不润湿。这种现象是由于液体表面层中的分子不仅受到液体分子的作用力而且还受固体表面分子的作用，这两种作用都表现为吸引力，液面分子与液体分子间的作用力称为内聚力，液面分子与固体表面分子间的作用力称为附着力。当内聚力大于附着力时，接触面附近的液体分子受到一个指向液体内部的力，液面有收缩的趋势，从而使液体不能润湿固体。反之，接触面附近的液体分子将受到指向固体的力，液面有扩张的趋势，从而使液体润湿固体。总之，接触角是由内聚力与附着力共同作用所决定的。

(a) 润湿　(b) 不润湿

图 2-8　接触角

理论上，接触角只决定于固体和液体自身的种类，一旦固体与液体的种类确定，则接触角就是一个常量。但是实际上仅有固体和液体接触的情况是很少见的，更常见的是固、液、气共存，而液面外蒸气的密度会影响液体的表面张力，从而使接触角发生变化。当然在很多要求不是很高的场合，这种变化是可以忽略的。

在农业上制备农药时，要考虑药物是否润湿作物叶子，润湿情况越好，作物吸收药物的效果越好；润湿情况不好时，药物就不易被作物吸收，利用效率就低。

### 2.3.2 毛细现象

将细管插入容器内的液体中，则细管中液面将高于或低于容器液面，且管子越细容器液面和管中液面高差越大。润湿管壁的液体在细管中升高，不润湿管壁的液体在管中降低，这种现象叫做毛细现象。能够产生毛细现象的管子叫做毛细管。

毛细现象是表面张力和润湿现象共同作用的结果。下面我们利用接触角来定量讨论毛细现象。

图 2-9 显示了润湿液体的毛细现象。设密度为 $\rho$ 的液体在润湿管壁的表面张力作用下，沿半径为 $r$ 的细管上升，到 $h$ 高度后停止，达到平衡状态，即表面张力向上分力的合力与升高液柱的重力相等。设液面与固体壁面的接触角为 $\theta$，细管内液体的凹表面近似于半径为 $R$ 的球冠。根据式(2.5)，图中 $A$ 点的压强与液面外气体的压强 $p_0$ 的差值为

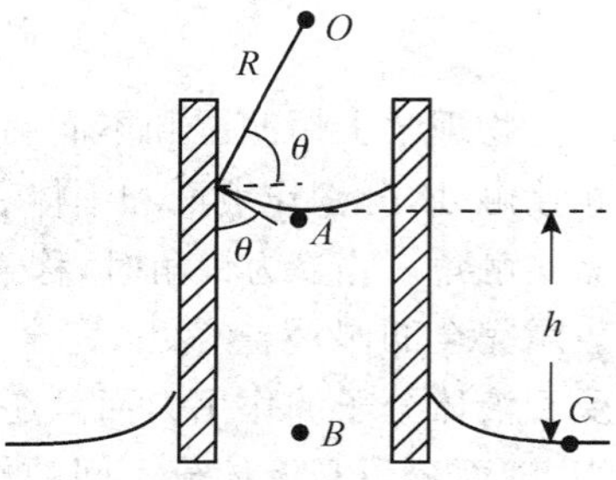

图 2-9 毛细现象(润湿)

$$p_A - p_0 = -\frac{2\alpha}{R}$$

因 $A$ 点与 $B$ 点的高度差为 $h$，所以 $B$ 点的压强为

$$p_B = p_A + \rho g h = p_0 - \frac{2\alpha}{R} + \rho g h \tag{2.9}$$

假定管子外部气体的密度 $\rho_0$，则与 $B$ 位于同一高度处的 $C$ 点与液面 $A$ 外侧气体的压强差为

$$p_C - p_0 = \rho_0 g h$$

根据静止流体压强的特点，图中 $B$ 点与管外液面上 $C$ 点的压强相等，即

$$p_C = p_B = p_0 + \rho_0 g h$$

将式(2.9)代入上式得

$$h=\frac{2\alpha}{(\rho-\rho_0)gR}$$

考虑到气体的密度 $\rho_0$ 远小于液体的密度 $\rho$，即 $\rho_0 \ll \rho$，上式可近似为

$$h=\frac{2\alpha}{\rho g R} \tag{2.10}$$

从图 2-9 中可以看出

$$R=\frac{r}{\cos\theta}$$

代入式(2.10)，则毛细管中液面上升的高度表示成

$$h=\frac{2\alpha\cos\theta}{\rho g r} \tag{2.11}$$

在液体不润湿管壁的情况下，参看图 2-10，毛细管内外液面的高度差仍能用式(2.11)表示，这时接触角为钝角，$h$ 为负值，表示管内的液面比管外的低。

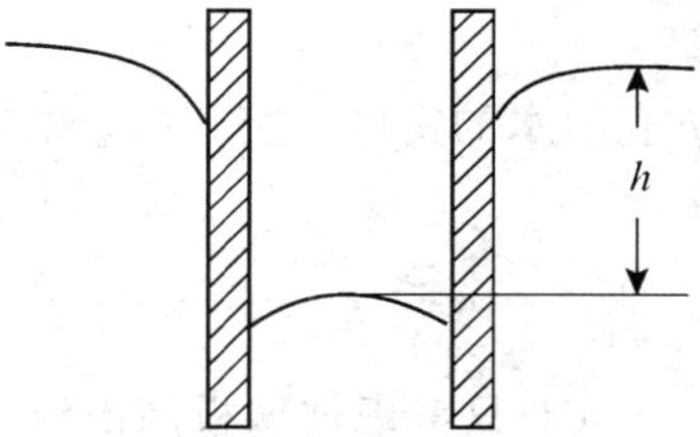

图 2-10　毛细现象(不润湿)

在自然界和日常生活中有许多毛细现象的例子，砖块吸水、毛巾吸汗、粉笔吸墨水都是常见的毛细现象，在这些物体中有许多细小的孔道，起着毛细管的作用。有些情况下毛细现象是有害的。例如，房屋建筑的地基中毛细管又多又细，它们会把土壤中的水分引上来使得室内潮湿，建房时在地基上面铺油毡，就是为了防止毛细现象造成的潮湿。

毛细现象对植物生长具有极其重要的意义。植物所需要的养分和水分就是由根、叶子和茎中的小管通过毛细作用吸入、输送到体内各部的。这就像永不停止的抽水机，不知疲倦地把水分、养分送到植物的每一个细胞。另外，土壤中有很多毛细管，地下的水分沿着这些毛细管上升到地面蒸发掉。如果要保存地下的水分来供植物吸收，就应当锄松表面的土壤，切断这些毛细管，减少水分的蒸发，所以农民常在雨后给庄稼松土以保持水分。

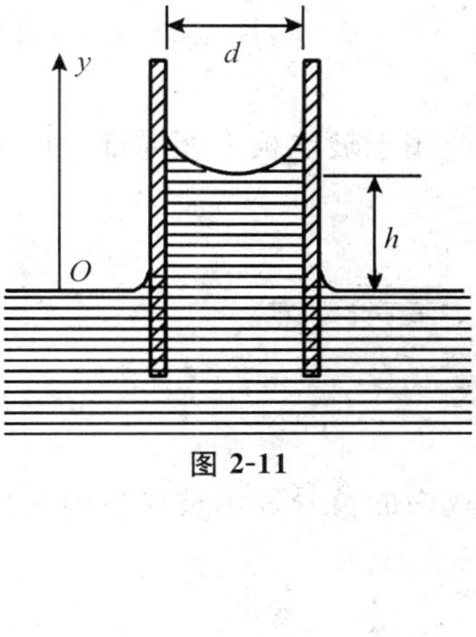

图 2-11

**例 2.2**　如图 2-11 所示，长度为 $l$ 的两块平行

且相互靠近的玻璃平板沿竖直方向部分地浸入水中，玻璃板相对的两个面相距为 $d$。已知水的表面张力系数为 $\alpha$，接触角为零。求：(1)玻璃板之间的水面高出外部水面的高度 $h$；(2)每块玻璃板内、外两侧所受压力的合力 $F$。

**解** (1)相距很近的玻璃板间的液面因毛细作用呈圆弧状，玻璃板之间液面上侧的压强为大气压 $p_0$，由式(2.8)，液面下侧的压强为

$$p=p_0-\frac{\alpha}{R} \tag{1}$$

$R$ 表示圆柱面的半径。因为接触角为零，所以 $R=d/2$。忽略高度差为 $h$ 的两点之间的大气压差，玻璃板外侧液面上的压强为 $p_0$，两玻璃板之间同一高度的压强也为 $p_0$。由流体静力学压强公式，此压强与紧邻柱形液面下方一点的压强差为 $\rho gh$，即

$$p_0-p=\rho gh \tag{2}$$

$\rho$ 表示水的密度。将式(1)代入式(2)即得玻璃板间水面高出外部水面的高度

$$h=\frac{\alpha}{\rho gR}=\frac{2\alpha}{\rho gd}$$

(2)只考虑玻璃板高出液面 $h$ 的一部分受到的内外压力差，其余部分的力均可相互抵消。由静止流体两点的压强差公式，两玻璃板之间高出外部液面 $y$ 处的压强为 $p(y)=p_0-\rho gy$，该处玻璃板上长为 $l$、宽为 $\mathrm{d}y$ 的长方形受内侧压力为

$$\mathrm{d}F_1=p(y)l\mathrm{d}y$$

对上式积分可得内侧压力

$$F_1=\int_0^h p(y)l\mathrm{d}y=\int_0^h(p_0-\rho gy)l\mathrm{d}y=p_0lh-\frac{1}{2}\rho glh^2$$

作用于玻璃板上相同部分的外侧压力等于大气压强与该部分面积的乘积，即

$$F_2=p_0lh$$

于是，合力为

$$F=F_1-F_2=-\frac{1}{2}\rho glh^2=-\frac{2l\alpha^2}{\rho gd^2}$$

式中的负号表示玻璃板内侧所受压力小于外侧所受压力，即两块玻璃板有相互靠

拢的趋势。

## 习　　题

1. 为了测定液体的表面张力系数，可称量从毛细管脱离的液滴质量，并测量在脱离的瞬间液滴颈的直径 $d$，得到 318 滴液体的质量是 5.0 g，$d=0.7$ mm，求此液体的表面张力系数。

2. 把一个液滴从液体内移出，并将其举到距液面 $h$ 处。证明形成此液滴所需做的功 $A$ 与举高这液滴所需要的功 $A'$ 之比为

$$\frac{A}{A'}=\frac{3\alpha}{r\rho gh}$$

其中 $\alpha$ 是液体的表面张力系数，$\rho$ 是液体密度，$r$ 是液滴半径。

3. 液体的等温压缩系数定义为

$$\beta=-\frac{1}{V}\frac{\mathrm{d}V}{\mathrm{d}p}$$

假设液体对空气的表面张力系数为 $\alpha$，试导出半径为 $r$ 的液滴的密度随 $\alpha$ 和 $\beta$ 的变化关系式。

4. 一个半径为 $1.0\times10^{-2}$ m 的球形泡在压强为 $1.016\times10^{5}$ Pa 的大气中吹成。如泡膜的表面张力系数 $\alpha=5.0\times10^{-2}\ \mathrm{N\cdot m^{-1}}$，问周围的大气压多大，才可使泡的半径增加为 $2.0\times10^{-2}$ m? 设这种变化是在等温下进行的。

5. 在深为 $h=2.0$ m 的水池底部产生的直径为 $d=5.0\times10^{-5}$ m 的气泡，等温地上升到水面上时，直径为多大? 水的表面张力系数 $\alpha=7.3\times10^{-2}\ \mathrm{N\cdot m^{-1}}$。

6. 某灯芯能把水引到 80 mm 的高度，问酒精在这灯芯中可以上升多高? 水的表面张力系数 $\alpha=7.3\times10^{-2}\ \mathrm{N\cdot m^{-1}}$，酒精的表面张力系数为 $2.23\times10^{-2}\ \mathrm{N\cdot m^{-1}}$，密度为 $7.9\times10^{2}\ \mathrm{kg\cdot m^{-3}}$，接触角为 0。

7. 如图所示，盛有水的 U 形管中，细管和粗管的水面高度差 $h=0.08$ m，测得粗管的内半径 $r_1=0.005$ m，若为完全润湿，且已知水的表面张力系数 $\alpha=0.073\ \mathrm{N\cdot m^{-1}}$，求细管的半径 $r_2$。

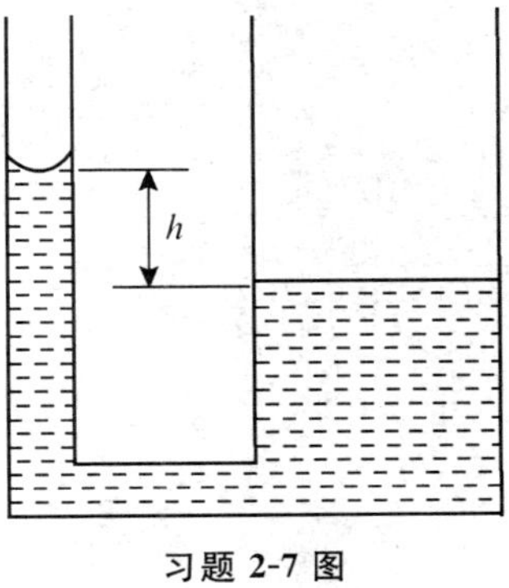

习题 2-7 图

8. 在内直径 $d_1=2.00$ mm 的玻璃细管内，插入一根直径 $d_2=1.50$ mm 的玻璃棒，棒与细管同轴。若为

完全润湿，试确定在管和棒之间的环状间隙内，由于毛细作用水上升的高度。水的表面张力系数 $\alpha=7.3\times10^{-2}\ \mathrm{N\cdot m^{-1}}$。

9. 如果水的表面张力系数 $\alpha=(70-0.15t)\times10^{-3}\ \mathrm{N\cdot m^{-1}}$，式中 $t$ 为摄氏温度，问温度由 20 ℃升到 70 ℃时，直径为 $d_1=0.1\ \mathrm{mm}$，$d_2=0.3\ \mathrm{mm}$ 的两连通毛细管中水面高度差 $h$ 变化多少？（已知接触角为零）

10. 有两块圆形玻璃平板，其中一块的边缘上有一个高度 $h=2.00\ \mu\mathrm{m}$ 的环形凸出部分。在平板间放进体积 $V=15.0\ \mathrm{mm}^3$ 的一滴水，于是平板相互紧贴在一起，如图所示。为使它们彼此分开，试问需要对这对平板施加多大的力 $F$？已知水完全润湿玻璃平板，水的表面张力系数 $\alpha=7.3\times10^{-2}\ \mathrm{N\cdot m^{-1}}$。

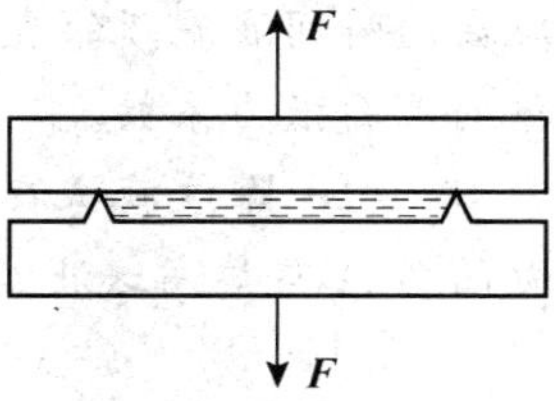

习题 2-10 图

# 第3章　气体动理论

气体动理论是统计物理的基础。气体动理论从物质的微观结构出发，在模型性假设的基础上，运用统计平均的方法来揭示物质的宏观量与微观量之间的内在联系，以说明热现象宏观量的微观本质。

## 3.1　理想气体状态方程

### 3.1.1　宏观描述与微观描述

宏观物体由大量微观粒子组成，微观粒子处于永不停息的无序热运动中。微观粒子数量如果足够大，将遵从一定的统计规律。对大量粒子无序热运动相关量的统计平均值就是宏观可测定的物理量。通常，能察觉到的物体称为热力学系统或系统，与系统密切联系的系统以外的部分称为外界。系统常被分成3类：孤立系、封闭系和开放系。

对一个系统的性质及其运动规律从整体上加以描述的方法叫做宏观描述。表征系统状态和属性的物理量称为宏观量。例如气体的压强 $p$、体积 $V$、温度 $T$ 等物理量就是宏观量，可以直接用仪器测量。

宏观物体由非常巨大数量的微观粒子组成，通过对微观粒子运动状态的研究进而对系统的状态加以描述，称为微观描述。描述一个微观粒子运动状态的物理量叫微观量，如分子的质量 $m$、速度 $v$、位置$(x,y,z)$等，一般不能直接测量。

宏观描述和微观描述是描述同一物理现象的两种不同方法，因而有确定的内在联系。由于对每一个分子的运动均建立对应的运动方程来求解一个宏观系统的状态是完全不可能的，因此只能通过求这些微观粒子微观量的统计平均值来描述宏观量与微观量之间的关系，例如气体的压强和气体分子撞击器壁的动量变化率的统计平均值之间有一个关系式。

对热现象的研究，一方面要找到热力学系统各宏观量之间的关系——宏观热力学规律，另一方面要通过求微观量的统计平均值的方法来认识宏观规律的本质。

### 3.1.2 平衡态和非平衡态　热力学平衡

某系统中的气体，如果与外界没有能量和物质的交换，它的密度、温度和压强都将长期保持均匀不变，这种状态叫做平衡态。一般地，在不受外界条件影响下，经过足够长的时间后系统必将达到一个宏观量不随时间变化的状态，称为平衡态。如果气体从一个平衡状态（$p_1, V_1, T_1$）经过无限接近平衡状态的中间状态，足够缓慢地过渡到另一个平衡态（$p_2, V_2, T_2$），则称这一过程为准静态过程或平衡过程。

必须强调的是，要严格区分平衡态与稳恒态。所谓稳恒态是指系统处在非平衡态，但各处宏观状态均不随时间变化，也称为定态。例如，将一根铜棍两端与两个不同温度的热源相接触，有热量从高温端流向低温端，时间足够长以后，铜棍各处温度将不随时间变化，但其各处的温度却是不一样的，铜棍内此时还有能量的输运（热流），此时即为稳恒态。此时的热流，是由于系统受外界影响引起的。

从上述铜棍的情况可以看出，系统处于平衡状态必须满足3个条件：一是热平衡条件，即系统内部的温度应处处相等；二是力学平衡条件，即系统内部各部分之间、系统与外界之间应达到力学平衡，常表现为压强处处相等；三是化学平衡条件，即在无外场作用下系统各部分的化学组成处处相等。也就是说，只有在外界条件不变的情况下同时满足上述3个条件的系统，才没有热流的存在，系统才是处于热力学平衡状态。只有处于热力学平衡态的系统，才可用不含时间的宏观热力学参量（如描述气体的 $p, V, T$ 等，也称热力学坐标）来描述。

### 3.1.3 理想气体状态方程

由大量气体分子构成的气体系统，用气体的宏观量压强 $p$、体积 $V$、温度 $T$ 描述其宏观状态，数学方程式为：$f(p, V, T)=0$，称为气体状态方程。这些分子满足以下条件：

(1)分子的大小与分子间平均距离相比可忽略不计，分子可视为质点，其运动遵守牛顿运动定律；

(2)分子间平均距离很大，除碰撞外，分子之间、分子与器壁之间均无相互作用；

(3)分子间、分子与器壁间的碰撞均为完全弹性碰撞。

上述3条是理想气体的微观模型。由此可定义：由大量的、无规则热运动的、可忽略体积的、完全弹性的刚性分子球构成的气体称为理想气体。理想气体在任何情况下都严格遵守玻意耳-马略特定律（$pV=C$，$T=$常量时）、盖-吕萨克定律[$V=V_0(1+\beta t)$，$p=$常量时]和查理定律[$p=p_0(1+\alpha t)$，$V=$常量时]。在温度不太低、压强不太大时，由上述 3 个定律和阿伏加德罗定律可得到：

$$\frac{p_1V_1}{T_1}=\frac{p_2V_2}{T_2}=\cdots=\frac{p_0V_0}{T_0}=R=8.31\ \mathrm{J\cdot mol^{-1}\cdot K^{-1}}$$
$$=0.082\ \mathrm{m^3\cdot atm\cdot K^{-1}\cdot mol^{-1}}$$

式中 $T_0=273\ \mathrm{K}$，$p_0=1.013\times10^5\ \mathrm{Pa}(1\ \mathrm{Pa}=1\ \mathrm{N\cdot m^{-2}})$，$V_0=22.4\times10^{-3}\ \mathrm{m^3}$，$R$ 为气体普适常量。对于质量为 $M$、摩尔质量为 $\mu$ 的理想气体，有

$$pV=\frac{M}{\mu}RT=\nu RT \tag{3.1}$$

式(3.1)即称为理想气体状态方程。

## 3.2　麦克斯韦气体分子速率分布律

气体分子处于不停息的频繁碰撞和运动中，因此，每一个分子的运动速率都是经常变化的。但一定温度下处在平衡态的理想气体分子的运动速率，总体地讲，却严格遵守确定的统计规律，这就是麦克斯韦首先从理论上导出的气体分子速率分布规律。

### 3.2.1　麦克斯韦气体分子速率分布律

实验证明，一定温度下，气体分子的运动速率有确定的分布。每一个足够小的速率间隔 $\mathrm{d}v$ 中，都有确定的分子数 $\mathrm{d}N$ 分布其间，因而分布在单位速率区间内的分子数占总分子数的百分比应为$\frac{\mathrm{d}N}{N\mathrm{d}v}$。由于气体分子所占据空间的连续性，这种分布$\frac{\mathrm{d}N}{N\mathrm{d}v}$就成为 $v$ 的一个连续函数，叫做速率分布函数，用 $f(v)$表示：

$$f(v)=\frac{\mathrm{d}N}{N\mathrm{d}v} \tag{3.2}$$

函数 $f(v)$的物理意义是：气体分子在速率 $v$ 附近单位速率间隔的概率，也叫概率密度。1859 年麦克斯韦从理论上导出，在温度 $T$ 时处于平衡态的气体，分子速率分布函数的表达式为

$$f(v)=4\pi\left(\frac{m}{2\pi kT}\right)^{3/2}\mathrm{e}^{-mv^2/2kT}v^2 \tag{3.3}$$

其中 $k$ 为玻耳兹曼常量。因此

$$\frac{dN}{N}=f(v)dv=4\pi\left(\frac{m}{2\pi kT}\right)^{3/2}e^{-mv^2/2kT}v^2dv \tag{3.4}$$

这是分布在 $v\sim v+dv$ 区间内的气体分子速率分布律，叫做麦克斯韦速率分布律。在速率 $v_1\sim v_2$ 区间内的分子数为

$$\Delta N = N\int_{v_1}^{v_2} f(v)dv \tag{3.5}$$

对于所有分子，有

$$\int_0^{\infty} f(v)dv = \int_0^{\infty}\frac{dN}{N} = \int_0^{\infty} 4\pi\left(\frac{m}{2\pi kT}\right)^{3/2}e^{-mv^2/2kT}v^2dv = 1 \tag{3.6}$$

式(3.6)称为归一化条件，对应于图 3-1 曲线下的面积。

### 3.2.2 麦克斯韦 3 种统计分子速率

麦克斯韦速率分布律是一个统计规律，用于平衡态气体。常用下述 3 种速率。

1. 最概然速率 $v_p$

由图 3-1 可知，与 $f(v)$ 极大值对应的速率叫做最概然速率，以 $v_p$ 表示。将 $f(v)$ 对 $v$ 求一阶导数并令之为 0，可得

$$v_p=\sqrt{\frac{2kT}{m}}=\sqrt{\frac{2kN_AT}{mN_A}}=\sqrt{\frac{2RT}{\mu}}\approx 1.41\sqrt{\frac{RT}{\mu}} \tag{3.7}$$

其中 $N_A$ 为阿伏加德罗常量。于是 $f_{max}(v)=f(v_p)$，表示在速率 $v_p$ 附近单位速率区间内的分子数占总分子数的比例最大。图 3-2 是两种在不同温度下的麦克斯韦

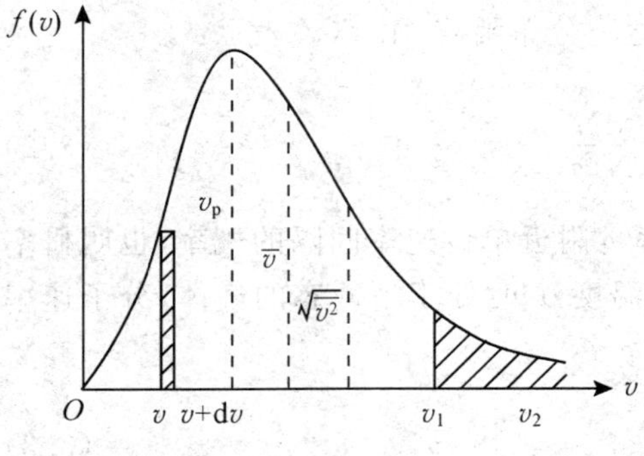


**图 3-1 麦克斯韦速率分布曲线**

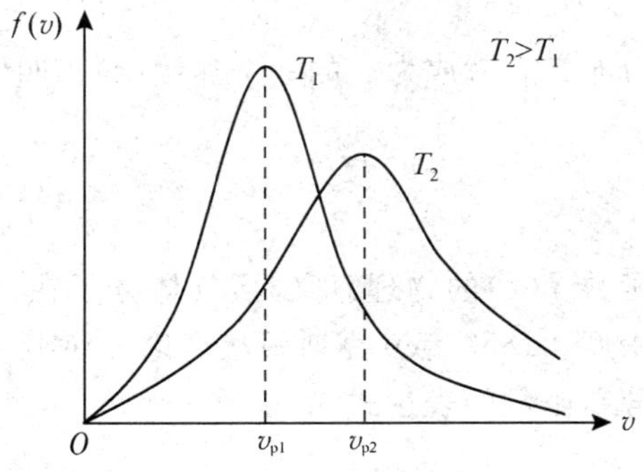


**图 3-2 同种气体不同温度下的麦克斯韦速率分布曲线**

分布曲线，可看出温度对速率分布的影响是：温度越高，$v_p$ 越大，则 $f(v_p)$ 越小。这是由于温度升高，分子运动激烈程度变大，速率大的分子数增多，曲线向高速率区域延伸，而曲线下的总面积恒为 1，所以速率曲线变得平坦。一般地，当温度升高时，$v_p$ 增大，曲线的极值点向分子速率大的方向移动；当分子的摩尔质量增大时，$v_p$ 减小，曲线的极值点向分子速率小的一方移动。

2. 平均速率 $\bar{v}$

大量分子速率的算术平均值叫做气体分子的平均速率 $\bar{v}$，见图 3-1。由于气体分子的速率分布是连续的，有

$$\bar{v} = \int_0^\infty v\frac{\mathrm{d}N}{N} = \int_0^\infty vf(v)\mathrm{d}v$$

将式(3.3)代入上式，得

$$\bar{v}=\sqrt{\frac{8kT}{\pi m}}=\sqrt{\frac{8RT}{\pi\mu}}\approx1.60\sqrt{\frac{RT}{\mu}} \tag{3.8}$$

3. 方均根速率 $\sqrt{\overline{v^2}}$

与求平均速率相同的理由，分子速率的平方平均值为

$$\overline{v^2} = \frac{\int v^2\mathrm{d}N}{N} = \int v^2 f(v)\mathrm{d}v = \frac{3kT}{m}$$

因此分子的方均根速率为

$$\sqrt{\overline{v^2}}=\sqrt{\frac{3kT}{m}}=\sqrt{\frac{3RT}{\mu}}\approx1.73\sqrt{\frac{RT}{\mu}} \tag{3.9}$$

由式(3.7)、式(3.8)和式(3.9)可见，分子的 3 种速率值都与 $\sqrt{T}$ 成正比，与 $\sqrt{m}$ 或 $\sqrt{\mu}$ 成反比，且三者关系为 $\sqrt{\overline{v^2}}>\bar{v}>v_p$（见图 3-1）。3 种速率分别用于不同情况：讨论速率分布时，用 $v_p$；讨论分子的平均自由程 $\bar{\lambda}$ 和平均碰撞频率 $\bar{Z}$ 时，用 $\bar{v}$；计算分子的平均平动动能 $\bar{\varepsilon}$ 时，用 $\sqrt{\overline{v^2}}$。

**例 3.1**　已知氧气 20 ℃时处于平衡态，试求氧气分子的 3 种速率。

**解**　氧气的摩尔质量 $\mu = 32\times10^{-3}\ \mathrm{kg\cdot mol^{-1}}$、温度 $T = 293\ \mathrm{K}$、$R = 8.31\ \mathrm{J\cdot mol^{-1}\cdot K^{-1}}$，代入公式得

$$v_p=\sqrt{\frac{2RT}{\mu}}=\sqrt{\frac{2\times8.31\times293}{32\times10^{-3}}}=390(\mathrm{m\cdot s^{-1}})$$

$$\bar{v}=\sqrt{\frac{8RT}{\pi\mu}}=\sqrt{\frac{8\times 8.31\times 293}{3.14\times 32\times 10^{-3}}}=440(\mathrm{m}\cdot\mathrm{s}^{-1})$$

$$\sqrt{\overline{v^2}}=\sqrt{\frac{3RT}{\mu}}=\sqrt{\frac{3\times 8.31\times 293}{32\times 10^{-3}}}=478(\mathrm{m}\cdot\mathrm{s}^{-1})$$

# 3.3 玻耳兹曼分布

## 3.3.1 玻耳兹曼能量分布律

麦克斯韦速率分布律描述处于平衡态的气体在没有外力场作用下分子速率的分布规律，如果考虑外力场，例如重力场的作用，气体分子的空间分布将遵从下面讨论的玻耳兹曼分布律。

麦克斯韦分布律中的因子 $e^{-mv^2/2kT}$ 的指数是与分子平动动能 $\varepsilon_k=mv^2/2$ 有关的量，因此，分布在速率空间 $v\sim v+\mathrm{d}v$ 范围内的分子数为

$$N=\left(\frac{m}{2\pi kT}\right)^{3/2}e^{-\varepsilon_k/kT}4\pi v^2\mathrm{d}v \tag{3.10}$$

玻耳兹曼将能量状态决定分布的思想推广到分子在外力场（如重力场）中的气体分子分布情况的分析。外力场中分子的总能量应当是动能 $\varepsilon_k$ 与势能 $\varepsilon_p$ 之和，这样，式(3.10)中的 $\varepsilon_k$ 就应该用 $\varepsilon=\varepsilon_k+\varepsilon_p$ 来代替。又因 $\varepsilon_k=\varepsilon_k(v^2)$，$\varepsilon_p=\varepsilon_p(x,y,z)$，这时考虑分子的分布就需将分子的速度和位置限定在一定区域内。分子的速度区间为 $v_x\sim v_x+\mathrm{d}v_x$，$v_y\sim v_y+\mathrm{d}v_y$，$v_z\sim v_z+\mathrm{d}v_z$，坐标区间为 $x\sim x+\mathrm{d}x$，$y\sim y+\mathrm{d}y$，$z\sim z+\mathrm{d}z$ 内的分子数为

$$\mathrm{d}N=n_0\left(\frac{m}{2\pi kT}\right)^{3/2}e^{-\frac{\varepsilon_k+\varepsilon_p}{kT}}\mathrm{d}v_x\mathrm{d}v_y\mathrm{d}v_z\mathrm{d}x\mathrm{d}y\mathrm{d}z。 \tag{3.11}$$

或处于上述速度和坐标区间内单位速率间隔单位体积的分子数为

$$\frac{\mathrm{d}N}{\mathrm{d}v_x\mathrm{d}v_y\mathrm{d}v_z\mathrm{d}x\mathrm{d}y\mathrm{d}z}=n_0\left(\frac{m}{2\pi kT}\right)^{3/2}e^{-(\varepsilon_k+\varepsilon_p)/kT} \tag{3.12}$$

式中 $n_0$ 表示 $\varepsilon_p=0$ 处单位体积内含有各种速度的分子数。式(3.12)反映气体分子按能量的分布规律，叫做玻耳兹曼分布律。由式(3.11)或式(3.12)可知，当温度一定时，在相同的区间内，分子的总能量 $\varepsilon=\varepsilon_k+\varepsilon_p$ 越大，分子数就越少，从统计分布规律看，分子总是优先占据低能量状态。

### 3.3.2 大气分子分布

为进一步推出分子按势能 $\varepsilon_p$ 的分布规律，我们可求出在坐标区间 $x\sim x+\mathrm{d}x$，$y\sim y+\mathrm{d}y$，$z\sim z+\mathrm{d}z$ 内具有各种速度的分子数 $\mathrm{d}N'$：

$$\mathrm{d}N' = n_0\left[\int_{-\infty}^{\infty}\left(\frac{m}{2\pi kT}\right)^{3/2}\mathrm{e}^{-\varepsilon_k/kT}\mathrm{d}v_x\mathrm{d}v_y\mathrm{d}v_z\right]\mathrm{e}^{-\varepsilon_p/kT}\mathrm{d}x\mathrm{d}y\mathrm{d}z$$

由于方括号内积分为 1，因而

$$\mathrm{d}N' = n_0\mathrm{e}^{-\varepsilon_p/kT}\mathrm{d}x\mathrm{d}y\mathrm{d}z \tag{3.13}$$

以体积元 $\mathrm{d}V=\mathrm{d}x\mathrm{d}y\mathrm{d}z$ 除式(3.13)两端，即得势能为 $\varepsilon_p$ 处单位体积内各种速度的分子数

$$n = n_0\mathrm{e}^{-\varepsilon_p/kT} \tag{3.14}$$

式(3.14)就是分子按势能的分布律。地球表面分子的重力势能为 $\varepsilon_p=mgh$，由此知，地球表面气体分子按离地面高度的分布关系为

$$n = n_0\mathrm{e}^{-mgh/kT} \tag{3.15}$$

式(3.15)中 $n_0$ 和 $n$ 分别为 $z=0$ 和 $z=h$ 处的气体分子数密度，它表明 $n$ 随高度的增大而指数减小，分子的质量越大，$n$ 就减小得越快；气体的温度越高，分子的无规热运动就越激烈，$n$ 就减小得越慢。

## 3.4 能量均分定理

除了前面提出的理想气体分子模型，在具体运用时，还必须作出统计假设。根据平衡态气体分子分布处处均匀的事实，这些分子还必须同时满足：

(1)单位体积气体内分子数完全相同；

(2)等概率性，即由于理想气体大量分子的频繁碰撞，分子沿各个方向运动的机会完全相等；

(3)分子在各个方向上的速度分量的各种平均值也相等。

上述 3 条即为理想气体模型的统计假设。

气体分子通常有一定大小和一定的结构，并非任何时候都可以被视为质点。双原子分子和多原子分子，除了平动外，还会有转动和振动。因此，气体分子的动能一般来说应包括平动、转动和振动三部分动能以及由分子振动引起的势能；另

外，分子间具有相互作用力，从而也具有一定的势能。

### 3.4.1 理想气体的压强公式

气体压强是大量气体分子不断碰撞器壁的结果。理想气体分子被视为刚性小球，分子与器壁做完全弹性碰撞，分子作用在器壁上的冲力方向与器壁垂直。

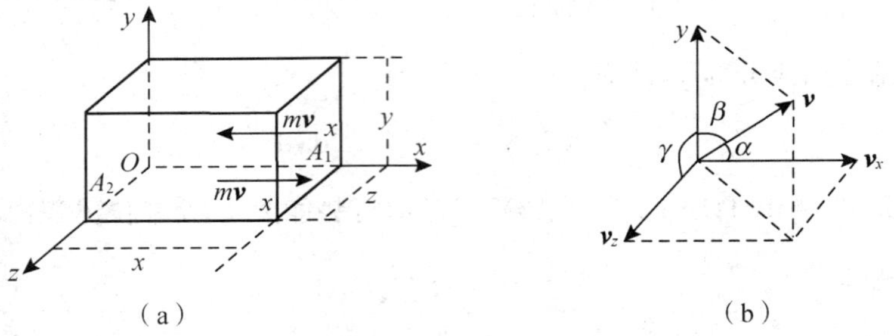


**图 3-3 气体压强公式的推导**

如图 3-3(a)所示，取边长为 $x,y,z$ 的矩形容器，其内有 $6N$ 个全同气体分子，每个分子质量为 $m$。忽略重力影响，气体处于平衡态时，向各方向作热运动的分子数都相等，因此器壁各处压强相等。若能求出任意壁面如 $A_1$ 面上的压强，即可知整个气体的压强。按以下步骤推导容器内气体压强：

1）$\Delta t$ 时间内分子施于 $A_1$ 面的冲量　在容器中任选第 $i$ 个分子，速度为 $v_i$，速度分量分别为 $v_{ix}, v_{iy}, v_{iz}$，如图 3-3(b)所示。分子 $i$ 与器壁碰撞过程中的动量改变量为 $\Delta p=(-mv_{ix})-mv_{ix}=-2mv_{ix}$，按动量定理，这就是 $A_1$ 面施予分子的冲量，再由牛顿第三定律，分子施予器壁 $A_1$ 面的冲量应为 $I_i=2mv_{ix}$，分子 $i$ 与 $A_1$ 面连续两次碰撞需在 $x$ 方向经过的路程应为 $2x$，所需时间为 $2x/v_{ix}$，则 $\Delta t$ 时间内分子 $i$ 与 $A_1$ 面碰撞的次数为 $\Delta t/(2x/v_{ix})=\Delta t\cdot v_{ix}/2x$，分子对器 $A_1$ 壁的总冲量为

$$I=\sum_{i=1}^{N} I_i=\frac{m\Delta t}{x}\sum_{i=1}^{N} v_{ix}^2 \quad \text{或} \quad F=\frac{I}{\Delta t}=\frac{m}{x}\sum_{i=1}^{N} v_{ix}^2$$

虽然总冲量是一个一个分子间断地施于器壁冲量的累加，但由于分子的数目十分巨大，总的效果是使器壁受到一个连续而均匀的冲击力，所以 $A_1$ 面上气体的压强为

$$p=\frac{F}{yz}=\frac{m}{xyz}\sum_{i=1}^{N} v_{ix}^2=\frac{m}{V}\sum_{i=1}^{N} v_{ix}^2$$

若在上式右端分子分母同乘以 $N$，则有

$$p=\frac{Nm}{V}\sum_{i=1}^{N}\frac{v_{ix}^2}{N}=nm\left(\frac{v_{1x}^2+v_{2x}^2+\cdots+v_{Nx}^2}{N}\right)=nm\,\overline{v_x^2} \tag{3.16}$$

其中 $n=N/V$，是气体的分子数密度。

2)气体压强 $p$　$p$ 是一个统计平均值。由统计假设，平衡态下大量气体分子在 $x,y,z$ 三个方向的速度分量的方均值应相等，即

$$\overline{v_x^2}=\overline{v_y^2}=\overline{v_z^2}\quad 且有\quad \overline{v^2}=\overline{v_x^2}+\overline{v_y^2}+\overline{v_z^2}$$

所以

$$\overline{v_x^2}=\overline{v_y^2}=\overline{v_z^2}=\frac{\overline{v^2}}{3} \tag{3.17}$$

将式(3.17)代入式(3.16)，得到理想气体压强公式

$$p=\frac{1}{3}nm\,\overline{v^2}=\frac{2}{3}n\left(\frac{1}{2}m\,\overline{v^2}\right)=\frac{2}{3}n\,\bar{\varepsilon}_k \tag{3.18}$$

式(3.18)中

$$\bar{\varepsilon}_k=\frac{1}{2}m\,\overline{v^2} \tag{3.19}$$

为气体分子的平均平动动能。可见，气体对器壁的压强正比于气体分子数密度 $n$ 和分子的平均平动动能 $\bar{\varepsilon}_k$。由于 $\bar{\varepsilon}_k$ 是统计平均值，所以 $p$ 也是统计平均值，但 $p$ 是宏观量，可由实验测出，而 $\bar{\varepsilon}_k$ 是微观量，式(3.18)无法直接由实验验证。

## 3.4.2　理想气体温度公式

从理想气体的状态方程和压强公式，可以导出气体的温度与分子平均平动动能之间的关系，从而揭示温度这一宏观量的微观本质。

将 $M=Nm,\mu=N_Am$，代入式(3.1)可得

$$p=\frac{N}{V}\frac{R}{N_A}T \tag{3.20}$$

式中 $n=\frac{N}{V},k=\frac{R}{N_A}=1.38\times10^{-23}\ \mathrm{J\cdot K^{-1}}$，$k$ 叫做玻耳兹曼常量，于是式(3.20)可写成

$$p=nkT \tag{3.21}$$

将式(3.21)与式(3.18)相比较,可得

$$\frac{1}{2}m\overline{v^2}=\frac{3}{2}kT \tag{3.22}$$

式(3.22)的物理意义是:处于平衡态的理想气体分子的平均平动动能仅与温度有关,与气体的种类无关。气体的温度越高,分子的平均平动动能就越大,分子的热运动程度就越激烈。因此,温度是大量气体分子热运动激烈程度的宏观物理量,是大量分子无序热运动的集体表现,温度是统计量,对于少量分子来说,温度是没有意义的。

如果将大气看作理想气体,将式(3.15)代入式(3.21),可得大气层高度 $h$ 处的气压为

$$p=p_0 e^{-\frac{mgh}{kT}} \tag{3.23}$$

在实际应用中上述等温气压公式常反过来写成

$$h=\frac{kT}{mg}\ln\left(\frac{p_0}{p}\right)=\frac{RT}{\mu g}\ln\left(\frac{p_0}{p}\right) \tag{3.24}$$

**例 3.2** 设容积为 1 $m^3$ 的容器内气体的压强为 1 atm($1.013\times10^5$ Pa),温度为 300 K,试求容器内的气体分子数,这些分子总的平动动能是多少?

**解** 由式(3.21)有

$$N=nV=\frac{pV}{kT}=\frac{1.013\times10^5\times1}{1.38\times10^{-23}\times300}=2.45\times10^{25}$$

由式(3.18)知每个分子的平均平动动能为$\bar{\varepsilon}_k=\frac{1}{2}m\overline{v^2}=\frac{3}{2}kT$,所以题设条件下全部分子总的平动动能应是

$$E_k=N\bar{\varepsilon}_k=\frac{pV}{kT}\frac{3}{2}kT=\frac{3}{2}pV=1.013\times10^5\times\frac{3}{2}\text{ J}=1.52\times10^5\text{ J}$$

### 3.4.3 能量均分定理

1. 气体分子的自由度

确定一个气体分子在空间位置的独立坐标数称为气体分子的自由度。气体分子因结构差异分为单原子分子、双原子分子、多原子分子。

1)单原子分子 单原子分子可视为质点。确定它在空间的位置,需 $x,y,z$ 3

个独立坐标，所以单原子分子只有 3 个平动自由度，即

$$t=3$$

2）双原子分子　刚性双原子分子需 3 个决定其空间位置的平动自由度及 2 个决定其转动位置的转动自由度，即

$$t+r=5$$

对非刚性分子，相邻两原子间相对位置可以改变，原子间作用力可使它们振动，所对应的自由度称振动自由度。非刚性双原子分子有一个沿两原子质心连线振动的振动自由度 $s$，故其总自由度为

$$t+r+s=6$$

3）多原子分子　由 $N(N\geqslant 3)$ 个原子组成的多原子分子的自由度数最多为 $3N$ 个，一般地，这 $3N$ 个自由度中，有 3 个整体平动自由度、3 个整体转动自由度及 $3N-6$ 个振动自由度。在某些温度时，自由度会被“冻结”，总的自由度数会减少。这需要量子统计理论来解释。

2. 能量按自由度均分定理

由式(3.17)有 $\overline{v_x^2}=\overline{v_y^2}=\overline{v_z^2}=\dfrac{\overline{v^2}}{3}$，且 $\overline{v^2}=\overline{v_x^2}+\overline{v_y^2}+\overline{v_z^2}$，注意到式(3.19)，可得

$$\frac{1}{2}m\,\overline{v_x^2}=\frac{1}{2}m\,\overline{v_y^2}=\frac{1}{2}m\,\overline{v_z^2}=\frac{1}{3}\left(\frac{1}{2}m\,\overline{v^2}\right)=\frac{1}{3}\left(\frac{3}{2}kT\right)=\frac{1}{2}kT \tag{3.25}$$

式(3.25)说明，处于温度为 $T$ 的平衡态的气体中，分子热运动动能平均分配到分子的每一个自由度的平均动能都是 $kT/2$。这就是能量按自由度均分定理。

能量均分定理仅限于均分动能。对于振动能量，由于分子中原子的振动都是振幅非常小的谐振动，每一周期内振动的平均动能和平均势能相等，所以对每一分子的每一个振动自由度，除动能外还有振动势能，且平均动能和平均势能都是 $kT/2$，因此，一个振动自由度均分 $kT$ 的能量，于是分子的能量为

$$\varepsilon=(t+r+2s)\frac{1}{2}kT=\frac{1}{2}ikT \tag{3.26}$$

式中 $i=t+r+2s$。

几点说明：①只有平衡态下才能应用能量均分定理。②能量均分定理是关于热运动的统计规律，是对大量分子的统计平均结果。③能量均分定理既适用于气体，一般也可用于液体和固体。④若在某些条件下并不遵守能量均分定理，需用量

子统计理论来加以说明。

### 3.4.4 理想气体的内能

气体的所有分子热运动动能与势能之和，称为气体的内能。对理想气体，由于不考虑分子间的相互作用，所以理想气体的内能只是分子各运动形式的能量总和。每个分子的平均总能量是$\frac{i}{2}kT$，1 mol 理想气体分子数为 $N_A$，其内能是

$$E_m = N_A\,\bar{\varepsilon} = N_A\,\frac{i}{2}kT = \frac{i}{2}N_A kT = \frac{i}{2}RT \tag{3.27}$$

任意质量的理想气体的内能为

$$E = \frac{M}{\mu}\frac{i}{2}RT = \frac{i}{2}\nu RT \tag{3.28}$$

很明显，在理想气体的自由度给定的情况下，内能仅仅是温度的函数，即 $E=E(T)$，这是理想气体的一个非常重要的性质。表 3-1 给出了理想气体分子自由度与分子平均能量的关系。

**表 3-1 理想气体分子自由度与分子平均能量的关系**

| 分子类型 | 单原子分子 | 双原子分子 | | 多原子分子 | |
|---|---|---|---|---|---|
| | | 刚性 | 非刚性 | 刚性 | 非刚性 |
| 自由度 | 3 | $t+r=5$ | $t+r+s=6$ | $t+r=6$ | $t+r+s=3+3+(3N-6)$ |
| 分子平均能量 $\varepsilon$ | $3kT/2$ | $5kT/2$ | $7kT/2$ | $3kT$ | $(3N-3)kT$ |
| 1 mol 理想气体内能 $E_m$ | $3RT/2$ | $5RT/2$ | $7RT/2$ | $3RT$ | $(3N-3)RT$ |

## 3.5 分子的平均碰撞频率和平均自由程

分子的碰撞问题是气体动理论的重要问题之一。常温下气体分子的运动速率可达每秒数百米，但打开的香水常需要较长时间才能闻到，这是由于气体分子在运动过程中频繁碰撞，不断改变运动方向和运动速率，因而经历了十分曲折的路程。

单个气体分子与其他分子的碰撞是完全随机的，即单位时间内与其他分子碰撞多少次，每一次碰撞会和哪一个分子、在什么地方、什么时候，两次碰撞之间可以自由地走过多长的路程等，都是不确定的。显然，可任取一个分子 A 作为代表，来研究气体分子的碰撞所遵循的统计规律。

### 3.5.1　分子的平均碰撞频率

单位时间内分子碰撞的平均次数，称为分子的平均碰撞频率，用 $\overline{Z}$ 表示。如图 3-4 所示，为便于分析，设给定的气体分子数密度为 $n$，分子有效直径为 $d$，令任一分子 A 以平均速率 $\overline{v}$ 运动，其他分子静止。以分子 A 的运动轨迹为中心线，按其碰撞次序作一通道如图 3-5 所示，通道半径为分子有效直径。在分子 A 运动过程中，只有球中心位于通道内的分子，才有可能与分子 A 相碰撞。$\Delta t$ 时间内分子 A 走过的路程为 $\overline{v}\Delta t$，形成的圆柱形通道体积为 $\pi d^2\overline{v}\Delta t$，圆柱通道内的分子数为 $n\pi d^2\overline{v}\Delta t$，则分子 A 在单位时间内与分子碰撞的平均次数是

$$\overline{Z}=\frac{n\pi d^2\overline{v}\Delta t}{\Delta t}=n\pi d^2\overline{v}$$

上述结果是假定只有一个分子运动、其余分子都静止得出来的。实际上，所有分子都在运动，而且各个分子的运动速率不尽相同，因此式中的平均速率 $\overline{v}$ 应修正为平均相对速率 $\overline{u}$。由麦克斯韦速率分布律可以证明，同种气体分子的平均速率 $\overline{v}$ 和它的平均相对速率 $\overline{u}$ 间的关系是 $\overline{u}=\sqrt{2}\overline{v}$，由此，气体分子的平均碰撞频率为

$$\overline{Z}=\sqrt{2}\pi d^2 n\overline{v} \tag{3.29}$$

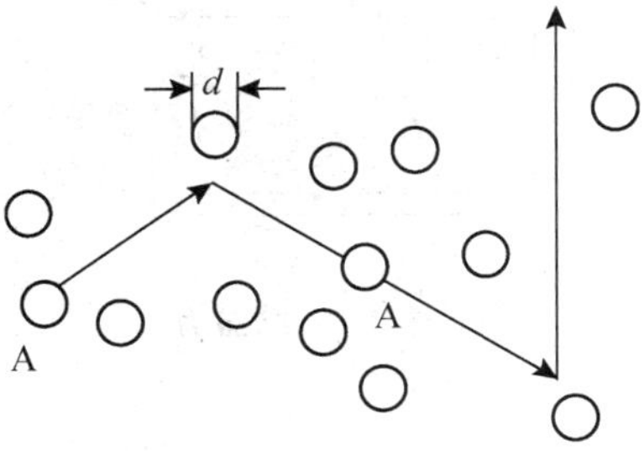

图 3-4　分子碰撞轨迹

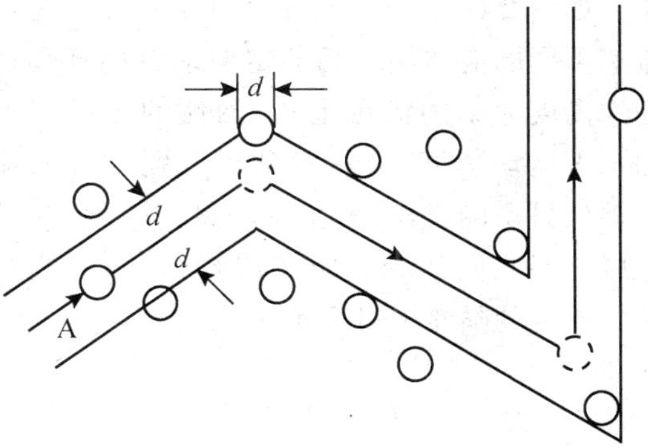

图 3-5　碰撞频率

### 3.5.2　分子的平均自由程

定义分子相邻两次碰撞之间走过的路程为自由程。$\Delta t$ 时间内走过的自由程的平均值叫做平均自由程 $\overline{\lambda}$。

$$\bar{\lambda}=\frac{\bar{v}\Delta t}{\bar{Z}\Delta t}=\frac{\bar{v}}{\sqrt{2}\pi d^2 n\bar{v}}=\frac{1}{\sqrt{2}\pi d^2 n} \tag{3.30}$$

由 $p=nkT$，式(3.30)可表示为

$$\bar{\lambda}=\frac{kT}{\sqrt{2}\pi d^2 p} \tag{3.31}$$

式(3.30)和式(3.31)首先由麦克斯韦给出，称为麦克斯韦平均自由程公式。

## 3.6 输运现象的气体动理论

分子动理论的终极目的是描述气体由非平衡态转入平衡态的过程。所谓平衡态应该是一种动态平衡，稍稍偏离平衡态的状态称为近平衡态。不难理解，由于大量气体分子永不停息的不规则的热运动，必然导致分子密度、动量、动能等的非均匀分布，同时也就会造成物质、动量、动能的输运，从而产生气体的宏观输运现象。这是一种近平衡态向平衡态发展的过程。我们以黏滞性、扩散和热传导为例予以简单说明。

### 3.6.1 气体的黏滞性

如图 3-6 所示，常压下气体的黏滞性是由于流速不同的流体层之间的定向动量的迁移产生的。高度为 $z$ 的流层上、下两侧的分子有不同的水平运动速度，当一对分子分别穿过 $z$ 流面运动到另一侧时，就发生了动量的交换，从而发生层与层之间运动的阻碍或者拖动，形成黏滞性。产生的黏滞力可表示为

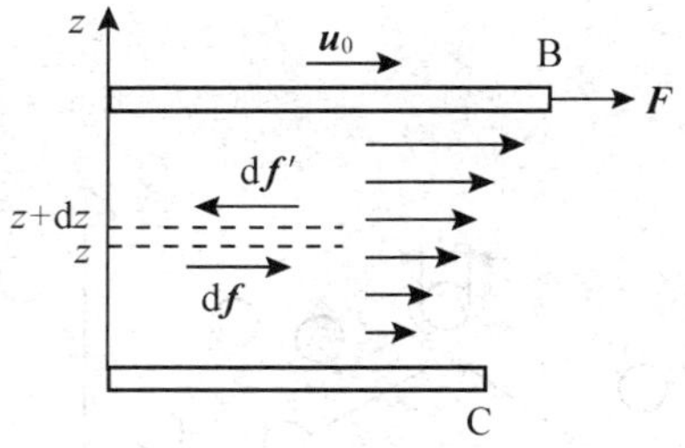


图 3-6 黏滞力

$$f=-\eta\frac{\mathrm{d}u}{\mathrm{d}z}A \tag{3.32}$$

式中 $\eta$ 称为流体的黏滞系数(又称黏度)，表征流体的性质；$A$ 为上、下流层的接触面积。理论上可以导出

$$\eta=\frac{1}{3}nm\bar{v}\bar{\lambda}=\frac{1}{3}\rho\bar{v}\bar{\lambda} \tag{3.33}$$

$\eta$ 的单位是 Pa・s，1 Pa・s=1 N・s・$m^{-2}$=1 kg・$m^{-1}$・$s^{-1}$。式(3.33)中，$n$ 和 $m$

分别是分子数密度和分子质量，$\bar{v}$ 和 $\bar{\lambda}$ 分别是分子的平均速率和平均自由程。$\eta$ 与气体的压强无关。麦克斯韦和迈耶等人曾在几个毫米汞柱到几个标准大气压的压强范围内做实验，证实了这个结论，从而有力地支持了气体动理论。

### 3.6.2　热传导

气体内各部分温度不均匀时，由于分子的无序热运动，将有热量从高温处传向低温处，这种现象叫热传导。如图 3-7 所示，气体内高度为 $z+\mathrm{d}z$ 和 $z$ 处的温度分别为 $T+\mathrm{d}T$ 和 $T$，显然 $\frac{\mathrm{d}T}{\mathrm{d}z}$ 描述了温度在 $\mathrm{d}z$ 邻域的变化。如果定义物理量对空间的变化率（一阶导数）称为这种物理量的梯度，则 $\frac{\mathrm{d}T}{\mathrm{d}z}$ 称为温度梯度。实验证明，$\mathrm{d}t$ 时间内通过面元 $\mathrm{d}S$ 沿 $z$ 方向传递的热量为

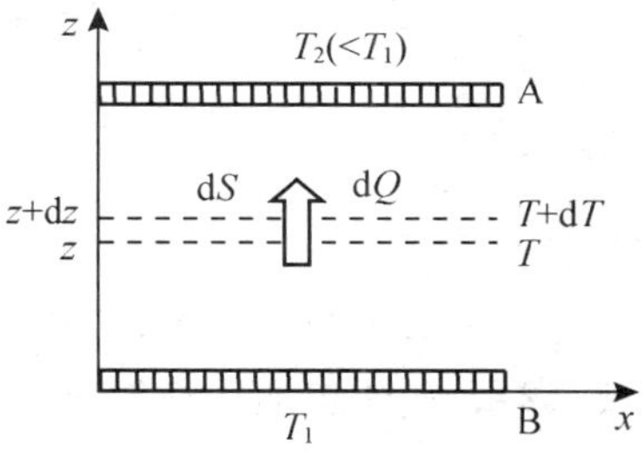


图 3-7　热传导

$$\mathrm{d}Q=-\kappa\left(\frac{\mathrm{d}T}{\mathrm{d}z}\right)_z \mathrm{d}S\mathrm{d}t \tag{3.34}$$

其中 $\kappa$ 叫做热导率，与气体的种类和状态有关，单位是 $\mathrm{W}\cdot\mathrm{m}^{-1}\cdot\mathrm{K}^{-1}$。热传导的机制也是由于气体分子无序热运动通过 $\mathrm{d}S$ 面元上下交换分子热运动能量实现的。由此可得到气体热导率 $\kappa$ 与分子运动的微观量的统计平均值的关系为

$$\kappa=\frac{1}{3}nm\bar{v}\bar{\lambda}C_V \tag{3.35}$$

式中 $C_V$ 是气体的定体热容，具体定义将在第 4 章给出。

### 3.6.3　扩散

某种物质各处的分布不均匀时，将会发生该物质从密度较大的区域向密度较小的区域迁移，称为扩散。考虑一种最简单的扩散现象，如图 3-8 所示。

某种气体的温度、压强各处相等，但其密度 $\rho$ 是 $z$ 的函数，分子分布的非均匀性形成密度梯度 $\frac{\mathrm{d}\rho}{\mathrm{d}z}$。实验证明，$\mathrm{d}t$ 时间内通过 $\mathrm{d}S$ 面产生的该种气体物质的迁移量为

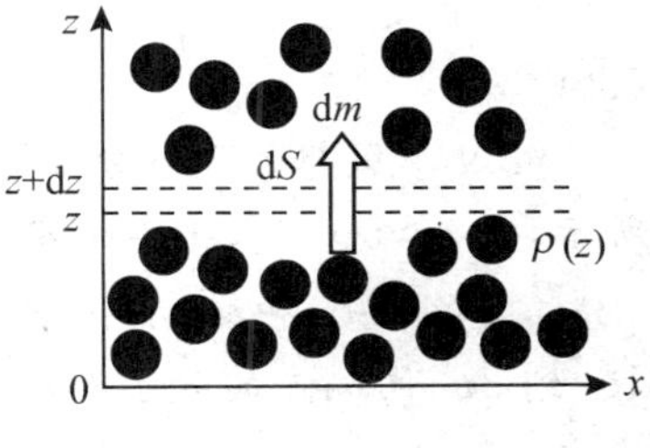


图 3-8　扩散现象

$$dM = -D\left(\frac{d\rho}{dz}\right)_z dSdt \tag{3.36}$$

式中 $D$ 为扩散系数，其大小与气体性质有关。我们同样可用分子的无规则热运动来解释这种物质质量的输运现象，由此可得气体扩散系数

$$D = \frac{1}{3}\bar{v}\bar{\lambda} \tag{3.37}$$

## 习　题

1. 一容器内贮有氧气，其压强 $p=1$ atm，温度 $T=27$ ℃，求：(1)单位体积的分子数；(2)氧气的密度；(3)氧分子的质量；(4)分子间的平均距离；(5)分子的平均动能；(6)若容器为边长为 0.30 m 的立方体，当一个分子下降的高度等于容器的边长时，将重力势能的改变与其平均平动动能相比较。

2. 1 mol 氦气，分子热运动的平动动能总和为 $3.75\times10^3$ J，求氦气的温度。

3. 双原子分子气体的温度 $T=273$ K，压强 $p=1.03\times10^3$ Pa，密度 $\rho=1.24\times10^{-2}$ kg·m$^{-3}$，求：(1)气体分子的方均根速率；(2)气体的分子量，并确定它是什么气体。

4. 求温度为 127 ℃的氢分子和氧分子的平均速率、方均根速率和最概然速率。

5. 在什么温度下氧分子的方均根速率是室温(300 K)下的一半？在什么温度下氧分子的方均根速率等于 273 K 时氢分子的方均速根率？

6. 根据麦克斯韦分布律求速率倒数的平均值$\overline{1/v}$，并与平均值的倒数 $1/\bar{v}$ 比较。

7. 某种气体分子在温度 $T_1$ 时的平均速率等于温度为 $T_2$ 时的方均根速率，求$\frac{T_2}{T_1}$。

8. 由麦克斯韦速率分布求 $(\overline{v^3})^{1/3}$ 和 $(\overline{v^4})^{1/4}$。

9. $N$ 个假想的气体分子，其速率分布如图所示，当 $v>5v_0$ 时，速率为零。

(1)根据 $N$ 和 $v_0$ 求 $a$ 的值；(2)求速率在 $2v_0$ 到 $3v_0$ 间隔内的分子数；(3)求分子的平均速率。

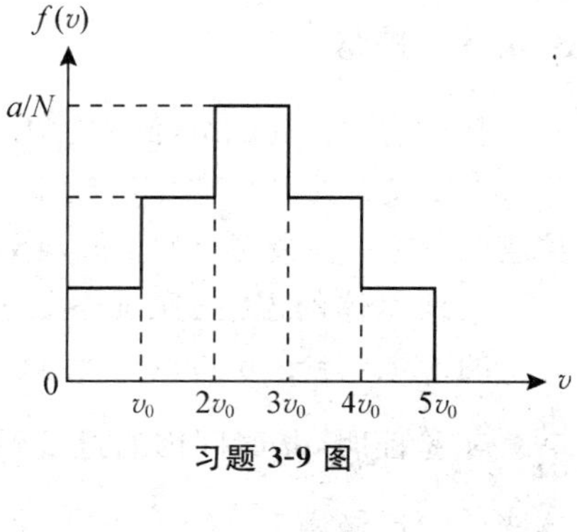


习题 3-9 图

10. 在某温度 $T$ 时，氮（$N_2$）分子的方均根速率比平均速率大 50 $m \cdot s^{-1}$，试求温度 $T$。

11. 试根据麦克斯韦速率分布律证明：分子平动动能在 $\varepsilon$ 到 $\varepsilon + d\varepsilon$ 区间的概率为

$$f(\varepsilon)d\varepsilon = \frac{2}{\sqrt{\pi}}(kT)^{-3/2}e^{-\varepsilon/kT}\sqrt{\varepsilon}d\varepsilon$$

其中 $\varepsilon = mv^2/2$。根据上式求分子平动动能的最概然值。

12. 在 $T = 300$ K 时，1 mol 氮（$N_2$）处于平衡状态。试问下列量等于多少：(1)全部分子的速度的 $x$ 分量之和；(2)全部分子的速度之和；(3)全部分子的速度的平方和；(4)全部分子的速度的模之和。

13. 试证明：平衡态下单位时间碰到单位面积器壁上的分子数为 $\frac{1}{4}n\bar{v}$。$n$ 为单位体积的分子数，$\bar{v}$ 为分子的平均速率。

14. 容器中大量的气体分子处于绝对温度为 $T$ 的平衡态，每个分子的质量为 $m$。分子从器壁的小孔射出，求在射出的分子束中，分子的平均速率和方均根速率。

15. 飞机起飞前，舱中的压强计指示为 1.0 atm，温度为 300 K，起飞后压强计指示为 0.80 atm，温度仍为 300 K。试计算飞机距地面的高度。（空气的平均摩尔质量 $28.97 \times 10^{-3}$ $kg \cdot mol^{-1}$）

16. 15 题中的飞机上升到什么高度时，大气压强降为地面的 75%？（设空气温度为 273 K）

17. 在容积为 0.01 $m^3$ 的容器中，装有 0.01 kg 气体，若气体分子的方均根速率为 200 $m \cdot s^{-1}$，问气体的压强是多少 Pa？

18. 玻璃瓶内装有温度 $T = 293$ K 的 1 mol 单原子理想气体，为使其分子的平均速率增加 1%，试问需传给气体多少热量？

19. 今测得温度为 15 ℃、压强为 $p = 1.03 \times 10^5$ Pa 时氩分子和氖分子的平均自由程分别为 $\bar{\lambda}_A = 6.3 \times 10^{-8}$ m，$\bar{\lambda}_{Ne} = 13.2 \times 10^{-8}$ m。问：(1)氩分子和氖分子有效直径之比是多少？(2)温度为 20 ℃、压强为 $2.03 \times 10^4$ Pa 时 $\bar{\lambda}_A$ 是多少？

20. 电子管的真空度为 $1.33 \times 10^{-3}$ Pa，设空气分子的有效直径为 $3.0 \times 10^{-10}$ m，空气的平均摩尔质量是 $28.97 \times 10^{-3}$ $kg \cdot mol^{-1}$，求 300 K 时单位体积内的分子数、平均自由程和碰撞频率。

# 第4章 热力学基础

第3章从物质的微观结构出发，在经典力学基础上运用统计平均的方法，研究了气体分子热运动规律。本章将用宏观方法研究热力学系统状态发生变化的普遍规律。

## 4.1 热力学第一定律

热力学第一定律是普遍意义的能量守恒和转换定律在热力学中的具体应用。在热力学中，被研究的物体或物体组称为系统或热力学系统，与系统有相互作用的环境称为外界。

一个系统的状态随时间变化，称为热力学过程，简称过程。如果在实际过程中任何时刻，系统都无限地接近平衡态，则称这一过程为准静态过程。系统经准静态过程由非平衡态过渡到平衡态所经历的时间叫做弛豫时间 $\tau$，所涉及到的能量就是系统的内能，即分子热运动的能量。热力学第一定律描述系统内能的变化与做功和热量传递的关系。本节利用热力学第一定律分析气体的几种典型过程，最后介绍循环过程及其效率。

### 4.1.1 系统的内能、功和热量

1. 系统的内能

热力学系统的能量依赖于系统的状态。由式(3.28)知理想气体内能为

$$E=\frac{M}{\mu}\frac{i}{2}RT=\nu\frac{i}{2}RT$$

显然，气体内能是温度 $T$ 的单值函数 $E=E(T)$，与气体的状态量 $p$、$V$ 无关。

2. 功和热量

从热力学的观点看，传递热量和做功是改变系统内能的2种方式。外界向系统传热和对系统做功，会使系统的内能增加；反之，会使系统的内能减少。用上述方法研究系统内能相互转化的规律和条件称为热力学的研究方法。从改变系统内

能的作用看,功和热量是等效的,但有本质的区别:做功是由系统宏观位移表现的,而热量传递则是通过微观分子的相互作用实现的。

### 4.1.2　热力学第一定律

假设系统从外界吸收热量 $Q$,同时系统对外界做功 $A$,使系统内能由初始的 $E_1$ 改变为 $E_2$,由能量守恒定律可得

$$Q=(E_2-E_1)+A \tag{4.1}$$

式(4.1)就是热力学第一定律的表达式,其物理意义是系统从外界吸收的热量等于系统内能的增量和系统对外做功之和。

在此我们约定:系统从外界吸热,$Q>0$,系统向外界放热,$Q<0$;系统对外做功,$A>0$,外界对系统做功,$A<0$;系统内能增加,$\Delta E=(E_2-E_1)>0$,系统内能减少,$\Delta E=(E_2-E_1)<0$。

应该看到,式(4.1)所描述的是宏观的热力学过程,对于系统发生的一个微小过程,热力学第一定律为

$$\mathrm{d}Q=\mathrm{d}E+\mathrm{d}A \tag{4.2}$$

热力学第一定律是自然界的一条普适定律,它使人们真正认识到,要使系统对外做功,就必须消耗系统的内能或从外界吸收热量,或既吸热又消耗内能,因而那种既不消耗系统内能又不需要外界向系统传递热量就能永不间断地对外做功的第一类永动机是绝对做不成的。

### 4.1.3　平衡过程中的热力学第一定律

理想气体从一个状态到另一状态的变化,实际上是经历一系列平衡态后达到的。如图 4-1 所示,设热机气缸中的气体从状态Ⅰ($p_1,V_1,T_1$),经历不同平衡过

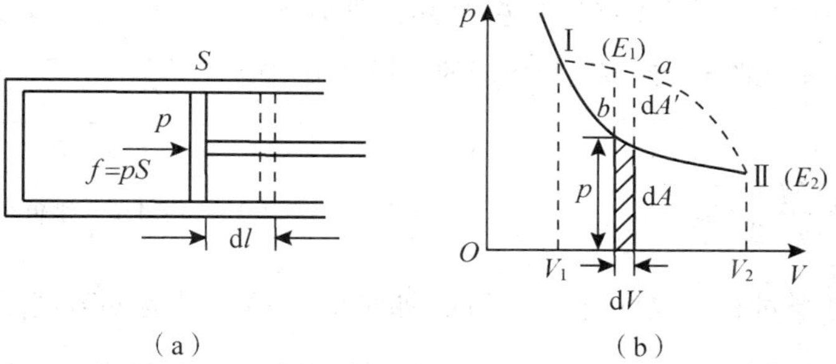


**图 4-1　理想气体做功与过程有关**

程变到状态Ⅱ($p_2, V_2, T_2$),相应内能也从 $E_1$ 变到 $E_2$。在图 4-1(a)中,气缸中气体压强为 $p$,活塞截面积为 $S$,若压强 $p$ 保持不变而活塞移动一微小距离 $dl$ 时,气体对外做微功

$$dA = pSdl = pdV$$

在图 4-1(b)所示两过程中,当气体膨胀体积为 $dV$ 时,两个过程气体膨胀微功分别为 $dA'$ 和 $dA$,当气体膨胀分别经历 $a$ 或 $b$ 两个不同过程从状态Ⅰ变到状态Ⅱ时,系统对外所做的功的大小,分别是曲线Ⅰ$a$Ⅱ和Ⅰ$b$Ⅱ所覆盖的面积,即

$$A' = \int_a dA' = \int_a p\,dV, \quad A = \int_b dA = \int_b p\,dV \tag{4.3}$$

显然 $A' > A$,这说明功是过程量。由此得到一个重要结论:系统从一个状态变化到另一个状态,不仅与其初、末状态有关,也与系统所经历的过程有关。根据热力学第一定律有

$$Q = (E_2 - E_1) + \int_{V_1}^{V_2} p\,dV \tag{4.4}$$

综上可知,系统由一个状态变到另一状态,其内能的变化由始、末状态决定,与过程无关;而两状态之间变化的过程不同,则系统对外所做的功不同。所以,系统所吸收的热量也就随过程的不同而不同,显然热量 $Q$ 也是过程量。

### 4.1.4 热力学第一定律对理想气体过程的应用

1. 等体过程

过程中系统的体积保持不变,如图 4-2 所示,$dV=0$,故系统对外不做功,$A = \int_{V_1}^{V_2} p\,dV = 0$,由热力学第一定律有 $Q_V = (E_2 - E_1) + \int_{V_1}^{V_2} p\,dV = E_2 - E_1$,即系统从外界吸收的热量全部转化为系统的内能的增量。由内能公式有

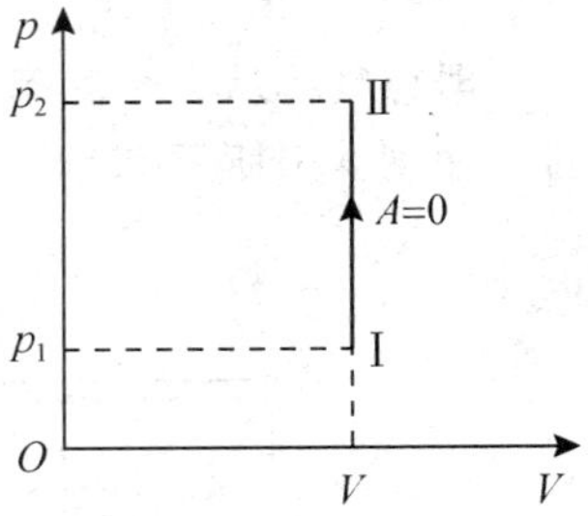


图 4-2 理想气体的等体过程

$$E_2 - E_1 = \frac{M}{\mu}\frac{iR}{2}(T_2 - T_1) = \nu\frac{iR}{2}(T_2 - T_1) \tag{4.5}$$

一个系统在任意过程中温度升高 $dT$ 时,如果吸收的热量为 $dQ$,则系统的热容定义为 $C = \frac{dQ}{dT}$,当系统的物质的量是 1 mol 时,其热容叫摩尔热容。由热容定义和式

(4.2)可知理想气体的等体摩尔热容为

$$C_V=\frac{1}{\nu}\left(\frac{\mathrm{d}Q}{\mathrm{d}T}\right)_V=\frac{1}{\nu}\left(\frac{\mathrm{d}E}{\mathrm{d}T}\right)_V=\frac{i}{2}R \tag{4.6}$$

2. 等温过程

系统在变化过程中温度保持不变，$\mathrm{d}T=0$。于是系统从状态Ⅰ等温变到状态Ⅱ的过程(图4-3)中，系统内能不变，即

$$E_2-E_1=\nu C_V(T_2-T_1)=0 \tag{4.7}$$

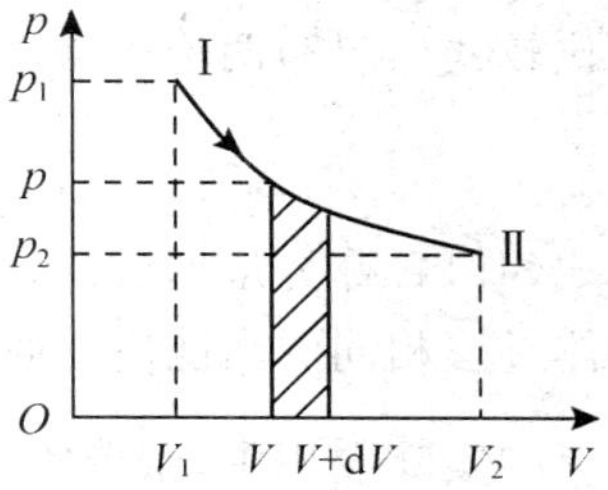


图4-3 理想气体的等温过程

由热力学第一定律可得

$$Q_T=A=\int_{V_1}^{V_2}p\mathrm{d}V=\int_{V_1}^{V_2}\nu RT\,\frac{\mathrm{d}V}{V}$$

$$=\nu RT\ln\left(\frac{V_2}{V_1}\right) \tag{4.8}$$

式(4.8)说明，等温过程中系统从外界吸收的热量全部用于对外做功。

当 $V_2>V_1$ 时，等温膨胀，$A>0$，系统对外界做正功；当 $V_2<V_1$ 时，等温压缩，$A<0$，外界对系统做功，即系统对外界做负功。

3. 等压过程

过程中系统的压强保持不变，$\mathrm{d}p=0$，于是系统由状态Ⅰ变到状态Ⅱ的过程中(图4-4)，气体对外做功为

$$A=\int_{V_1}^{V_2}p\mathrm{d}V=p(V_2-V_1) \tag{4.9}$$

气体内能的变化为

$$E_2-E_1=\nu\frac{iR}{2}(T_2-T_1)=\nu C_V(T_2-T_1) \tag{4.10}$$

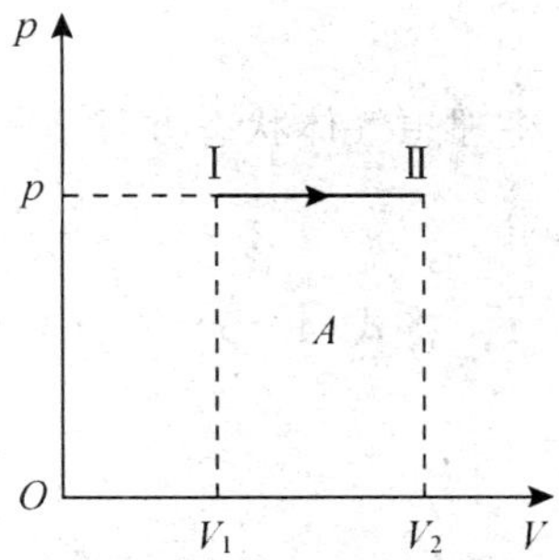


图4-4 理想气体的等压过程

等压过程中系统吸收的热量为

$$Q_p=(E_2-E_1)+A=\nu\frac{iR}{2}(T_2-T_1)+p(V_2-V_1) \tag{4.11}$$

根据热容定义，等压过程的摩尔热容为

$$C_p=\frac{1}{\nu}\left(\frac{\mathrm{d}Q}{\mathrm{d}T}\right)_p \tag{4.12}$$

质量为 $M$ 的理想气体，等压过程中吸收的热量为

$$\begin{aligned} Q_p &= \nu C_p(T_2-T_1)=\nu C_V(T_2-T_1)+p(V_2-V_1) \\ &= \nu C_V(T_2-T_1)+\nu R(T_2-T_1) \\ &= \nu(C_V+R)(T_2-T_1) \end{aligned} \tag{4.13}$$

比较式(4.13)两边可得

$$C_p=C_V+R \tag{4.14}$$

式(4.14)称为迈耶公式。显然$C_p>C_V$，这是因为等压过程中，系统除需增加与等体过程相同的内能应吸收的热量之外，还需吸收用于对外做功所必需的热量。

实际应用中，常令$\gamma=\dfrac{C_p}{C_V}$，显然 $\gamma>1$，且$C_p$，$C_V$，$\gamma$ 均仅与分子的自由度有关，而与气体温度无关。

4. 绝热过程

过程中系统与外界没有热量交换，$dQ=0$。被良好材料所隔绝或过程进行得非常迅速以至于可认为系统来不及与外界交换热量的过程，即可近似地认为是绝热过程。譬如被绝热材料密闭的气体瞬间泄漏、原子弹爆炸瞬间形成的冲击气浪、声波传播引起空气的压缩和膨胀等。

对于绝热过程，热力学第一定律的微分形式为

$$0=dE+dA=\nu C_V dT+p dV \tag{4.15}$$

将理想气体状态方程 $pV=\nu RT$ 取微分为

$$p dV+V dp=\nu R dT \tag{4.16}$$

将式(4.15)和式(4.16)联立，消去 $dT$ 可得

$$\frac{dp}{p}+\gamma\frac{dV}{V}=0 \tag{4.17}$$

这就是理想气体绝热过程的微分方程。$\gamma$ 随温度的变化很小，可看作常数。将式(4.17)积分可得

$$\ln p+\gamma\ln V=\text{常量}$$

或

$$pV^{\gamma}=\text{常量} \tag{4.18}$$

将 $pV=\nu RT$ 代入式(4.18)，分别消去 $p$ 或 $V$，可得

$$TV^{\gamma-1}=\text{常量} \tag{4.19}$$

$$p^{\gamma-1}V^{-\gamma}=\text{常量} \tag{4.20}$$

式(4.18)、式(4.19)和式(4.20)均称为绝热过程的过程方程或泊松方程。

图 4-5 将绝热过程曲线与等温曲线进行了比较。可以看出，同一点上绝热曲线的斜率要比等温曲线的斜率大，这是由于等温条件下体积膨胀使分子数密度 $n$ 减小，但分子平均动能不变，由公式 $p=\frac{2}{3}n\overline{\varepsilon_k}$，气体压强将减小 $\Delta p_T$；而在绝热条件下，体积增大，不仅分子数密度 $n$ 同样地减小，还由于对外做功消耗了分子的平均动能，所以气体的压强要衰减得快得多，因此绝热线要比等温线陡些，对压缩现象也可作同样的分析。

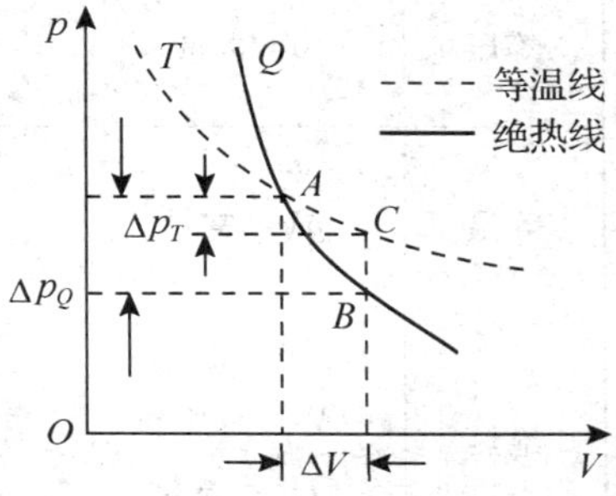


**图 4-5　理想气体的绝热过程**

对于绝热过程，$Q=0$，由热力学第一定律，有

$$A=-(E_2-E_1)=-\nu C_V(T_2-T_1) \tag{4.21}$$

可见，系统内能的改变是由外界与系统之间做功引起的：$A>0$，则气体绝热膨胀，系统对外做功，温度降低，内能减少；$A<0$，则气体绝热压缩，外界对系统做功，温度升高，内能增加。

令系统经绝热过程从状态Ⅰ变化到状态Ⅱ，有

$$p_1V_1^\gamma = p_2V_2^\gamma = pV^\gamma$$

$$\begin{aligned}A &= \int_{V_1}^{V_2} p\mathrm{d}V = \int_{V_1}^{V_2} p_1V_1^\gamma \frac{\mathrm{d}V}{V^\gamma} = p_1V_1^\gamma\int_{V_1}^{V_2}\frac{\mathrm{d}V}{V^\gamma} \\ &= p_1V_1^\gamma\left(\frac{V_2^{1-\gamma}}{1-\gamma}-\frac{V_1^{1-\gamma}}{1-\gamma}\right)=\frac{p_1V_1}{1-\gamma}\left[\left(\frac{V_1}{V_2}\right)^{\gamma-1}-1\right] \\ &= \frac{1}{\gamma-1}(p_1V_1-p_2V_2)\end{aligned} \tag{4.22}$$

将 $pV=\nu RT$，$\gamma=\frac{C_p}{C_V}$，$C_p-C_V=R$ 代入式(4.22)，得

$$A=-\nu C_V(T_2-T_1)$$

上面讨论的 4 个过程的一些结论见表 4-1。

表 4-1 理想气体热力学过程主要公式

| 过程 | 过程方程 | 系统做功 | 吸热 | 内能增量 |
|---|---|---|---|---|
| 等体 | $V=$常量 | 0 | $\nu C_V(T_2-T_1)$ | $\nu C_V(T_2-T_1)$ |
| 等压 | $p=$常量 | $p(V_2-V_1)$ 或 $\nu R(T_2-T_1)$ | $\nu C_p(T_2-T_1)$ | $\nu C_V(T_2-T_1)$ |
| 等温 | $pV=$常量 | $p_1V_1\ln\dfrac{V_2}{V_1}$ 或 $\nu RT\ln\dfrac{V_2}{V_1}$ | $\nu RT\ln\dfrac{V_2}{V_1}$ | 0 |
| 绝热 | $pV^\gamma=$常量 $TV^{\gamma-1}=$常量 $\dfrac{p^{\gamma-1}}{T^\gamma}=$常量 | $\dfrac{1}{\gamma-1}(p_1V_1-p_2V_2)$ 或 $\nu C_V(T_1-T_2)$ | 0 | $\nu C_V(T_2-T_1)$ |

**例 4.1** 在原子弹爆炸后 0.1 s 所出现的“火球”是半径约 15 m、温度为 300 000 K 的气体球，试估计温度变为 3 000 K 时气体球的半径。

**解** 原子弹爆炸后形成压强和温度都非常高的气体球，在 0.1 s 这么短的时间内向外释放的热量与其内能相比较完全可以忽略，故此变化可视为绝热过程。由绝热过程方程 $TV^{\gamma-1}=T_0V_0^{\gamma-1}$，得

$$\frac{T}{T_0}=\left(\frac{V_0}{V}\right)^{\gamma-1}=\left(\frac{r_0}{r}\right)^{3(\gamma-1)}=\left(\frac{r_0}{r}\right)^{1.2}$$

$$r=r_0\left(\frac{T_0}{T}\right)^{1/1.2}=15\times46.42\approx696(\mathrm{m})$$

## 4.1.5 循环过程 卡诺循环

前面研究了热力学第一定律在单一过程热功转换中的应用，而实际应用过程往往是循环过程，这就需要对循环过程进行优化设计。

1. 循环过程

热力学系统经历一系列热力学过程后又回到初始状态的过程称为循环过程，简称循环。

显然，如果组成一个循环过程的每一过程都是平衡过程，则此循环过程也应该是一个平衡过程，即在 $p$-$V$ 图上表现为一闭合曲线。通常定义 $p$-$V$ 图上顺时针循环过程为正循环，逆时针则为逆循环。

热机常利用正循环不断将热转换为功。18 世纪初发明的蒸汽机即采用了这样的原理。图 4-6 表示了将蒸汽机工作物质视为理想气体的一个准静态循环过

程。在膨胀过程 $ABC$ 中，系统对外做正功，其数值等于曲边梯形 $ABCV_2V_1A$ 的面积，同时从高温热源吸收热量 $Q_1$；在压缩过程 $CDA$ 中，外界对系统做功，即系统对外界做负功，其数值等于曲边梯形 $CDAV_1V_2C$ 所包围的面积，系统向外界释放热量 $Q_2$（为便于理解，这里不论吸热还是放热均以正值表示）。系统完成一个循环，系统内能不变，对外所做的净功为正，其大小等于两个曲边梯形面积之差，即闭合曲线 $ABCDA$ 所包围的面积；过程中系统从外界吸收的净热量为 $Q_1-Q_2$。由热力学第一定律得

$$A=Q_1-Q_2$$

上式表明，系统经历一正循环过程，会从高温热源吸收热量，将其中一部分用于对外做功，另一部分向低温热源放出，过程结束，系统回到初态，内能不变。

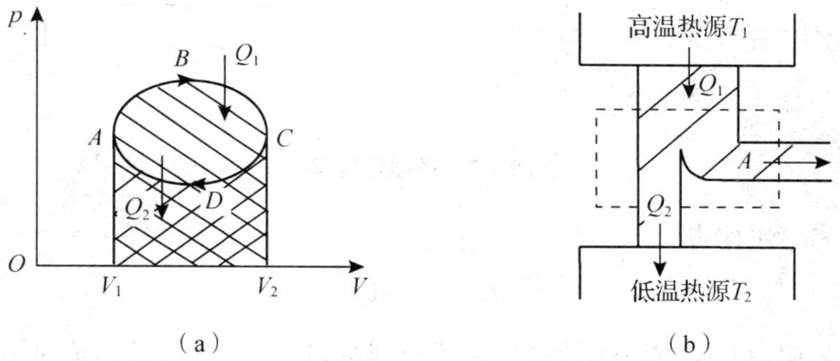


**图 4-6　正循环过程**

热机的重要指标是它的效率，即从高温热源吸收的热量有多少转化为有用功。热机的效率定义为

$$\eta=\frac{A}{Q_1}=\frac{Q_1-Q_2}{Q_1} \tag{4.23}$$

若系统不止与 2 个热源接触，设有 $m$ 个高温源和 $n$ 个低温源，热机向它们吸、放的热量分别是 $Q_{1,i}(i=1,2,3,\cdots,m)$ 和 $Q_{2,j}(j=1,2,3,\cdots,n)$，则循环中吸、放的总热量 $Q_1$，$Q_2$ 分别为

$$Q_1=\sum_{i=1}^{m}Q_{1,i},\quad Q_2=\sum_{j=1}^{n}Q_{2,j} \tag{4.24}$$

其热机效率可将式(4.24)代入式(4.23)求出。

逆循环是获得低温的制冷机的工作原理，如图 4-7 所示。在 $ADC$ 过程中，系

统膨胀对外界做正功，其数值等于曲边梯形 $ADCV_2V_1A$ 面积的大小，同时从低温源吸收热量 $Q_2$；在 $CBA$ 过程中，外界对系统做正功，即系统对外界做负功，其数值大小等于 $CBAV_1V_2C$ 的面积，并向高温源释放热量 $Q_1$。因此，当系统完成一个逆循环，系统仍然回到原状态，内能不变，外界对系统所做的净功等于循环过程闭合曲线所围的面积。

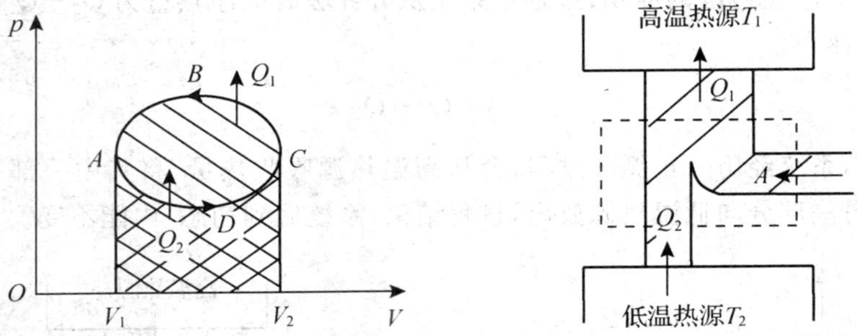

(a) (b)

**图 4-7 逆循环过程**

由热力学第一定律得

$$Q_1 = A + Q_2$$

上式表明，在外界对系统做功（为便于理解，这里功都表示其绝对值）的条件下，系统将从低温源吸收热量向高温源释放，从而达到制冷的效果。因此，上式是制冷机的工作原理。其制冷系数为

$$\varepsilon = \frac{Q_2}{A} = \frac{Q_2}{Q_1 - Q_2} \tag{4.25}$$

2. 卡诺循环

1824 年，法国青年工程师卡诺研究出一种理想循环，并从理论上证明了工作于 2 个相同热源之间的所有循环过程中，这种循环的效率是最大的，从而指出了提高热机效率的途径。这种循环称为卡诺循环，按照卡诺循环原理制造的热机称为卡诺热机。

卡诺循环是在两个温度恒定的热源（一个高温源，一个低温源）之间的循环，循环由两个等温过程和两个绝热过程构成，如图 4-8 所示。曲线 $AB$ 和 $CD$ 是温度为 $T_1$ 和 $T_2$ 的两条等温线，曲线 $BC$ 和 $DA$ 则是两条绝热线。理想气体卡诺热机的效率分析如下。

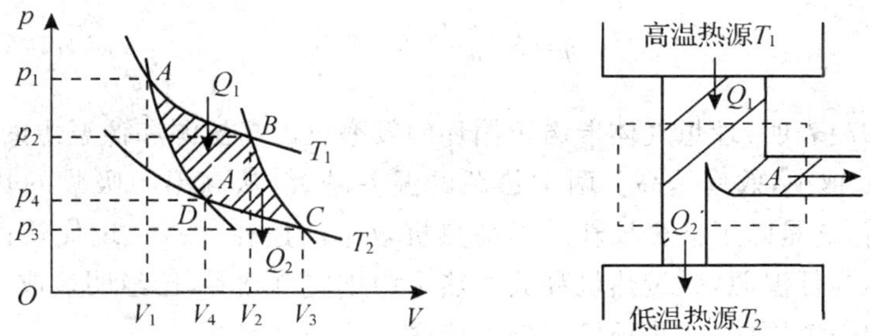


(a) (b)

**图 4-8 卡诺正循环过程——热机**

(1)在 $AB$ 所示的膨胀过程中,气体从高温源 $T_1$ 吸收热量 $Q_1$ 用于对外做功,内能不变,由式(4.3)知吸收的热量为 $Q_1=\frac{M}{\mu}RT\ln\left(\frac{V_2}{V_1}\right)$;

(2)在 $BC$ 所示的绝热膨胀过程中,气体与外界没有热量交换,但气体对外做了功,温度由 $T_1$ 降为 $T_2$,内能因此减小;

(3)在 $CD$ 的等温压缩过程中,外界对气体所做的功等于气体向低温源 $T_2$ 放出的热量 $Q_2=\frac{M}{\mu}RT\ln\left(\frac{V_3}{V_4}\right)$;

(4)在 $DA$ 的绝热压缩过程中,气体与外界无热量交换,外界对气体做功,增加气体内能,从而使气体温度由 $T_2$ 升高到 $T_1$,系统回到初态。

由以上分析不难看出:系统完成循环,从高温源吸收总热量 $Q_1$,向低温源释放总热量 $Q_2$,内能不变。由热力学第一定律可知系统对外所做净功为

$$A=Q_1-Q_2=\frac{M}{\mu}RT_1\ln\left(\frac{V_2}{V_1}\right)-\frac{M}{\mu}RT_2\ln\left(\frac{V_3}{V_4}\right)$$

所以卡诺热机的效率为

$$\eta=\frac{A}{Q_1}=\frac{T_1\ln\left(\frac{V_2}{V_1}\right)-T_2\ln\left(\frac{V_3}{V_4}\right)}{T_1\ln\left(\frac{V_2}{V_1}\right)} \tag{4.26}$$

由理想气体绝热方程得

$$T_1V_2^{\gamma-1}=T_2V_3^{\gamma-1},\quad T_1V_1^{\gamma-1}=T_2V_4^{\gamma-1}$$

这两个绝热等式两端相除,有 $\frac{V_2}{V_1}=\frac{V_3}{V_4}$,代入式(4.26)得

$$\eta=\frac{T_1-T_2}{T_1}=1-\frac{T_2}{T_1} \tag{4.27}$$

式(4.27)表明:理想气体卡诺正循环的效率仅由高温源和低温源的温度确定,$T_1$ 越大,$T_2$ 越小,效率越高。两个热源的温差越大,从高温源吸收的热量的利用率也就越高,这是除了减少损耗外提高热机效率的途径之一。现代热机由于几乎都用环境作为低温源,大量热机释放的热量均排向自然界,已经明显成为导致全球温度升高的一个原因,这是环境保护亟待解决的一个问题。

卡诺制冷机循环为卡诺正循环的逆过程,如图 4-9 所示。由前面的分析不难理解,在外界对它做功的条件下,气体将会从低温源 $T_2$ 吸收热量 $Q_2$,并向高温热源释放热量 $Q_1=Q_2+A$,卡诺制冷机的制冷系数为

$$\varepsilon=\frac{Q_2}{A}=\frac{Q_2}{Q_1-Q_2}=\frac{T_2}{T_1-T_2} \tag{4.28}$$

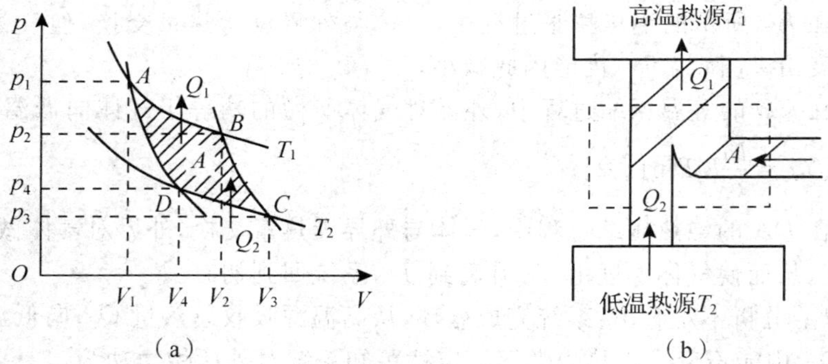


**图 4-9 卡诺逆循环——致冷机**

常用制冷机(如电冰箱等),将环境作为高温源,仍然排放余热到大气中。在将环境作为高温源时,制冷系数 ε 决定于低温物体的温度 $T_2$。

## 4.2 热力学第二定律

热力学第一定律表明,一切热力学过程中,能量守恒。但是,满足能量守恒的过程是否都能实现呢?答案是否定的!一切实际的热力学过程只能按照一定的方向进行,例如热量只会从高温物体自发地流向低温物体,而从来不会自发地由低温物体流向高温物体,表现出热量传递的方向与物体温度高低之间的某种确定的关系。由此可见,满足热力学第一定律的过程的方向究竟如何,还必须有新的规律来

确定，这个新规律就是热力学第二定律。

任一与热相联系的状态变化过程，如果系统以相反的次序经过和原过程发生时完全一样的所有中间状态而回到原状态，并且对外界不产生任何影响，则这样的过程叫做可逆过程（事实上，这样的过程是绝对不可能发生的），反之称为不可逆过程。

热力学第二定律的实质是：在一切与热相联系的自然现象中自发实现的过程都是不可逆的。热力学第二定律是关于内能与其他形式能量相互转化的独立于热力学第一定律的基本定律。热力学第一定律从数量上说明功和热量的等价性，热力学第二定律则从转换能量的质的方面来说明功与热的本质区别，从而揭示自然界中普遍存在的不可逆过程。

### 4.2.1　热力学第二定律的两种表述

1. 开尔文表述

1851 年，开尔文就循环工作的热机进行热功转换的特点给出如下结论：

不可能从单一热源吸收热量，使之完全变为有用功而不产生其他影响。

“单一热源”指温度恒定不变的热源；“其他影响”指除了“由单一热源吸收热量全部转化为功”以外的任何其他变化。在等温膨胀过程中，气体只从单一热源吸热，全部变为有用功而不放出任何热量，但气体膨胀了，不可能自发收缩回到原初状态，这样必然引起其他物体发生变化，使外界产生不可消除的痕迹。

历史上曾有人企图制造从单一热源吸收热量并将其全部转化为有用功且效率达到 100％的所谓“第二类永动机”，开尔文表述很好地说明了“第二类永动机搞不成”，明确指出在任何热力学过程中，系统在吸热对外做功的同时必然会对外界产生不可自动消除的影响，清晰地给出了热力学过程的方向。

2. 克劳修斯表述

1850 年，克劳修斯就制冷机效率的研究给出热力学第二定律的另一种表述：

热量不可能自动地从低温物体传到高温物体而不引起其他影响。

制冷机可将热量从低温热源传到高温热源，但必须外界对制冷机做功，外界对系统做功就是一种不可消除的影响。

3. 两种表述的等效性

开尔文表述和克劳修斯表述实质是等效的。即如果其中之一不成立，则另一种表述也不成立；反之，如果其中之一为正确，则另一种表述也正确。证明如下。

假设克劳修斯表述不成立，如图 4-10(a)所示，热量 $Q_2$ 可以从低温热源 $T_2$ 自动地传到高温热源 $T_1$ 而不需要外界做功，则可在高温热源 $T_1$ 与低温热源 $T_2$ 之间设计一卡诺热机，使之在一循环中从高温热源 $T_1$ 吸取热量 $Q_1$，对外做功 $A$，并向低温源 $T_2$ 放出热量 $Q_2$，这台卡诺热机的工作符合热力学第一定律和热力学第二定律，是可以实现的。但是总的结果却是低温热源没有发生任何变化，系统只是从单一的高温热源处吸收 $Q_1-Q_2$ 的热量且全部用来对外做功 $A$。这显然违背热力学第二定律的开尔文不可能从单一热源吸收热量，使之完全变为有用功而不产生其他影响的表述。

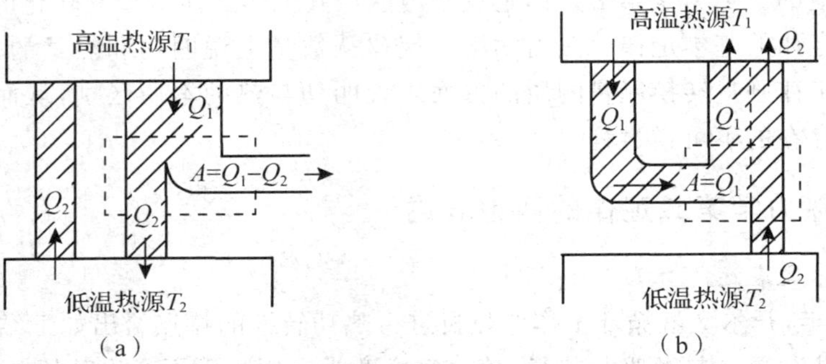


**图 4-10 热力学第二定律两种说法等效性的说明**

上述循环的设计表明，违反克劳修斯的表述，也就完全违反开尔文表述。同样也可证明，如图 4-10(b)所示，违反开尔文表述，也就必然违反克劳修斯表述。

## 4.2.2 热力学第二定律的微观意义

1. 一切自然过程都是不可逆过程

从宏观的观察、实验和论证得出了热力学第二定律。热力学第二定律的两种表述说明与热现象有关的过程有确定的方向。

从微观上看，任何热力学过程总包含大量分子的无序运动状态的变化，热力学第二定律正是说明大量分子运动的无序程度变化的规律。

从微观上看功热转换，是大量分子的有序运动向无序运动转化的过程，而相反过程，即无序运动自动地转变为有序运动，则是不可能的。

从微观上看热传导，两个温度不同的物体放在一起，热量将自动由高温物体传向低温物体，最后温度达到平衡。由此可见，热传导中，自然过程总是沿着使大量分子的运动向更加无序的方向进行。

从微观看绝热自由膨胀，系统不对外做功，分子从空间较小的初态变到空间较大的末态，其无序性显然增大了；相反的过程，即分子自动地的恢复到较小空间，自动从无序向较为有序状态变化的过程，则几乎是完全不可能的。

综上分析可知，一切自然过程总是向分子热运动的无序性增大的方向进行，这是不可逆性的微观本质，说明了热力学第二定律的微观意义。

2. 热力学第二定律的统计意义

热力学第二定律是描述大量气体分子无序运动的规律，因而是一条统计规律。热力学过程总是涉及大量分子，因而热力学第二定律是自然科学最基本、最普遍的规律之一。

从统计的意义上看，不可逆过程实质上是一个从概率较小的状态向概率较大的状态的转变过程，为了明白这一点，我们来看一个简单的例子。

设想一长方形容器，中间有一隔板把它分成左、右两个相等的部分，左边有 4 个气体分子，右边是真空，如图 4-11(a)所示。打开隔板，a，b，c，d 4 个气体分子由于无序运动，在任意时刻，可能处于容器左或右任一侧。4 个分子组成的系统的任一微观状态是指其中各分子各处于左或右哪一侧；宏观状态则只能指出左、右两侧各有几个分子，却无法区分各个具体的分子。这样区分的微观状态和宏观状态的分布情况如表 4-2 所示。

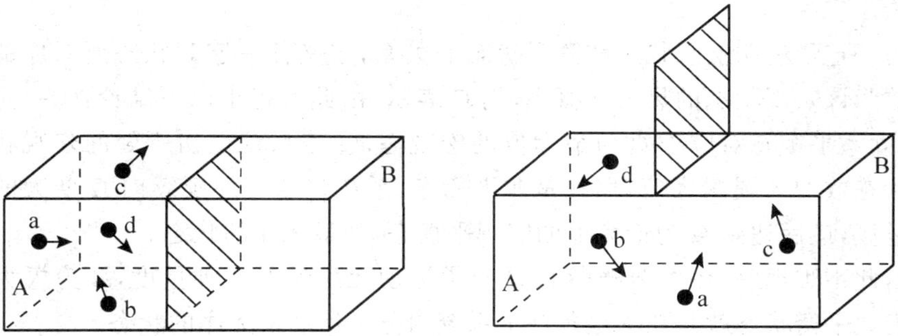


（a）　　（b）

**图 4-11　气体自由膨胀不可逆性的统计意义**

**表 4-2　4 个气体分子的位置分布**

| | | | | | | | | | | | | | | | | | |
|---|---|---|---|---|---|---|---|---|---|---|---|---|---|---|---|---|---|
| 微观状态 | 左 | abcd | bcd | abc | abd | abc | ab | ac | ad | bc | bd | cd | a | b | c | d | 0 |
| | 右 | 0 | a | b | c | d | cd | bd | bc | ad | ac | ab | bcd | acd | abd | abc | abcd |
| 宏观状态 | 左 | 4 | 3 | | | | 2 | | | | | | 1 | | | | 0 |
| | 右 | 0 | 1 | | | | 2 | | | | | | 3 | | | | 4 |
| 一种宏观态的构成 | | 左 4<br>右 0 | 左 3<br>右 1 | | | | 左 2<br>右 2 | | | | | | 左 1<br>右 3 | | | | 左 0<br>右 4 |
| 对应的微观状态数 | | 1 | 4 | | | | 6 | | | | | | 4 | | | | 1 |

从表 4-2 可看出：①对于一个宏观状态，可有多个微观状态与之对应。系统内包含的分子数越多，一个宏观态对应的微观状态数就越多；②与每一种宏观状态对应的微观状态数是不同的。

计算表明，长方形容器内分子总数越多，左、右两侧分子数相等和差不多相等的宏观状态所对应的微观状态数占微观状态总数的比例越大。而分子数很少的情况下这种比例很小。实际系统所包含的分子数是 $10^{23}$ 数量级的，因此实际系统的这一比例几乎占到 100%，如图 4-12 所示，横轴表示容器左侧的分子数 $N$，纵轴表示相应的微观状态数 $\Omega$，$\Omega$ 在两侧分子数相等（即 $N/2$）处有非常尖锐的峰值。在一定宏观条件下实际观察到的宏观状态所对应的微观状态数是最多的。这里要用到统计理论的一个基本假设：对于孤立系，各个微观状态出现的概率是相等的。因此，最可能观察到的宏观状态就是在一定宏观条件下对应于微观状态数最多的宏观状态。

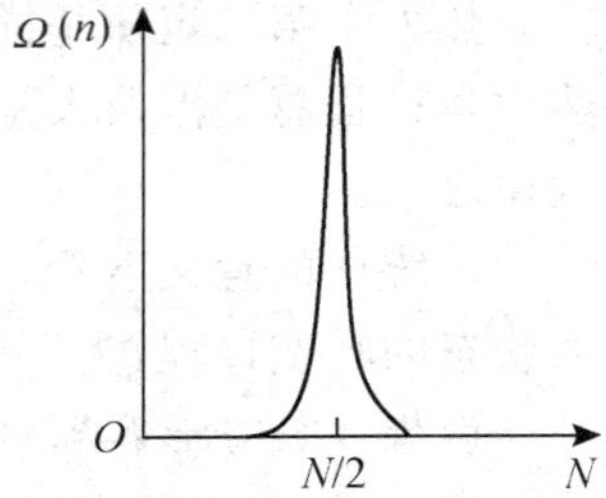

**图 4-12　$\Omega(n)$ 和左侧分子数的关系**

为了定量说明宏观状态和微观状态的关系，定义任一宏观状态所对应的微观状态数为该宏观状态的热力学概率，用 $\Omega$ 表示，由此可得出以下结论：①一定条件下，孤立系平衡态对应于 $\Omega$ 为最大值的宏观态；②若系统最初所处的宏观状态的微观状态数 $\Omega$ 不是最大值，那就是非平衡态，系统将随时间延续向 $\Omega$ 增大的宏观状态过渡，最后达到 $\Omega$ 为最大值的宏观平衡态，即最无序的状态。

由此不难理解，热力学概率 $\Omega$ 是分子运动无序性的一种量度，$\Omega$ 为极大值对应的宏观平衡状态就是在一定条件下系统内分子运动最无序的状态。

### 4.2.3　卡诺定理

早在开尔文和克劳修斯建立热力学第二定律前 20 多年，年轻的卡诺 1824 年在《谈谈获得动力和能发动这种动力的机器》中给出了如下的卡诺定理。

（1）在相同的高温热源和相同的低温热源间工作的一切可逆热机，其效率都相等，与工作物质无关，即

$$\eta=1-\frac{Q_2}{Q_1}=1-\frac{T_2}{T_1} \tag{4.29}$$

（2）在相同高温热源与相同低温热源间工作的一切热机中，不可逆热机的效率 $\eta'$ 都不可能大于可逆热机的效率 $\eta$，即

$$\eta' < 1 - \frac{T_2}{T_1}$$

应当说明的是：①这里的热源都是温度均匀的恒温热源；②若一切可逆热机仅从某一确定温度的高温热源吸热，也仅向另一温度的热源放热，则此可逆热机必然是由两个等温过程和两个绝热过程组成的可逆卡诺热机。所以，卡诺定理所研究的就是卡诺热机。

卡诺定理指出了提高热机效率的途径：①尽量提高高温热源的温度并降低低温热源的温度；②选择合适的循环过程，使之接近于卡诺循环；③尽量减少过程的不可逆性。

## 4.3　熵　熵增加原理

自然界中的不可逆过程的种类是无穷多的，判断每一个不可逆过程的标准也不尽相同。为了找到一个可供判断一切不可逆过程的标准，引入一个新的态函数——熵。一个过程初、末态熵的差异，可以作为该过程进行方向的数学判据，并可利用熵这个态函数来定量地表述热力学第二定律。

### 4.3.1　克劳修斯公式

若规定吸收的热量为正，放出的热量为负，则式(4.29)可改写为

$$\frac{Q_1}{T_1} + \frac{Q_2}{T_2} = 0 \tag{4.30}$$

说明$\frac{Q}{T}$在整个可逆卡诺循环中的代数和为零。将此结论推广到任一可逆循环过程，并将这些过程都看作是连续发生的无限小过程的累积，则有

$$\oint \frac{\mathrm{d}Q}{T} = 0 \tag{4.31}$$

图 4-13(a)上的一个循环，画成由一个个微小的卡诺循环所组成，在任意两个相邻微小卡诺循环中总有一段绝热线是重合的，且这两个绝热过程所进行的方向相反，从而产生的效果完全抵消，因此，这一系列微小可逆卡诺循环的总效果就是图中所示锯齿型包络线所标示的循环过程，只要这些微小卡诺循环数目 $n$ 足够多，就能使锯齿型包络线所表示的循环非常接近原来的可逆循环，因而有

$$\lim_{n \to \infty} \sum_{i=1}^{n} \frac{\Delta Q_i}{T_i} = \oint \frac{\mathrm{d}Q}{T} \tag{4.32}$$

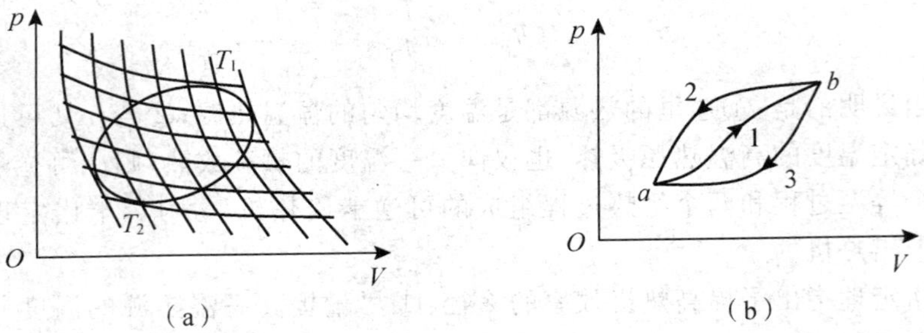


图 4-13 任一可逆循环可用无穷多个微型循环累积

## 4.3.2 态函数熵

如图 4-13(b)，在 $p$-$V$ 坐标系上作 $a\to1\to b\to2\to a$ 的任一可逆循环，有

$$\oint\frac{\mathrm{d}Q}{T}=\int_{a(1)}^{b}\frac{\mathrm{d}Q}{T}+\int_{b(2)}^{a}\frac{\mathrm{d}Q}{T}=0$$

即

$$\int_{a(1)}^{b}\frac{\mathrm{d}Q}{T}=-\int_{b(2)}^{a}\frac{\mathrm{d}Q}{T}$$

或

$$\int_{a(1)}^{b}\frac{\mathrm{d}Q}{T}=\int_{a(2)}^{b}\frac{\mathrm{d}Q}{T}\tag{4.33}$$

由此必然有

$$\int_{a(1)}^{b}\frac{\mathrm{d}Q}{T}=\int_{a(2)}^{b}\frac{\mathrm{d}Q}{T}=\int_{a(3)}^{b}\frac{\mathrm{d}Q}{T}\tag{4.34}$$

式(4.34)说明 $\int_{a}^{b}\frac{\mathrm{d}Q}{T}$ 的值仅与始、末态 $\frac{\mathrm{d}Q}{T}$ 的值有关，而与路径无关，$\frac{\mathrm{d}Q}{T}$ 是一个态函数的微分量，定义这个态函数为熵，用 S 表示，它满足

$$\mathrm{d}S=\frac{\mathrm{d}Q}{T}\tag{4.35}$$

当系统经历任一可逆过程由状态 $a$ 至状态 $b$，产生的熵变为

$$S_b-S_a=\int_{a}^{b}\frac{\mathrm{d}Q}{T}\tag{4.36}$$

其中 $S_b$ 和 $S_a$ 分别是终态、初态的熵。

如果系统经历的是一个不可逆过程，可证明

$$S_b - S_a > \int_a^b \frac{dQ}{T} \tag{4.37}$$

式(4.35)和式(4.36)均称为克劳修斯公式。

## 4.3.3　熵增加原理

1. 熵增加原理

从式(4.35)和式(4.36)的克劳修斯公式可知，对于任意系统的可逆绝热过程，由于 $dQ=0$，故有 $\Delta S=0$，因此任何系统的可逆绝热过程都是等熵过程。大量事实表明，一切不可逆绝热过程中的熵总是增加的，即 $\Delta S>0$。

综合以上情况可知，热力学系统从一平衡态绝热地到达另一个平衡态的过程中，恒有 $\Delta S \geqslant 0$，即它的熵永不减少。若过程是可逆的，则熵不变；若过程是不可逆的，则熵增加。这就是熵增加原理。

**例 4.2**　某容器被一挡板分隔为体积相等的两部分，左半部充有 $\nu$ mol的理想气体，右半部为真空。试求将隔板抽出后气体经自由膨胀所产生的熵变。

**解**　理想气体自由膨胀，$Q=0$，$A=0$，$\Delta E=0$，故温度不变。由于熵是态函数，可设计气体经历一可逆等温膨胀过程，使其与自由膨胀过程有相同的始态和终态，以此求自由膨胀后的熵变。因为等温过程 $dE=0$，故 $dQ=p dV$，利用式(4.36)可得

$$S_2 - S_1 = \int_1^2 \frac{dQ}{T} = \int_1^2 \frac{p}{T} dV = \int_V^{2V} \frac{\nu RT}{V} \frac{dV}{T} = \nu R \int_V^{2V} \frac{dV}{V} = \nu R \ln 2$$

显然有 $\Delta S>0$，即在自由膨胀这一不可逆过程中，熵是增加的。

**例 4.3**　1 kg 0 ℃的水与一个 100 ℃的热源相接触，当水温达到 100 ℃时，水和热源的熵各增加多少？水和热源的总熵增加多少？由此判断过程是否可逆。

**解**　水的熵增加量应为

$$\Delta S_1 = \int_{273.15}^{373.15} \frac{mc\,dT}{T} = 1 \times 4.187 \times 10^3 \times \ln\left(\frac{373.15}{273.15}\right) = 1.36 \times 10^3\ (\mathrm{J \cdot K^{-1}})$$

热源的熵的增加量为

$$\Delta S_2 = -\frac{mc(T_2 - T_1)}{T_2} = -\frac{1 \times 4.187 \times 10^3 \times 100}{373.15} = -1.122 \times 10^3\,(\mathrm{J \cdot K^{-1}})$$

系统总的熵变为

$$\Delta S=\Delta S_1+\Delta S_2=0.184\times 10^3\ \mathrm{J\cdot K^{-1}}$$

显然 $\Delta S>0$,这个过程是不可逆的。

2. 玻耳兹曼关系

1877 年,玻耳兹曼给出系统的熵与热力学概率之间的关系:

$$S\propto \ln\Omega$$

1900 年,普朗克引入玻耳兹曼常量 $k$ 作为比例系数,将上式写为

$$S=k\ln\Omega \tag{4.38}$$

称为玻耳兹曼熵公式。其物理意义是,系统的任一宏观状态,都有确定的微观状态数 $\Omega$ 与之对应。也就有确定的熵 $S$ 与之对应。因此,式(4.38)定义的玻耳兹曼关系明确熵是系统的状态函数,其意义也是描述系统分子热运动的无序性。

**例 4.4** 1 kg 0 ℃的冰,在 0 ℃时完全融化为水。已知冰在 0 ℃时的熔化热为 $\lambda=334\ \mathrm{J\cdot g^{-1}}$,求冰熔化过程的熵变,并计算从冰到水其微观状态数增大的倍数。

**解** 冰在 0 ℃时等温熔化,可设想它和一个 0 ℃的恒温源接触而进行可逆的吸热过程,因而

$$\Delta S=\int\frac{\mathrm{d}Q}{T}=\frac{Q}{T}=\frac{m\lambda}{T}=\frac{10^3\times 334}{273}=1.22\times 10^3\ (\mathrm{J\cdot K^{-1}})$$

由熵的微观定义式可知

$$\Delta S=k\ln\left(\frac{\Omega_2}{\Omega_1}\right)=2.30k\lg\left(\frac{\Omega_2}{\Omega_1}\right)$$

由此得

$$\frac{\Omega_2}{\Omega_1}=10^{\Delta S/2.30k}=10^{1.22\times 10^3/(2.30\times 1.38\times 10^{-23})}=10^{3.84\times 10^{25}}$$

末态的微观状态数大大增加,系统的无序程度大幅增加。

## 习 题

1. 如图所示,一定量的空气,开始时在状态 $A$,其压强为 $2.0\times 10^5$ Pa,体积为 $2\times 10^{-3}\ \mathrm{m^3}$,沿直线 $AB$ 变化到状态 $B$ 后,压强变为 $1.0\times 10^5$ Pa,体积变为 $3\times 10^{-3}\ \mathrm{m^3}$。求在此过程中气体所做的功。

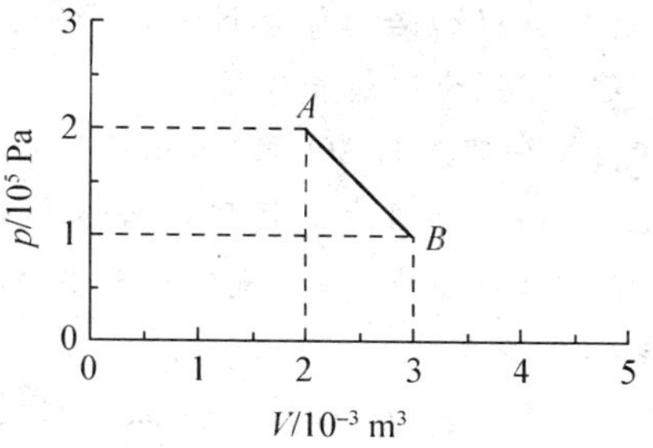


习题 4-1 图

2. 为了测定气体的 $\gamma(=C_p/C_V)$，有时用下述方法。一定量的气体，初始的温度、压强和体积分别是 $T_0, p_0, V_0$。用一根通有电流的铂丝对它加热，设两次加热的时间和电流都相同，第一次气体 $V_0$ 保持不变，温度和压强各变为 $T_1, p_1$；第二次保持 $p_0$ 不变，而温度和体积各变为 $T_2, V_1$。试证明：

$$\gamma=\frac{(p_1-p_0)V_0}{(V_1-V_0)p_0}$$

3. 气体准静态地从状态 $p=100, V=1$ 到状态 $p=4, V=5$，单位任意。过程(a)以式 $p=100/V^2$ 表示，过程(b)在变量范围内以式 $p=124-24V$ 表示。求每一过程气体所做的功。

4. 如果图中 $AB$，$DC$ 是绝热线，$COA$ 是等温线。已知系统在 $COA$ 过程中放热 100 J，$OAB$ 的面积是 30 J，$ODC$ 的面积是 70 J，试问在 $BOD$ 过程中系统是吸热还是放热？热量是多少？

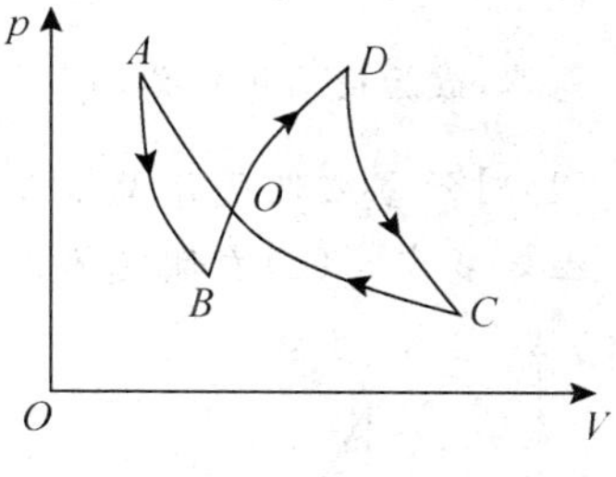


习题 4-4 图

5. 设气体遵从下列状态方程：

$$pV=A+Bp+Cp^2+Dp^3+\cdots$$

其中 $A, B, C, D$ 都是温度的函数。求气体在准静态等温过程中压强由 $p_1$ 增大到 $p_2$ 时所做的功。

6. 试用理想气体状态方程与描写理想气体绝热过程的方程求出绝热线和等温线的斜率，并以此证明 $p$-$V$ 图上绝热线比等温线更陡些。

7. 分别通过下列过程把标准状态下的 0.014 kg 氮气($N_2$)压缩为原体积的 1/2，试分别求出这些过程中气体内能的改变、外界对气体做的功及传递的热量($N_2$ 可视为理想气体)：(1)等温过程；(2)绝热过程；(3)等压过程。

8. 在标准状态下的 0.016 kg 氧气，分别经下列过程从外界吸收 15.9 J 热量：

(1)若为等温过程,求终态体积;(2)若为等体过程,求终态压强;(3)若为等压过程,求气体内能的改变量。($O_2$ 可视为理想气体)

9. 有 2.0 mol 的氦气,起始温度为 300 K,体积是 $2.0\times10^{-2}\ \mathrm{m^3}$,先等压膨胀到原体积的 2 倍,然后作绝热膨胀,至温度恢复到初始温度为止。(1)在 $p$-$V$ 图上画出该过程;(2)在这过程中共吸热多少?(3)氦的内能共改变多少?(4)氦所做的总功是多少?(5)最后的体积是多大?

10. 在标准状态下的 0.016 kg $O_2$,经过一绝热过程对外做功 80 J。求终态的压强、体积和温度。

11. 一定量的单原子理想气体先绝热压缩到原来压强的 9 倍,然后再等温膨胀到原来的体积。试问气体最终的压强是其初始压强的多少倍?

12. 有 1 mol 理想气体,在从 0 ℃等压地压缩到 100 ℃时吸收了 3 350 J 热量。求:(1)$\gamma$ 值;(2)气体内能的增量;(3)气体对外界做的功。

13. 如图所示,用绝热壁制作一圆柱形容器。在容器中间放置一无摩擦的、绝热的可移动活塞。活塞两侧各盛有物质的量为 $n$(单位为 mol)的理想气体,开始状态均为 $p_0$,$V_0$,$T_0$。设气体定体摩尔热容为常量,$\gamma=1.5$。将一通电线圈放到活塞左侧气体中,对气体缓慢地加热,左侧气体膨胀同时推动活塞压缩右侧气体,最后使右侧气体的压强增大到 $\frac{27}{8}p_0$。问:

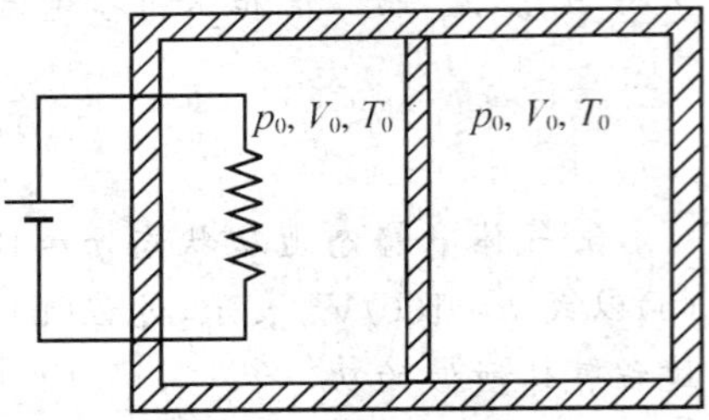


习题 4-13 图

(1)对活塞右侧气体做了多少功?(2)右侧气体的终温是多少?(3)左侧气体的终温是多少?(4)左侧气体吸收了多少热量?

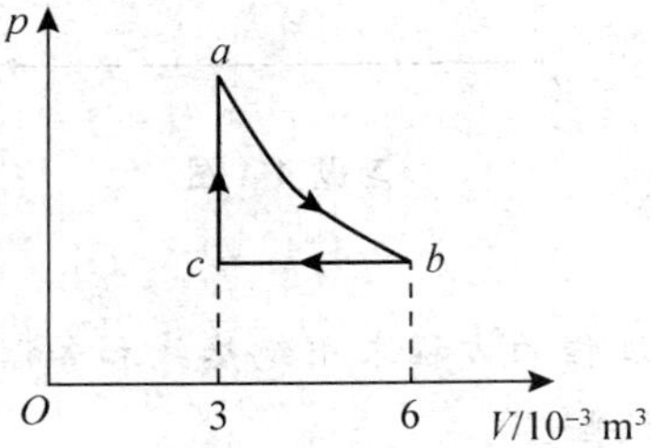


习题 4-14 图

14. 图示为 1 mol 单原子理想气体所经历的循环过程,其中 $ab$ 为等温线,已知 $V_a=3.00\times10^{-3}\ \mathrm{m^3}$,$V_b=6.00\times10^{-3}\ \mathrm{m^3}$,求效率。

15. 一理想气体卡诺循环,当热源温度为 373 K、冷却器温度为 273 K 时做净功 800 J。今维持冷却器温度不变,提高热源温度,使净功增加到 $1.60\times10^3$ J,则这时:(1)热源温度为多少?(2)效率增加到多少?设这两个循环过程都工作在两相同的绝热线之间。

16. 在一部二级卡诺热机中,第一级热机从温度 $T_1$ 处吸取热量 $Q_1$ 而做功 $A_1$,

并把热量 $Q_2$ 放到低温 $T_2$ 处。第二级热机吸取第一级热机所放出的热量而做功 $A_2$，并把热量 $Q_3$ 放到更低温度 $T_3$ 处。试证明这复合热机的效率为

$$\eta=\frac{T_1-T_3}{T_1}$$

17. $N$ 个理想气体分子构成的系统，由体积 $V$ 自由膨胀至体积 $V+\Delta V$。(1) $N$ 个分子重新回到体积 $V$ 的概率多大？据此计算膨胀前后系统熵的增量；(2)由(1)的结果证明：

$$\left(\frac{\partial S}{\partial V}\right)_{N.E}=\frac{Nk}{V}$$

$k$ 为玻耳兹曼常量。

18. 证明理想气体由平衡态($p_1,V_1,T_1$)经任意过程到达平衡态($p_2,V_2,T_2$)时，熵的增量为：(1) $\Delta S=\nu C_p\ln\left(\frac{T_2}{T_1}\right)-\nu R\ln\left(\frac{p_2}{p_1}\right)$；(2) $\Delta S=\nu C_p\ln\left(\frac{V_2}{V_1}\right)+\nu C_V\ln\left(\frac{p_2}{p_1}\right)$。

19. 如图所示，在刚性绝热容器中有一可无摩擦移动而不漏气的导热隔板，将容器分为 A，B 两部分，分别盛有 1 mol 的 He 和 $O_2$ 气。初态 He 和 $O_2$ 的温度分别为 $T_A=300$ K 和 $T_B=600$ K，压强均为 $1.01\times10^5$ Pa。(1)求整个系统达到平衡时的温度和压强($O_2$ 可看作是刚性的)；(2)求整个系统熵的增量。

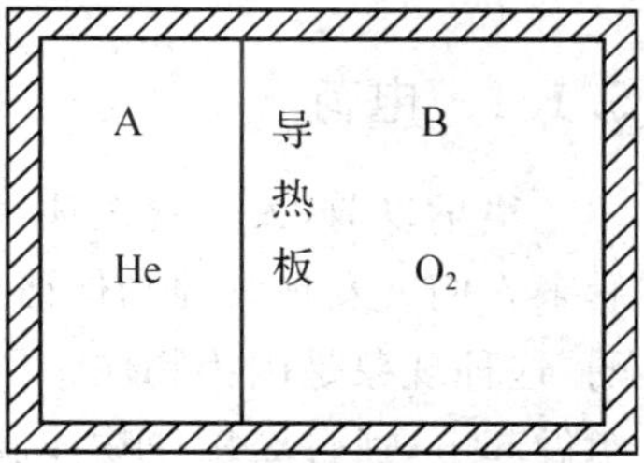

**习题 4-19 图**

20. 使 4 mol 的理想气体由体积 $V_1$ 膨胀到体积 $V_2=2V_1$。(1)如果膨胀是在温度 $T=400$ K 下进行的，求这气体在膨胀中所做之功；(2)如果在膨胀中熵改变，求熵的变化值；(3)如果气体的膨胀是可逆的绝热膨胀而不是等温膨胀，重新计算熵变。

# 第5章　静　电　场

静电场是静止电荷周围存在的一种特殊物质，静电学主要研究静止电荷产生电场以及电场对电荷的作用规律。本章从库仑定律开始，引入电场强度及其叠加原理，进而研究静电场的性质。物质的导电能力相差很大，我们把导电能力极强的物体叫做导体，把导电能力极弱或完全不导电的物体叫做绝缘体或电介质。由于通常情况下物质是电荷的载体，并且导体与电介质的静电性质有很大的不同，所以本章除了介绍真空中的静电场，还将讨论导体和电介质的静电特性，最后从能量的角度研究静电场的物质性。

## 5.1　电荷　库仑定律

### 5.1.1　电荷

很早以前，人们就发现用毛皮摩擦过的琥珀能够吸引羽毛和头发等轻小物体，后来人们又发现其他物体诸如硬橡胶和玻璃经摩擦也能够吸引轻小物体。研究表明，这种现象是因为物体带了电。带电的物体叫做带电体，使物体带有电荷的现象叫做起电，通过摩擦使物体起电的方法（只是其中一种）叫做摩擦起电。

实验发现，两根用毛皮摩擦过的的硬橡胶棒相互排斥；两根用丝绸摩擦过的玻璃棒也相互排斥。但是，用毛皮摩擦过的硬橡胶棒与用丝绸摩擦过的玻璃棒却相互吸引。究其原因，是两种方法产生的电荷不同，我们把用丝绸摩擦玻璃棒产生的电荷称为正电荷，用毛皮摩擦硬橡胶棒产生的电荷称为负电荷。用其他方法得到的电荷不外乎这两种。

除了具有正负之分，电荷还可以分为自由电荷与束缚电荷。所谓自由电荷，是指能够自由移动的电荷，如金属中的电子，电解液或被电离的气体中的离子等。束缚电荷是指只能在原子或分子的局部范围内作微小位移的电荷，如绝缘体中的电子等。

近代物理学的研究表明，在自然界中电荷是量子化的，即存在一个最小的电荷，这就是一个质子或一个电子电荷的绝对值 $e$，其他带电体的电量只能是这个最小电荷的整数倍。电荷的单位是库仑，用 C 表示，是物理学基本单位之一。经过实验测定知，$e=1.602\ 177\times10^{-19}$ C。

电荷守恒定律是物理学基本规律之一。电荷既不能产生，也不能消灭；电荷可以转移，但在转移过程中其总量维持不变。这个规律不仅适用于宏观物体，同时也适用于原子核反应等微观过程。

### 5.1.2　库仑定律

尽管人类很早就发现了电现象，但在长达 2 000 多年的时间里，人们对电的认识还停留在定性的阶段。直到 1785 年，库仑利用扭秤测定并明确了两个静止点电荷之间的作用力与其电荷量和距离的关系，现在称之为库仑定律。SI 制中电荷的单位之所以称为库仑(C)正是为了纪念他的这一工作。所谓点电荷，是指体积无限小的带电体，在现实世界中并不严格存在，它只是一个抽象的模型。不过，对于其形状和尺度在具体问题中可以忽略的带电体，常常可以近似为一个点电荷。

库仑定律表述为：真空中有两个静止点电荷 $q_1$ 和 $q_2$，它们之间相互作用力的大小与 $q_1$ 和 $q_2$ 的量值成正比，与它们之间的距离 $r$ 的平方成反比；作用力的方向沿着它们的连线，同号电荷相斥，异号电荷相吸。

在图 5-1 中，用 $\boldsymbol{F}$ 表示 $q_1$ 施于 $q_2$ 的力，$\boldsymbol{r}$ 表示从 $q_1$ 到 $q_2$ 的矢量，则

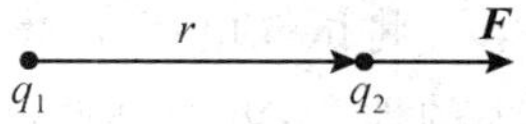


图 5-1　库仑定律

$$\boldsymbol{F}=k\frac{q_1q_2}{r^3}\boldsymbol{r} \tag{5.1}$$

$k$ 为比例系数，在 SI 制中，将 $k$ 写成 $k=\dfrac{1}{4\pi\varepsilon_0}$ 的形式，于是库仑定律表示为

$$\boldsymbol{F}=\frac{1}{4\pi\varepsilon_0}\frac{q_1q_2}{r^3}\boldsymbol{r} \tag{5.2}$$

$\varepsilon_0$ 称为真空中的介电常量或真空电容率，其值为

$$\varepsilon_0=8.854\ 2\times10^{-12}\mathrm{C^2\cdot N^{-1}\cdot m^{-2}}$$

实验表明，两个点电荷之间的相互作用力不因第三个点电荷的存在而改变。在多个点电荷系统中，每对点电荷之间的作用力都能用库仑定律来计算。这个结论称为静电力的叠加原理。

库仑定律给出了两个静止电荷之间作用力的定量公式。但是迄今为止的实验观察发现，库仑定律还适用于静止电荷对运动电荷的作用力；而反过来则不成立，

即运动电荷对静止电荷的作用力,库仑定律失效。

## 5.2 电场 电场强度

### 5.2.1 电场强度

形式上,库仑定律给出了两个点电荷之间的相互作用力,但事实上两个电荷之间并不是直接发生相互作用的。法拉第认为,库仑力是通过场进行的,这个场是存在于带电体周围的特殊物质,起到在带电体之间传递力的作用,这个场就是电场。因此,电场力的物理图像应该是:一个电荷或带电体系先在空间激发一个电场,这个电场再施力于其他电荷。本章只讨论相对于观察者静止的电荷所激发的电场,称为静电场。

为了定量研究电场,必须引入电场强度的概念。因为电场的一个基本性质是它对电荷具有作用力,我们就以这个性质来定量地描述电场。为了测定电场的强弱,先用一个点电荷放在电场中以便测量电场对它的作用力,但是这个电荷的加入会改变原来电场的分布。所以这个电荷的电量必须足够小,它的加入不足以改变原来场的分布,这样的点电荷叫做试探电荷,记作 $q_0$。

将试探电荷 $q_0$ 置于空间不同位置,测量这些位置的场对它的作用力。作用力大的地方,电场也强,反之,电场也弱。这些力的大小显然与试探电荷的电量有关,电场中同一点,不同的试探电荷得到的作用力也不同。但是,根据库仑定律,对于空间中的固定点来说,试探电荷所受作用力与 $q_0$ 之比是一个与试探电荷无关的常量,它反映了场本身的性质。因此,我们把它定义为电场强度矢量,用 $\boldsymbol{E}$ 表示:

$$\boldsymbol{E}=\frac{\boldsymbol{F}}{q_0} \tag{5.3}$$

从这个定义式可以看出,空间某处电场强度矢量的大小为单位正电荷受到的电场作用力的大小,其方向与正电荷在该处所受电场力的方向一致。在 SI 制中,电场强度的单位是牛顿/库仑($\mathrm{N \cdot C^{-1}}$)或伏特/米($\mathrm{V \cdot m^{-1}}$)。

结合库仑定律,由上面给出的电场强度的定义,很容易写出一个点电荷 $q$ 的电场强度

$$\boldsymbol{E}=\frac{q}{4\pi\varepsilon_0 r^3}\boldsymbol{r} \tag{5.4}$$

## 5.2.2　电场强度的叠加原理

如图5-2所示，设真空中有点电荷 $q_0, q_1, q_2, q_3, \cdots, q_0$ 为试探电荷，由静电力的叠加原理，作用在电荷 $q_0$ 上的合静电力为其他各点电荷单独存在时对该点电荷静电力的矢量和，即

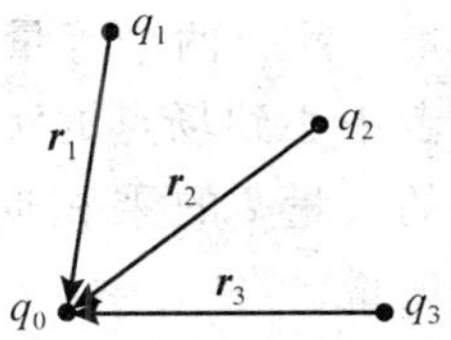


图 5-2　叠加原理

$$\boldsymbol{F}=\boldsymbol{F}_1+\boldsymbol{F}_2+\boldsymbol{F}_3+\cdots=\frac{q_0}{4\pi\varepsilon_0}\left(\frac{q_1\boldsymbol{r}_1}{r_1^3}+\frac{q_2\boldsymbol{r}_2}{r_2^3}+\frac{q_3\boldsymbol{r}_3}{r_3^3}+\cdots\right)$$

根据电场强度的定义，有

$$\boldsymbol{E}=\frac{\boldsymbol{F}}{q_0}=\sum_i\frac{q_i\boldsymbol{r}_i}{4\pi\varepsilon_0 r_i^3}\tag{5.5}$$

式中 $\boldsymbol{r}_i$ 是电荷 $q_i$ 指向电荷 $q_0$ 的矢量。式(5.5)表明，点电荷系在空间某点的电场强度，等于各个点电荷单独存在时在同一点场强的矢量叠加，这个结论称为场强的叠加原理。利用这一原理，可以计算任意带电体在空间激发的电场强度，因为所有带电体均可看成大量点电荷的集合。

宏观物体上的电荷，来自于物体内的电子和质子，而电子或质子的电荷远小于宏观物体所带的电荷。所以，我们可将宏观物体的电荷看成无限小的元电荷 d$q$ 连续分布的结果。元电荷 d$q$ 可以视为点电荷，因此，d$q$ 的场强为

$$\mathrm{d}\boldsymbol{E}=\frac{\mathrm{d}q}{4\pi\varepsilon_0 r^3}\boldsymbol{r}$$

式中 $\boldsymbol{r}$ 是从 d$q$ 到场点 $P$ 的径矢(图5-3)。根据场强的叠加原理，连续带电体的场强可表示为

$$\boldsymbol{E}=\frac{1}{4\pi\varepsilon_0}\int\frac{\mathrm{d}q}{r^3}\boldsymbol{r}$$

实际计算中，通常要把 d$\boldsymbol{E}$ 分解成空间坐标系的分量，然后再积分。根据带电体的维数，元电荷 d$q$ 有以下几种形式：

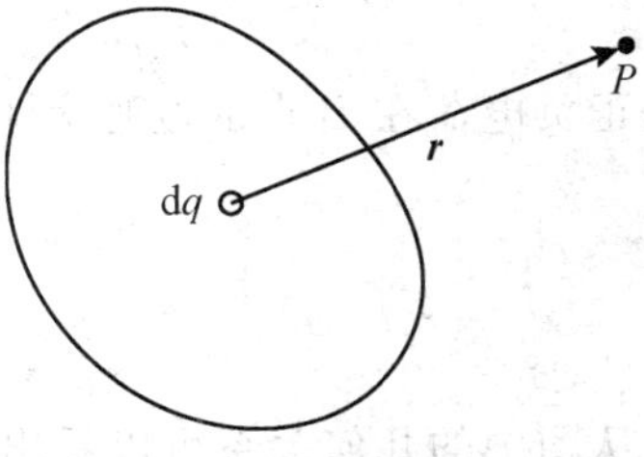


图 5-3　连续带电体的电场

$$\mathrm{d}q=\begin{cases}\rho\mathrm{d}V, & \rho\text{ 为三维带电体的电荷体密度}\\ \sigma\mathrm{d}S, & \sigma\text{ 为二维带电体的电荷面密度}\\ \lambda\mathrm{d}l, & \lambda\text{ 为一维带电体的电荷线密度}\end{cases}$$

$dl$，$dS$，$dV$ 分别表示线元、面元和体元。

**例 5.1** 求电偶极子在其延长线上与中垂面上任一点的电场强度。

**解** 两个等量异号点电荷 $+q$ 和 $-q$，当它们之间的连线的距离 $l$ 远小于二者中心到场点的距离 $r$ 时，这一电荷系称为电偶极子。$q$ 与从负电荷指向正电荷的矢量 $\boldsymbol{l}$ 的乘积叫做此电偶极子的电偶极矩，用 $\boldsymbol{p}_e$ 表示。$\boldsymbol{p}_e = q\boldsymbol{l}$，它是一个矢量。

如图 5-4 所示，取电偶极子中心为坐标原点，取电偶极矩的方向为 $x$ 轴正向建立直角坐标系。在电偶极子的延长线上任选一点 $A$，坐标为 $(x,0)$。由于电荷相对于 $x$ 轴对称分布，所以其场强也具有此对称性。$y$ 轴上任一点代表了中垂面上的点，为此在 $y$ 上任选一点 $B$，坐标为 $(0,y)$。由场强的叠加原理，$A$ 点场强大小为

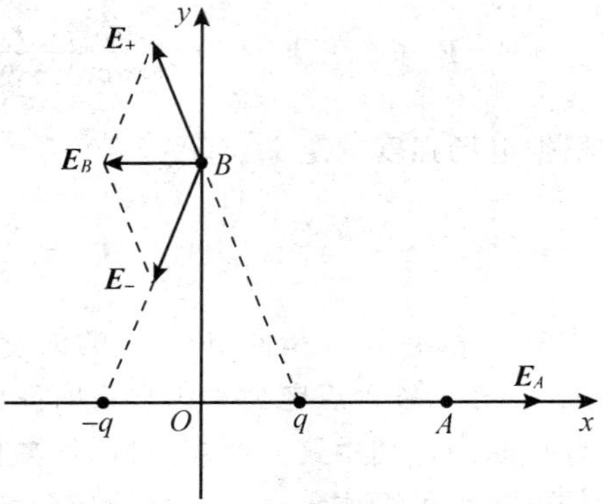


图 5-4 电偶极子延长线及中垂面上的场强

$$E_A = \frac{q}{4\pi\varepsilon_0}\frac{1}{\left(x-\frac{l}{2}\right)^2} - \frac{q}{4\pi\varepsilon_0}\frac{1}{\left(x+\frac{l}{2}\right)^2}$$

$$= \frac{q}{4\pi\varepsilon_0}\frac{2xl}{\left(x-\frac{l}{2}\right)^2\left(x+\frac{l}{2}\right)^2} \approx \frac{q}{4\pi\varepsilon_0}\frac{2l}{x^3}$$

$B$ 点的场强

$$\boldsymbol{E}_B = \boldsymbol{E}_+ + \boldsymbol{E}_-$$

正负电荷在 $B$ 点的场强大小相等，为

$$E_+ = E_- = \frac{q}{4\pi\varepsilon_0}\frac{1}{y^2 + \left(\frac{l}{2}\right)^2}$$

从图中的几何关系可以看出，$B$ 点的场强等于 $E_+$ 或 $E_-$ 在 $x$ 轴上投影的 2 倍，可以表示为

$$E_B = 2E_+ \frac{l/2}{[y^2 + (l/2)^2]^{1/2}} \approx \frac{ql}{4\pi\varepsilon_0 y^3}$$

$A$，$B$ 两点电场强度的方向与图中所示相同。写成矢量式，电偶极子延长线与中垂面上两处的场强分别为

$$\boldsymbol{E}_A=\frac{2p_e}{4\pi\varepsilon_0 x^3}\boldsymbol{i},\quad \boldsymbol{E}_B=-\frac{p_e}{4\pi\varepsilon_0 y^3}\boldsymbol{i}$$

计算结果表明，远离电偶极子处的场强与距离的3次方成反比，与电偶极矩的大小成正比。研究物质的电学性质时，处于静电场中的物质内的分子都可以看成电偶极子，因此，电偶极子是一个非常重要的物理模型。

**例5.2** 求半径为$R$、电荷面密度为$\sigma$的均匀带电圆盘轴线上的场强。

**解** 在圆盘上以圆心为极点建立极坐标系，并垂直于盘面建立$z$轴，构成柱坐标系，如图5-5所示。圆盘上的面元为

$$\mathrm{d}S=r\mathrm{d}r\mathrm{d}\phi$$

对应的元电荷为

$$\mathrm{d}q=\sigma\mathrm{d}S=\sigma r\mathrm{d}r\mathrm{d}\phi$$

此元电荷在圆盘轴线上坐标为$z$处的$P$点的场强为

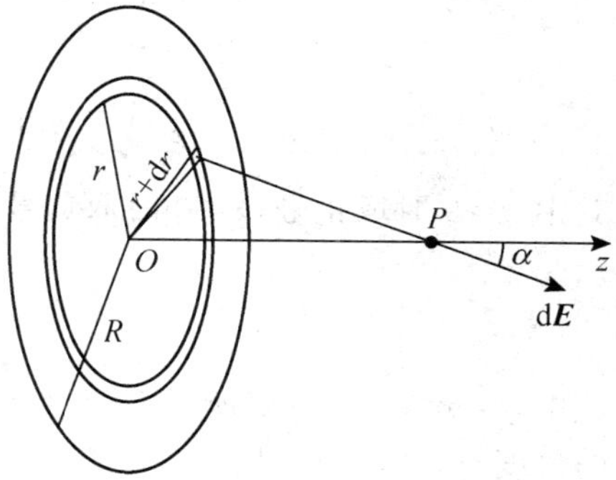

图5-5 均匀带电圆盘轴线上的场强

$$\mathrm{d}E=\frac{\mathrm{d}q}{4\pi\varepsilon_0(r^2+z^2)}=\frac{\sigma r\mathrm{d}r\mathrm{d}\phi}{4\pi\varepsilon_0(r^2+z^2)}$$

由于电荷相对于圆盘轴线对称分布，所以圆盘轴线上与轴垂直的电场强度分量为零，只需计算轴向分量即可。

$$\mathrm{d}E_z=\mathrm{d}E\cos\alpha=\frac{\sigma r\mathrm{d}r\mathrm{d}\phi}{4\pi\varepsilon_0(r^2+z^2)}\frac{z}{\sqrt{r^2+z^2}}=\frac{z\sigma r\mathrm{d}r\mathrm{d}\phi}{4\pi\varepsilon_0(r^2+z^2)^{3/2}}$$

对上式积分，可得所求场强为

$$E=E_z=\frac{z\sigma}{4\pi\varepsilon_0}\int_0^{2\pi}\mathrm{d}\phi\int_0^R\frac{r\mathrm{d}r}{(r^2+z^2)^{3/2}}=\begin{cases}-\dfrac{\sigma}{2\varepsilon_0}\left(1+\dfrac{z}{\sqrt{R^2+z^2}}\right), & z<0\\[2ex] \dfrac{\sigma}{2\varepsilon_0}\left(1-\dfrac{z}{\sqrt{R^2+z^2}}\right), & z>0\end{cases}$$

矢量表达式为

$$\boldsymbol{E}=\begin{cases}-\dfrac{\sigma}{2\varepsilon_0}\left(1+\dfrac{z}{\sqrt{R^2+z^2}}\right)\boldsymbol{e}_z, & z<0\\[2ex] \dfrac{\sigma}{2\varepsilon_0}\left(1-\dfrac{z}{\sqrt{R^2+z^2}}\right)\boldsymbol{e}_z, & z>0\end{cases}$$

下面我们对上述结果进行讨论。

(1)若 $R\gg|z|$,即在 $P$ 点看来,带电圆盘为无限大。对上述结果取 $R/z\to\pm\infty$ 的极限,有 $E=\pm\frac{\sigma}{2\varepsilon_0}$。在圆盘无限大时,轴线已失去意义,这个结果表示距离无限大均匀带电平面有限远处的电场是匀强电场,其方向为垂直于圆盘平面指向两侧。

(2)当 $R\ll|z|$时,将$\frac{z}{\sqrt{R^2+z^2}}$展开为 $R/z$ 的多项式,略去高次项,即

$$\frac{z}{\sqrt{R^2+z^2}}=\pm\frac{1}{\sqrt{1+(R/z)^2}}\approx\pm\left[1-\frac{1}{2}\left(\frac{R}{z}\right)^2\right]$$

其中 $z>0$ 时取正号,$z<0$ 时取负号,此时 $P$ 点场强为

$$E=\pm\frac{\sigma R^2}{4\varepsilon_0 z^2}=\pm\frac{q}{4\pi\varepsilon_0 z^2}$$

式中 $q=\sigma\pi R^2$,为圆盘所带电荷。这个结果表示,当 $P$ 点与圆盘的距离远大于圆盘的尺度时,$P$ 点的场强等于位于圆盘中心的点电荷 $q$ 的场强。

(3)若本题最后的积分只对 $\phi$ 进行,则有

$$\mathrm{d}E'=\frac{2\pi r\sigma z\mathrm{d}r}{4\pi\varepsilon_0(r^2+z^2)^{3/2}}=\frac{z\mathrm{d}q'}{4\pi\varepsilon_0(r^2+z^2)^{3/2}}$$

式中 $\mathrm{d}q'=2\pi r\sigma\mathrm{d}r$,表示内、外半径分别为 $r$ 和 $r+\mathrm{d}r$ 的细圆环所带电荷。因此,上式表示均匀带电细圆环轴线上的场强。一般情况下,对于均匀带电 $q'$、半径为 $r$ 的细圆环,轴线上的场强可以表示为

$$E'=\frac{zq'}{4\pi\varepsilon_0(r^2+z^2)^{3/2}}$$

### 5.2.3 电场对带电体的作用

根据前面的讨论,若已知带电体的电荷分布,就可以计算出其在空间激发的电场的强度。现在我们讨论外电场对带电体的作用力问题。

根据电场强度的定义式,电量为 $q$ 的点电荷在电场 $\boldsymbol{E}$ 中受力为

$$\boldsymbol{F}=q\boldsymbol{E} \tag{5.6}$$

无论点电荷 $q$ 运动与否,式中 $\boldsymbol{E}$ 是除点电荷 $q$ 以外的所有其他电荷在 $q$ 当前位置产生的场强。$q>0$ 时,电场力的方向与场强方向相同;$q<0$ 时,电场力的方向与场强方向相反。对于连续带电体,电场力可以表示为

$$\boldsymbol{F} = \int \boldsymbol{E} \mathrm{d}q \tag{5.7}$$

式中 $\boldsymbol{E}$ 为带电体中元电荷 $\mathrm{d}q$ 处的场强。

把电偶极子置于匀强电场 $\boldsymbol{E}$ 中(图 5-6),偶极子的正端受一与外电场同方向的力 $qE$,负端受一与外电场反方向的力 $qE$,这两个力大小相等,方向相反,故合力为零。因为这两个力不在同一直线上,故电偶极子会受到一个力矩作用,大小为

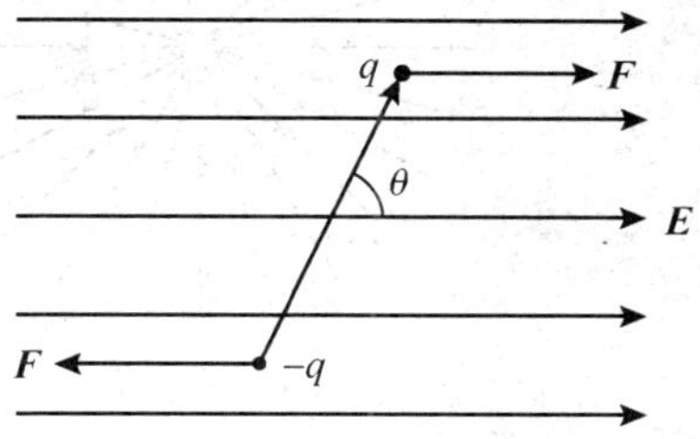

图 5-6　均匀电场中的电偶极子

$$M = qEl\sin\theta$$

其方向垂直于纸面向里,$\theta$ 为电偶极矩 $p_e$ 与 $\boldsymbol{E}$ 之间的夹角,写成矢量式为

$$\boldsymbol{M} = \boldsymbol{p}_e \times \boldsymbol{E} \tag{5.8}$$

由于力矩的作用,电偶极子向与外电场平行的方向转动,当偶极矩与外电场同向时力矩变为 0,这时能量最低。同样地,使电偶极矩沿相反方向转动时必须对它做功。例如,将偶极子从和电场平行的位置转动到某角度 $\theta_0$ 所需做的功为

$$\int_0^{\theta_0} M\mathrm{d}\theta = \int_0^{\theta_0} p_e E\sin\theta\mathrm{d}\theta = p_e E(1-\cos\theta_0)$$

在非均匀电场中,一般情况下电偶极子两端的受力不正好是大小相等、方向相反的,合力不再为零。这种情况下,偶极子不但会转动,还会平动。

## 5.3　静电场的高斯定理

### 5.3.1　电场线

法拉第不仅提出了场的概念,而且还在 1852 年引入了电场线的概念用于形象地描述场强的空间分布。由于静电场中每一点的场强 $\boldsymbol{E}$ 都具有确定的大小和方向,因此我们在电场中画出一系列曲线,使曲线上每一点的切线方向与场强在该点的方向相同,这些曲线就是电场线。为了使电场线不仅能够表示出电场中场强的方向,还能直观地表示出电场的强弱,我们同时规定,在电场中任一点,取一垂直于场强方向的面元,使通过单位面积面元的电场线条数与该面元处场强的大小成正比。显然,满足此规定的电场线的疏密程度就形象地反映了场强大小的分布,电场线稀疏的地方表示电场较弱,电场线稠密的地方表示电场较强。图 5-7 是几种常见

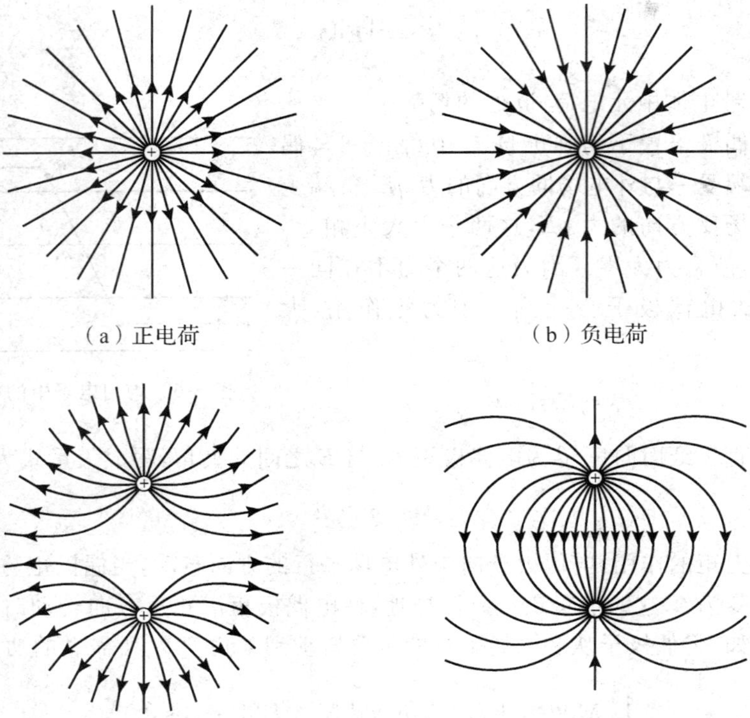

（a）正电荷　（b）负电荷　（c）两个等量正电荷　（d）两个等量异号电荷

**图 5-7　电场线图**

电荷分布的电场线。

静电场的电场线有这样的性质：①电场线起于正电荷(或无限远处)，终止于负电荷(或无限远处)，在没有电荷的地方，电场线是平滑的和连续的。②电场线不形成闭合曲线。③在没有电荷的空间里，任何两条电场线都不相交。这些性质中，前两条是静电场性质的反映，最后一条是电场中每一点都具有确定方向的必然结果。

## 5.3.2 电通量

场线是描述矢量场的一种方法，通量是描述矢量场的一个物理量。如图 5-8(a)所示，d$S$ 是电场中任一空间曲面 $S$ 上的一个面元，它的方向取为 d$S$ 的一个法线方向，定义

$$\mathrm{d}\Phi_e=\boldsymbol{E}\cdot\mathrm{d}\boldsymbol{S}=E\mathrm{d}S\cos\theta \tag{5.9}$$

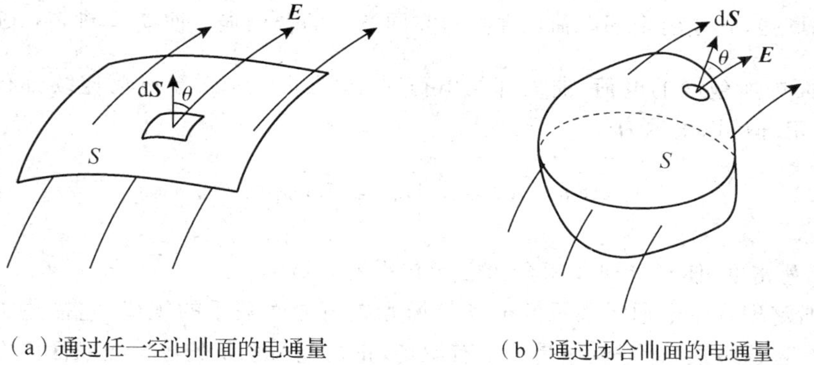


**图 5-8　电通量的计算**

为电场中电场强度矢量对面元 d$\boldsymbol{S}$ 的电通量。式(5.9)表明：电通量是两个矢量的标积，是一个代数量。实际计算中，可以取 d$\boldsymbol{S}$ 的任一法向作为 d$\boldsymbol{S}$ 的方向。如果电通量的结果为正，表示电场线沿所取法线方向穿过；如果结果为负，则说明电场线逆着所选法线方向穿过。根据定义，电场强度对于有限曲面 $S$ 的电通量为

$$\Phi_e = \int_S \boldsymbol{E} \cdot \mathrm{d}\boldsymbol{S} \tag{5.10}$$

对于闭合曲面，如果没有特殊需要，规定曲面的外法向为面元的正方向，如图 5-8(b)所示。电场强度对于闭合曲面 $S$ 的电通量为

$$\Phi_e = \oint_S \boldsymbol{E} \cdot \mathrm{d}\boldsymbol{S} \tag{5.11}$$

如果结果为正，表示电场线由曲面内向外穿出，或穿出曲面的电场线条数多于穿入的条数；如果结果为负，表示电场线由曲面外穿入，或穿入闭合曲面的电场线多于穿出的。

## 5.3.3　高斯定理

在真空中，通过任一闭合曲面的电通量等于该闭合曲面内包围的所有电荷的代数和(即曲面内的净电荷)除以 $\varepsilon_0$，即

$$\oint_S \boldsymbol{E} \cdot \mathrm{d}\boldsymbol{S} = \frac{1}{\varepsilon_0}\sum_i q_i \tag{5.12}$$

这个规律是高斯首先发现的，称为高斯定理。定理中 $\boldsymbol{E}$ 是所取的闭合曲面 $S$(高斯

面)上的场强,它是由全部电荷($S$ 内外)共同产生的合场强。而 $\Phi_e = \oint_S \boldsymbol{E} \cdot d\boldsymbol{S}$ 只决定于 $S$ 面内所包围的电荷,曲面外的电荷对 $\Phi_e$ 无贡献。对于电荷连续分布的情形,高斯定理可以表示为

$$\oint_S \boldsymbol{E} \cdot d\boldsymbol{S} = \frac{1}{\varepsilon_0}\int dq = \frac{1}{\varepsilon_0}\int \rho dV \tag{5.13}$$

$\rho$ 表示电荷密度,体积分遍及闭合曲面 $S$ 包围的区域。

高斯定理是用电通量表示的电场与场源电荷之间关系的规律,它描述了静电场的一个普遍性质,即静电场是一个有源场,正负电荷就是场源。当曲面内净电荷为正时,$\Phi_e>0$,表明有电场线从闭合曲面内穿出,因而,正电荷为静电场的源头;当闭合曲面内净电荷为负时,$\Phi_e<0$,表明有电场线穿入闭合曲面而终止其内,因而,负电荷是静电场的汇。

下面给出高斯定理的证明。

1)闭合曲面内有一个点电荷的情况 图 5-9 中,$dS$ 为闭合曲面上任一面元,电荷 $q$ 至该面元的径矢为 $\boldsymbol{r}$,面元处电场强度 $\boldsymbol{E}$ 指向 $\boldsymbol{r}$ 方向,$\boldsymbol{E}$ 与 $d\boldsymbol{S}$ 的夹角为 $\theta$,则

$$\boldsymbol{E} \cdot d\boldsymbol{S} = EdS\cos\theta = EdS'$$

$dS' = dS\cos\theta$,为 $dS$ 垂直于径矢方向的投影面积,或者说是 $dS$ 在半径为 $r$ 的球面上的投影面积,利用 $E=\frac{q}{4\pi\varepsilon_0 r^2}$,有

$$EdS' = \frac{q}{4\pi\varepsilon_0}\frac{dS'}{r^2} = \frac{q}{4\pi\varepsilon_0}d\Omega$$

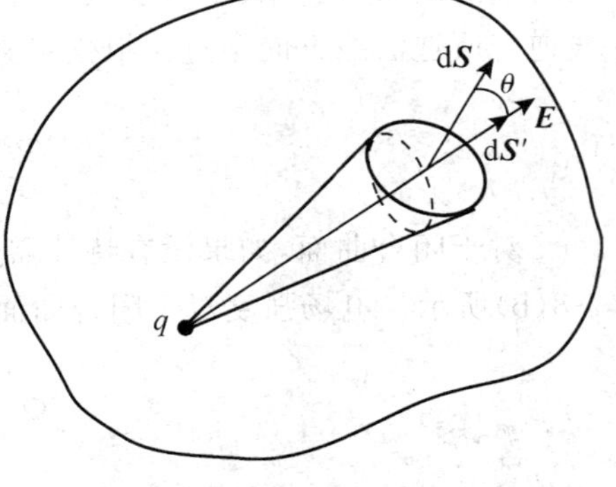


**图 5-9 闭合曲面内有一个点电荷时的电通量**

$d\Omega = dS'/r^2$,为 $dS'$ 或 $dS$ 对 $q$ 张的立体角。由于闭合曲面对面内任一点所张的立体角都是 $4\pi$,因此,场强对闭合曲面的电通量为

$$\oint \boldsymbol{E} \cdot d\boldsymbol{S} = \frac{q}{4\pi\varepsilon_0}\oint d\Omega = \frac{q}{\varepsilon_0}$$

2)闭合曲面之外有一个点电荷的情况 如图 5-10 所示,点电荷产生的电场线从曲面上某个面元进入,必然会从另外一个面元穿出。穿出的电通量为正值,穿入的电通量为负值。因为图中 $dS_1$ 和 $dS_2$ 对点电荷 $q$ 张的立体角数值相等,所以有

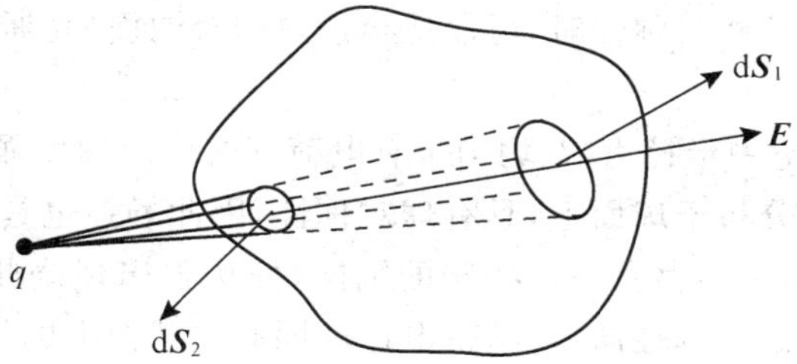


图 5-10 外电荷对闭曲面的电通量

$$\boldsymbol{E}\cdot\mathrm{d}\boldsymbol{S}=\boldsymbol{E}_1\cdot\mathrm{d}\boldsymbol{S}_1+\boldsymbol{E}_2\cdot\mathrm{d}\boldsymbol{S}_2=0$$

整个闭合曲面的电通量可以分解为这样一对对数值相等而符号相反的电通量之和，所以总的电通量为零。这说明，闭合曲面外的电荷对闭合曲面的电通量无贡献。

3)空间有多个点电荷的情况　利用电场强度的叠加原理，有

$$\boldsymbol{E}=\sum_i\boldsymbol{E}_i+\sum_j\boldsymbol{E}_j$$

$\sum_i\boldsymbol{E}_i$ 表示闭合曲面内所有电荷产生的合场强，$\sum_j\boldsymbol{E}_j$ 表示闭合曲面外所有电荷产生的合场强，利用前面的结果，这部分场强对对闭合曲面的电通量为零

$$\oint\sum_j\boldsymbol{E}_j\cdot\mathrm{d}\boldsymbol{S}=0$$

因此，有

$$\Phi_{\mathrm{e}}=\oint\boldsymbol{E}\cdot\mathrm{d}\boldsymbol{S}=\oint\sum_i\boldsymbol{E}_i\cdot\mathrm{d}\boldsymbol{S}=\sum_i\oint\boldsymbol{E}_i\cdot\mathrm{d}\boldsymbol{S}=\frac{1}{\varepsilon_0}\sum_i q_i$$

综合 1)、2)、3)，高斯定理得证。

从高斯定理的证明过程可以看出，具备如下特征的场都可以满足高斯定理：①有心力与距离的平方成反比；②场的线性叠加原理适用。因此，对于万有引力场，只要将物质密度代替电荷密度，高斯定理显然也成立。高斯定理揭示了静电场和源之间的关系，从某种意义上讲，它是库仑定律的逆定理，利用库仑定律，我们能够用给定的电荷分布求出电场；而利用高斯定理，我们能够在已知电场时求出任一空间区域内有多少净电荷。

如果已知电荷分布，由高斯定理能否解出场强呢？答案是肯定的，但从高斯定理的形式可以看出，我们面临的是一个积分方程，一般情况下，很难求解。当电荷

在空间的分布具有某些对称性时，可以适当选取闭合曲面（高斯面），应用高斯定理简便地求出场强。

**例 5.3** 求真空中半径为 $R$、均匀带有电荷 $q$ 的球面的场强分布。

**解** 电荷均匀分布于球面上，具有球对称性，因此场强也具有球对称性。场的这种对称性表现为：①不存在一个特殊的轴向，使场强出现绕此轴向的切向分量，所以场强的方向总是沿着径向；②与带电球面同心的球面上的场强处处相等。

根据以上对称性分析，我们选取半径为 $r$ 的同心球面作为高斯面（图 5-11），高斯面上的面元 $\mathrm{d}\boldsymbol{S}$ 处处与场强方向相同。通过高斯面的电通量为

$$\Phi_e = \oint \boldsymbol{E} \cdot \mathrm{d}\boldsymbol{S} = \oint E\mathrm{d}S = E\oint \mathrm{d}S = 4\pi r^2 E$$

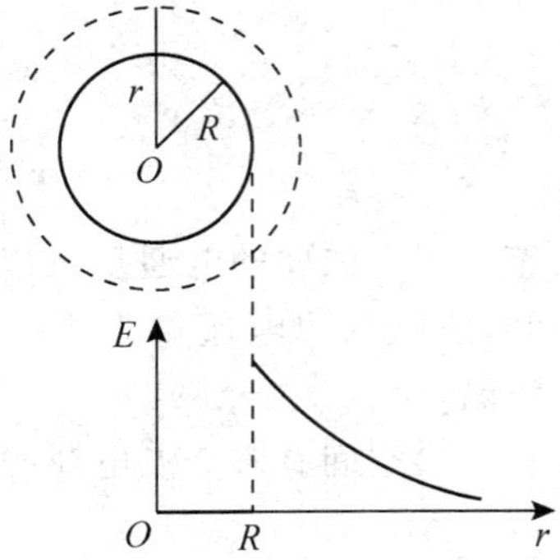

图 5-11 均匀带电球面的场强

应用高斯定理

$$\Phi_e = 4\pi r^2 E = \begin{cases} 0, & r<R \\ \dfrac{q}{\varepsilon_0}, & r>R \end{cases}$$

由此可得空间的场强分布为

$$\boldsymbol{E} = \begin{cases} 0, & r<R \\ \dfrac{q\boldsymbol{r}}{4\pi\varepsilon_0 r^3}, & r>R \end{cases}$$

场强与距离 $r$ 的关系见图 5-11。

**例 5.4** 计算半径为 $R$ 的无限长均匀带电圆柱面的场强分布，已知沿轴向单位长度所带的电荷为 $\lambda$。

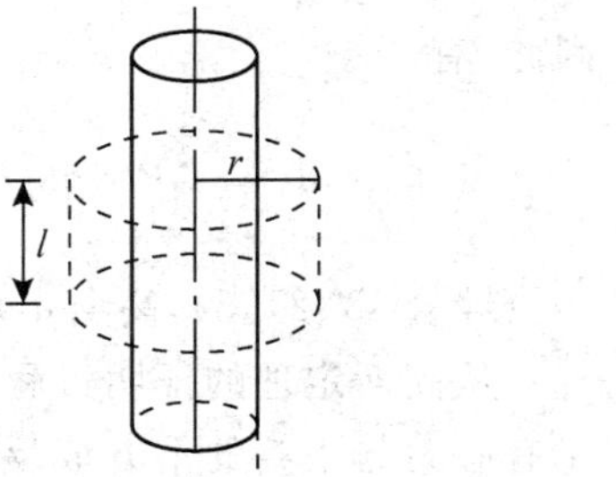

图 5-12 无限长均匀带电圆柱面的场强

**解** 由于电荷相对于圆柱面的轴线呈轴对称分布，并且圆柱无限长，因此场强具有相同的对称性。这种对称性表现为：①从距离圆柱面有限远处来看，沿轴线方向不存在哪一侧的电荷更具优势或可以产生更强的场，所以场强的方向只能沿垂直于柱面的径向，不存在轴向分量；②到圆柱轴线等距离的点场强的大小相等。为此我们选取高度为 $l$ 的底面半径为 $r$ 的同轴圆柱面作高斯面，如图 5-12 所示。

高斯面上下两底面的电通量为零，只需计算侧面的电通量即可，于是

$$\Phi_e = \oint \boldsymbol{E} \cdot d\boldsymbol{S} = 2\pi r l E$$

由高斯定理

$$\Phi_e = \begin{cases} 0, & r<R \\ \dfrac{l\lambda}{\varepsilon_0}, & r>R \end{cases}$$

因此

$$\boldsymbol{E} = \begin{cases} 0, & r<R \\ \dfrac{\lambda \boldsymbol{r}}{2\pi\varepsilon_0 r^2}, & r>R \end{cases}$$

由此结果画出的场强随 $r$ 的变化曲线，如图 5-12 所示。

**例 5.5**　求无限大均匀带电平面（已知面密度为 $\sigma$）的场强分布。

**解**　电荷均匀分布在无限大平面上，所以场强具有镜面反演对称性。由于对称性，平行于带电平面的场强分量必然抵消，因此场强的方向一定垂直于带电平面。另外，平面两侧对称点处的场强大小相等。为此我们选取图 5-13 所示的底面积为 $S$ 的封闭圆柱面作为高斯面，场强方向与高斯面两个底面垂直，与侧面平行，因此侧面的电通量为零。总电通量为

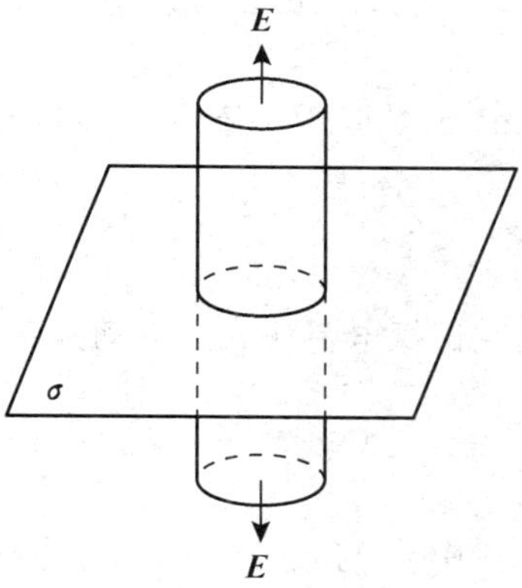

**图 5-13**　无限大均匀带电平面的电场

$$\Phi_e = \oint \boldsymbol{E} \cdot d\boldsymbol{S} = ES + ES = 2ES$$

由高斯定理

$$\Phi_e = \frac{\sigma S}{\varepsilon_0}$$

于是

$$E = \frac{\sigma}{2\varepsilon_0}$$

上式表明，无限大均匀带电平面两侧的电场是匀强电场，与距离无关。

# 5.4 静电场环路定理 电势

## 5.4.1 电场力的功 静电场环路定理

从前面的内容我们知道，带电体在电场中将受到电场力的作用。如果带电体在电场力的作用下运动，电场力将对它做功。现在我们从做功的角度研究静电场的性质。

设有试探电荷 $q_0$ 在点电荷 $q$ 产生的电场中沿图 5-14 所示曲线运动。为了计算电场力的功，在试探电荷的路径上任选一点，该点的场强为 $\boldsymbol{E}$，与此处的元位移 $\mathrm{d}\boldsymbol{l}$ 之间的夹角为 $\theta$，电场力的元功为

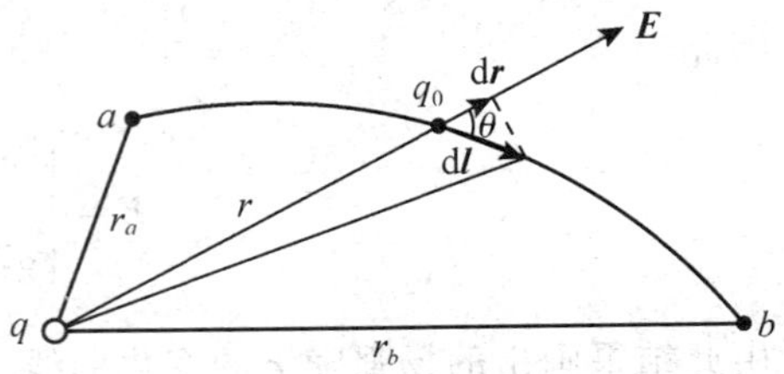


图 5-14 计算电场力的功

$$\mathrm{d}A = \boldsymbol{F}\cdot\mathrm{d}\boldsymbol{l} = q_0\boldsymbol{E}\cdot\mathrm{d}\boldsymbol{l} = q_0 E\cos\theta\mathrm{d}l$$
$$= \frac{qq_0}{4\pi\varepsilon_0 r^2}\mathrm{d}l\cos\theta$$

$\mathrm{d}l\cos\theta$ 是 $\mathrm{d}l$ 在径矢 $\boldsymbol{r}$ 方向的投影，所以 $\mathrm{d}l\cos\theta = \mathrm{d}r$，因此

$$\mathrm{d}A = \frac{qq_0}{4\pi\varepsilon_0 r^2}\mathrm{d}r$$

在试探电荷从 $a$ 点运动到 $b$ 点的过程中，电场力做的功为

$$A_{ab} = \int_a^b \mathrm{d}A = \frac{qq_0}{4\pi\varepsilon_0}\int_{r_a}^{r_b}\frac{\mathrm{d}r}{r^2} = \frac{qq_0}{4\pi\varepsilon_0}\left(\frac{1}{r_a} - \frac{1}{r_b}\right) \tag{5.14}$$

式中 $r_a$ 与 $r_b$ 分别为试探电荷的始点和终点到电荷 $q$ 的距离。式(5.14)表明，试探电荷在静止点电荷的电场中移动时，电场力所做的功只与始点和终点的位置以及试探电荷的量值有关，而与试探电荷在电场中所经历的路径无关。这是因为在上述计算中，我们取的是任意路径，且上式的计算结果并未反映出路径的形状、长短等特征。上述结论对于任何静电场皆适用。考虑到任何静电场都可看作由点电荷系所激发的，根据电场强度的叠加原理，其场强是各个点电荷 $q_1, q_2, \cdots, q_n$ 单独存在时的场强 $\boldsymbol{E}_1, \boldsymbol{E}_2, \cdots, \boldsymbol{E}_n$ 的矢量和，当试探电荷在电场中从 $a$ 点沿任意路径移动到 $b$ 点时，电场力所做的功为

$$A_{ab} = q_0\int_a^b \boldsymbol{E}\cdot\mathrm{d}\boldsymbol{l} = q_0\int_a^b (\boldsymbol{E}_1 + \boldsymbol{E}_2 + \cdots + \boldsymbol{E}_n)\cdot\mathrm{d}\boldsymbol{l}$$

$$= q_0\int_a^b \boldsymbol{E}_1 \cdot \mathrm{d}\boldsymbol{l} + q_0\int_a^b \boldsymbol{E}_2 \cdot \mathrm{d}\boldsymbol{l} + \cdots + q_0\int_a^b \boldsymbol{E}_n \cdot \mathrm{d}\boldsymbol{l} \tag{5.15}$$

由于每一个点电荷施于试探电荷的电场力所做的功都与路径无关，所以这些功的代数和也与路径无关。至此我们得到一个结论：试探电荷在任何静电场中移动时，电场力所做的功仅与试探电荷以及始点和终点的位置有关，而与所经历的路径无关，这说明静电力是保守力。

如果试探电荷在静电场中经一闭合曲线回到原来的位置，则由式(5.14)和式(5.15)可得电场力做功为零，即

$$q_0\oint \boldsymbol{E} \cdot \mathrm{d}\boldsymbol{l} = 0$$

或

$$\oint \boldsymbol{E} \cdot \mathrm{d}\boldsymbol{l} = 0 \tag{5.16}$$

这一结论是电场力做功与路径无关的必然结果，称为静电场的环路定理，说明静电场是保守场。保守场中一定存在一个标量势函数，下面我们引入电势的概念。

### 5.4.2　电势

根据保守力的性质，保守力做功等于势能的减小量。既然静电力是保守力，则在静电学中，我们把电场力做的功定义为电势能的减小量，或者说，外力克服电场力做的功等于电势能的增量。如果以 $W_a$ 和 $W_b$ 分别表示试探电荷 $q_0$ 在起点 $a$ 和终点 $b$ 处的电势能，则试探电荷的电势能的改变为

$$\Delta W = W_b - W_a = -q_0\int_a^b \boldsymbol{E} \cdot \mathrm{d}\boldsymbol{l} = -A_{ab} \tag{5.17}$$

电势能的单位为焦耳(J)。电势能的增量与路径无关，是空间坐标的函数，但它与试探电荷 $q_0$ 成正比，不是完全由场决定的函数。注意到 $\Delta W/q_0$ 与试探电荷无关，它仅反映了静电场在 $a$，$b$ 两点的性质，是一个描述场性质的物理量，所以将 $-\Delta W/q_0$ 定义为静电场中 $a$，$b$ 两点的电势差，用 $U_{ab}$ 来表示：

$$U_{ab} = U_a - U_b = \int_a^b \boldsymbol{E} \cdot \mathrm{d}\boldsymbol{l} \tag{5.18}$$

显然，电势差的物理意义为把单位正电荷从空间一点移动到另外一点时电场力所做的功。电场力做功的数值仅与初末位置有关，与具体路径无关，对于电荷 $q_0$，用

电势差表示的电场力的功为

$$A_{ab}=q_0U_{ab}=q_0(U_a-U_b) \tag{5.19}$$

在 SI 制中，电势的单位为伏特(V)，$1\ \mathrm{V}=1\ \mathrm{J}\cdot\mathrm{C}^{-1}$。

在实际应用中，为了方便，常常事先人为选取零电势参考点，并把场点与参考点的电势差定义为该点的电势。如果电荷分布于空间有限区域，通常选择无限远处为电势零点，这时静电场中任一点 $a$ 的电势可以表示为

$$U_a=\int_a^{\infty}\boldsymbol{E}\cdot\mathrm{d}\boldsymbol{l} \tag{5.20}$$

式中的积分沿任意选定的路径进行。利用上式，我们很容易得到电荷 $q_0$ 在 $a$ 点的电势能，它就是把电荷 $q_0$ 从无限远处移到 $a$ 点时外力克服电场力所做的功：

$$W_a=-\int_{\infty}^{a}q_0\boldsymbol{E}\cdot\mathrm{d}\boldsymbol{l}=\int_a^{\infty}q_0\boldsymbol{E}\cdot\mathrm{d}\boldsymbol{l}=q_0U_a \tag{5.21}$$

大地或电器的外壳也常被用来选为零电势参考点。一旦选定了零电势参考点，就可以方便地确定各个带电体的电势。需要指出的是，电势的数值随参考点的改变而改变，但电势差与参考点的选择无关。

**例 5.6** 求处于均匀外电场中的电偶极子的电势能。

**解** 参考图 5-6，设正、负电荷处的电势分别为 $U_+$ 和 $U_-$，则正、负电荷的电势能分别为

$$W_+=qU_+,\quad W_-=-qU_-$$

电偶极子的总电势能为

$$W=W_++W_-=q(U_+-U_-)=-q\boldsymbol{E}\cdot\boldsymbol{l}=-\boldsymbol{p}_\mathrm{e}\cdot\boldsymbol{E}$$

**例 5.7** 电荷 $q$ 均匀分布于半径为 $R$ 的球面上，求空间电势分布。

**解** 由例题 5.3 所得的场强分布

$$\boldsymbol{E}=\begin{cases}0, & r<R\\ \dfrac{q\boldsymbol{r}}{4\pi\varepsilon_0 r^3}, & r>R\end{cases}$$

利用式(5.20)，并选择积分沿径向进行($\mathrm{d}\boldsymbol{l}=\mathrm{d}\boldsymbol{r}$)，对于球内一点($r<R$)，有

$$U=\int_r^{\infty}\boldsymbol{E}\cdot\mathrm{d}\boldsymbol{r}=\int_r^{R}\boldsymbol{E}\mathrm{d}\boldsymbol{r}+\int_R^{\infty}\boldsymbol{E}\mathrm{d}\boldsymbol{r}=0+\int_R^{\infty}\frac{q}{4\pi\varepsilon_0 r^2}\mathrm{d}r=\frac{q}{4\pi\varepsilon_0 R}$$

对于球外一点($r>R$),有

$$U=\int_r^{\infty}\boldsymbol{E}\cdot\mathrm{d}\boldsymbol{r}=\int_r^{\infty}E\,\mathrm{d}r=\int_r^{\infty}\frac{q}{4\pi\varepsilon_0 r^2}\mathrm{d}r=\frac{q}{4\pi\varepsilon_0 r}$$

### 5.4.3 电势叠加原理

如果电场是 $n$ 个点电荷 $q_1,q_2,\cdots,q_n$ 共同激发的,它们各自激发的场强用 $\boldsymbol{E}_1,\boldsymbol{E}_2,\cdots,\boldsymbol{E}_n$ 表示。设电场中任一点 $a$ 到这些电荷的距离为 $r_1,r_2,\cdots,r_n$。由场强叠加原理及式(5.20),$a$ 点电势(设无限远处电势为零)为

$$\begin{aligned}U&=\int_a^{\infty}\boldsymbol{E}\cdot\mathrm{d}\boldsymbol{l}=\int_a^{\infty}(\boldsymbol{E}_1+\boldsymbol{E}_2+\boldsymbol{E}_3+\cdots+\boldsymbol{E}_n)\cdot\mathrm{d}\boldsymbol{l}\\&=\int_a^{\infty}\boldsymbol{E}_1\cdot\mathrm{d}\boldsymbol{l}+\int_a^{\infty}\boldsymbol{E}_2\cdot\mathrm{d}\boldsymbol{l}+\cdots+\int_a^{\infty}\boldsymbol{E}_n\cdot\mathrm{d}\boldsymbol{l}\\&=U_1+U_2+\cdots+U_n=\sum_{i=1}^{n}U_i\end{aligned}\tag{5.22}$$

式中 $U_i$ 为第 $i$ 个点电荷单独存在时 $a$ 点的电势,

$$U_i=\int_{r_i}^{\infty}\frac{q_i}{4\pi\varepsilon_0 r^2}\mathrm{d}r=\frac{q_i}{4\pi\varepsilon_0 r_i},\quad i=1,2,\cdots,n\tag{5.23}$$

由式(5.22)可得电势叠加原理:点电荷系电场中某点的电势等于各个点电荷单独存在时该点电势的代数和。即

$$U=\frac{1}{4\pi\varepsilon_0}\sum_{i=1}^{n}\frac{q_i}{r_i}\tag{5.24}$$

电势是标量,它的计算比场强的矢量叠加计算相对简单一些。对于电荷连续分布的带电体系,式(5.24)改写为

$$U=\frac{1}{4\pi\varepsilon_0}\int\frac{\mathrm{d}q}{r}\tag{5.25}$$

式中 $r$ 为元电荷 $\mathrm{d}q$ 到场点的距离。

**例 5.8** 计算电偶极子的电势分布。

**解** 根据电偶极子的电荷分布可知,场强和电势具有轴对称性,对称轴即为正负电荷的连线。因此,取图 5-15 所示的极坐标系,$P$ 为场中任意一点,到电偶极子中心的距离为 $r$。设 $r_+$ 和 $r_-$ 分别表示正、负电荷到 $P$ 的距离,由式(5.24)

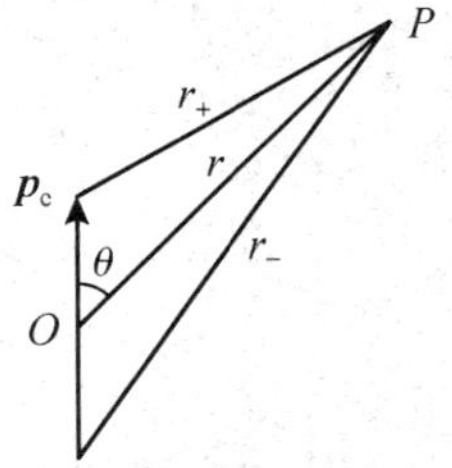


**图 5-15 电偶极子的电势**

$$U_P=\frac{q}{4\pi\varepsilon_0 r_+}+\frac{-q}{4\pi\varepsilon_0 r_-}=\frac{q(r_- - r_+)}{4\pi\varepsilon_0 r_+ r_-}$$

考虑到 $r\gg l$,式中

$$r_+=\sqrt{r^2+\left(\frac{l}{2}\right)^2-rl\cos\theta}\approx r-\frac{l}{2}\cos\theta$$

$$r_-=\sqrt{r^2+\left(\frac{l}{2}\right)^2+rl\cos\theta}\approx r+\frac{l}{2}\cos\theta$$

进一步作近似 $r_+ r_- \approx r^2$,可得

$$U_P=\frac{ql\cos\theta}{4\pi\varepsilon_0 r^2}=\frac{p_e\cos\theta}{4\pi\varepsilon_0 r^2}=\frac{\boldsymbol{p}_e\cdot\boldsymbol{r}}{4\pi\varepsilon_0 r^3}$$

式中 $\boldsymbol{r}$ 是从偶极子中心 $O$ 点指向场点 $P$ 的径矢。

### 5.4.4 等势面 场强与电势的关系

我们知道,一个矢量场可用场线直观的表示。与此类似,一个保守场可用等势面直观地描绘出来。三维静电场中,$U$ 为常量的点的集合构成一个空间曲面,称为对应于该常量的等势面。令 $U$ 取不同的值,使相邻两个等势面的电势差都相等,将这些曲面画出来就能形象地显示空间电势分布情况。静电场既是矢量场,又是保守场,所以我们可以将电场线和等势面同时画出来。图 5-16 给出了几个示例,它们只是电场线和等势面二维截面图,实线表示等势面,虚线表示电场线。

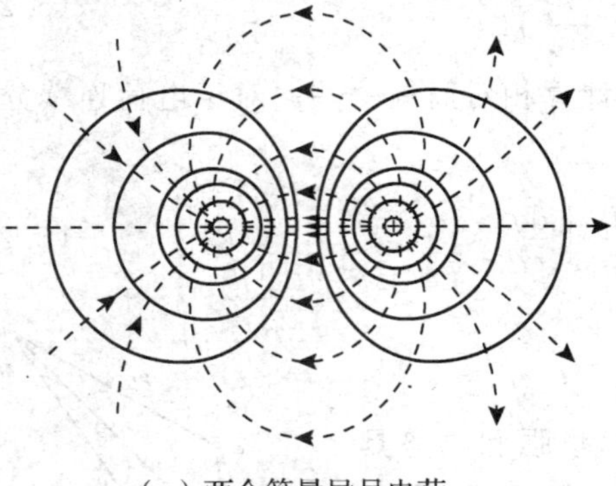

(a) 两个等量异号电荷

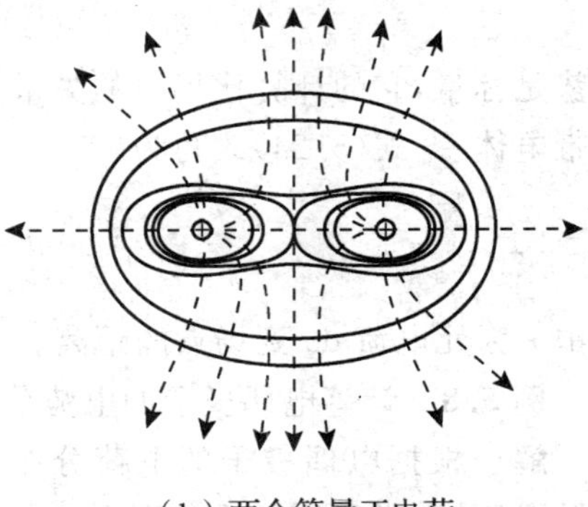

(b) 两个等量正电荷

图 5-16 等势面与电场线图

从图中可以总结出等势面的一些性质:电场线处处与等势面垂直;相邻等势

面间距小的场强大，反之，场强小；电场线由高电势的等势面指向低电势的等势面。

其实，这些性质可以用数学表达式精确地给出。下面，我们研究如何由电势分布得到场强分布。已知场强分布，可以根据式(5.18)计算电势差。式(5.18)的微分形式为

$$\boldsymbol{E}\cdot \mathrm{d}\boldsymbol{l}=-\mathrm{d}U$$

请注意，这里的 $\mathrm{d}U$ 表示无限小电势增量，所以在其前面加上负号表示无限小电势降。上式在直角坐标系中的分量表达式为

$$E_x\mathrm{d}x+E_y\mathrm{d}y+E_z\mathrm{d}z=-\mathrm{d}U$$

由此可得场强在直角坐标系的 3 个分量

$$\left.\begin{aligned} E_x&=-\frac{\partial U}{\partial x}\\ E_y&=-\frac{\partial U}{\partial y}\\ E_z&=-\frac{\partial U}{\partial z}\end{aligned}\right\}\tag{5.26}$$

或表示为矢量式

$$\boldsymbol{E}=-\left(\frac{\partial U}{\partial x}\boldsymbol{i}+\frac{\partial U}{\partial y}\boldsymbol{j}+\frac{\partial U}{\partial z}\boldsymbol{k}\right)=-\nabla U\tag{5.27}$$

$\nabla U$ 表示电势梯度，它是一个矢量。场中某一点电势梯度的方向为该点附近电势增加速率最大的方向，其大小就等于这个最大的电势空间变化率。式(5.27)表明，空间一点的场强等于该点电势的负梯度，场强的方向指向电势下降速率最大的方向，也是等势面在该点的电势数值减小的一侧的法线方向。

## 5.5 静电场中的导体

### 5.5.1 导体的静电平衡条件

金属导体的重要特征是具有大量的自由电子，当金属不带电也不受外电场影响时，自由电子所带有的负电荷与晶格点阵的正电荷相互中和，整个导体或其中任一宏观部分都呈电中性。虽然自由电子时刻都在作无规则的热运动，但没有宏观的电荷迁移。把一个导体放入静电场中，导体内部的自由电子将受到外场的作用

力，并朝外电场的反方向作宏观定向运动，如图5-17。结果使导体的一侧出现电子的堆积，这一侧由于电子的过量而带有负电荷，而相对的另一侧由于电子相对缺乏出现正电荷，这就是静电感应现象，由静电感应产生的电荷称为感生电荷。与此同时，感生电荷会在导体内部产生与外电场方向相反的电场，导体内部的场强是外电场与感生电荷产生的场强矢量叠加的结果。随着感生电荷不断增加，导体内的场强不断减小，但只要这个场强不为零，导体内的自由电子就继续作定向运动，直到外电场与感生电荷的场完全抵消时才停止。我们把导体中没有电荷作任何宏观定向运动的状态，称为导体的静电平衡状态。

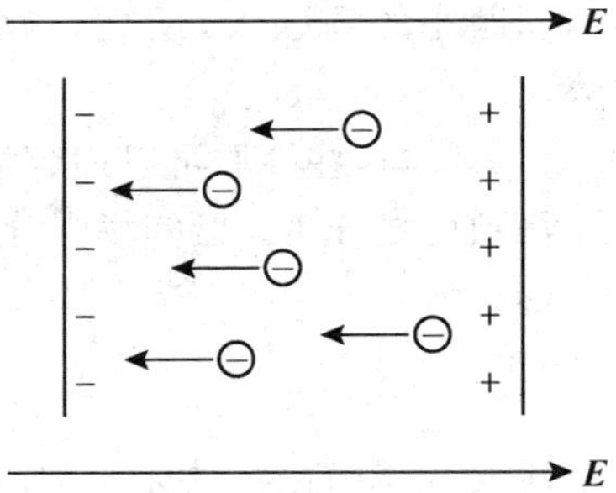


图 5-17 导体的静电平衡

只考虑静电力的影响，只有当导体内的场强为零时，作用于电荷上的合力才为零。因此，导体的静电平衡条件是导体内任一点的场强都等于零。

根据导体的静电平衡条件，可以导出以下推论：

(1)导体是等势体，导体表面是等势面。

这是因为导体内场强为零，根据场强与电势的关系可知，$\boldsymbol{E}=-\nabla U=0$，即导体内任一点电势的空间变化率为零，说明导体内各点的电势都相等。

(2)导体内部无净余电荷，电荷只能分布于表面。

在导体内任取一点 $P$，围绕 $P$ 作一边界都在导体内部的很小的闭合曲面，由于静电平衡时，导体内部场强处处为零，所以通过此曲面的电通量为零，即

$$\oint \boldsymbol{E} \cdot \mathrm{d}\boldsymbol{S} = 0$$

根据高斯定理，该闭曲面内电荷的代数和为零。考虑到所取闭曲面可以任意地小，所以导体内部没有净电荷。但是，围绕导体表面上一点的闭曲面，必将有一部分位于导体外面，而导体外部场强可以不为零，因此，导体表面上可以分布有净电荷。

(3)在导体外紧靠导体表面的场强与导体表面垂直。

导体表面是等势面，电场线与等势面处处垂直，所以导体表面附近的场强与该处导体表面垂直。另一方面，假定导体外紧靠导体表面的场强存在与导体表面平行的分量 $E_t$，那么在导体表面上沿该方向任意选取两点 $A$ 和 $B$，有

$$U_{AB} = \int_A^B \boldsymbol{E} \cdot \mathrm{d}\boldsymbol{l} = \int_A^B E_t \mathrm{d}l \neq 0$$

这表明 $AB$ 两端的电势差不为零，与上面推论(1)相悖，所以必有 $\boldsymbol{E}_t=0$，即不可能存在场强沿导体表面的切向分量。

### 5.5.2　导体表面的电荷分布

如果导体带电，电荷一定分布于导体表面。利用高斯定理我们还可以证明，导体外侧紧靠表面的场强与该处电荷面密度 $\sigma$ 成正比

$$E=\frac{\sigma}{\varepsilon_0}$$

大量的实验现象表明，孤立导体(没有其他电荷或电场影响，也没有其他物体影响其电荷分布)表面的电荷面密度与表面上各点的曲率有关，曲率越大，电荷面密度也越大。但是，一般情况下，它们不存在简单的正比关系。具有尖端的带电导体，尖端处的曲率很大，电荷面密度很大从而导致电场特别强。在通常情况下空气是电中性的，但在地面放射性元素的辐照以及紫外线和宇宙射线等的作用下，或多或少总有一些空气中的分子或原子被电离，即原来是电中性的气体分子或原子分离为一个电子和一个带正电的离子。使这些气体由不导电变为导电的过程称为气体击穿。导体尖端的场强超过一定数值时，静电力吸引空气中异号离子向尖端附近运动，并与其上的电荷中和；空气中同号离子受静电力加速背离导体运动，从而使空气被击穿，产生放电现象，这种现象称为尖端放电。避雷针就是根据尖端放电原理，利用其尖端的强大电场电离空气，形成放电通道，用此法中和带电的云层从而防止雷击。

具有空腔的导体在外电场中处于静电平衡，其内部的场强总等于零。因此外电场不可能对其内部空间发生任何影响。如图 5-18(a)所示，若空腔导体内有带电体，在静电平衡时，它的内表面将产生等量异号的感生电荷。如果外壳不接地则外表面会产生与内部带电体等量而同号的感生电荷，此时感生电荷的电场将对外界产生影响，这时空腔导体只能对外电场屏蔽，却不能屏蔽内部带电体对外界的影响，所以叫外屏蔽。如图 5-18(b)所示，如果外壳接地，即使内部有带电体存在，这时内表面的感生电荷与带电体所带的电荷的代数和为零，而外表面的感生电荷通过接地线流入大地。外界对壳内场强分布没有影响，内部带电体对外界的影响也随之而消除，所以这种屏蔽叫做全屏蔽。为了避免外界电场对仪器设备的影响，或者为了避免电器设备的电场对外界的影响，用一个接地的空腔导体把外电场遮住，使其内部不受影响，也不使电器设备对外界产生影响，这就叫做静电屏蔽。为了防止外界信号的干扰，静电屏蔽被广泛地应用于科学技术工作中。例如电子仪器设

备外面的金属罩，通信电缆外面包的铅皮等等，都是用来防止外界电场干扰的屏蔽措施。

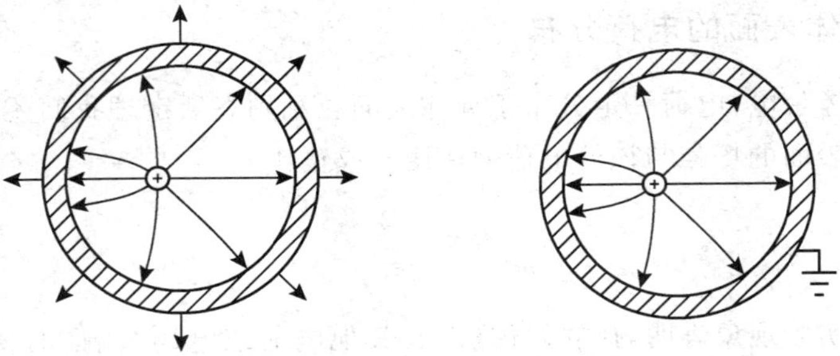

（a）导体空腔不接地 （b）导体空腔接地

图 5-18 静电屏蔽

## 5.6 电容 电容器

### 5.6.1 孤立导体的电容

当导体带电或带电量改变后，其电势也随之变化，为了定量描述这种变化，需要引入电容的概念。

处于静电平衡的导体是一个等势体。实验表明，对于大小形状确定的孤立导体，如果选择无限远处的电势为零，则导体的电势 $U$ 与其所带电量 $q$ 成正比。我们定义电量 $q$ 与其电势 $U$ 的比值为孤立导体的电容，用 $C$ 表示：

$$C=\frac{q}{U} \tag{5.28}$$

电容是表征导体储存电荷能力的物理量。对于一定大小和形状的导体，其电容 $C$ 是一定的，与导体是否带电无关。例如，半径为 $R$ 的孤立导体球，当它带电 $q$ 时的电势为

$$U=\frac{q}{4\pi\varepsilon_0 R}$$

由式(5.28)可知它的电容为 $C=4\pi\varepsilon_0 R$。

在 SI 制中，电容的单位为法拉(F)，1 F=1 C·$V^{-1}$。实际中常用微法(μF)、皮法(pF)作为电容的单位。

### 5.6.2 电容器及其电容

一般情况下，非孤立导体的电势除了与其本身的电荷有关以外，还和周围的电介质或其他导体的电荷有关。当其他导体的电势都维持一定(例如接地)时，一个导体的电势仍然正比于其本身所带电荷，这个导体的电容就以其电荷与电势的比值来度量。实际上用得最多的是由两个导体组成的电容器，它能够更有效地储存电荷和屏蔽外界的影响。设电容器的两个导体 A 和 B(称为电容器的正、负极板)带有等量异号电荷 $\pm q$ 时，两极板间的电势差为 $U_{AB}$，定义它们的比值

$$C=\frac{q}{U_{AB}} \tag{5.29}$$

为电容器的电容。常见的电容器有平行板电容器和圆柱电容器。在两个导体极板间有电介质(见 5.7 节)相隔，所用的电介质有固体的、气体的(包括真空)和液体的。按形式分，电容器有固定的、可变的和半可变的 3 类。按极片间使用的电介质分，则有空气电容器、真空电容器、纸介电容器、塑料薄膜电容器、云母电容器、陶瓷电容器、电解电容器等。电容器在电子电路中是获得振荡、滤波、移相等作用的主要元件。

球形电容器由两个同心的导体球壳构成。设两球壳半径分别为 $R_1$ 和 $R_2$(图 5-19)，当内外球壳带有 $\pm q$ 的电荷时，由高斯定理不难算出场强分布为

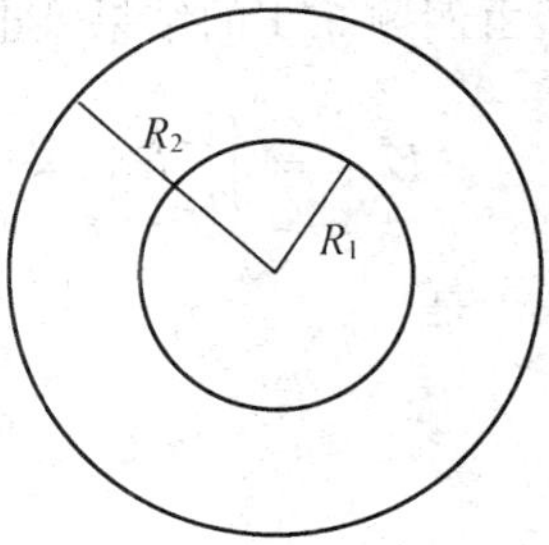


图 5-19 球形电容器

$$E=\begin{cases}\dfrac{q}{4\pi\varepsilon_0 r^3}\boldsymbol{r}, & R_1<r<R_2\\ 0, & r>R_2\end{cases}$$

根据电势的定义式可得内外极板间的电势差为

$$U_{AB}=\int_{R_1}^{R_2}\boldsymbol{E}\cdot d\boldsymbol{r}=\frac{q}{4\pi\varepsilon_0}\frac{R_2-R_1}{R_1R_2}$$

由电容的定义式(5.29)，电容为

$$C=\frac{q}{U_{AB}}=\frac{4\pi\varepsilon_0R_1R_2}{R_2-R_1} \tag{5.30}$$

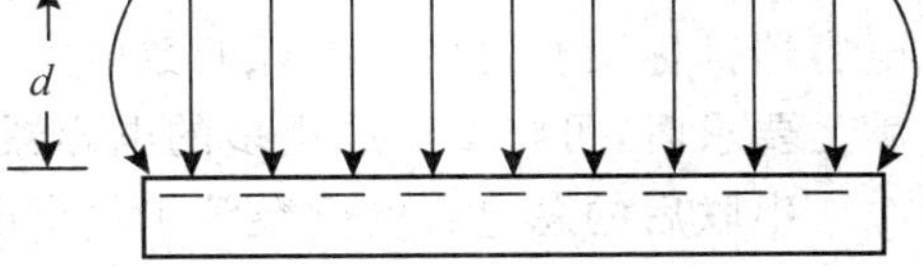


图 5-20 平行板电容器

平行板电容器由彼此靠近的同样大小的平行金属板构成。设每块极板的面积为 $S$，两板间距为 $d$，两板所带电荷为 $\pm q$，如图 5-20 所示。忽略边缘效应，视

极板上的电荷为均匀分布，每个极板产生的场强可近似为无限大带电平面的场强，因此极板间的总场强为

$$E=\frac{\sigma}{\varepsilon_0}=\frac{q}{\varepsilon_0 S}$$

两板间的电势差为

$$U_{AB}=\int_A^B \boldsymbol{E}\cdot \mathrm{d}\boldsymbol{l}=\frac{qd}{\varepsilon_0 S}$$

于是，按电容定义可计算出

$$C=\frac{q}{U_{AB}}=\frac{\varepsilon_0 S}{d} \tag{5.31}$$

圆柱电容器由两个彼此靠近的同轴金属圆筒构成。如图 5-21 所示，设其内外半径分别为 $R_1$ 和 $R_2$，圆柱长为 $l$，电荷 $\pm q$ 分布于圆筒间相对的两个圆柱面上。忽略边缘效应，将电容器内的电场视为无限长圆筒产生的，由例题 5.4 的结果及电势差的定义式(5.18)，可得

$$U_{AB}=\int_{R_1}^{R_2} E\mathrm{d}r=\int_{R_1}^{R_2}\frac{q}{2\pi\varepsilon_0 lr}\mathrm{d}r=\frac{q}{2\pi\varepsilon_0 l}\ln\left(\frac{R_2}{R_1}\right)$$

于是

$$C=\frac{q}{U_{AB}}=\frac{2\pi\varepsilon_0 l}{\ln R_2-\ln R_1} \tag{5.32}$$

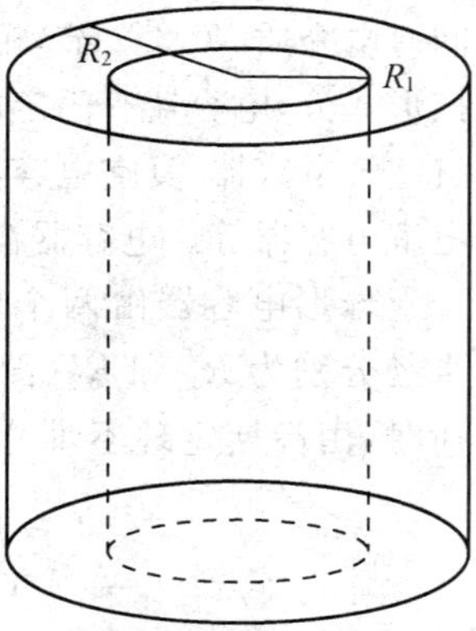

**图 5-21 圆柱电容器**

从以上各式可以看出，电容器的电容只与它的几何形状、尺度(如果电容器内填充电介质，还与电介质的介电常量有关，见 5.7 节)有关，与静电场的特征量(如电荷、场强、电势等)无关。

### 5.6.3 电容器的串联、并联

实际使用电容器时，除了要考虑它的电容以外，还要考虑它的耐压能力。成品电容器都标明有这两个指标的数值大小。如果单个电容器的电容或耐压能力不能满足要求时，可将 2 个或更多的电容器串联或并联使用。

串联后的总电容的倒数等于每个电容器电容的倒数之和：

$$\frac{1}{C}=\frac{1}{C_1}+\frac{1}{C_2}+\cdots+\frac{1}{C_n} \tag{5.33}$$

并联后的总电容等于各电容器电容之和

$$C=C_1+C_2+\cdots+C_n \tag{5.34}$$

## 5.7 电介质

### 5.7.1 电介质的极化

电介质是由大量电中性分子或原子构成的绝缘体。电介质中的分子在电结构方面的特征是原子核对电子有很大的束缚力，在一般条件下不能相互分离，因此在电介质内部没有自由运动的电荷。即使在外电场的作用下，这些电荷也只能在微观范围有所偏离，不会彼此相互脱离。研究电介质的电性质时，应主要考虑束缚电荷的作用，当外电场超过某极限值时，电介质被击穿而失去介电性能。电介质在电气工程上大量用做电气绝缘材料、电容器的介质及特殊电介质器件(如压电晶体)等。

电介质可以分成2类。第一类电介质，它们的分子在没有外电场作用时正负电"中心"彼此重合，分子固有电偶极矩为零，这类分子称为无极分子，如He，$H_2$，$N_2$，$O_2$，$CH_4$ 等都属于无极分子。第二类电介质，它们的分子在没有外场时正负电"中心"不重合，分子固有电偶极矩不为零，这类分子称为有极分子。$H_2O$，$SO_2$，HCl，$NH_3$ 等属于有极分子。

无极分子在没有外电场时整个分子由于正负电"中心"重合而没有电偶极矩[图5-22(a)]。在外电场 $\boldsymbol{E}_0$ 的作用下，分子正负电"中心"向相反的方向产生微小的位移，形成一个电偶极子，其电偶极矩称为感生电偶极矩，方向与外电场方向一致[图5-22(b)]。分子在外场中的这种变化称为位移极化。当外电场撤去时，分子正负电"中心"又将重合。把无极分子电介质放入外电场 $\boldsymbol{E}_0$ 中，每个分子都出现位移极化，如图5-22(c)所示。在介质左、右两个端面上出现异号电荷。介质内部的分子由于首尾相互靠近，正负电有可能正好中和，这时介质内部呈现电中性；如

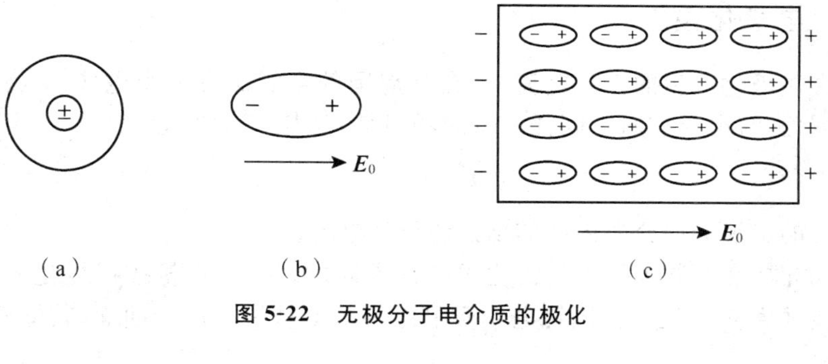


图5-22 无极分子电介质的极化

果不能全部中和，介质内部也会出现电荷而失去电中性。我们把这种由于极化在介质表面或内部出现的净电荷称为极化电荷，极化电荷不能自由移动，属于束缚电荷。

有极分子即使没有外电场也等效于一个电偶极子，由于分子无规则的热运动，其电偶极矩的方向是杂乱无章的[图 5-23(a)]，因此，没有外电场时有极分子的每一个局部宏观区域都是电中性的。当有外电场作用时，介质内每个分子都受到电场力矩的作用，使它们或多或少地转向外电场的方向[图 5-23(b)]。分子转动的幅度主要取决于两个因素，一方面，场强越大，分子所受力矩越大，其电偶极矩越容易转到与外电场方向一致；另一方面，分子热运动越剧烈，其偶极矩的方向越趋于混乱，导致极化减弱。与无极分子电介质类似地，有极分子电介质在外电场中也会出现极化电荷。这种极化来源于分子的转动，故称为取向极化。外电场撤去时，分子的热运动会使它们重新回到杂乱状态，极化电荷消失。

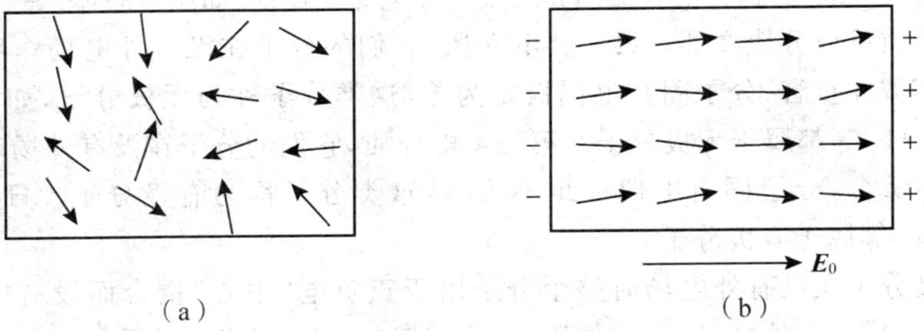


图 5-23　有极分子电介质的极化

必须指出，有极分子电介质在取向极化的同时也还存在着位移极化，只是在静电场中位移极化比取向极化弱得多，可以忽略不计。尽管有极分子和无极分子电介质具有不同的极化机制，但其宏观效果是相同的，都会出现极化电荷，它们的分子都可以看成等效的电偶极子。

## 5.7.2　电极化强度

电介质极化产生的极化电荷，会在其周围的空间激发一个电场 $\boldsymbol{E}'$，称为退极化场。因此，有电介质时空间任一点的场强是 $\boldsymbol{E}_0$ 与 $\boldsymbol{E}'$ 的矢量和：

$$\boldsymbol{E}=\boldsymbol{E}_0+\boldsymbol{E}' \tag{5.35}$$

退极化场的出现会使介质内部的场强弱于外电场 $\boldsymbol{E}_0$。

不同介质在相同电场中的极化程度是不同的。为了定量描述极化的强弱，引入电极化强度 $\boldsymbol{P}$ 的概念。围绕电介质中任一点 $a$，作一小闭合曲面，其体积为 $\Delta V$，

当这个曲面以任何方式缩于 $a$ 点时，

$$\boldsymbol{P}=\lim_{\Delta V\to 0}\frac{\sum_{i}\boldsymbol{p}_{ei}}{\Delta V} \tag{5.36}$$

定义为 $a$ 点的电极化强度。式中 $\boldsymbol{p}_{ei}$ 表示闭合曲面内第 $i$ 个分子的电偶极矩。电极化强度的物理意义是单位体积的分子电偶极矩的矢量和。在 SI 制中，电极化强度的单位是库仑・米$^{-2}$（C・m$^{-2}$）。

实验表明，在各向同性电介质中，极化强度正比于介质内的场强 $\boldsymbol{E}$，可表示为

$$\boldsymbol{P}=\chi_e\varepsilon_0\boldsymbol{E} \tag{5.37}$$

式中 $\chi_e$ 叫做电极化率，它是一个无量纲的量。另外，理论上可以证明，电极化强度对任一闭合曲面 $S$ 的通量积分等于该闭合曲面内极化电荷代数和的负值，即

$$\oint_S\boldsymbol{P}\cdot\mathrm{d}\boldsymbol{S}=-\sum_i q'_i \tag{5.38}$$

式中 $q'_i$ 表示极化电荷。如果电极化强度是一个常矢量，且闭合曲面全部落入介质内部，则式(5.38)左端积分为零，介质内部没有极化电荷，极化电荷只分布于介质表面上；如果电极化强度随空间坐标变化，一般情况下介质内部也存在极化电荷。

### 5.7.3　有电介质时的高斯定理

介质内的场强是自由电荷的场强与极化电荷的场强的矢量和，介质内任一闭合曲面 $S$ 包围的净电荷是 $S$ 内所有自由电荷与极化电荷的代数和，静电场的高斯定理可以写成下面的形式

$$\oint_S\boldsymbol{E}\cdot\mathrm{d}\boldsymbol{S}=\frac{1}{\varepsilon_0}\sum_i(q_i+q'_i) \tag{5.39}$$

$q_i$ 和 $q'_i$ 分别表示闭合曲面内的自由电荷和极化电荷。把式(5.38)代入式(5.39)得

$$\oint_S(\varepsilon_0\boldsymbol{E}+\boldsymbol{P})\cdot\mathrm{d}\boldsymbol{S}=\sum_i q_i \tag{5.40}$$

引入一个辅助矢量 $\boldsymbol{D}$：

$$\boldsymbol{D}=\varepsilon_0\boldsymbol{E}+\boldsymbol{P} \tag{5.41}$$

称为电位移矢量。在 SI 制中，电位移矢量的单位与电极化强度的单位相同，为

$C \cdot m^{-2}$。用 $\boldsymbol{D}$ 可将式(5.40)改写为

$$\oint_S \boldsymbol{D} \cdot d\boldsymbol{S} = \sum_i q_i \tag{5.42}$$

式(5.42)说明,通过介质中任意闭合曲面的电位移通量等于该闭合曲面所包围的所有自由电荷的代数和,这个规律叫做有介质时的高斯定理。真空中 $\boldsymbol{P}=0$,由式(5.41)可知 $\boldsymbol{D}=\varepsilon_0\boldsymbol{E}$,把它代入式(5.42)有

$$\oint_S \boldsymbol{E} \cdot d\boldsymbol{S} = \frac{1}{\varepsilon_0}\sum_i q_i$$

这就是真空中的高斯定理。由此可见,有介质时的高斯定理是真空静电场高斯定理的推广。

将式(5.37)代入式(5.41)可得

$$\boldsymbol{D}=\varepsilon_0(1+\chi_e)\boldsymbol{E}=\varepsilon_0\varepsilon_r\boldsymbol{E}=\varepsilon\boldsymbol{E} \tag{5.43}$$

式中:$\varepsilon_r=1+\chi_e$,叫做电介质的相对介电常数(或相对电容率),是一个没有单位的纯数;$\varepsilon=\varepsilon_r\varepsilon_0$ 叫做电介质的介电常量或电容率。

**例 5.9**　一平行板电容器极板面积为 $S$,极板间距为 $d$,在两极板之间充满相对介电常数为 $\varepsilon_r$ 的电介质,求其电容。

**解**　设电容器两极板上分别带有等量异号自由电荷,电荷面密度为 $\pm\sigma$,如图 5-24 所示。忽略边缘效应,电容器两板之间充满从正极板指向负极板的匀强电场。根据导体的静电平衡条件,极板内的场强为零,从而电位移矢量也为零。跨越正极板的带电面作底面积为 $S_1$ 的封闭圆柱面,按式(5.42)写出

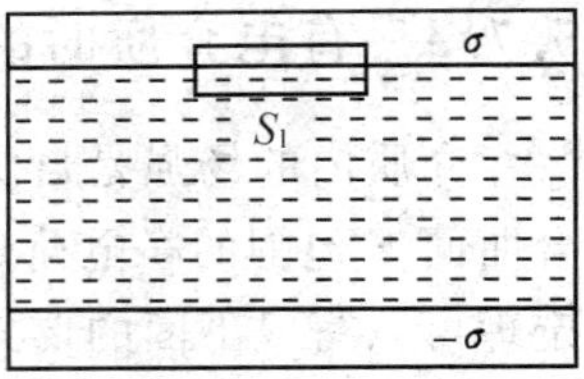

图 5-24　充满电介质的平行板电容器

$$\oint \boldsymbol{D} \cdot d\boldsymbol{S} = DS_1 = \sigma S_1$$

因此极板间 $D=\sigma$。再由式(5.43)可得场强为

$$E=\frac{\sigma}{\varepsilon_0\varepsilon_r}$$

两极板间的电势差为

$$U_{AB}=Ed=\frac{\sigma d}{\varepsilon_0\varepsilon_r}$$

由电容的定义可得

$$C=\frac{\sigma S}{U_{AB}}=\frac{\varepsilon_0\varepsilon_r S}{d}=\varepsilon_r C_0$$

式中 $C_0$ 为未填充电介质时平行板电容器的电容。

本题的结果说明，充满电介质后电容增大到原来的 $\varepsilon_r$ 倍。这个结论对其他形状的电容器也适用。这就是电介质对电容器的作用，这个作用是法拉第最先发现的，并提出了介电常量的概念。电容的单位"法拉"取自他的名字，就是为了纪念法拉第的这一发现。为方便读者查阅，表 5-1 给出了一些常见电介质的相对介电常数。

**表 5-1　常见电介质的相对介电常数**

| 电介质 | $\varepsilon_r$ | 电介质 | $\varepsilon_r$ |
|---|---|---|---|
| 真空 | 1 | 电木 | 5～7.6 |
| 空气 | 1.000 54 | 瓷 | 5.7～6.8 |
| 水(0 ℃) | 87.9 | 聚乙烯 | 2.3 |
| 水(20 ℃) | 80.2 | 聚苯乙烯 | 2.6 |
| 水(30 ℃) | 76.6 | 二氧化钛 | 100 |
| 云母 | 3.7～7.5 | 氧化钽 | 11.6 |
| 玻璃 | 5～10 | 钛酸钡 | $10^3$～$10^4$ |

需要指出，表中列出的相对介电常数是针对静电场的，在交变电场中电介质的相对介电常数随电场的频率改变(介质的色散)。

## 5.8　静电场的能量

任何带电过程都是电荷转移的过程。在带电体系的形成过程中，外力必须克服电荷之间的静电力做功，因此带电体系通过外力做功获得能量。带电体系形成后，外界能源供给的能量就转变为带电体系的静电能，静电能在数值上等于完成电荷迁移外力所需做的功。

我们以一个电容器的充电过程为例来计算外力的功。电容器的电容是 $C$，正、负极板分别用 A 和 B 表示。设想电容器的带电过程是这样的，开始时 A 极板和 B 极板都是电中性的，然后不断地从极板 B 上取正电荷并移到极板 A 上。设时刻 $t$ 极板 A 和 B 所带的电荷分别达到 $q(t)$和$-q(t)$，这时两板间的电势差为

$$U_{AB}(t)=\frac{q(t)}{C}$$

若这时再把 B 极板上的元电荷 $\mathrm{d}q$ 迁移到 A 极板上，则必须再做功

$$dA = U_{AB}(t)\,dq = \frac{q(t)}{C}dq$$

在极板带电从零达到 $q$ 的整个过程中，外力做的总功为

$$A = \int dA = \int \frac{q(t)}{C}dq = \frac{q^2}{2C}$$

由于 $q = CU_{AB}$，所以上式也可以写作

$$A = \frac{1}{2}CU_{AB}^2 = \frac{1}{2}qU_{AB}$$

此时电容器中储存的静电能就等于这个功的数值，即

$$W_e = \frac{q^2}{2C} = \frac{1}{2}CU_{AB}^2 = \frac{1}{2}qU_{AB} \tag{5.44}$$

这个结果对任何电容器都适用。

上面我们说明带电系统在带电过程中如何从外界获得能量，现在我们进一步说明这些能量是如何分布的。实验证明，在电磁现象中，能量能够以电磁波的形式和有限的速度在空间传播，这说明带电体系所储藏的能量分布在它所激发的电场空间之中，即电场具有能量。电场中单位体积的能量称为电场的能量密度，用 $w_e$ 表示。现在以平板电容器为例，导出电场的能量密度公式。

对于极板面积为 $S$ 极板间距为 $d$ 的平行板电容器，有

$$C = \frac{\varepsilon S}{d},\quad U_{AB} = Ed$$

将以上二式代入式(5.44)，有

$$W_e = \frac{1}{2}\frac{\varepsilon S}{d}(Ed)^2 = \frac{1}{2}\varepsilon E^2 Sd = \frac{1}{2}\varepsilon E^2 V$$

式中 $V = Sd$ 为电容器内电场空间的体积。由于平行板电容器中的电场是均匀的，所以其能量密度应该为常量。将电场能量除以电场体积，即为电场的能量密度，即

$$w_e = \frac{W_e}{V} = \frac{1}{2}\varepsilon E^2 = \frac{1}{2}DE$$

上述结果虽然是从平行板电容器这一特例导出的，但可以证明它是一个普遍适用的公式。一般情况下，上式应该写成

$$w_e = \frac{1}{2}\boldsymbol{D}\cdot\boldsymbol{E} \tag{5.45}$$

的形式。在任何非均匀电场中，它不再是常量，电场能量由下式表示：

$$W_e = \int w_e \mathrm{d}V = \frac{1}{2}\int \boldsymbol{D} \cdot \boldsymbol{E} \mathrm{d}V \tag{5.46}$$

因为能量是物质的状态特性之一，所以它不能和物质分割开，电场具有能量充分说明了电场的物质性。

**例 5.10**　计算半径为 $R$、带电量为 $q$ 的孤立导体球所激发的电场的总能量，并由此能量求其电容。

**解**　由导体的静电平衡条件，导体球内场强为零，电荷 $q$ 均匀分布于其表面上。球外空间的场强的大小为

$$E = \frac{q}{4\pi\varepsilon_0 r^2}$$

电场能量密度为

$$w_e = \frac{1}{2}\varepsilon_0 E^2 = \frac{q^2}{32\pi^2\varepsilon_0 r^4}$$

取半径为 $r$、厚度为 $\mathrm{d}r$ 的球壳为体元，其体积为 $\mathrm{d}V = 4\pi r^2 \mathrm{d}r$，此薄层中的静电场能量为

$$\mathrm{d}W_e = w_e \mathrm{d}V = \frac{q^2}{8\pi\varepsilon_0 r^2}\mathrm{d}r$$

因此静电场的总能量为

$$W_e = \int \mathrm{d}W_e = \int_R^{\infty} \frac{q^2}{8\pi\varepsilon_0 r^2}\mathrm{d}r = \frac{q^2}{8\pi\varepsilon_0 R}$$

由式(5.44)可得

$$C = \frac{q^2}{2W_e} = 4\pi\varepsilon_0 R$$

因此，式(5.44)提供了计算电容的另一种方法。

## 习　题

1. 两个带电量都是 $q$ 的点电荷，彼此相距为 $l$，其连线中点为 $O$，现将另一点电荷 $Q$ 放置在连线中垂面上距 $O$ 点为 $x$ 处。(1)求点电荷 $Q$ 受的力；(2)若点电荷 $Q$

开始是静止的，然后让它自由运动，它将如何运动？分别就 $Q$ 和 $q$ 同号或异号两种情况加以讨论。

2. 把电偶极矩 $p=ql$ 的电偶极子放在点电荷 $Q$ 的电场中，电偶极子的中心 $O$ 点到 $Q$ 的距离为 $r(r\gg l)$。分别求 $\boldsymbol{p}\parallel QO$［图(a)］和 $\boldsymbol{p}\perp QO$［图(b)］时电偶极子所受的力和力矩。

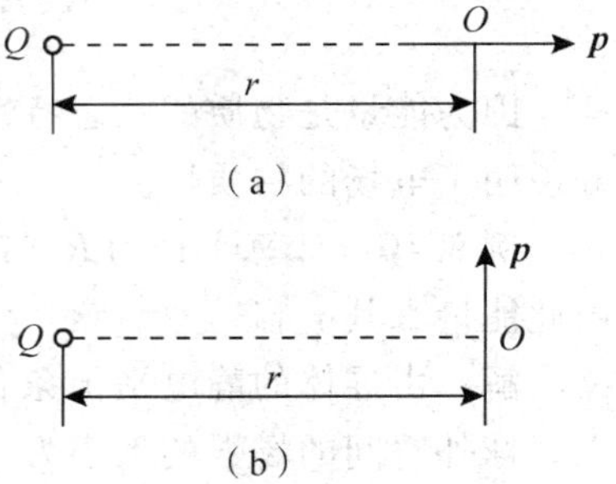

习题 5-2 图

3. 一点电荷 $q$ 距导体球壳(半径为 $R$)的球心 $3R$，求导体球壳上的感应电荷在球壳球心处的电场强度矢量和电势。

4. 均匀电场 $\boldsymbol{E}$ 和半径为 $a$ 的半球面的轴线平行，试计算通过此半球面的电通量。

5. 如果在空间直角坐标系中，电场的分布为 $\boldsymbol{E}=5\boldsymbol{i}+(8+4y)\boldsymbol{j}$，则以坐标原点为中心的边长为 1 的立方体内的总电量为多少？

6. 一无限长均匀带电直线位于 $x$ 轴上，电荷线密度为 $30\ \mu\text{C}\cdot\text{m}^{-1}$，通过球心为坐标原点、半径为 3 m 的球面的电通量为多少？

7. 两个均匀带电的同轴无限长金属圆筒，半径分别为 $R_1$ 和 $R_2$。设在内、外筒的相对两面上所带电量的面密度分别为 $+\sigma$ 和 $-\sigma$，求空间的场强分布。

8. 一厚度为 $d$ 的无限大平板，平板内均匀带电，体电荷密度为 $\rho$，求板内外的场强分布。

9. 根据量子理论，氢原子中心是一个带正电 $q_0$ 的原子核(可看成是点电荷)，外面是带负电的电子云，在正常状态(核外电子处在 s 态)下，电子云的电荷密度分布是球对称的，

$$\rho(r)=-\frac{q_0}{\pi a_0^3}\mathrm{e}^{-2r/a_0}$$

式中 $a_0$ 为常量(玻尔半径)，求原子的场强分布。

10. 图中显示的是示波器的竖直偏转系统，加电压于两极板，在两极板间产生均匀电场 $\boldsymbol{E}$，设电子质量为 $m$，电荷为 $e$，它以速度 $v_0$ 射入电场中，$v_0$ 与 $\boldsymbol{E}$ 垂直，试讨论电子运动的轨迹。

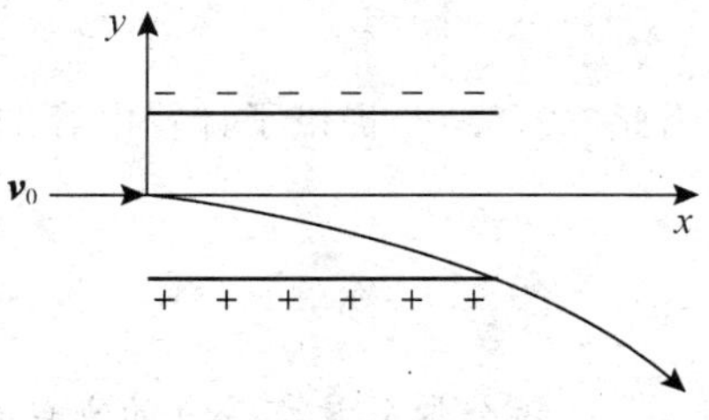

习题 5-10 图

11. 一示波器中阳极与阴极之间的电压是 3 000 V，求从阴极发射的电子(初速为零)到达阳极时的速度。电子质量 $m=9.11\times10^{-31}$ kg。

12. 在夏季雷雨中，通常一次闪电里两点间的电势差约为 $10^{10}$ V，通过的电量约为 30 C。问一次闪电消耗的能量是多少？如果用这些能量来烧水，能把多少水从 0 ℃加热到 100 ℃？

13. 如图所示，$AB=2R$，$CDE$ 是以 $B$ 为中心，$R$ 为半径的圆，$A$ 点放置正点电荷 $q$，$B$ 点放置负电荷 $-q$。(1)把单位正电荷从 $C$ 点沿 $CDE$ 移到 $D$ 点，电场力对它做了多少功？(2)把单位负电荷从 $E$ 点沿 $AB$ 的延长线移到无穷远处，电场力对它做了多少功？

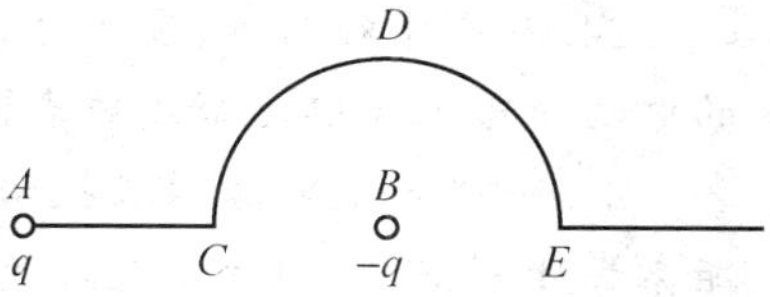

习题 5-13 图

14. 求均匀带电球体的电场分布。已知球半径为 $R$，所带总电量为 $q$。铀核可视为带有 $92e$ 的均匀带电球体，半径为 $7.4\times10^{-15}$ m，求其表面的电场强度。

15. 在氢原子中，正常状态下电子到质子的距离为 $5.29\times10^{-11}$ m，已知氢原子核和电子带电各为 $\pm e$，把氢原子中的电子从正常态下离核的距离拉到无穷远处所需的能量称为氢原子的电离能。求此电离能是多少焦耳？多少电子伏特？

16. 有一块大金属板，面积为 $S$，带有总电量 $Q$，今在其近旁平行地放置第二块大金属板，此板原来不带电，求静电平衡时金属板上的电荷分布及周围空间的电场分布。忽略金属板的边缘效应。

17. 求均匀带电细圆环轴线上的电势和场强分布。设圆环半径为 $R$，带电量为 $Q$。

18. 利用电偶极子电势公式 $U=\dfrac{1}{4\pi\varepsilon_0}\dfrac{p\cos\theta}{r^2}$，求其场强分布。

19. 求电偶极子（$p=ql$）在均匀外电场中（见图）的电势能。

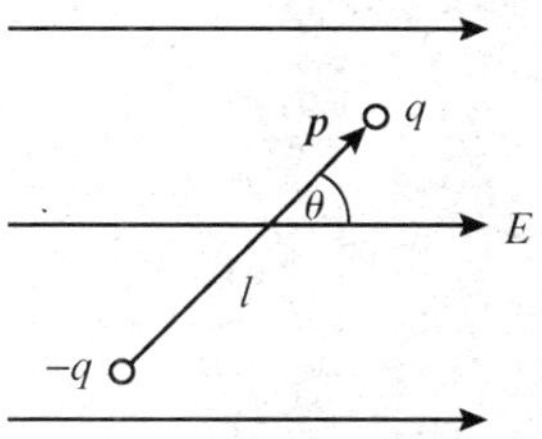

习题 5-19 图

20. 一个半径为 $R$ 的金属球 A，它的外面套一个内、外半径分别为 $R_2$ 和 $R_3$ 的同心金属球壳 B，二者带电后电势分别为 $U_A$ 和 $U_B$。求此系统的电荷及电场分布。如果用导线将球和壳连接起来，结果又将如何？

21. 半径为 $R$ 的导体球带有电荷 $q$，球外有一均匀电介质同心球壳，球壳的内外半径分别为 $a$ 和 $b$，相对介电常数为 $\varepsilon_r$，求空间电位移矢量、电场强度和电势分布。

22. 在两板相距为 $d$ 的平行板电容器中，插入一块厚 $d/2$ 的金属大平板（此板与两极板平行），其电容变为原来的多少倍？如果插入的是相对介电常数为 $\varepsilon_r$ 的大平板，则又如何？

23. 在内极板半径为 $a$，外极板半径为 $b$ 的圆柱形电容器内，装入一层相对介电常数为 $\varepsilon_r$ 的同心圆柱形壳体（内半径为 $r_1$、外半径为 $r_2$），其电容变为原来的多少倍？

24. 一个半径为 $R$、带正电 $q$ 的金属球浸在相对介电常数为 $\varepsilon_r$ 的油中，求球外的电场分布以及贴近金属球表面的油面上的束缚电荷 $q'$。

25. 一平行板电容器极板面积为 $S$，间距为 $d$，带电荷为 $\pm q$，现将极板之间的距离拉开一倍。(1)静电能改变了多少？(2)求外力对极板做的功。

26. 一平行板电容器的两极板间有两层均匀电介质，一层电介质 $\varepsilon_r = 4.0$，厚度 $d_1 = 2.0\ \mathrm{mm}$；另一层电介质的 $\varepsilon_r = 2.0$，厚度为 $d_2 = 3.0\ \mathrm{mm}$。极板面积 $S = 50\ \mathrm{cm}^2$，两极板间电压为 200 V。求：(1)每层介质中的电场能量密度；(2)每层介质中总的静电能；(3)用公式 $qU/2$ 计算电容器的总静电能。

27. 两个同轴圆柱面，长度均为 $L$，半径分别为 $a$ 和 $b$，两圆柱面之间充有介电常量为 $\varepsilon$ 的均匀电介质。当这两个圆柱面带有等量异号电荷 $\pm q$ 时，问：(1)在半径为 $r(a<r<b)$、厚度为 $\mathrm{d}r$、长度为 $L$ 的圆柱薄壳中任一点处的电场能量密度是多少？整个薄壳中的总电场能量是多少？(2)电介质中的总电场能量是多少？能否由此总电场能量推算圆柱形电容器的电容？

28. 球形电容器两极板的内外半径分别为 $R_1$ 和 $R_2$，其间一半充满介电常量为 $\varepsilon$ 的均匀电介质，求球形电容器的电容。

# 第 6 章　恒定磁场

在静止电荷周围，存在着电场。磁场是运动电荷周围存在的一种特殊物质。磁场会对运动的电荷施加作用力，利用这一特性，我们引入磁感应强度的概念定量描述磁场的强弱。空间分布不随时间变化的磁场称为恒定磁场。在恒定磁场中最为典型的是由恒定电流引起的磁场，本章我们在介绍恒定电流的基础上，介绍恒定磁场的基本规律和性质，进而描述磁场对运动电荷、载流导体的作用，以及物质与磁场的相互作用。

## 6.1　恒定电流

### 6.1.1　电流密度矢量

电流是由大量电荷的定向运动形成的。通常用电流强度（简称电流）$I$ 描述电流的强弱。若在时间 $\mathrm{d}t$ 内通过某一截面的电荷为 $\mathrm{d}q$，则通过该截面的电流 $I$ 为

$$I=\frac{\mathrm{d}q}{\mathrm{d}t}$$

电流是标量，单位是安培(A)。

$I$ 的大小反映了电流的强弱，是针对导体的截面整体而言的，不能说明电流在截面上各点的分布。在一般的电路问题中，电流是沿粗细均匀的导线流动的，在这种情况下，引入电流强度的概念就可以了。但在实际问题中，常常遇到电流在粗细不均或材料不均匀，或是任意形状的导体中通过的情况，这时就必须引入描述电流分布的物理量——电流密度矢量。

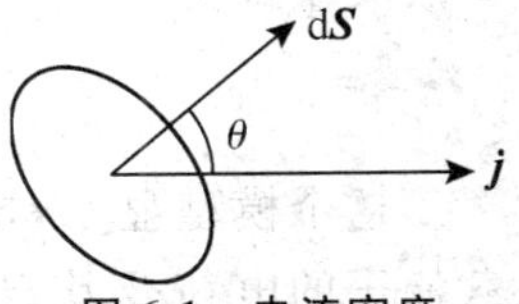

**图 6-1　电流密度的通量**

空间某点的电流密度矢量，数值上等于该点单位垂直截面上的电流强度，方向与该点正电荷定向运动的方向一致。用 $j$ 表示电流密度的大小，可表示为

$$j=\frac{\mathrm{d}I}{\mathrm{d}S_{\perp}}$$

设想在某一点取一个面元 $\mathrm{d}\boldsymbol{S}$（图 6-1），则通过 $\mathrm{d}\boldsymbol{S}$ 的电流 $\mathrm{d}I$ 与该点电流密度 $\boldsymbol{j}$ 的关系为

$$dI = \boldsymbol{j} \cdot d\boldsymbol{S} = j dS\cos\theta \tag{6.1}$$

式(6.1)表明:电流实际上是电流密度矢量对面积的通量。电流密度的时空分布构成电流场,电流场可用电流线形象地表示,电流线上每点的切线方向代表该点电流密度的方向。在SI制中,电流密度的单位是$A \cdot m^{-2}$。对于有限截面$S$,通过它的电流可用下面的积分表示:

$$I = \int_S \boldsymbol{j} \cdot d\boldsymbol{S} \tag{6.2}$$

电流$I$的正负取决于$d\boldsymbol{S}$法向的选取。

形成电流的作定向运动的正负电荷统称为载流子。对于负的载流子(如导体中的电子),可以把它们等效成与之运动方向相反的正载流子处理。这里我们以正载流子为例,介绍电流密度的一种最简单的微观模型。设所有正载流子的电荷为$q$,它们以相同的速度$\boldsymbol{v}$运动,如图6-2所示。垂直于电流密度的方向取一面元$dS$在$dt$时间能够穿过该面元的载流子全部落入以$dS$为底,以$vdt$为高的柱体内,如果单位体积的载流子数为$n$,则由定义,电流密度的大小为

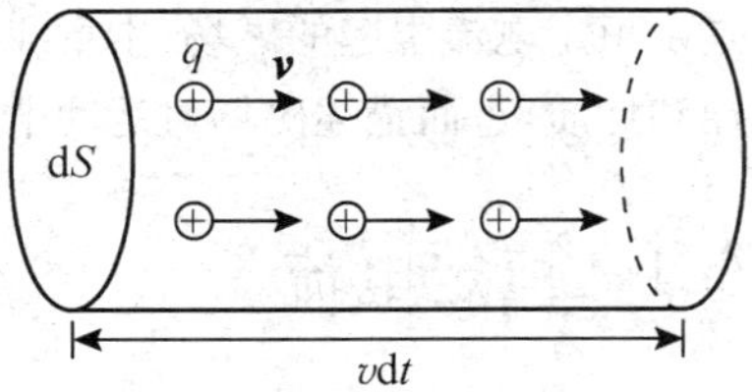


**图6-2 电流密度的微观模型**

$$j = \frac{nqdSvdt}{dSdt} = nqv$$

写成矢量式为

$$\boldsymbol{j} = nq\boldsymbol{v} \tag{6.3}$$

这个模型显示,电流密度的大小不仅与单个载流子的电荷及其定向运动速率成正比,还与载流子的体密度成正比。

### 6.1.2 恒定电流

电荷守恒是物理学中的一条基本规律。在一个孤立系统中电荷总量始终保持不变。设在电流通过的区域有图6-3所示的闭合曲面$S$,并设$S$的外法向为正向,则单位时间通过$S$向外净流出的

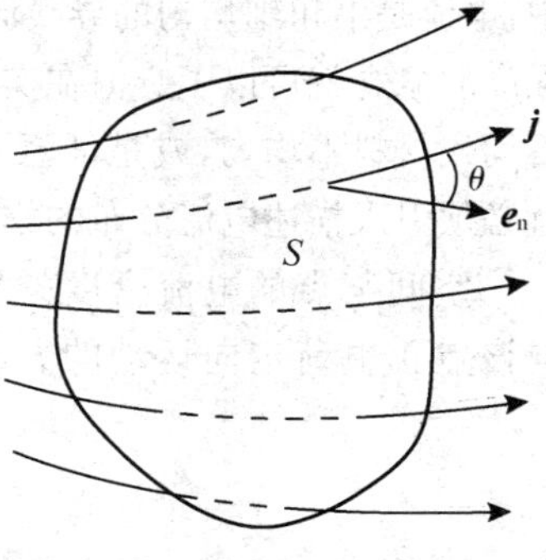


**图6-3 电流连续性原理**

电荷为$\oint \boldsymbol{j} \cdot \mathrm{d}\boldsymbol{S}$，根据电荷守恒定律，它应等于单位时间 $S$ 内电荷的减少量，即

$$\oint_S \boldsymbol{j} \cdot \mathrm{d}\boldsymbol{S} = -\frac{\mathrm{d}q}{\mathrm{d}t} \tag{6.4}$$

式(6.4)称为电流的连续性方程，是电荷守恒定律的数学表达式。当$\frac{\mathrm{d}q}{\mathrm{d}t}>0$时，闭合曲面 $S$ 内正电荷增加，经 $S$ 流入的电荷多于从 $S$ 内流出的电荷；反之，当$\frac{\mathrm{d}q}{\mathrm{d}t}<0$时，闭合曲面 $S$ 内正电荷减少，经 $S$ 流入的正电荷少于流出的电荷；当$\frac{\mathrm{d}q}{\mathrm{d}t}=0$，$S$ 内电荷总量维持不变。

我们把对于任取的闭合曲面都满足方程

$$\oint \boldsymbol{j} \cdot \mathrm{d}\boldsymbol{S} = 0 \tag{6.5}$$

的电流称为恒定电流，式(6.5)称为电流的恒定条件。在恒定电流中任意小的区域内电荷量都不随时间变化，也可以认为电流恒定就意味着空间定点的电荷密度不随时间变化。但是，不同位置的电荷密度可以不同，电荷分布不变并不意味没有电荷的运动。比如导体内通有恒定电流时，电子沿电流密度的反方向作定向运动，但电子经过的每个区域都存在有等量的正电荷，导体本身仍是电中性的。

用电流线的概念对式(6.5)的解释为，在恒定电流场中电流线是既无起点也无终点的闭合曲线，这叫做恒定电流的闭合性。

将恒定电流条件应用于导线的情形，考虑到电荷不会从导线表面穿出或穿入，电流密度 $\boldsymbol{j}$ 在导线表面总是与表面平行，所以通过一根导线的各个截面的电流相等。在图 6-4(a) 中，$I_1=I_2$；在图 6-4(b) 中，$I_1=I_2+I_3$。在电路中，3 条或 3 条以上支路的连接处称为节点或分支点，对于恒定电流，流入节点的电流总和与流出节点的电流总和相等。如果规定流入节点的电流为负，流出节点的电流为正，则回路中任意节点处电流的代数和恒等于零；即

(a)

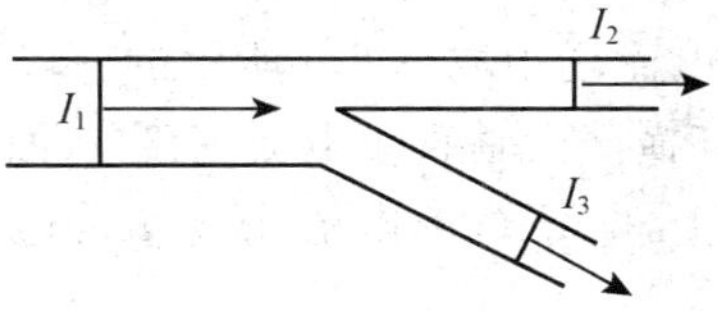


(b)

**图 6-4　通过导线各个截面的电流相等**

$$\sum_i I_i = 0 \tag{6.6}$$

式(6.6)称为基尔霍夫第一方程。

### 6.1.3 欧姆定律的微分形式

对于恒定电流,空间电荷分布不随时间变化,从而空间电场分布也不随时间变化,这种电场称为恒定电场。它和静电场一样,满足$\oint \boldsymbol{E} \cdot \mathrm{d}\boldsymbol{l} = 0$,因此,电势及电势差(电压)的概念仍然有效。欧姆定律是由欧姆通过实验总结出的规律,它可表述为:在恒定条件下,通过一段导体的电流 $I$ 与导体两端的电压成正比,即

$$U \propto I$$

写成等式为

$$U = RI$$

式中的比例系数 $R$ 称为导体的电阻,其单位为欧姆(Ω),$1\ \Omega = 1\ \mathrm{V \cdot A^{-1}}$。

电阻的大小取决于导体的材料及几何形状。由同种材料制成粗细均匀的导线,其电阻 $R$ 的数值与电线的长度 $l$ 成正比,与横截面积 $S$ 成反比,写成等式有

$$R = \rho \frac{l}{S} \tag{6.7}$$

式中比例系数 $\rho$ 称为材料的电阻率,它是由材料本身性质决定的,电阻率的单位为 $\Omega \cdot \mathrm{m}$。若材料的截面不均匀或电阻率不是常量,则一般情况下计算电阻的公式为

$$R = \int \rho \frac{\mathrm{d}l}{S} \tag{6.8}$$

$R$ 的倒数 $G = 1/R$ 称为电导,电阻率 $\rho$ 的倒数 $\sigma = 1/\rho$ 称为电导率,在国际单位制中,电导的单位为西门子(S),电导率的单位为 $\mathrm{S \cdot m^{-1}}$。

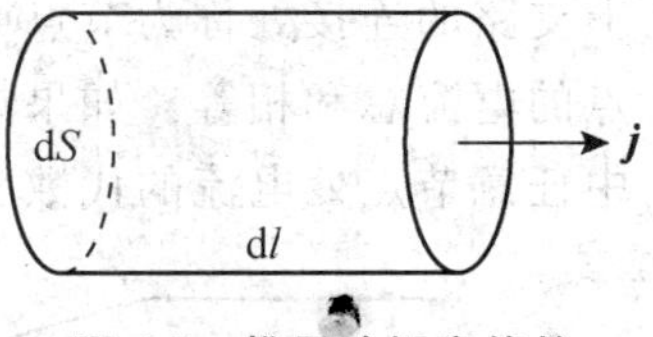

图 6-5 推导欧姆定律的微分形式

在电流场中取图 6-5 所示的一段微小电流管,长为 $\mathrm{d}l$,其横截面垂直于电流密度 $\boldsymbol{j}$,面积为 $\mathrm{d}S$。在这个微元上,电导率 $\sigma$,电流密度 $j$ 及电场 $E$ 都可认为是均匀的。微元两端电势差为 $\mathrm{d}U = E\mathrm{d}l$,电阻为 $R = \dfrac{\mathrm{d}l}{\sigma \mathrm{d}S}$,通过的电流为 $\mathrm{d}I = j\mathrm{d}S$。

将这些量代入欧姆定律

$$dU = RdI$$

可得

$$j = \sigma E$$

尽管电子热运动的方向是随机的，但在电场的作用下，导体中电子定向运动具有确定的方向，这个方向就是电流密度的方向，它与电场 $\boldsymbol{E}$ 的方向一致。因此，上式可写成矢量形式

$$\boldsymbol{j} = \sigma \boldsymbol{E} \tag{6.9}$$

式(6.9)叫做欧姆定律的微分形式。它表明，电流场中任意一点的电流密度矢量 $\boldsymbol{j}$ 等于该点的场强 $\boldsymbol{E}$ 与导体电导率的乘积。

欧姆定律的微分形式虽然是在恒定条件下推导出来的，但它在变化不太快的非恒定情况下仍然适用。

## 6.2 电动势

### 6.2.1 电源 电动势

根据恒定电流的闭合性可知，恒定电流线必然是闭合的。然而进一步分析可知，仅有静电场不可能实现恒定电流。如果在闭合电路中各处的电流都只由静电力维持，则沿着电流的方向电势必然越来越低，这就不可能使电荷再返回电势能较高的原来位置，即电流线不可能是闭合的。这样的结果必然引起电荷堆积，破坏恒定条件。因此，要维持恒定电流，靠静电力是办不到的，只能靠其他类型的力，这类力使正电荷逆着静电场的方向运动，从低电势移到高电势。我们称这类力为非静电力。由于它的作用，保持了稳定的电荷分布，从而得到了恒定电流，并把其他形式的能量转变成电势能。

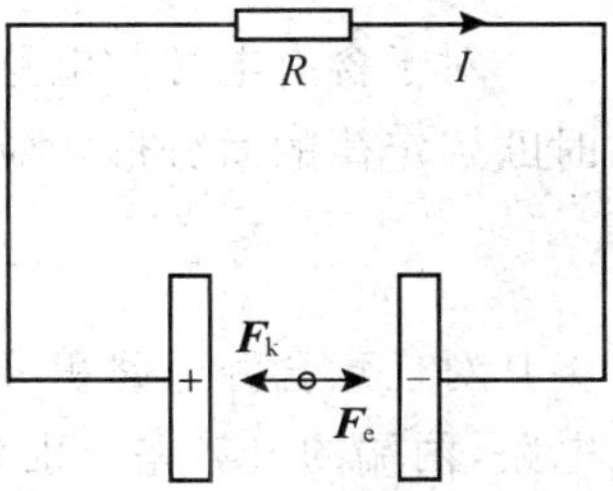

图 6-6 电源及外电路

提供非静电力的装置称为电源，如图 6-6 所示。电源有正、负两个极，正极的电势高于负极的电势，用导线将正负两个极相连时，就形成了闭合回路。在这一回路中电源外的部分(叫外电路)，在恒定电场作用下，正电荷由正极流向负极。在电源内部(叫内电路)，非静电力 $\boldsymbol{F}_k$ 的作用使正电荷逆着恒定电场的方

向由负极流向正极。显然，要使正电荷由负极移到正极，非静电力 $\boldsymbol{F}_{\mathrm{k}}$ 必须克服静电力 $\boldsymbol{F}_{\mathrm{e}}$ 做正功。在这一过程中电荷的电势能增大了，电源把其他形式的能量转化为电势能。所以从能量的角度看，电源是一个把其他形式能量转化为电能的换能器。

电源的类型很多，不同类型的电源中，非静电力的本质不同。例如，化学电池中的非静电力是一种化学作用，发电机中的非静电力则是电磁感应作用。

在不同的电源内，由于非静电力的不同，相同的电荷由负极移到正极时，非静电力 $\boldsymbol{F}_{\mathrm{k}}$ 做的功是不同的。这说明不同的电源转化能量的本领是不同的，为了定量地描述电源转化能量本领的大小，引入电动势的概念。一个电源的电动势 $\mathscr{E}$ 定义为把单位正电荷从负极通过电源内部移到正极时非静电力所做的功。我们用 $\boldsymbol{E}_{\mathrm{k}}$ 表示作用在单位正电荷上的非静电力，用场的概念，可以把 $\boldsymbol{E}_{\mathrm{k}}$ 看做是一种非静电场强，它对电荷 $q$ 的非静电力就是 $\boldsymbol{F}_{\mathrm{k}}=q\boldsymbol{E}_{\mathrm{k}}$。在电源内，电荷 $q$ 由负极移到正极时非静电力做的功为

$$A=\int_{-}^{+} q\boldsymbol{E}_{\mathrm{k}}\cdot \mathrm{d}\boldsymbol{l}\quad（电源内）$$

因此，电源的电动势为

$$\mathscr{E}=\int_{-}^{+} \boldsymbol{E}_{\mathrm{k}}\cdot \mathrm{d}\boldsymbol{l}\qquad（电源内）\tag{6.10}$$

式(6.10)为非静电力集中在一段电路内（如电池内）作用时用场的观点表示的电动势。在有些情况下非静电力存在于整个电流回路中，这时整个回路中的总电动势应为

$$\mathscr{E}=\oint \boldsymbol{E}_{\mathrm{k}}\cdot \mathrm{d}\boldsymbol{l}\tag{6.11}$$

### 6.2.2　含源电路的欧姆定律

对于含有电源的电路，电流密度 $\boldsymbol{j}$ 由恒定电场 $\boldsymbol{E}$ 和非静电场 $\boldsymbol{E}_{\mathrm{k}}$ 共同决定，这时欧姆定律的微分形式应该写成

$$\boldsymbol{j}=\sigma(\boldsymbol{E}+\boldsymbol{E}_{\mathrm{k}})$$

将其对任意含源电路积分可得一段含源电路的欧姆定律。对于图 6-7 所示的两种电路，两端的电势差分别为

$$U_{AB}=-(R+R_{\mathrm{i}})I-\mathscr{E},\quad U_{AB}=(R+R_{\mathrm{i}})I-\mathscr{E}$$

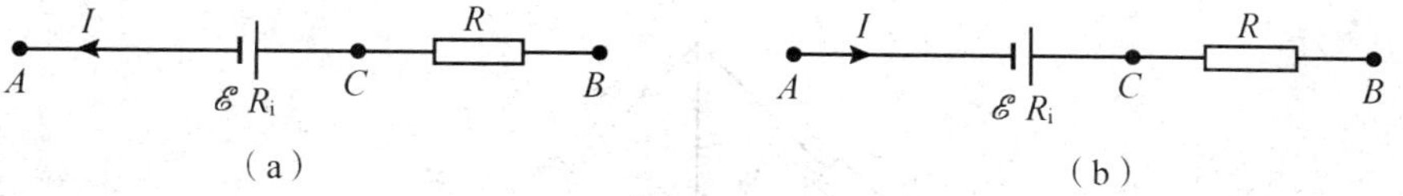


**图 6-7　一段含源电路**

对于复杂电路，如果所取的一段电路中有几个电源或电阻，欧姆定律可以写成普遍的形式

$$U_{AB}=\pm\sum(IR)\pm\sum\mathscr{E} \tag{6.12}$$

式(6.12)右边两项的正负号可按下述规则选取：

(1)如果电阻中电流的流向与 $A\rightarrow B$ 方向相同，对应的项前取正号，相反则取负号。

(2)如果电动势的指向与 $A\rightarrow B$ 方向相同，相应的项取负号，反之取正号。

对于闭合的含源电路，由于 $\oint \boldsymbol{E}\cdot \mathrm{d}\boldsymbol{l}=0$，故有

$$\pm\sum(IR)\pm\sum\mathscr{E}=0 \tag{6.13}$$

式(6.13)称为基尔霍夫第二方程。

组合运用基尔霍夫第一方程和第二方程，是解复杂电路的一种有效方法，其中有 2 个要点：

(1)若复杂电路中有 $n$ 个节点，根据基尔霍夫第一方程列出的 $n$ 个方程中只有 $(n-1)$ 个是独立的，这是因为余下的一个方程可由这 $(n-1)$ 个方程推导出来。

(2)根据基尔霍夫第二方程，对复杂回路的每一个闭合回路可以写出一个方程式，为了使选择出来的闭合回路是彼此独立的，可先任意选择一个回路写出一个方程，然后任意去掉该回路的一条支路，再选择一个闭合回路写出一个方程，再去掉该闭合回路的一条支路。如此重复，直到不含闭合回路为止。

下面以惠斯通电桥为例来说明基尔霍夫方程组的应用。图 6-8 为惠斯通电桥的电路示意图。G 为检流计，$R_G$ 为检流计内阻。假设各支路的电流方向如图中所示，电路的支点共有 $A,B,C,D$ 4 个。现对 3 个独立节点列出基尔霍夫第一方程：

$$\left.\begin{aligned}&\text{节点 }A：\quad I_1+I_2-I=0\\&\text{节点 }B：\quad I_3+I_G-I_1=0\\&\text{节点 }D：\quad I_4-I_2-I_G=0\end{aligned}\right\} \tag{6.14}$$

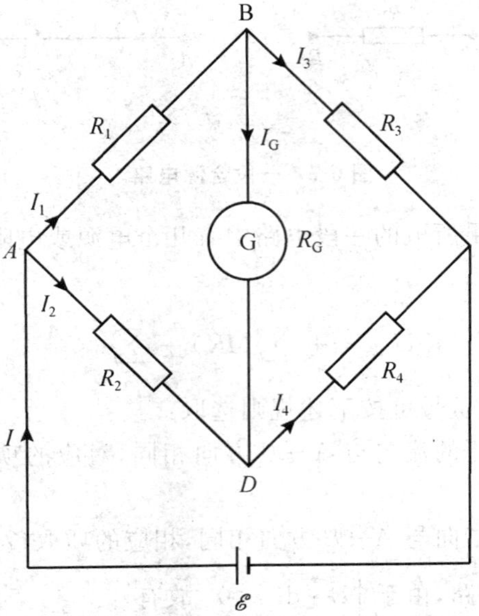


图 6-8 惠斯通电桥电路图

选顺时针方向为各回路绕行方向，以 $I_1, I_2, I_G$ 为 3 个未知量写出 3 个独立回路的基尔霍夫第二方程：

$$\left.\begin{aligned} &\text{回路 } ABDA: \quad I_1R_1 - I_2R_2 + I_GR_G = 0 \\ &\text{回路 } BCDB: \quad (I_1 - I_G)R_3 - (I_2 + I_G)R_4 - I_GR_G = 0 \\ &\text{回路 } ABCA: \quad I_1R_1 + (I_1 - I_G)R_3 - \mathscr{E} = 0 \end{aligned}\right\} \tag{6.15}$$

解方程组可得任一支路的电流。特别是由 $I_G = 0$，可以得出电桥平衡的条件为

$$R_1R_4 = R_2R_3 \tag{6.16}$$

惠斯通电桥常用来测量电阻。不妨设 $R_4$ 为待测电阻，通过调整 $R_1, R_2$ 或 $R_3$ 的值，使电桥平衡，就可以根据式(6.16)计算出未知电阻 $R_4$。

## 6.3 磁现象与磁场

### 6.3.1 基本磁现象

人类对天然磁现象的了解，可以追溯到远古时期，那时发现天然磁石（主要成分是 $Fe_3O_4$）具有吸铁的性质，这个性质称为磁性，具有磁性的物体称为磁铁。除

了天然磁铁(石),还有人造磁铁,它们是由铁、镍、钴及其合金制成的。天然磁铁和人造磁铁都能长期保持着吸引铁、镍、钴等物质的性质,因此常把它们称为永久磁铁。到了大约公元 11 世纪时,中国人认识到磁石的指向性,发明了指南针。人们对于磁现象的早期认识,可归纳为以下几点:

(1)磁铁具有吸引铁、钴、镍等物质的性质;磁铁上磁性特别强的区域称为磁极。

(2)如果使磁针在水平面内自由转动,最终磁针的两极大致指向南北,指北的一极称为北极,用 N 表示;指南的一极称为南极,用 S 表示。

(3)磁极间存在着相互作用力,称为磁力,同性磁极相斥,异性磁极相吸。

(4)如果把一条磁铁折成数段,不论段数多少或各段的长短如何,每一小段仍将形成一个很小的磁铁,仍具有 N 和 S 两极,即 N 极与 S 极相互依存而不可分离。但是,正电荷或负电荷却可以独立存在,这是磁现象和电现象的基本区别。

### 6.3.2 磁现象的电本质

丹麦物理学家奥斯特在一个科学讲座上作关于“热与电现象的相互关系”的演讲,并在课堂上准备了演示实验。他使用了一个小的伏打电堆,让电流通过一根很细的铂丝以使它发热。通电后,他发现铂丝下的罗盘指针突然转到与铂丝垂直的方向。之后,他又进行了多次实验,把磁针放在不同位置考察电流对磁针的作用方向;又把磁针放在距导线不同距离,考察电流对磁针作用的强弱。1820 年 7 月 21 日,奥斯特发表论文报告了他的实验以及电流的磁效应。

1820 年 9 月 11 日安培在法国科学院听到关于奥斯特实验的报告后,引起极大兴趣,第二天就重做了奥斯特的实验,并于 9 月 18 日向法国科学院提交了第一篇论文,提出磁针转动方向和电流方向的关系服从右手定则(以后这个定则被命名为安培定则)。之后,安培通过实验和数学归纳,阐述了各种形状的曲线载流导体之间的相互作用,给出了通电导线在磁场中受力情况的公式,称为安培力公式。

奥斯特和安培的工作引起了人们对“磁性本质”的关注。

安培根据磁是由运动的电荷产生的这一观点来说明地磁的成因和物质的磁性,并且在 1821 年 1 月提出了著名的分子电流假说。安培认为构成磁体的分子内部存在一种环形电流——分子电流。由于分子电流的存在,每个分子成为小磁体,两侧相当于两个磁极。通常情况下分子电流取向是杂乱无章的,它们产生的磁场互相抵消,对外不显磁性。当外界磁场作用后,分子电流的取向大致相同,分子间相邻的电流作用抵消,而表面部分未抵消的电流导致了宏观磁性。安培的分子电流假说在当时物质结构的知识甚少的情况下无法证实,它带有相当大的臆测成分;在今天已经了解到物质由分子组成,而分子由原子组成,原子中有绕核运动的电子,安培的分子电流假说有了实在的内容,已成为认识物质磁性的重要依据。

### 6.3.3 磁场 磁感应强度

磁铁与磁铁之间、电流与磁铁之间以及电流与电流之间的相互作用,是通过磁场来实现的。也就是说,任何磁铁、电流或运动电荷周围空间都存在着磁场,它们之间的相互作用实际上是磁场间的相互作用,是磁场力的具体表现。磁场是广泛存在的,地球、恒星(如太阳)、星系(如银河系)、行星、卫星以及星际空间,都存在着磁场。

值得指出,运动电荷与静止电荷不同之处在于:静止电荷的周围空间只存在静电场,而运动电荷周围的空间,除了和静止电荷一样存在电场之外,还存在磁场。电场对处于其中的任何电荷(不论运动与否)都有电场力作用;而磁场则只对运动电荷有磁场力作用。

我们可以从磁场的各种表现中,选取其中任何一种表现来定量描述它。本节利用"磁场对试探的运动点电荷有磁场力作用"这一对外表现,引入磁感强度 $\boldsymbol{B}$ 这一物理量,来描述磁场在各点的方向和强弱。有关运动的正试探电荷 $q_0$ 在磁场中任一指定点处所受的磁场力的实验结果,可以归纳如下:

(1)当点电荷沿磁场中某一特征方向运动时,它不受磁场力作用。

(2)当点电荷垂直于上述磁场中的特征方向运动时,它所受的磁场力最大,用 $F_{\max}$ 表示。这个力的方向垂直于上述特征方向与点电荷运动方向所构成的平面;力的大小正比于运动试探点电荷的大小 $q_0$ 和速度的大小 $v$,即有 $F_{\max} \propto q_0 v$。

(3)对磁场中某一指定点而言,比值 $\dfrac{F_{\max}}{q_0 v}$ 是一个与 $q_0$ 和 $v$ 的大小都无关的常量,这个常量仅与磁场在该点的性质有关。

鉴于上述实验规律,我们对磁感强度 $\boldsymbol{B}$ 作如下定义:磁场中某点磁感应强度的大小为

$$B=\frac{F_{\max}}{q_0 v}$$

$\boldsymbol{B}$ 的方向沿上述特征方向,但特征方向本身有两个完全相反的具体指向,因此规定满足矢积 $\boldsymbol{v}\times\boldsymbol{B}$ 的正好指向正电荷受力 $\boldsymbol{F}$ 的特征方向为 $\boldsymbol{B}$ 的方向。磁感应强度 $\boldsymbol{B}$ 是表征磁场中各点磁场强弱和方向的物理量。在 SI 制中,$B$ 的单位是特斯拉(T),它与高斯制中的相应单位高斯(G) 的换算关系为 $1\ \mathrm{T}=10^4\mathrm{G}$。

就像在静电场中用电场线来表示静电场的分布一样,我们可以在磁场中用曲线来表示磁场中各处磁感强度 $\boldsymbol{B}$ 的方向和大小,这样的曲线称为磁感应线。

磁感应线上任一点的切线方向都和该点的磁场方向一致。为了使磁感应线也能够定量地描述磁场的强弱,我们规定:通过某点上垂直于 $\boldsymbol{B}$ 矢量的单位面积的磁感应线条数,与该点 $\boldsymbol{B}$ 矢量的大小成正比。在均匀磁场中,磁感应线是一组间隔相等的同方向平行线。图 6-9 和图 6-10 分别用磁感应线表示了长直载流导线和地球的磁场。通过对各种磁场的磁感应线的分析,可归纳出磁感应线具有如下特征:

(1)在任何磁场中每一条磁感应线都是环绕电流的闭合曲线,没有起点也没有终点。

(2)在任何磁场中,每一条闭合的磁感应线的方向与该闭合磁感应线所包围的电流流向服从右手螺旋法则。

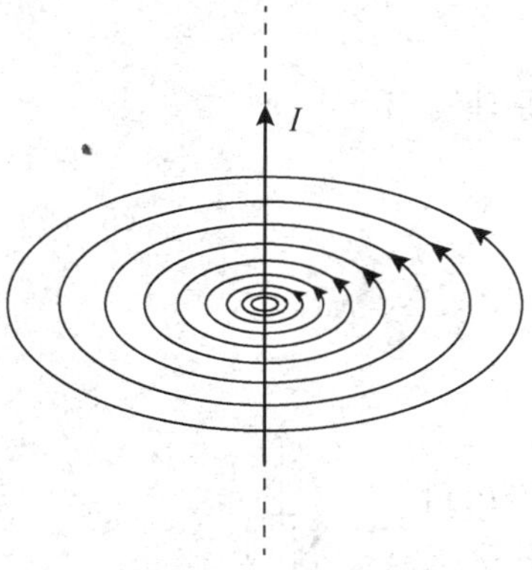


图 6-9　长直载流导线的磁场

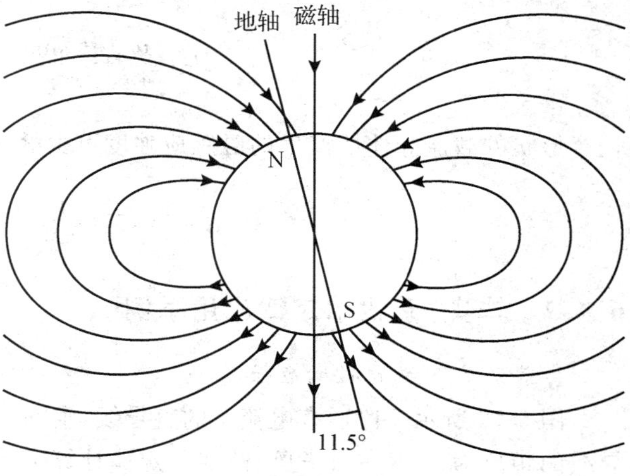


图 6-10　地球的磁场

# 6.4　毕奥–萨伐尔定律

## 6.4.1　毕奥–萨伐尔定律

计算载流导体周围的磁感应强度时,可将导体分成无限多个小的载流线元,即在载流导体中沿电流流向取一段长度为 $\mathrm{d}l$ 的线元,每个小的载流线元的电流情况可用 $I\mathrm{d}\boldsymbol{l}$ 来表征,称为电流元,电流元可作为计算电流磁场的基本单元。

实验证明,磁场也服从叠加原理。也就是说,整个载流导线回路在空间中某点所激发的磁感强度 $\boldsymbol{B}$,就是这导线上所有电流元在该点激发的磁感强度 $\mathrm{d}\boldsymbol{B}$ 的矢量和。因此只要能够确定电流元的磁感应强度,就可根据磁场叠加原理计算整个载流导体的磁感应强度。

如图 6-11 所示。电流元在真空中的磁感应强度为

$$\mathrm{d}\boldsymbol{B}=\frac{\mu_0}{4\pi}\frac{I\mathrm{d}\boldsymbol{l}\times\boldsymbol{r}}{r^3} \tag{6.17}$$

式中 $\mu_0=4\pi\times10^{-7}\ \mathrm{N\cdot A^{-2}}$，称为真空磁导率。式(6.17)称为毕奥–萨伐尔定律，它指出：任意电流元 $I\mathrm{d}\boldsymbol{l}$ 在空间任意一点产生的磁感应强度 $\mathrm{d}\boldsymbol{B}$ 的大小与电流元 $I\mathrm{d}\boldsymbol{l}$ 的大小成正比，与电流元 $I\mathrm{d}\boldsymbol{l}$ 到场点的距离 $r$ 的平方成反比；$\mathrm{d}\boldsymbol{B}$ 的方向垂直于 $I\mathrm{d}\boldsymbol{l}$ 和 $\boldsymbol{r}$ 构成的平面，其指向由右手螺旋法则给出。$\mathrm{d}B$ 的大小为：

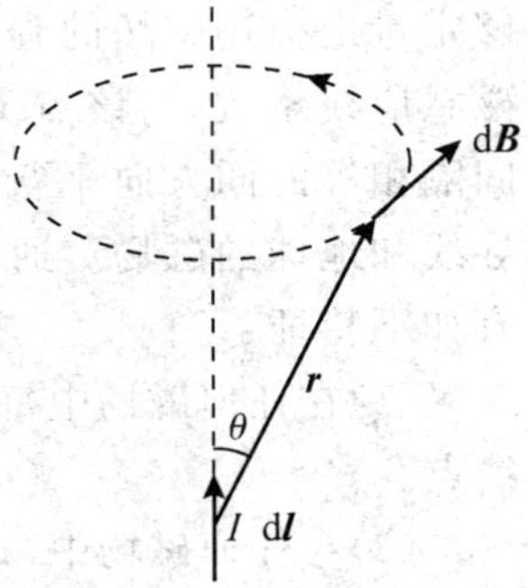


**图 6-11　毕奥–萨伐尔定律**

$$\mathrm{d}B=\frac{\mu_0}{4\pi}\frac{I\mathrm{d}l\ \sin\theta}{r^2} \tag{6.18}$$

任意形状的载流导体所产生的磁感应强度可由叠加原理写出

$$\boldsymbol{B}=\int\frac{\mu_0}{4\pi}\frac{I\mathrm{d}\boldsymbol{l}\times\boldsymbol{r}}{r^3} \tag{6.19}$$

## 6.4.2　毕奥–萨伐尔定律应用举例

1. 载流直导线的磁感应强度

图 6-12 所示一段通有电流 $I$ 的直导线，空间一点 $P$ 到导线的距离为 $a$，现在由毕奥–萨伐尔定律计算 $P$ 点的磁感应强度 $\boldsymbol{B}$。

从 $P$ 点向导线引垂线，以垂足 $O$ 为原点，沿电流方向建立 $l$ 轴，在轴上坐标为 $l$ 处取电流元 $I\mathrm{d}\boldsymbol{l}$。简单分析可知，导线上所有电流元在 $P$ 点磁感应强度的方向都相同，因此只需作标量积分即可。

$$\mathrm{d}B=\frac{\mu_0}{4\pi}\frac{I\mathrm{d}l\sin\theta}{r^2}$$

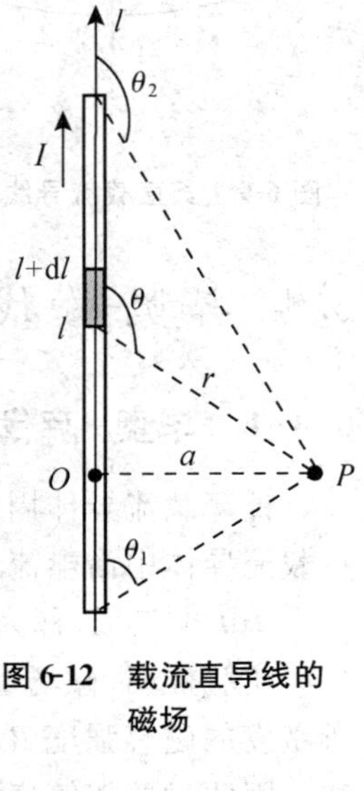


**图 6-12　载流直导线的磁场**

由图中的几何关系可以看出

$$l=-a\cot\theta,\quad \mathrm{d}l=\frac{a\mathrm{d}\theta}{\sin^2\theta},\quad r=\frac{a}{\sin\theta}$$

所以

$$\mathrm{d}B=\frac{\mu_0}{4\pi}\frac{I\sin\theta\,\mathrm{d}\theta}{a}$$

于是

$$B=\int_{\theta_1}^{\theta_2}\frac{\mu_0}{4\pi}\frac{I\sin\theta}{a}\mathrm{d}\theta=\frac{\mu_0 I}{4\pi a}(\cos\theta_1-\cos\theta_2) \tag{6.20}$$

式中 $\theta_1$ 和 $\theta_2$ 的几何意义如图 6-12 所示。

对于无限长载流直导线，有 $\theta_1=0,\theta_2=\pi$，此时有

$$B=\frac{\mu_0 I}{2\pi a} \tag{6.21}$$

即无限长载流直导线周围任一点的磁感应强度的大小与该点到导线的距离成反比，与电流强度成正比。

2. 载流圆线圈轴线上的磁感应强度

设有半径为 $R$ 的圆形线圈，通以电流 $I$，如图 6-13 所示。以线圈轴线为 $z$ 轴，原点位于圆心处，线圈上任一电流元 $I\mathrm{d}\boldsymbol{l}$ 到轴线上 $P(z)$ 的径矢为 $\boldsymbol{r}$，$\boldsymbol{r}$ 与 $z$ 轴的夹角为 $\theta$。按毕奥-萨伐尔定律，电流元在 $P$ 点的磁感应强度为

$$\mathrm{d}\boldsymbol{B}=\frac{\mu_0}{4\pi}\frac{I\mathrm{d}\boldsymbol{l}\times\boldsymbol{r}}{r^3}$$

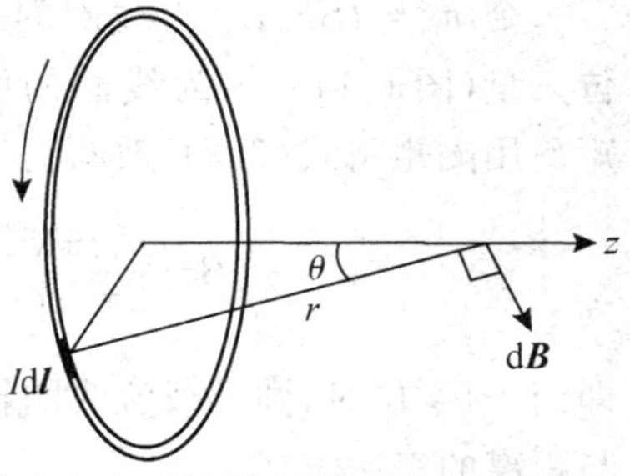

图 6-13　圆形载流线圈轴线上的磁场

由于圆线圈的轴对称性，电流元的磁感应强度的垂直于轴的分量将在叠加时相互抵消，而平行分量相互加强，所以我们只需计算磁感应强度的轴向分量即可。

$$\mathrm{d}B_z=\frac{\mu_0}{4\pi}\frac{I\mathrm{d}l}{r^2}\cos\left(\frac{\pi}{2}-\theta\right)$$

由几何关系可知

$$r^2=R^2+z^2,\quad \sin\theta=\frac{R}{\sqrt{R^2+z^2}}$$

将它们代入 $\mathrm{d}B_z$ 的表达式，有

$$\mathrm{d}B_z=\frac{\mu_0}{4\pi}\frac{IR\mathrm{d}l}{(R^2+z^2)^{3/2}}$$

积分可得

$$B=\oint\mathrm{d}B_z=\frac{\mu_0}{2}\frac{IR^2}{(R^2+z^2)^{3/2}} \tag{6.22}$$

**B** 的方向沿轴线方向，且与电流方向构成右手螺旋关系。

下面讨论两种特殊情况：

(1)圆形线圈中心，$z=0$，有

$$B=\frac{\mu_0 I}{2R} \tag{6.23}$$

(2)圆形线圈轴线上离线圈很远处($|z|\gg R$)，有

$$B=\frac{\mu_0}{2}\frac{IR^2}{|z|^3\left[1+(R/z)^2\right]^{3/2}}\approx\frac{\mu_0 IR^2}{2|z|^3} \tag{6.24}$$

令 $\boldsymbol{p}_\mathrm{m}=IS\boldsymbol{e}_\mathrm{n}$，$\boldsymbol{e}_\mathrm{n}$ 为线圈的与电流成右手关系的法向单位矢量(图 6-14)，$S$ 为线圈的面积，$\boldsymbol{p}_\mathrm{m}$ 称为载流线圈的磁矩。用磁矩将式(6.24)改写为

$$B=\frac{\mu_0 I\pi R^2}{2\pi|z|^3}=\frac{\mu_0 p_\mathrm{m}}{2\pi|z|^3} \tag{6.25}$$

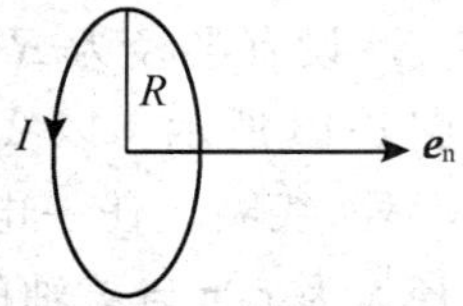

**图 6-14　磁矩的方向**

即当$|z|\gg R$ 时，圆形载流线圈轴线上的磁感应强度的大小与线圈的磁矩成正比，与距离的三次方成反比。

3. 载流直螺线管轴线上的磁感应强度

直螺线管是指均匀地密绕在直圆柱面上的螺旋形线圈，如图 6-15(a)所示，螺旋线每个周期称为一匝。

设螺线管半径为 $R$，电流为 $I$，单位长度的匝数为 $n$，如图 6-15(b)所示，取螺线管上长度为 $\mathrm{d}l$ 的一小段，该段的匝数为 $n\mathrm{d}l$。由于线圈是密绕的，因此这一小段螺线管相当于通有电流为 $In\mathrm{d}l$ 的一个圆形线圈。根据圆形载流线圈轴线上的磁感应强度公式，可以写出这一小段螺线管在轴线上距离 $\mathrm{d}l$ 为 $l$ 的一点 $P$ 上所产生的磁感应强度

$$\mathrm{d}B=\frac{\mu_0}{2}\frac{R^2nI\mathrm{d}l}{(R^2+l^2)^{3/2}}$$

d$\boldsymbol{B}$ 的方向为沿螺线管的轴线向右。考虑到螺线管的各个小段在 $P$ 点所产生的磁感应强度的方向均相同，因此整个螺线管所产生的总磁感应强度为

$$B=\int \mathrm{d}B=\int \frac{\mu_0}{2}\frac{R^2 nI\,\mathrm{d}l}{(R^2+l^2)^{3/2}}$$

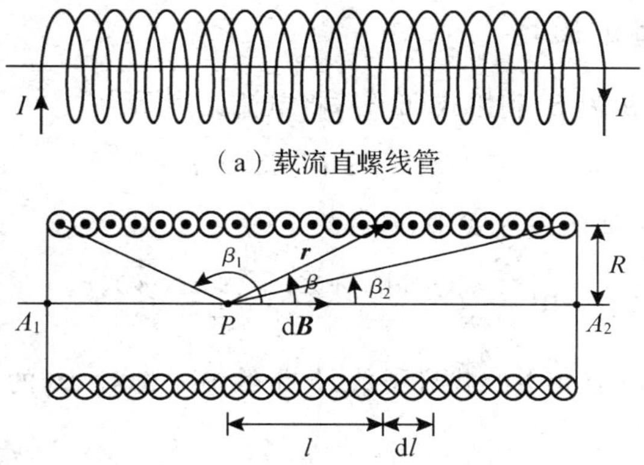


（a）载流直螺线管

（b）计算直螺线管轴线上的磁感应强度

**图 6-15　直螺线管的磁感应强度**

为了简化上面的积分计算，引入参变量 $\beta$ 角，由 $P$ 点向 d$l$ 段线圈上任一点作矢量 $\boldsymbol{r}$，$\beta$ 即为矢量 $\boldsymbol{r}$ 与螺线管轴线上磁场方向之间的夹角。从图 6-15(b)可以看出

$$l=R\cot\beta$$

对上式微分得

$$\mathrm{d}l=-R\csc^2\beta\mathrm{d}\beta$$

将以上二式代入积分，注意到

$$R^2+l^2=R^2\csc^2\beta$$

将积分上、下限用 $\beta_2$，$\beta_1$ 代入，得

$$B=\frac{\mu_0 nI}{2}\int_{\beta_1}^{\beta_2}(-\sin\beta)\mathrm{d}\beta=\frac{\mu_0 nI}{2}(\cos\beta_2-\cos\beta_1) \tag{6.26}$$

当长度远大于直径时，螺线管可视为无限长的。此时 $\beta_1\to\pi$，$\beta_2\to 0$，于是

$$B=\mu_0 nI \tag{6.27}$$

即无限长直螺线管内的磁场是均匀的。

对于半无限长直螺线管，例如将图 6-15(b)中螺线管从 $A_2$ 点向右无限延伸，则对于螺线管的端点 $A_1$，$\beta_1\to\pi/2$，$\beta_2\to 0$，有

$$B=\frac{1}{2}\mu_0 nI$$

### 6.4.3 运动电荷的磁场

设导线的截面积为 $S$，利用式(6.3)，将电流元表示为

$$I\mathrm{d}\boldsymbol{l}=jS\mathrm{d}\boldsymbol{l}=nqS\boldsymbol{v}\mathrm{d}l \tag{6.28}$$

代入毕奥-萨伐尔定律的表达式中，有

$$\mathrm{d}\boldsymbol{B}=\frac{\mu_0}{4\pi}\frac{(nS\mathrm{d}l)q\boldsymbol{v}\times\boldsymbol{r}}{r^3}=\frac{\mu_0}{4\pi}\frac{\mathrm{d}Nq\boldsymbol{v}\times\boldsymbol{r}}{r^3}$$

式中 $\mathrm{d}N=nS\mathrm{d}l$ 是电流元中的载流子数，每个载流子的对 $\mathrm{d}\boldsymbol{B}$ 的贡献为

$$\boldsymbol{B}=\frac{\mu_0}{4\pi}\frac{q\boldsymbol{v}\times\boldsymbol{r}}{r^3} \tag{6.29}$$

这就是电荷 $q$ 以速度 $\boldsymbol{v}$ 运动时的磁感应强度公式，$\boldsymbol{r}$ 是由电荷 $q$ 指向场点的径矢。值得注意的是：单个点电荷的运动不满足电流的恒定条件，其磁场也不是恒定的，因此，式(6.29)仅适用于电荷缓慢运动（事实上要求其速率远远小于光速）的情形。

## 6.5 恒定磁场的性质

### 6.5.1 磁场的高斯定理

与电通量类似地，在磁场中设想一个面元 $\mathrm{d}\boldsymbol{S}$，其方向取为它的法线方向。如果 $\mathrm{d}\boldsymbol{S}$ 与该处 $\boldsymbol{B}$ 矢量之间的夹角为 $\theta$，定义穿过 $\mathrm{d}\boldsymbol{S}$ 的磁通量为

$$\mathrm{d}\Phi_{\mathrm{m}}=\boldsymbol{B}\cdot\mathrm{d}\boldsymbol{S}=B\mathrm{d}S\cos\theta \tag{6.30}$$

在磁场中穿过有限曲面 $S$ 的磁通量为

$$\Phi_{\mathrm{m}}=\int_S\boldsymbol{B}\cdot\mathrm{d}\boldsymbol{S} \tag{6.31}$$

磁通量的单位是韦伯(Wb)，1 Wb=1 T·m²。

在磁场中任意取一个闭合曲面，由于每一条磁感应线都是闭合线，因此有几条磁感应线进入闭合曲面，必然有相同条数的磁感应线穿出闭合曲面。所以，通过任

何闭合曲面的总磁通量必为零，即

$$\oint \boldsymbol{B} \cdot \mathrm{d}\boldsymbol{S} = 0 \tag{6.32}$$

这就是磁场的高斯定理。它是反映磁场性质的一个重要定理，即磁场是无源场。对一个闭合曲面，规定面上任一点的外法线方向为该处面元的正方向，这样，当磁感应线从闭合曲面穿出时磁通量为正，当磁感应线穿入闭合曲面时磁通量为负。

### 6.5.2 安培环路定理

在恒定磁场中，磁感强度 $\boldsymbol{B}$ 沿任意闭合路径的线积分，等于这闭合路径所包围的各个电流之代数和的 $\mu_0$ 倍，这个结论称为安培环路定理。其表达式为：

$$\oint \boldsymbol{B} \cdot \mathrm{d}\boldsymbol{l} = \mu_0 \sum_i I_i \tag{6.33}$$

式中环路所包围电流的正负号服从右手螺旋法则，如果闭合路径包围电流与回路的绕行方向成右手螺旋关系时取正号；反之取负号。

安培环路定理的严格证明需要较长的篇幅，在此我们仅以无限长直载流导线的磁场为例来证明。

设无限长载流直导线通有电流 $I$，在垂直于导线的的平面内作任意闭合曲线 $L$，如图 6-16(a)所示。图 6-16(b)为俯视图，图中线元 $\mathrm{d}\boldsymbol{l}$ 与该处 $\boldsymbol{B}$ 的夹角为 $\theta$，$\boldsymbol{B} \cdot \mathrm{d}\boldsymbol{l} = B\mathrm{d}l\cos\theta$，而 $\mathrm{d}l\cos\theta = r\mathrm{d}\phi$，$\mathrm{d}\phi$ 是 $\mathrm{d}l$ 对导线的张角。当绕闭合曲线一周时，$\oint \mathrm{d}\phi = 2\pi$，因此

$$\oint_L \boldsymbol{B} \cdot \mathrm{d}\boldsymbol{l} = \oint_L \frac{\mu_0 I}{2\pi r} r\mathrm{d}\phi = \frac{\mu_0 I}{2\pi} \oint \mathrm{d}\phi = \mu_0 I$$

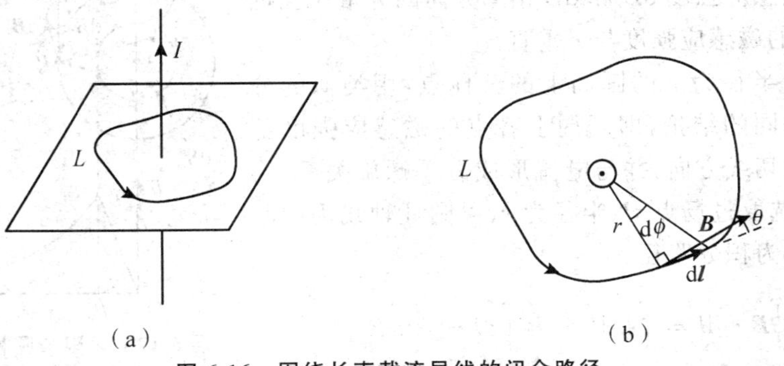


**图 6-16 围绕长直载流导线的闭合路径**

如果上述积分的绕行方向不变而电流反向时，则 $\boldsymbol{B}$ 的方向与原来的相反，$\mathrm{d}l\cos\theta=-r\mathrm{d}\phi$，从而

$$\oint_L \boldsymbol{B}\cdot\mathrm{d}\boldsymbol{l}=-\mu_0 I$$

如果闭合曲线 $L$ 不包围导线，则 $L$ 对导线所张的圆心角为零，此时

$$\oint_L \boldsymbol{B}\cdot\mathrm{d}\boldsymbol{l}=0$$

综上可知：对任一闭合曲线，尽管它上面的磁场分布与所有的电流有关，但 $\boldsymbol{B}$ 的环路积分只与闭合曲线包围的电流有关，与闭合曲线的形状及曲线外的电流无关。安培环路定理是描述磁场性质的重要定理，它反映了电流与磁场的关系，表明磁场是一个有旋场或非保守场，在这样一个场中不存在类似于静电场中的标量势函数。

在静电场中应用高斯定理可以方便地计算一些具有对称性的带电体的场强分布。同样，应用安培环路定理也可以方便地计算出某些具有对称性的电流分布的磁场。

**例 6.1** 无限长圆柱形导体，截面半径为 $R$，均匀通过电流 $I$，求导体内外的磁感应强度。

**解** 如图 6-17 所示，由电流分布的轴对称性可知，场点 $P$ 处的磁感应强度的大小只与 $P$ 到圆柱轴线的距离 $r$ 有关。为了分析磁场的方向，可将无限长圆柱体看成由许多无限长载流直导线组成的，截面图中画出了其中一对面元 $\mathrm{d}S$ 和 $\mathrm{d}S'$。这对导线在 $P$ 点的磁感应强度 $\mathrm{d}B$ 和 $\mathrm{d}B'$ 沿 $\boldsymbol{r}$ 方向的分量相互抵消，合成的磁感应强度与 $\boldsymbol{r}$ 垂直。

对于半径为 $r$ 的圆周上的其他点，用类似的分析可得相同的结论，即圆周上各点的磁感应强度都沿圆周的切线方向，并与电流形成右手螺旋关系，为此，我们选取过场点 $P$、半径为 $r$、以圆柱轴线为中心的圆周作为积分路径。

$$\oint \boldsymbol{B}\cdot\mathrm{d}\boldsymbol{l}=\oint B\mathrm{d}l=B\oint\mathrm{d}l=2\pi rB$$

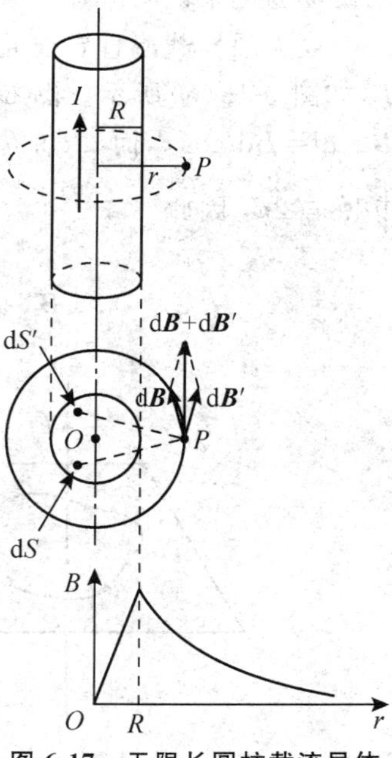


图 6-17 无限长圆柱载流导体的磁场

由安培环路定理，上述积分等于积分环路内通过的总电流的 $\mu_0$ 倍，即

$$2\pi rB=\begin{cases}\mu_0 I\dfrac{r^2}{R^2}, & r<R\\ \mu_0 I, & r>R\end{cases}$$

于是导体内外的磁感应强度分布为

$$B=\begin{cases}\dfrac{\mu_0 Ir}{2\pi R^2}, & r<R\\ \dfrac{\mu_0 I}{2\pi r}, & r>R\end{cases}$$

$B$ 随 $r$ 的分布见图 6-17。

**例 6.2**　求通有电流 $I$ 的无限长直螺线管内的磁场，已知单位长度的匝数为 $n$。

**解**　由于螺线管无限长，所以管内磁场是一个均匀磁场，其方向与螺线管的轴线方向平行。螺线管外测，磁场很弱，忽略不计。取如图 6-18 所示的矩形积分回路 $abcda$，使 $bc$ 平行于螺线管的轴线方向，因而也平行于 $\boldsymbol{B}$ 的方向，环路积分

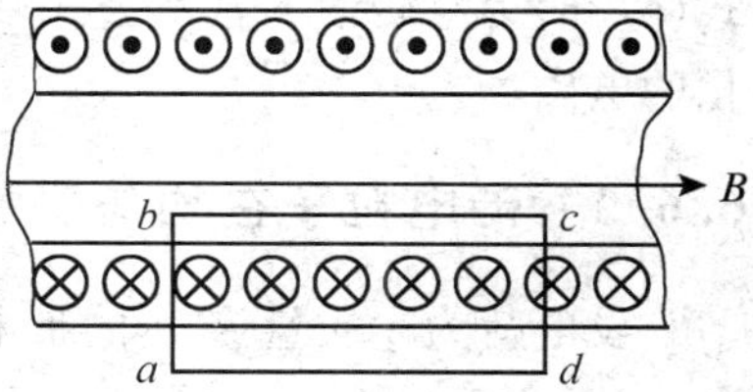

**图 6-18　长直螺线管内的磁场**

$$\oint\boldsymbol{B}\cdot\mathrm{d}\boldsymbol{l}=\int_a^b\boldsymbol{B}\cdot\mathrm{d}\boldsymbol{l}+\int_b^c\boldsymbol{B}\cdot\mathrm{d}\boldsymbol{l}+\int_c^d\boldsymbol{B}\cdot\mathrm{d}\boldsymbol{l}+\int_d^a\boldsymbol{B}\cdot\mathrm{d}\boldsymbol{l}=0+B\,\overline{bc}+0+0$$

由于闭合曲线 $abcda$ 包围的总电流为$\overline{bc}nI$，所以由安培环路定理得

$$B\,\overline{bc}=\mu_0 n\,\overline{bc}I$$
$$B=\mu_0 nI$$

## 6.6　磁场对运动电荷的作用

### 6.6.1　洛仑兹力

我们已经知道，带电粒子沿磁场方向运动时受到的磁作用力为零，垂直于磁场方向运动时受到的磁作用力最大。实验表明，一般情况下，运动带电粒子所受磁作用力 $\boldsymbol{F}$ 与其电荷 $q$，运动速度 $\boldsymbol{v}$ 以及磁感应强度之间的关系为

$$\boldsymbol{F}=q\boldsymbol{v}\times\boldsymbol{B}\tag{6.34}$$

式(6.34)称为洛仑兹力公式。洛仑兹力的大小为

$$|F| = |q| vB\sin\theta \tag{6.35}$$

式中 $\theta$ 为 $\boldsymbol{v}$ 与 $\boldsymbol{B}$ 之间的夹角。对于正电荷，$\boldsymbol{F}$ 与 $\boldsymbol{v}\times\boldsymbol{B}$ 的方向一致；对于负电荷，$\boldsymbol{F}$ 与 $\boldsymbol{v}\times\boldsymbol{B}$ 的方向相反。不论是何种电荷，洛仑兹力的方向都垂直于 $\boldsymbol{v}$ 和 $\boldsymbol{B}$ 构成的平面，因此，洛仑兹力的方向都垂直于电荷运动的方向，洛仑兹力不对运动的带电粒子做功，只改变粒子的运动方向。

如果带电粒子运动的空间既有磁场又有电场，则该带电粒子受到的力可以表示为

$$\boldsymbol{F} = q(\boldsymbol{E} + \boldsymbol{v}\times\boldsymbol{B}) \tag{6.36}$$

式(6.36)为电磁学的基本公式之一，它不仅适用于静电场和恒定磁场也适用于变化的电磁场。

### 6.6.2 带电粒子在均匀磁场中的运动

设电荷为 $q$ 质量为 $m$ 的带电粒子以速度 $\boldsymbol{v}$ 进入磁感应强度为 $\boldsymbol{B}$ 的均匀磁场中，为了便于分析，将 $\boldsymbol{v}$ 分解为垂直于磁场方向的分量 $\boldsymbol{v}_1$ 和平行于磁场的分量 $\boldsymbol{v}_2$ [图 6-19(a)]，粒子受到的洛仑兹力为

$$\boldsymbol{F} = q\boldsymbol{v}\times\boldsymbol{B} = q\boldsymbol{v}_1\times\boldsymbol{B}$$

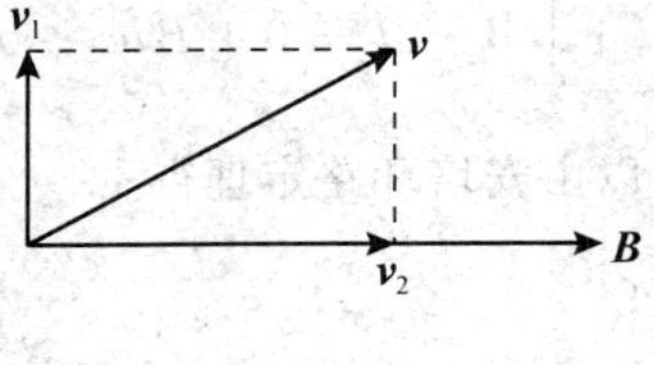


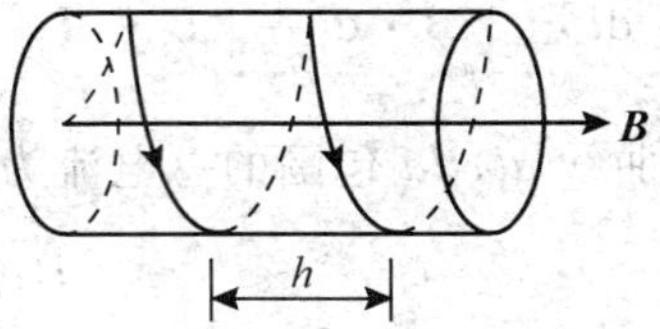


图 6-19 带电粒子在均匀磁场中的运动

若只有分量 $\boldsymbol{v}_2$，则粒子不受磁作用力，粒子将沿磁场方向作匀速直线运动；若只有 $\boldsymbol{v}_1$，洛仑兹力不改变粒子的速率，只改变其运动方向，这时粒子将在一个平面内作匀速圆周运动。由牛顿第二定律，有

$$qv_1B = m\frac{v_1^2}{R}$$

由此可得带电粒子作圆周运动的半径(回转半径）为

$$R=\frac{mv_1}{qB} \tag{6.37}$$

周期(回转周期)为

$$T=\frac{2\pi R}{v_1}=\frac{2\pi m}{qB} \tag{6.38}$$

可以看出,回转周期与带电粒子的速率及回转半径无关。当两个分量同时存在时,带电粒子同时参与以上两种运动,粒子的轨迹将是一条螺旋线[图 6-19(b)],螺旋线的半径由式(6.37)给出,螺距为

$$h=v_2T=\frac{2\pi mv_2}{qB} \tag{6.39}$$

式(6.39)表明,螺距与垂直于磁场方向的速度分量 $v_1$ 无关。

螺距与 $v_1$ 无关的性质可用于磁聚焦。如图 6-20 所示,带电粒子束从 $P$ 点以很小的发散角进入磁场,并使各带电粒子的速率 $v$ 很接近。由于其速度与磁场的夹角很小,可近似为零,因此,$v_2\approx v$。由式(6.39)可得

$$h\approx\frac{2\pi mv}{qB}$$

即这些带电粒子的螺距也近似相等,所以各个粒子经过距离 $h$ 后又重新会聚在一起,这就是磁聚焦。磁聚焦原理常用于各种真空电子设备中聚焦电子束。

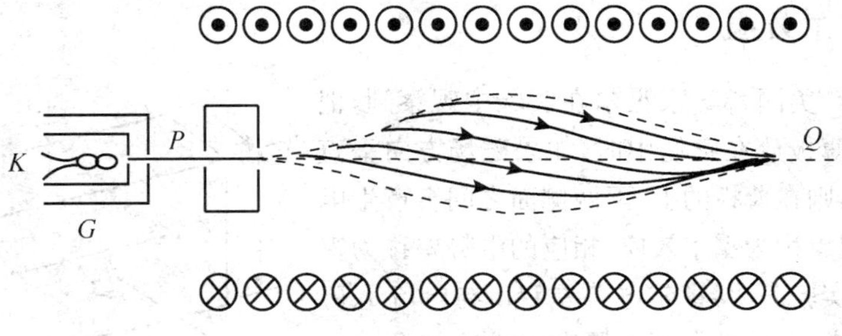


**图 6-20　磁聚焦**

### 6.6.3　质谱仪

质谱仪是用来测定带电粒子电荷与质量之比值(荷质比)的仪器,是研究物质同位素的常用分析仪器。由于同位素具有相同的核外电子数,所以其化学性质相同,不能用常规的化学方法加以区分,借助质谱仪可以简单有效地对它们进行物理分析。

质谱仪的原理如图 6-21 所示：从离子源 $O$ 产生的离子 $q$ 经狭缝 $S_1$ 和 $S_2$ 间的高压加速后进入速度选择器，速度选择器由相互垂直的电场和磁场构成。设电场强度为 $\boldsymbol{E}$，磁感应强度为 $\boldsymbol{B}'$，则只有速度满足

$$\boldsymbol{F}=q(\boldsymbol{E}+\boldsymbol{v}\times\boldsymbol{B}')=0$$

的离子才能沿原来方向通过狭缝 $S_3$。由于 $\boldsymbol{v}$，$\boldsymbol{E}$ 和 $\boldsymbol{B}'$ 两两垂直，所以能够通过狭缝 $S_3$ 进入下面磁场区域的离子的速度大小为

$$v=\frac{E}{B'}$$

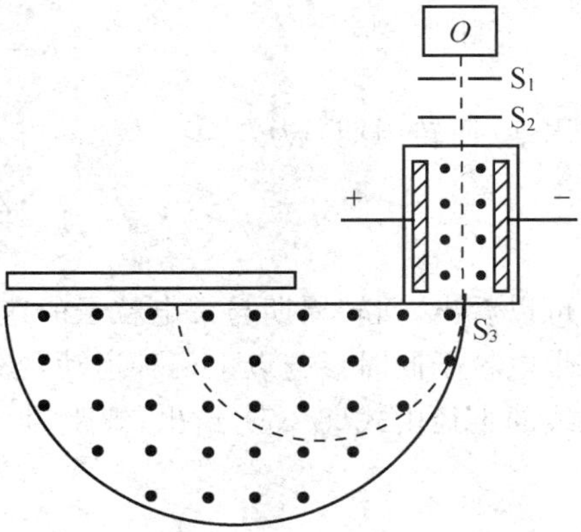


图 6-21　质谱仪

这些离子在均匀磁场 $\boldsymbol{B}$ 中沿圆形轨迹运动，由上式和式(6.37)，离子的荷质比为

$$\frac{q}{m}=\frac{v}{RB}=\frac{E}{RBB'} \tag{6.40}$$

如果离子的电荷相同而质量不等，由式(6.40)可以看出，质量越大的离子半径越大。这些离子按质量的不同射向照相底片上的不同位置，形成若干条谱线状条纹。利用这些条纹可以测出它们的轨道半径从而计算出它们的质量。

## 6.6.4　霍尔效应

1879 年，美国科学家霍尔在实验中观察到，把一载流导体薄板放在磁场中时，如果磁场方向垂直于薄板平面，则在薄板的上、下两侧面之间会产生电势差，这一现象称为霍尔效应，相应的电势差称为霍尔电势差。实验表明，霍尔电势差 $U_{AA'}$ 与电流 $I$、磁感应强度 $B$ 都成正比，与板的厚度 $d$ 成反比，即

$$U_{AA'}=K\frac{BI}{d} \tag{6.41}$$

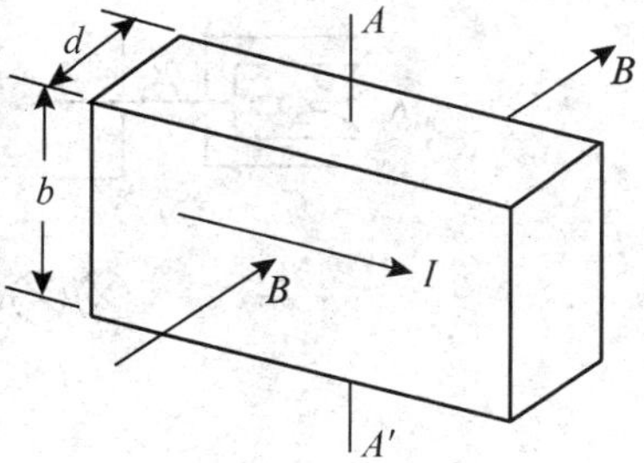


图 6-22　霍尔效应

式中的比例系数 $K$ 称为霍尔系数，它的大小由导体材料和温度决定。

霍尔效应可用载流子受洛仑兹力作用来解释。如图 6-22 所示，当电流向右流动时，设所有载流子 $q$ 定向漂移速度均为 $\boldsymbol{v}$，受到的洛仑兹力为 $q\boldsymbol{v}\times\boldsymbol{B}$，其方向向

上，于是上表面产生载流子的堆积，下表面出现等量异号电荷。这样上、下表面之间出现附加的电场 $\boldsymbol{E}$，称为霍尔电场。霍尔电场阻止载流子进一步作横向运动，当电场力与洛仑兹力平衡时，有

$$\boldsymbol{F}=q(\boldsymbol{v}\times\boldsymbol{B}+\boldsymbol{E})=0$$

载流子不再偏转，霍尔电场具有恒定的值

$$\boldsymbol{E}=-\boldsymbol{v}\times\boldsymbol{B}$$

霍尔电势差为

$$U_{AA'}=\int_A^{A'}\boldsymbol{E}\cdot \mathrm{d}\boldsymbol{l}=vBb$$

利用电流密度的概念，电流 $I$ 可表示为

$$I=jbd=nqvbd$$

式中 $j$ 为电流密度的大小，$n$ 为单位体积的载流子数。因此

$$U_{AA'}=\frac{1}{nq}\frac{BI}{d} \tag{6.42}$$

比较式(6.41) 与式(6.42)，可得霍尔系数

$$K=\frac{1}{nq} \tag{6.43}$$

当只有一种载流子时，霍尔系数的大小与载流子的数密度成反比，其正负决定于载流子是带正电还是带负电。金属中的载流子是带负电的自由电子，霍尔系数一般为负值(也有例外，用固体能带理论可以解释)。N 型半导体和 P 型半导体的载流子分别是电子和带正电的空穴，所以霍尔系数分别为负值和正值。半导体中载流子的浓度与温度有明显的依赖关系，故其霍尔系数与温度有关。因半导体中的载流子浓度比金属中自由电子的浓度低，故半导体的霍尔系数比金属的要大，霍尔效应也比金属要明显得多。

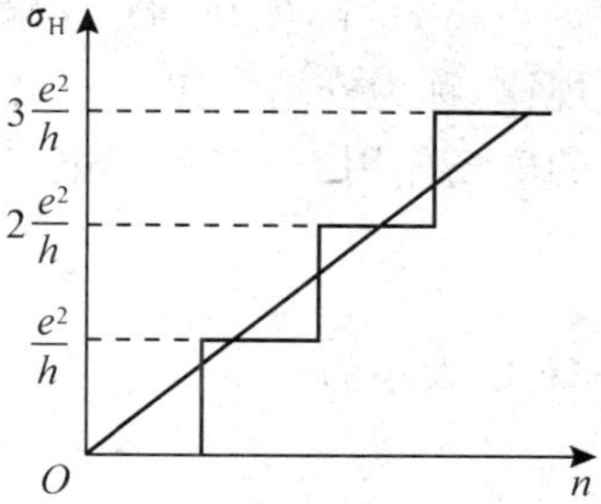

**图 6-23　量子霍尔效应**

电流 $I$ 与霍尔电势差 $U_{AA'}$ 的比值称为霍尔电导，用 $\sigma_H$ 表示，即

$$\sigma_H=\frac{I}{U_{AA'}}=\frac{nqd}{B} \tag{6.44}$$

由此可见，当 $B$ 不变时，霍尔电导与载流子密度 $n$ 成正比，即 $\sigma_H$ 与 $n$ 之间呈线性关系，

如图 6-23 中直线所示。1980 年,德国人克利青在 1.5 K 的极低温度和 18.9 T 的强磁场下,测量金属—氧化物—半导体场效应晶体管时,发现其霍尔电导与载流子数密度的关系出现了图 6-23 所示的阶梯形状(称为霍尔平台),并且霍尔平台满足

$$\sigma_{\mathrm{H}}=\frac{ke^2}{h},\quad k=1,2,\cdots \tag{6.45}$$

式中 $e$ 为电子电荷,$h$ 为普朗克常量。这种现象称为量子霍尔效应,克利青也因为此发现获得了 1985 年度诺贝尔物理学奖。

1982 年,美籍华人崔琦和德国科学家施特默等人在比整数量子霍尔效应更低的温度 0.1 K 和更强的磁场 20 T 条件下,对具有高迁移率的更纯净的二维电子气系统样品的测量中,也在一些电阻和温度范围内观测到横向霍尔电导呈现平台的现象。但极为不同的是,这些平台对应的不是原来量子霍尔效应的整数值而是分数值,故称为分数量子霍尔效应。一年后,美国物理学家劳克林对分数量子霍尔效应给出了很好的解释。崔琦、施特默和劳克林对分数量子霍尔效应研究的贡献,使他们成为 1988 年度诺贝尔物理学奖得主。霍尔效应的应用有很多,目前最广泛的应用是利用这一效应来测量磁场。

## 6.7 磁场对载流导线的作用

### 6.7.1 安培定律

1820 年,安培通过实验总结出了载流回路中一段电流元在磁场中受力的基本规律,称为安培定律。安培定律可以表述为:磁场中任意点处的电流元 $I\mathrm{d}\boldsymbol{l}$,受到的磁场作用力 $\mathrm{d}\boldsymbol{F}$ 等于电流元 $I\mathrm{d}\boldsymbol{l}$ 与该点磁感应强度 $\boldsymbol{B}$ 的乘积,即

$$\mathrm{d}\boldsymbol{F}=I\mathrm{d}\boldsymbol{l}\times\boldsymbol{B} \tag{6.46}$$

$\mathrm{d}\boldsymbol{F}$ 的大小为

$$\mathrm{d}F=IB\sin\theta\mathrm{d}l$$

式中 $\theta$ 为 $I\mathrm{d}\boldsymbol{l}$ 与 $\boldsymbol{B}$ 的夹角($<180°$)。通常把磁场作用于载流导线上的力称为安培力。有限长载流导线受到的安培力就是导线上各电流元所受安培力的矢量和,即

$$\boldsymbol{F}=\int I\mathrm{d}\boldsymbol{l}\times\boldsymbol{B} \tag{6.47}$$

式中积分沿导线进行。安培力实际上是洛仑兹力的表现。

**例 6.3** 设两条无限长平行载流直导线相距为 $a$，分别通以电流 $I_1$ 和 $I_2$，如图 6-24 所示。求作用于单位长度导线上的安培力。

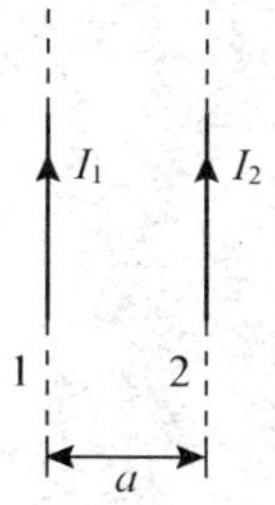

图 6-24 平行无限长载流直导线

**解** 根据式(6.21)，导线 1 在导线 2 处产生的磁感应强度为

$$B_1=\frac{\mu_0 I_1}{2\pi a}$$

在导线 2 上任取电流元 $I_2 \mathrm{d}\boldsymbol{l}_2$，该电流元受到的安培力为

$$\mathrm{d}F_{12}=I_2\mathrm{d}l_2 B_1=\frac{\mu_0 I_1 I_2}{2\pi a}\mathrm{d}l_2$$

其方向在两导线构成的平面内垂直指向导线 1，单位长度的导线受到的安培力为

$$\frac{\mathrm{d}F_{12}}{\mathrm{d}l_2}=\frac{\mu_0 I_1 I_2}{2\pi a}$$

同理，导线 1 单位长度所受安培力的大小为

$$\frac{\mathrm{d}F_{21}}{\mathrm{d}l_1}=\frac{\mu_0 I_1 I_2}{2\pi a}$$

其方向垂直指向导线 2。两条平行导线中通以同方向的电流时，相互吸引。不准分析出，若电流沿相反方向，则它们相互排斥。

在 SI 制中，电流的单位“安培”就是据此定义的：在真空中两根截面积可忽略的平行长直导线，二者之间相距 1 m，通以流向相同、大小等量的电流时，调节导线中电流的大小，使得两导线间每单位长度(1 m)上的相互吸引力为 $2\times10^{-7}$N，则规定这时每根导线中的电流为 1 A。

## 6.7.2 均匀磁场对载流线圈的作用

考虑一个边长分别为 $l_1$ 和 $l_2$ 的矩形平面载流线圈 $abcd$，通以电流 $I$，置于磁感强度为 $\boldsymbol{B}$ 的均匀磁场中，线圈平面的法向和磁场方向成任意角 $\phi$，长为 $l_2$ 的两边与磁场方向垂直，如图 6-25(a) 所示。坐标系是这样选取的：以线圈中心为原点，沿磁场方向建立 $y$ 轴，使 $z$ 轴平行于长为 $l_2$ 的两边 $ab$ 和 $cd$，最后按右手系的规定建立 $x$ 轴。根据安培定律，载流线圈四条边受到的磁场力合力为零，即 $\boldsymbol{F}=\boldsymbol{F}_{ab}+\boldsymbol{F}_{cd}+\boldsymbol{F}_{da}+\boldsymbol{F}_{bc}=0$。

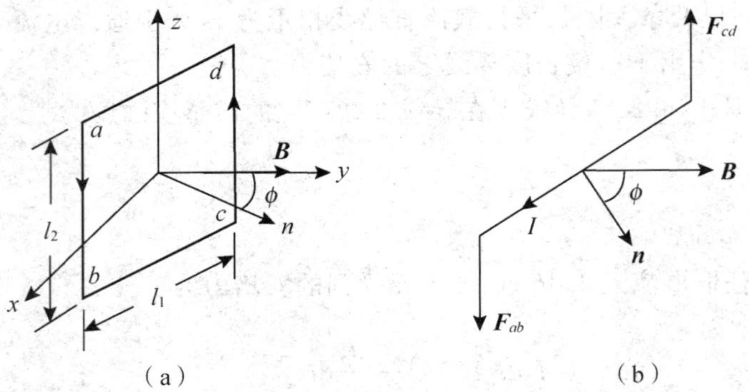


**图 6-25 均匀磁场对矩形线圈的作用**

从图 6-25(b)可以看出，$\boldsymbol{F}_{ab}$ 和 $\boldsymbol{F}_{cd}$ 这两个力虽然大小相等方向相反，但它们并没有作用在一条直线上，从而形成了绕 $z$ 轴的力偶矩

$$\boldsymbol{M}=Il_2B\left(\frac{l_1}{2}\sin\phi+\frac{l_1}{2}\sin\phi\right)\boldsymbol{k}=Il_1l_2B\sin\phi\boldsymbol{k}$$

利用线圈的磁矩可将上式表示为

$$\boldsymbol{M}=\boldsymbol{p}_{\rm m}\times\boldsymbol{B} \tag{6.48}$$

这个结果虽然是从矩形线圈这一特例导出的，但可以证明，它适用于均匀磁场中任意形状的平面线圈。

综上所述，平面载流线圈在均匀磁场中要受到一个力矩的作用，该力矩试图使线圈的平面转向与磁场垂直的方向，使其磁矩转到与磁场一致的方向。如果载流线圈处于非均匀磁场中，则线圈除了受到力矩作用外，还要受到合力作用，这时线圈除了转动还有平动。

## 6.8 磁介质

### 6.8.1 磁介质及其磁化

在磁场作用下发生变化并能反过来影响磁场的物质叫做磁介质。磁介质在磁场作用下的变化称为磁化。事实上，任何物质在磁场作用下都或多或少地发生变化并反过来影响磁场，因此任何物质都可以看成磁介质。设真空中原来磁场的磁感应强度为 $\boldsymbol{B}_0$，磁介质因磁化而产生附加的磁场，其磁感应强度为 $\boldsymbol{B}'$，则在空间任一点的磁感应强度是 $\boldsymbol{B}_0$ 和 $\boldsymbol{B}'$ 的矢量和，即

$$\boldsymbol{B}=\boldsymbol{B}_0+\boldsymbol{B}'$$

根据磁介质的磁化特征，磁介质可分为 3 类。第一类磁介质产生的附加磁感应强度 $\boldsymbol{B}'$ 与外磁场同向，从而使 $B>B_0$，这一类磁介质称为顺磁质，铝、铬、铀、锰、钛等物质都属于顺磁质。第二类磁介质产生的附加磁感应强度 $\boldsymbol{B}'$ 与外磁场反向，使 $B<B_0$，这一类磁介质称为抗磁质，铋、金、银、铜、硫、氢、氮等物质都属于抗磁质。对顺磁质和抗磁质来说，$B$ 和 $B_0$ 相差很小，即 $B\approx B_0$。由于顺磁质和抗磁质对磁场的影响都极其微弱，因此，常把它们称为弱磁性物质。还有一类磁介质，如铁、镍、钴及其合金和某些含铁的氧化物等，磁化后产生的附加磁感应强度与原来磁场方向相同，并且可以显著地增强和影响外磁场，使 $B\gg B_0$，这类磁介质称为铁磁质。铁磁质常被称为强磁性物质。铁磁质用途广泛，平常所说的磁性材料主要是指这类磁介质。

铁磁质的磁化与顺磁质和抗磁质有很大不同。下面我们先介绍顺磁质与抗磁质的磁化机理，在本节最后再介绍铁磁质的磁化机理。

磁化现象可用分子电流和分子磁矩来解释。分子中每个电子同时参与了两种运动，一是电子绕原子核的轨道运动，可把它看成一个圆形电流，具有一定的轨道磁矩；二是电子的自旋，相应地有自旋磁矩；实际上原子核也有磁矩，一个分子的磁矩，是它所包含的所有粒子各种磁矩的矢量和，统称为分子固有磁矩（也称分子磁矩），用 $\boldsymbol{p}_m$ 表示。弱磁性材料之所以表现为顺磁性或抗磁性，正是因为两类材料分子磁矩的不同。在顺磁性物质中，每个分子都有固有磁矩，即顺磁质中，每个分子均显示出磁性。在抗磁性物质中，分子中各种磁矩完全抵消，其矢量和为零，即每个分子的固有磁矩均为零。

顺磁质在没有磁场作用时，虽然分子磁矩不为零，但是由于分子的热运动，使各分子磁矩的取向杂乱无章，在介质中任意宏观区域内，所有分子磁矩的矢量和均为零，因而，宏观上顺磁质不显现磁性，如图 6-26(a)所示。当存在外磁场时，磁场对分子磁矩施加一个力矩，使分子磁矩有转向磁场方向的趋势。外磁场越强，分子磁矩的转向越明显，排列越规则[图 6-26(b)]，每个分子电流激发的磁场或多或少地沿着外磁场的方向，分子磁矩叠加的结果是产生一个与外磁场方向相同的附加磁场 $\boldsymbol{B}'$，从而宏观上表现为顺磁性。

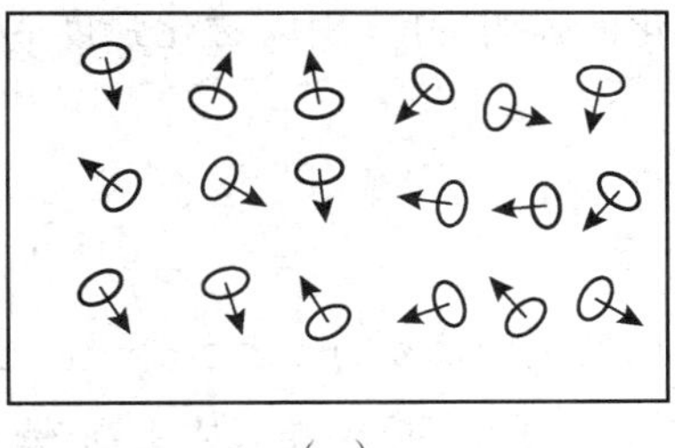


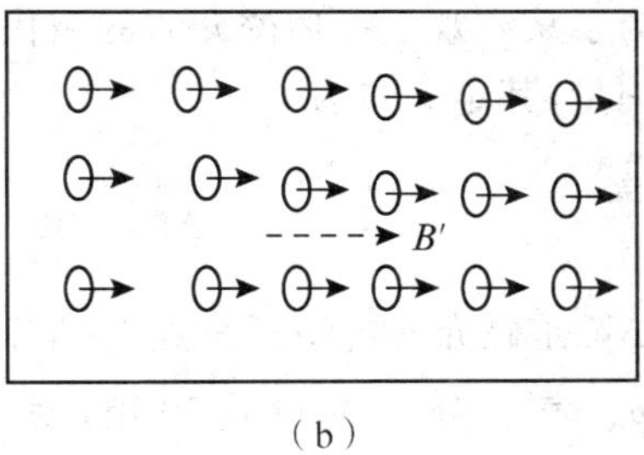


图 6-26　顺磁质的磁化机理

抗磁质中分子没有固有磁矩，其磁化机理相对复杂一些。在此我们通过分析外磁场对电子轨道磁矩的影响来讨论抗磁质磁化的微观机制。设电子在带正电的原子核的库仑力作用下，绕核做圆周运动。由于电子带负电，所以电子的轨道磁矩 $\boldsymbol{p}_m$ 与其轨道角动量 $\boldsymbol{L}$ 的方向相反。当分子处于外磁场 $\boldsymbol{B}_0$ 中，电子的轨道磁矩要受到磁力矩的作用，其方向垂直于 $\boldsymbol{B}_0$ 和 $\boldsymbol{L}$ 组成的平面。在这个力矩的作用下，电子的轨道角动量将绕与外磁场方向平行的轴旋进，不管是图 6-27(a)的情形还是图 6-27(b)的情形，旋进方向总是与外磁场 $\boldsymbol{B}_0$ 的方向构成右手螺旋关系。电子旋进也等效于一个圆电流，由于旋进电流产生的磁矩方向总是与外磁场方向相反，该附加磁矩通常称为感应磁矩，用 $\Delta\boldsymbol{p}_m$ 表示。整个分子在外磁场中的附加磁矩，是其中各个电子的附加磁矩之矢量和。显然，分子附加磁矩的方向也总是与外磁场的方向相反，这就导致了磁介质中 $B<B_0$，宏观上表现为抗磁性。应当指出，不论是顺磁质还是抗磁质，感应磁矩是普遍存在的，只不过在通常情况下，感应磁矩与固有磁矩相比要小得多，在顺磁质的磁化过程中可以忽略。

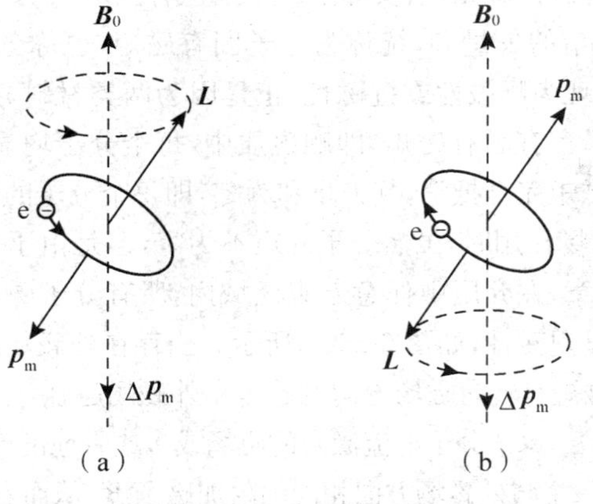


**图 6-27　磁场中电子的旋进**

为了从宏观上描述磁介质的磁化方向和磁化的强弱程度，引入磁化强度 $\boldsymbol{M}$ 这一物理量，其定义式为

$$\boldsymbol{M}=\lim_{\Delta V\to 0}\frac{\sum\boldsymbol{p}_m+\sum\Delta\boldsymbol{p}_m}{\Delta V} \tag{6.49}$$

式中 $\Delta V$ 是磁介质内绕任一点 $P$ 所作的闭合曲面所围的体积；$\boldsymbol{p}_m$ 表示分子固有磁矩，$\Delta\boldsymbol{p}_m$ 表示分子的感应磁矩，对于顺磁质，$\sum\Delta\boldsymbol{p}_m$ 可忽略，对于抗磁质，$\sum\boldsymbol{p}_m=0$。当闭合曲面以任意方式缩于 $P$ 点时，式(6.49)就定义为 $P$ 点的磁化

强度。磁化强度是一个矢量,在 SI 制中的单位是 $A \cdot m^{-1}$。

对于顺磁质,分子磁矩取向排列,当磁介质磁化时,分子磁矩的矢量与外磁场方向相同,故由磁化强度的定义可知,$\boldsymbol{M}$ 也与外磁场方向相同。外磁场越强,分子磁矩在磁力矩作用下沿外磁场方向排列越整齐,$M$ 值越大。对于抗磁质,磁介质磁化时,感应磁矩沿外磁场的反方向,由磁化强度的定义可知,$\boldsymbol{M}$ 也沿外磁场的反方向。

不论是顺磁质还是抗磁质,磁化后都会在磁介质的表面产生一层等效的电流,称为磁化电流。以顺磁质的均匀磁化($\boldsymbol{M}$ 为常矢量)为例,当介质磁化后,各分子磁矩沿外磁场方向排列,分子电流与分子磁矩的方向成右手螺旋关系。在介质内部,相邻分子电流的方向彼此相反,相互抵消,只有在介质截面边缘各点上分子电流未被抵消,它们在宏观上形成了分布于介质表面的等效圆形电流(图 6-28),这一等效电流称为磁化电流。对于顺磁质和抗磁质,磁化电流的方向不同。磁化电流的产生不伴随电荷的宏观移动,故磁化电流又称为束缚电流。相反,凡伴随电荷的宏观移动的电流称为传导电流。两种电流在激发磁场和受磁场作用方面是完全一致的。

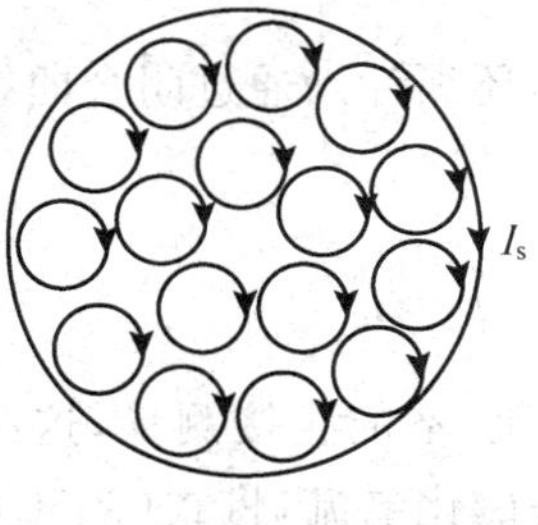


图 6-28 磁化时的分子电流

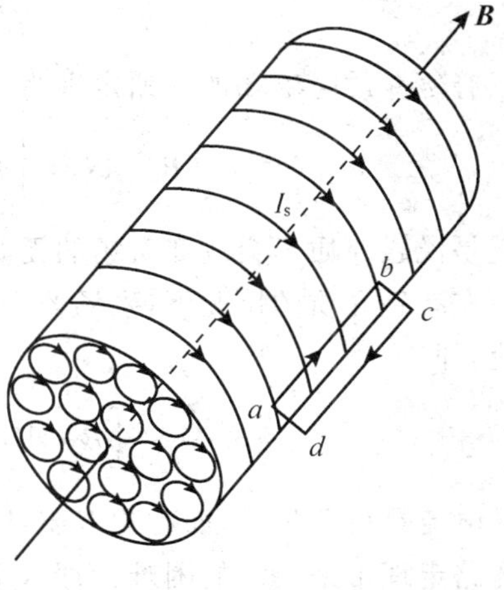


图 6-29 磁化电流

磁化电流和磁化强度是对介质磁化程度的两种描述方式,两者之间必然存在着内在的联系。图 6-29 为充满均匀顺磁质的无限长直螺线管,截面积为 $S$。设圆柱体表面沿轴线方向单位长度的磁化电流为 $i_s$,则穿过图中长为 $l$($ab$ 或 $cd$ 的长度)的矩形 $abcda$ 的磁化电流为 $I_s = l i_s$。由磁矩的定义,长度为 $l$ 的一段磁化电流的总磁矩为

$$\sum \boldsymbol{p}_{\mathrm{m}} = i_{\mathrm{s}} l S \boldsymbol{e}_{\mathrm{n}}$$

$\boldsymbol{e}_{\mathrm{n}}$ 为磁场方向的单位矢量。于是由磁化强度的定义式(6.49) 可得 $\boldsymbol{M}=i_{\mathrm{s}}\boldsymbol{e}_{\mathrm{n}}$。沿矩形 $abcda$ 作积分，考虑到介质外的磁化强度为零，得

$$\oint \boldsymbol{M} \cdot \mathrm{d}\boldsymbol{l} = \int_a^b \boldsymbol{M} \cdot \mathrm{d}\boldsymbol{l} = Ml = i_{\mathrm{s}} l = I_{\mathrm{s}} \tag{6.50}$$

虽然式(6.50)是从均匀磁化及矩形闭合回路的特殊情况下得到的，但它却是普遍适用的关系式，它定量描述了磁化强度与磁化电流之间的关系，即磁化强度 $\boldsymbol{M}$ 对任意闭合回路的线积分等于通过该闭合曲线所包围的磁化电流的代数和 $I_{\mathrm{s}}$。

### 6.8.2 有磁介质时的安培环路定理

当有磁介质存在时，空间任一点的磁感强度等于传导电流和磁化电流分别在该点激发的磁感强度的矢量和。由于磁化电流与传导电流以相同的方式激发磁场，并以相同的方式受磁场的作用，所以磁化电流的磁场也是无源场，其磁感应线同样为一系列闭合曲线，即

$$\oint \boldsymbol{B}' \cdot \mathrm{d}\boldsymbol{S} = 0$$

所以有磁介质时磁场的高斯定理为

$$\oint \boldsymbol{B} \cdot \mathrm{d}\boldsymbol{S} = \oint \boldsymbol{B}_0 \cdot \mathrm{d}\boldsymbol{S} + \oint \boldsymbol{B}' \cdot \mathrm{d}\boldsymbol{S} = 0 \tag{6.51}$$

也就是说磁介质不会改变磁场的无源性。

在有磁介质的情况下，磁场的安培环路定理中，还须计入通过闭合曲线的磁化电流，即

$$\oint \boldsymbol{B} \cdot \mathrm{d}\boldsymbol{l} = \mu_0 \left( \sum_i I_i + I_{\mathrm{s}} \right) \tag{6.52}$$

传导电流是可测量的，而磁化电流是分子的等效电流，不能直接测量，这给应用安培环路定理带来一定的困难，为此，用磁化强度代替磁化电流，将式(6.50) 代入式(6.52)，整理后得

$$\oint \left( \frac{\boldsymbol{B}}{\mu_0} - \boldsymbol{M} \right) \cdot \mathrm{d}\boldsymbol{l} = \sum_i I_i$$

令

$$\boldsymbol{H} = \frac{\boldsymbol{B}}{\mu_0} - \boldsymbol{M} \tag{6.53}$$

则有

$$\oint \boldsymbol{H} \cdot \mathrm{d}\boldsymbol{l} = \sum_i I_i \tag{6.54}$$

式中 $\boldsymbol{H}$ 称为磁场强度矢量，式(6.54)就是有磁介质时的安培环路定理。它表明磁场强度矢量沿任意闭合回路的线积分等于通过该闭合回路所有传导电流的代数和，在 SI 制中，磁场强度的单位是 $\mathrm{A \cdot m^{-1}}$。磁场强度是描述磁场的一个辅助量，与电场中的电位移矢量具有相似的作用，之所以称其为磁场强度是由于历史的原因。确定磁场中运动电荷或电流受力的是磁感应强度，而不是磁场强度。

实验表明，对于各向同性的磁介质，磁化强度与磁场强度满足线性关系

$$\boldsymbol{M} = \chi_m \boldsymbol{H} \tag{6.55}$$

式中的比例系数 $\chi_m$ 称为磁化率，它是一个无量纲的量。将式(6.55)代入式(6.53)有

$$\boldsymbol{B} = \mu_0(\boldsymbol{H} + \boldsymbol{M}) = \mu_0(1 + \chi_m)\boldsymbol{H}$$

令

$$\mu_r = 1 + \chi_m \tag{6.56}$$

称为介质的相对磁导率。对于顺磁质，$\mu_r > 1$；对于抗磁质，$\mu_r < 1$[①]；对于真空，$\mu_r = 1$。引入 $\mu = \mu_0 \mu_r$，称为介质的磁导率，可得磁感应强度与磁场强度的关系式

$$\boldsymbol{B} = \mu_0 \mu_r \boldsymbol{H} = \mu \boldsymbol{H} \tag{6.57}$$

## 6.8.3 铁磁质

铁、钴、镍及其许多合金以及含铁氧化物都属于铁磁质。与真空或弱磁材料相比，铁磁质主要有以下特性：

(1)铁磁质的相对磁导率很大，一般为 $10^2 \sim 10^4$ 量级，并且不是常数，是磁场强度的非线性函数。

(2)铁磁质的磁感强度 $\boldsymbol{B}$ 与磁场强度 $\boldsymbol{H}$ 的关系是非线性关系，一般用磁化曲线来描述。

(3)铁磁质的磁化过程是不可逆的，具有磁滞现象，铁磁质磁化后再撤去外磁场，仍能保留部分磁性。

(4)存在一个临界温度，高于临界温度时铁磁质就转化为顺磁质，该临界温度称为铁磁质的居里点。

①实际上顺磁质和抗磁质的磁性都很弱，其相对磁导率非常接近于 1，磁化率的数量级为 $10^{-6} \sim 10^{-4}$。

在描述铁磁质的磁化规律时，一般用磁场强度 $H$ 表示传导电流产生的激励磁场，用磁感应强度 $B$ 表示铁磁质中的磁场强弱。铁磁质的磁化特性可用实验方法测定，实验结果可用 $B$-$H$ 曲线或 $M$-$H$ 曲线表示，称为磁化曲线。图 6-30 是铁磁质的典型磁化曲线，当铁磁质开始磁化时，$M$ 随 $H$ 的增加先是缓慢增大然后迅速增大，当 $H$ 增大到一定程度后，$M$ 的变化渐渐趋缓，最后磁化强度达到 $M_s$ 而不再增加，这种状态叫做磁饱和。磁化曲线上未达到磁饱和的 $OC$ 段称为起始磁化曲线。

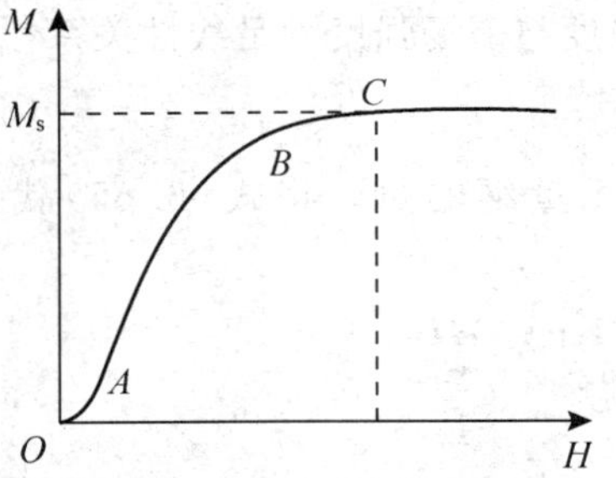


图 6-30　$M$-$H$ 曲线

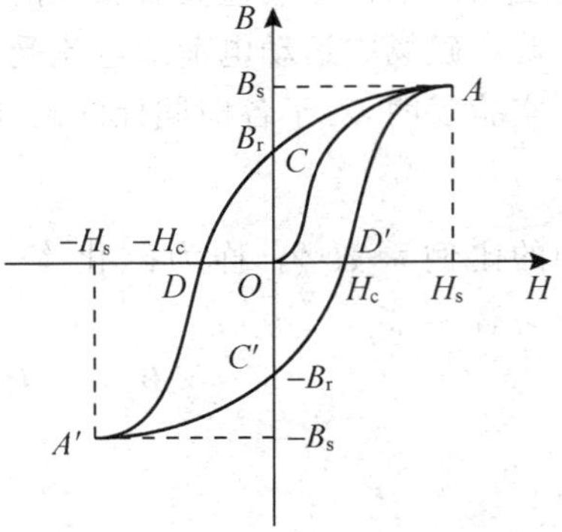


图 6-31　磁滞回线

如图 6-31 所示，设铁磁质已经沿曲线 $OA$ 达到磁饱和，$B_s$ 为开始饱和时的磁感应强度，当外加磁场由强逐步减弱至 $H=0$ 时，铁磁质中的 $B$ 不为零，而为 $B_r$，称为剩余磁感应强度，简称剩磁。要消除剩磁需加反向磁场，使铁磁质中的磁感应强度恢复为零时的反向磁场强度 $H_c$ 称为矫顽力。继续增强反方向的磁场，磁化沿曲线 $DA'$ 达到反方向饱和。当磁场强度变化一个周期后，铁磁质的磁化曲线形成一条闭合曲线。磁化曲线说明铁磁质中的磁感应强度与磁场强度之间不存在单值的关系，要知道某一 $H$ 对应的 $B$ 值，必须先了解它的磁化历史。从图中还可看出，磁感应强度的变化总是落后于磁场强度的变化，这种现象称为磁滞，上述闭合曲线称为磁滞回线。

铁磁质的磁化机理需要用磁畴理论来说明。从原子结构来看，铁原子的最外层有两个电子，会因电子自旋而产生强耦合的相互作用，这一作用的结果使得许多铁原子的电子自旋磁矩在多个小的区域内整齐排列起来，形成一个个微小的自发磁化区，称为磁畴。在铁磁质中存在着许多磁畴，它们决定了铁磁质的磁化性质。图 6-32 为铁磁质磁化过程的示意图。在无外磁场时，各磁畴的排列是不规则的，各磁畴的磁化方向不同，产生的磁效应相互抵消，整个铁磁质不呈现磁性。铁磁质被磁化时，磁畴发生变化，这种变化分为两个过程：当外磁场较弱时，凡是磁矩方向与外磁场相同或相近的磁畴，磁壁向外移动；当外磁场较强时，每个磁畴的磁矩都不同程度地转向外磁场方向，外磁场越强，这种转向越明显，当外磁场强到使所有磁畴的磁矩都转到与外场相同方向之后，再增大外场，磁化强度也不能继续增大了，这时磁化到达饱和状态。由于磁畴壁移动的过程是不可逆的，即外磁场减弱后，磁畴不能恢复原状，故表现在退磁时，磁化曲线不沿原路返回，而形成磁滞回线。当温度高于居里点时，热相互作用超过电子耦合作用，铁磁性物质内的磁畴结构瓦解，铁磁质转化为顺磁质。

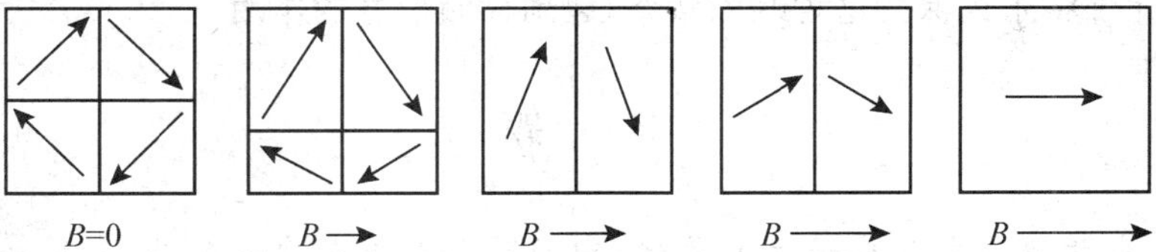


图 6-32 铁磁质的磁化过程

按磁滞回线的特征，可将铁磁质分为软磁材料和硬磁材料两大类。

软磁材料的磁滞回线呈细长型(图 6-33)，矫顽力 $H_c$ 小，磁滞现象不明显，在交变磁场中剩磁易于被清除，常用于制造电机、变压器、电磁铁等的铁芯。硬磁材料的磁滞回线所包围的面积较大(图 6-34)，矫顽力 $H_c$ 大，剩磁也很大，撤去磁场后仍可长久保持很强的磁性，适于制成永久磁铁，或用做“磁记录”材料，如磁带、磁盘等。硬磁材料和软磁材料大多是由金属磁性材料制成的。这些金属磁性材料通常是用铁、镍或钴再加上其他元素经过高温熔炼等一系列工序而制成，适于在高温、低频、大功率等条件下使用。

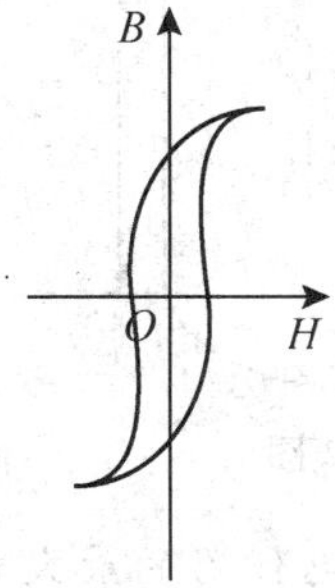


图 6-33 软磁材料的磁滞回线

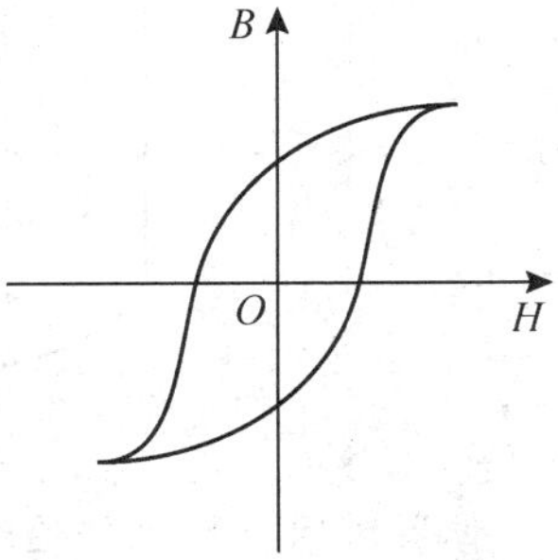


图 6-34 硬磁材料的磁滞回线

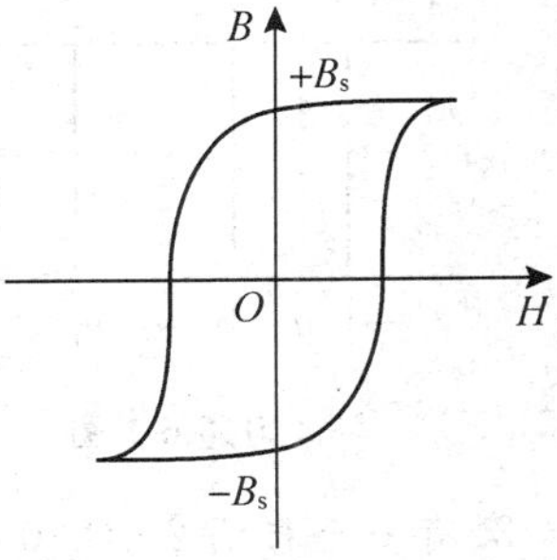


图 6-35 矩磁材料的磁滞回线

铁氧体是一种新的磁性材料，它是一族化合物的总称，由三氧化二铁和其他二价的金属氧化物的粉末混合烧结而成。铁氧体的特点是既有一定的磁导率，又有很高的电阻率，因此在科学技术上有广泛应用。例如，它可用于制作电子技术中的天线和高频线圈的磁芯、电子计算机中的记忆元件等等。铁氧体除了可制成软磁材料和硬磁材料外，还可制成矩磁材料，矩磁材料的磁滞回线接近于矩形(图 6-35)，它的剩余磁化强度接近于饱和磁化强度。若撤去外磁场，在两个方向上的剩磁分别为$+B_s$和$-B_s$。在电子计算机中，用矩磁材料制成环形磁芯，可作为存储元件。因为计算机中通常采用二进制，利用矩磁材料的两种剩磁状态，就可表示二进制的“0”和“1”这两个数码。若沿一定方向的磁场使元件磁化，则在磁场撤去后，元件将永久保持这种剩磁状态，起到存储信息的作用。

## 习　题

1. 图中两边为电导率很大的导体，中间两层是电导率分别为$\sigma_1$和$\sigma_2$的均匀导电介质，其厚度分别为$d_1$和$d_2$，导体的截面积为$S$，通过导体的恒定电流为$I$。求：(1)两层导电介质中的场强$E_1$和$E_2$；(2)电势差$U_{AB}$和$U_{BC}$。

2. 一铜圆柱体半径为$a$，长为$L$，外面套一个与它共轴且等长的铜圆筒，筒的内半径为$b$，在柱和筒之间充满电导率为$\sigma$的均匀导电物质，如图所示。求柱与筒之间的电阻。

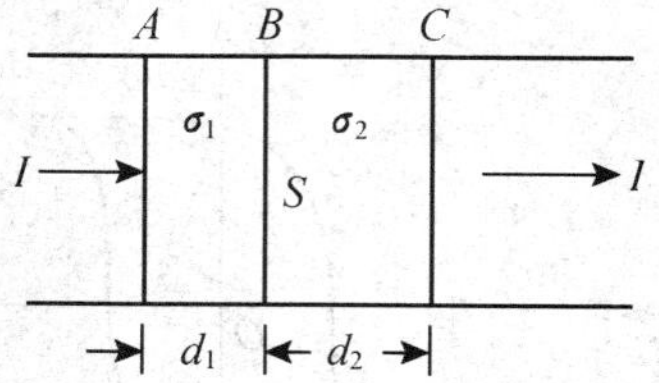


习题 6-1 图

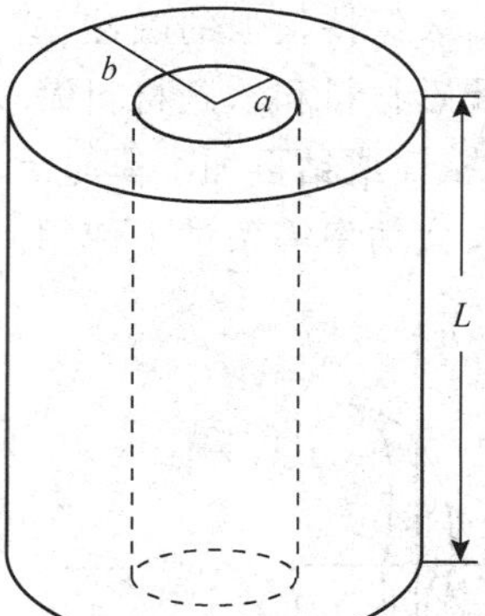


习题 6-2 图

3. 有一个标明 2 kΩ 20 W 的电位器。问：(1)允许通过这个电位器的最大电流为多少安培？加在这个电位器的最大电压为多少伏？(2)当加在这个电位器上的电压是 10 V 时，电功率是多少瓦？

4. 对一蓄电池充电，当充电电流为 3.00 A 时，路端电压为 2.06 V，该蓄电池放电时，当放电电流为 2.00 A 时，路端电压为 1.96 V。求这个蓄电池的电动势和内阻。

5. 试推导电流密度$j$和自由电子数密度$n$、漂移速度$u$(电子定向平均运动速度)之间的关系为$j=neu$，其中$e$为电子电荷。

6. 设一直径 $d=0.98$ mm 的铜导线中通过 $I=10$ A 的电流。试计算该导线中的电流密度和自由电子的漂移速度。铜的密度 $\rho=9.0\times10^3\ \text{kg}\cdot\text{m}^{-3}$，铜的相对原子质量为 64。

7. 如图所示电路，已知 $\mathscr{E}_1=12$ V，$\mathscr{E}_2=10$ V，$\mathscr{E}_3=8$ V，$r_1=r_2=r_3=1\ \Omega$，$R_1=R_2=R_3=R_4=2\ \Omega$，$R_5=3\ \Omega$，求 $U_{AB}$ 和 $U_{CD}$。

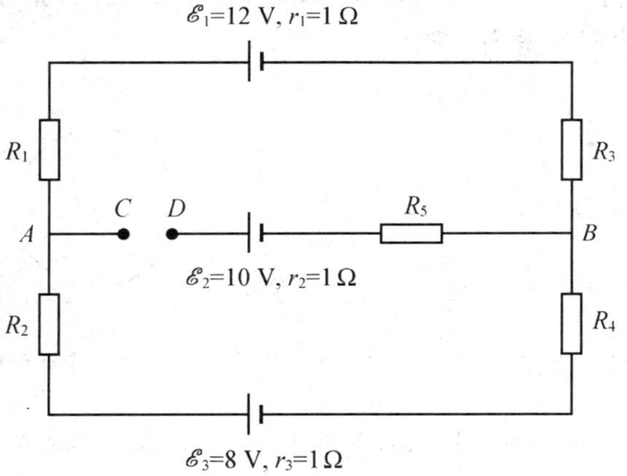


习题 6-7 图

8. 如图所示电路，$\mathscr{E}_1=15$ V，$\mathscr{E}_2=10$ V，$R_1=50\ \Omega$，$R_2=80\ \Omega$，$R=10\ \Omega$，电源内阻可忽略不计. 求电路中的电流分布。

9. 为了找出电缆在某处由于损坏而通地的地方，可以用图中所示的装置。$AB$ 是一段长为 100 cm 的均匀电阻线，触点 $S$ 可以在它上面平稳滑动。已知电缆长 7.8 km，设当 $S$ 滑至 $SB=41$ cm 时，通过电流计 G 的电流为零。求电缆损坏处至检查处 $B$ 的距离。

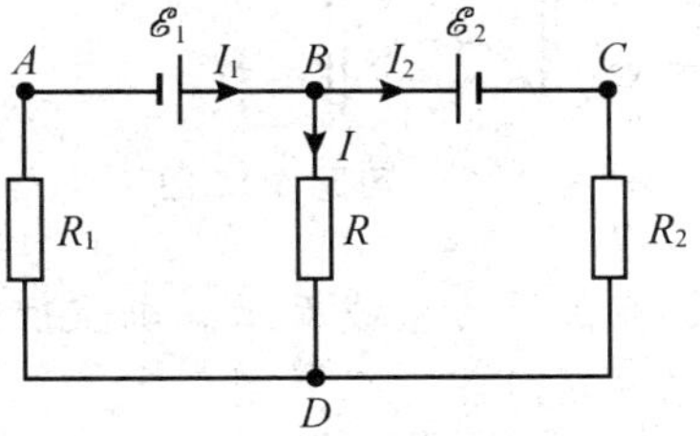


习题 6-8 图

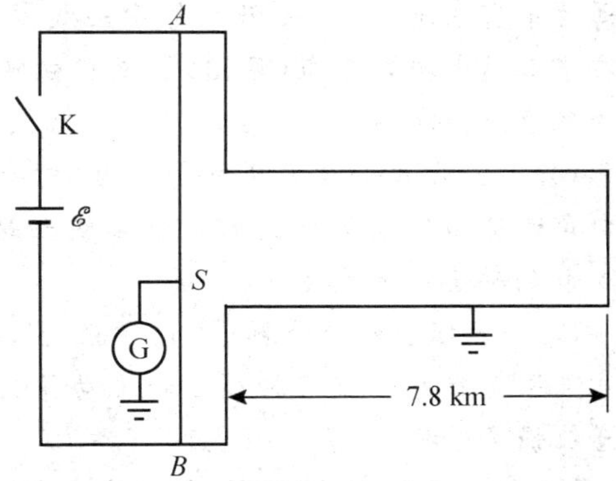


习题 6-9 图

10. 两根长直导线互相平行地放置，相距为 $2r$(见图)，导线内通以流向相同、大小为 $I_1=I_2=10$ A 的电流，在垂直于导线的平面(纸面)上有 $M$ 和 $N$ 两点，$M$ 点为 $O_1O_2$ 连线的中点，$N$ 点在 $O_1O_2$ 的垂直平分线上，且与 $M$ 点相距为 $r$。设 $r=2$ cm，求 $M$ 和 $N$ 两点处的磁感应强度 $B$ 的大小和方向。

11. 两根长直导线沿半径方向引到铁环上 $A$ 和 $B$ 两点，并与很远的电源相连，如图所示。求环中心的磁感应强度。

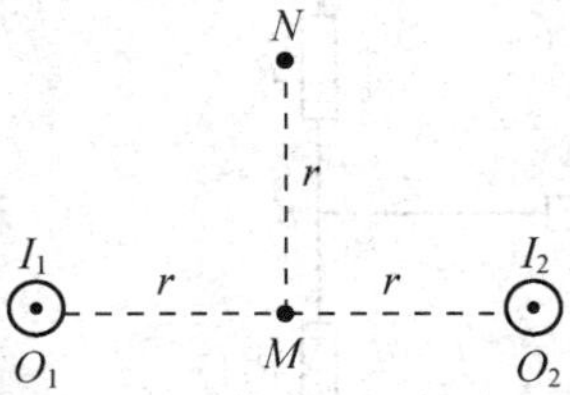

习题 6-10 图

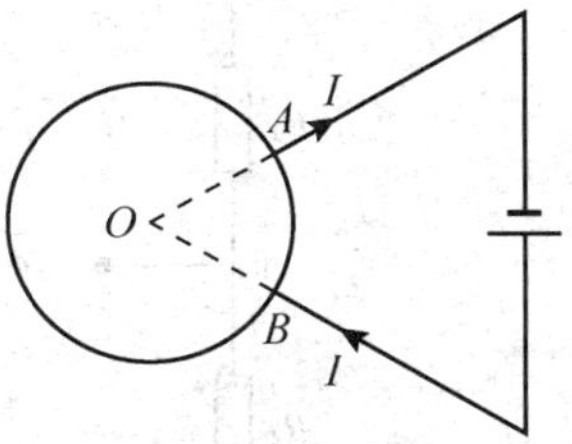

习题 6-11 图

12. 载流圆线圈半径 $R=11$ cm，电流 $I=14$ A。求：(1)在圆心处；(2)在轴线上距圆心为 10 cm 处的磁感应强度。

13. 按玻尔模型，在基态的氢原子中，电子绕原子核作半径为 $0.53\times10^{-10}$ m 的圆周运动，速度为 $2.2\times10^{6}\ \mathrm{m\cdot s^{-1}}$。求此运动的电子在核处产生的磁感应强度的大小。

14. 载流正方形的边长为 $2a$，电流为 $I$。求：(1)正方形中心和轴线上距中心为 $x$ 处的磁感应强度；(2)$a=1.0$ cm，$I=5.0$ A 时在 $x=0$ 和 $x=10$ cm 处的磁感应强度。

15. 在半径 $R=2.0$ cm 的无限长半圆柱面形的金属薄片中有电流 $I=5$ A 沿平行于轴线方向通过，电流在横截面上均匀分布(见图)。求圆柱轴线上 $P$ 点处的磁感应强度。

16. 半径为 $R$ 的圆片上均匀带电，电荷密度为 $\sigma$，以匀角速度 $\omega$ 绕它的轴旋转。求轴线上距圆片中心为 $x$ 处的磁感应强度。

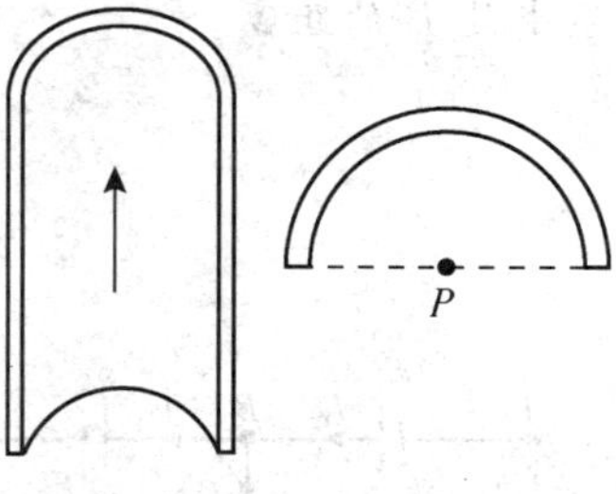

习题 6-15 图

17. 一无限长载流直圆管，内半径为 $a$，外半径为 $b$，电流强度为 $I$，电流沿轴线方向流动并且均匀分布在管的横截面上。求空间的磁感应强度分布。

18. 在均匀磁场 $B$ 中有一段弯曲导线 $ab$，通过电流 $I$(见图)。求此导线受的磁场力。

19. 一无限长直导线载有电流 $I_1=2.0$ A，旁边有一段与它垂直且共面的导线，长度为 l=10 cm，载有电流 $I_2=3.0$ A，靠近 $I_1$ 的一端到 $I_1$ 的距离 $d=40$ cm（见图）。求 $I_2$ 受到的作用力。

20. 一根无限长直导线载有电流 $I_1=30$ A，一矩形回路与它共面，且矩形的长边与直导线平行（见图），回路中载有电流 $I_2=20$ A，矩形的长 $l=20$ cm，宽 $b=8$ cm，矩形靠近直导线的一边距离导线为 $a=10$ cm。求 $I_1$ 作用在矩形回路上的合力。

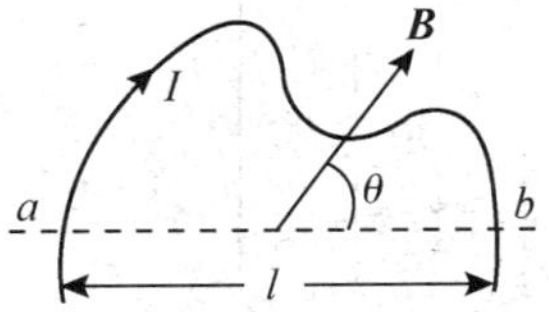


习题 6-18 图

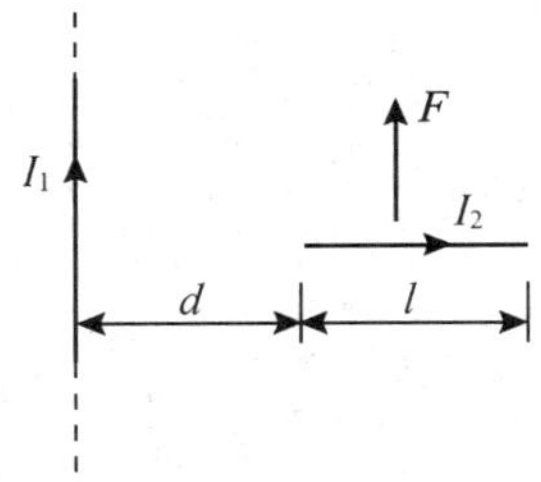


习题 6-19 图

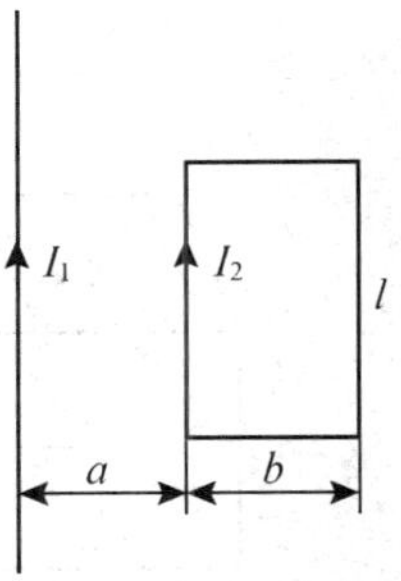


习题 6-20 图

21. 发电厂的汇流条是两根 3 m 长的平行铜棒，相距 50 cm，当向外输电时，每根棒中的电流都是以 $1.0\times10^4$ A 作为近似。把两棒当做无限长的细导线，试计算它们之间的相互作用力。

22. 一半径为 $R=0.10$ m 的半圆形闭合线圈，载有电流 $I=10$ A，放在 $B=0.5$ T 的均匀磁场中，磁场的方向与线圈平面平行（见图），求线圈所受磁力矩的大小和方向。

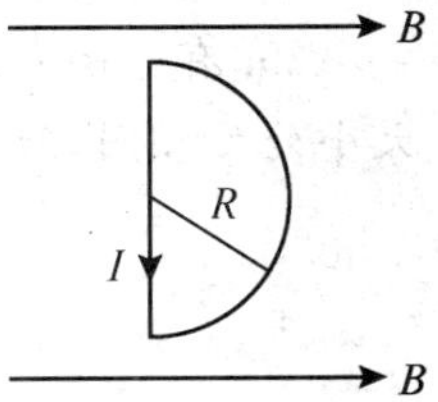


习题 6-22 图

23. 一电子在 $B=20\times10^{-4}$ T 的均匀磁场中作沿半径为 $R=2.0$ cm，螺矩 $h=5.0$ cm 的螺旋线运动。求电子的速度。

24. 设在一个电视显像管里，电子在水平面内从南到北运动，其动能为 $1.2\times10^4$ eV。若地磁场在显像管处竖直向下分量 $B_\perp=0.55\times10^{-4}$ T，电子在显像管内南北飞行距离 $L=20$ cm 时，其轨道向东偏转多少？

25. 有一个正电子的动能为 $2.0\times10^3$ eV，在 $B=0.1$ T 的均匀磁场中运动，它的速度 $\boldsymbol{v}$ 与 $\boldsymbol{B}$ 呈 $60°$ 角，所以它沿一条螺旋线运动。求螺旋线运动的周期 $T$、半径 $R$ 和螺距 $h$。

26. 一铜片厚度为 $d=1.00\ \text{mm}$，放在磁感应强度 $B=1.5\ \text{T}$ 的均匀磁场中，磁场方向与铜片表面垂直(见图)。已知铜片里载流子浓度 $8.4\times10^{22}\ \text{cm}^{-3}$，铜片中通有电流 $I=200\ \text{A}$。(1)求铜片两侧的电势差 $U_{AA'}$；(2)铜片宽度 $b$ 对 $U_{AA'}$ 有无影响？为什么？

27. 如图所示，磁导率为 $\mu_1$ 的无限长磁介质圆柱体，半径为 $R_1$，其中通以电流 $I$，且电流沿横截面均匀分布。在它的外面有半径为 $R_2$ 的无限长同轴圆柱面，圆柱面与柱体之间充满着磁导率为 $\mu_2$ 的磁介质，圆柱面外为真空。求磁感应强度分布。

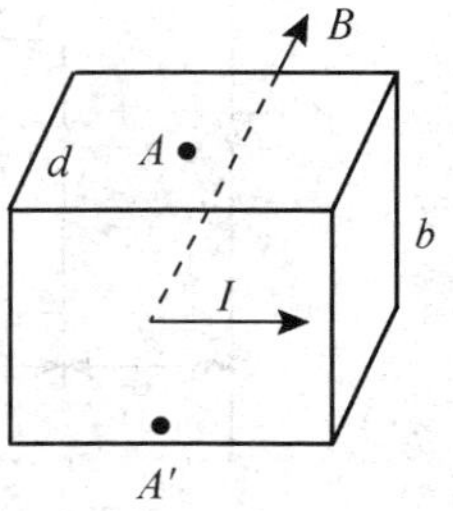

习题 6-26 图

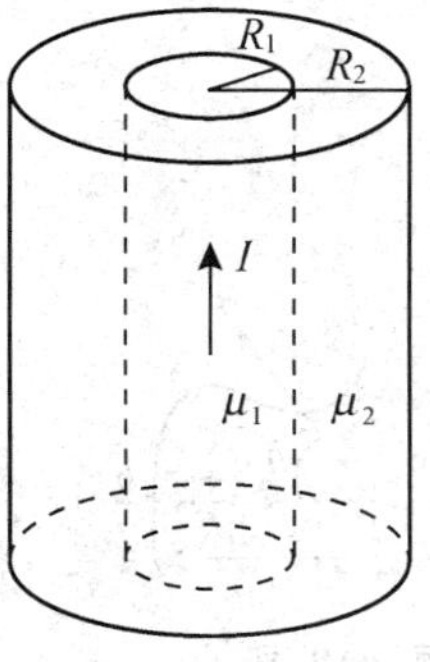

习题 6-27 图

28. 环形螺线管的中心线周长为 $l=20\ \text{cm}$，线圈总匝数 $N=300$，线圈中通以电流 $I=0.20\ \text{A}$。(1)若管内是真空，求管内的 $H,M,B$ 值；(2)若管内充满 $\mu_r=200$ 的磁介质，求管内的 $H,M,B$ 值。

29. 有一磁介质细圆环，在外磁场撤消后仍处于磁化状态，磁化强度矢量 $\boldsymbol{M}$ 的大小处处相同，$\boldsymbol{M}$ 的方向如图所示，求环内的磁场强度 $\boldsymbol{H}$ 和磁感应强度 $\boldsymbol{B}$。

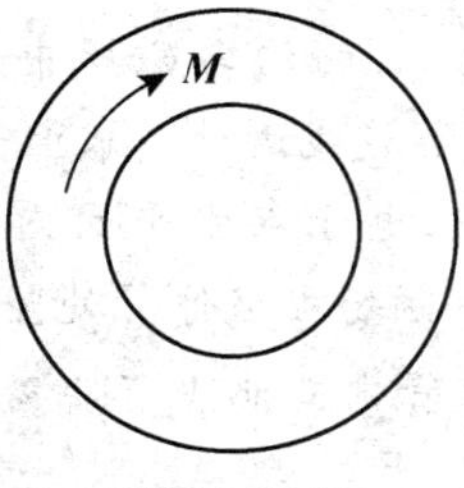

习题 6-29 图

# 第7章　电磁感应与麦克斯韦方程组

电磁感应现象的发现，是电磁学领域中最伟大的成就之一，它揭示了电与磁之间的内在联系和相互转化的本质；它的广泛应用对推动社会生产力和科学技术的发展发挥了重要的作用。麦克斯韦在总结前人工作的基础上，建立了经典电磁场理论，指出变化电场和变化磁场形成了统一的电磁场，预言电磁场能够以波动的形式在空间传播，称为电磁波；并且算出电磁波在真空中传播的速度等于光速，从而断定光在本质上就是一种电磁波。后来，赫兹用振荡电路产生了电磁波，证实了麦克斯韦的学说，为电学和光学奠定了统一的基础。麦克斯韦的经典电磁场理论是人类对电磁规律的历史性总结，是19世纪物理学发展的最辉煌成就，是物理学发展史上的一个重要里程碑。

本章在介绍电磁感应现象的基础上，阐述电磁感应的基本规律，通过引入麦克斯韦提出的"涡旋电场"和"位移电流"等概念，介绍电磁场理论的基本内容及其规律。

## 7.1　电磁感应定律

### 7.1.1　电磁感应现象

自从1820年奥斯特发现了电流的磁效应，人们自然地联想到：电流可以产生磁场，磁场是否也能产生电流呢？法拉第多次重复了奥斯特电流磁效应的实验，收集了各种电磁实验的资料，仔细分析思考，确信由电能产生磁，由磁也能产生电。他想，地球上有丰富的磁铁和磁石资源，如果能转化为电，那么人类就可以得到强大的、源源不断的电力供应了。为此法拉第坚持了长达十年的苦心实验研究，终于在1831年10月发现了电磁感应现象。

电磁感应的规律是建立在广泛的实验基础之上的，所以先介绍两个典型的电磁感应实验：

如图7-1所示，线圈和一个电流计连成回路，由于回路中没有电源，所以电流计的指针不会偏转。当用一条形磁铁插入线圈时，电流计的指针向一侧偏转，表明回路中有电流通过；如果磁铁插入后静止于线圈内，电流计指针示零，表明没有电流流过；当把磁铁从线圈中抽出时，电流计的指针向另一侧偏转，这说明回路中有与插入时相反的电流流过。把磁铁的两极对调，重复刚才的过程，观察到的现象基本相同，只不过电流计的指针偏转方向与原来相反了。如果将条形磁铁固定，而把线圈沿磁极方向来回推拉，也可观察到回路中有电流通过。上述实验表明，只有磁铁与线圈之间有相对运动时，才能使回路中产生电流，并且相对运动的速率越大，电流也越强。若将磁铁用载流螺线管代替，也可观察到同样的现象。

在图 7-2 所示的实验中，将两个线圈近距离放置，其中一个线圈与电流计连成回路，另一个线圈与电源和一个变阻器串联在一起形成另一个回路。保持两个线圈相互静止，打开或关闭电键 K 时，都发现了电流计指针偏转，但偏转方向相反。保持电键 K 闭合，改变变阻器的阻值时，同样观测到了电流计指针发生偏转的现象。这个实验表明，只有在接有电源的回路中电流改变时，才能在另一个线圈中产生电流。

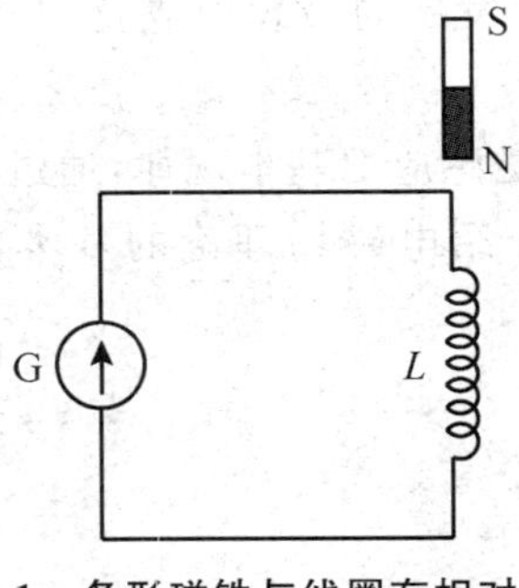


**图 7-1 条形磁铁与线圈有相对运动时的电磁感应现象**

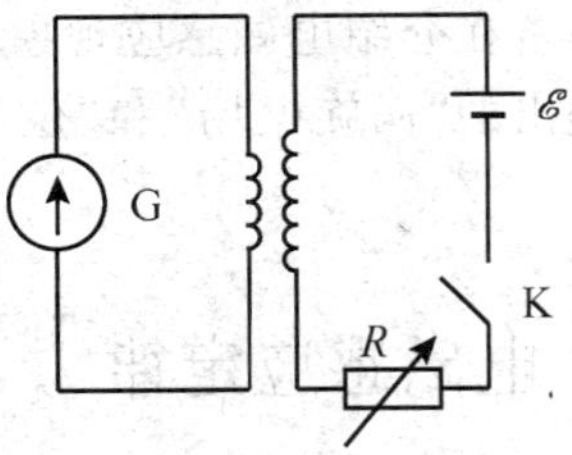


**图 7-2 线圈中电流变化时的电磁感应现象**

总结上述典型实验，可得如下结论：不管什么原因使穿过闭合导体回路所围面积内的磁通量发生变化（增加或减少），回路中都会产生电流，这种电流称为感应电流。在磁通量增加和减少的两种情况下，回路中感应电流的流向相反。感应电流的大小则取决于穿过回路中的磁通量变化的快慢，变化越快，感应电流越大；反之，就越小。

### 7.1.2 楞次定律

楞次定律是楞次于 1833 年总结了大量实验规律后得出的一个判断感应电流方向的法则。楞次定律可表述为：闭合导体回路中的感应电流，其流向总是企图使感应电流自己激发的穿过回路面积的磁通量，能够反抗或补偿引起感应电流的磁通量的变化。根据楞次定律，当引起感应电流的磁通量增加时，感应电流的磁场方向与引起感应电流的磁场方向相反，感应电流的磁通量阻碍了引起感应电流的磁通量的增加；当引起感应电流的磁通量减小时，感应电流磁场方向与引起感应电流的磁场方向相同，感应电流的磁通量阻碍了引起感应电流的磁通量的减小；当回路中的磁通量不变时，既不需要反抗也不需要补偿，故此时没有感应电流的磁场，也就没有感应电流。

### 7.1.3　法拉第电磁感应定律

从上述电磁感应现象中看到，当闭合导体回路所包围面积的磁通量变化时，此回路中就出现感应电流，这意味着该回路中必定存在电动势。这种直接由电磁感应现象所引起的电动势叫做感应电动势，记做 $\mathscr{E}_i$。在任何电磁感应现象中，只要穿过回路的磁通量发生变化，回路中就一定有感应电动势产生。若导体回路是闭合的，感应电动势就会在回路中产生感应电流；若导线回路不是闭合的，回路中仍然有感应电动势存在，但是不会形成电流。

法拉第电磁感应定律可表述为：当穿过闭合回路的磁通量发生变化时，在回路中都会产生感应电动势 $\mathscr{E}_i$，而且感应电动势的大小总是与磁通量的时间变化率 $\frac{d\Phi_m}{dt}$ 成正比，在 SI 制中此定律可表示为

$$\mathscr{E}_i = -\frac{d\Phi_m}{dt} \tag{7.1}$$

式中负号表示感应电动势的指向总是与引起它的磁通量的变化反向，是楞次定律的数学表示。

式(7.1)是针对单匝回路而言的，如果导体回路是由 $N$ 匝线圈绕制而成的，穿过每匝线圈的磁通量都相等，则 $N$ 匝线圈的感应电动势为

$$\mathscr{E}_i = -N\frac{d\Phi_m}{dt} \tag{7.2}$$

## 7.2　动生电动势和感生电动势

利用磁通量的定义，电磁感应定律可以表示为

$$\mathscr{E}_i = -\frac{d}{dt}\int \boldsymbol{B} \cdot d\boldsymbol{S} \tag{7.3}$$

感应电动势是由磁通量的时间变化率决定的，而影响磁通量随时间变化的因素有两个：一是磁感应强度在回路中的分布，另一个是回路所包围的闭区域。我们把磁场分布不变而单独由导体的运动或回路的大小、形状改变引起的感应电动势称为动生电动势；把导体或回路不动单独由磁场分布随时间变化引起的感应电动势称为感生电动势。

### 7.2.1 动生电动势

我们知道，电动势来源于非静电场或非静电力，那么产生动生电动势的非静电力的来源是什么呢？实际上，动生电动势是导体中自由电子受洛仑兹力作用的结果。如图 7-3 所示，导体棒向右以速度 $\boldsymbol{v}$ 运动，导体内的自由电子也随之向右运动，每个自由电子所受的洛仑兹力为

$$\boldsymbol{F}=(-e)\boldsymbol{v}\times\boldsymbol{B}$$

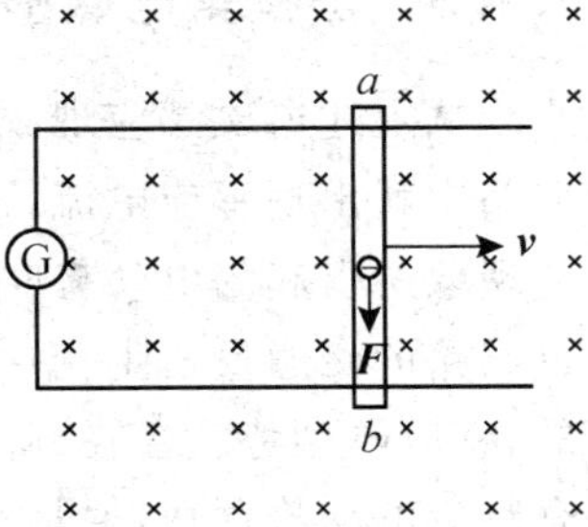

图 7-3 动生电动势

在洛仑兹力的作用下，自由电子沿导体棒向下运动，使得导体的上端带正电，下端带负电，导体棒的上、下两端形成了电动势的正负极。非静电场强度即为单位正电荷受到的洛仑滋力，为 $\boldsymbol{E}_{\mathrm{K}}=\boldsymbol{v}\times\boldsymbol{B}$，所以动生电动势为

$$\mathscr{E}_{\mathrm{i}}=\int_a^b(\boldsymbol{v}\times\boldsymbol{B})\cdot\mathrm{d}\boldsymbol{l}=-vBl$$

负号表示感生电动势的方向为由 $b$ 到 $a$。

有限长导线在非均匀磁场中运动时，其动生电动势为

$$\mathscr{E}_{\mathrm{i}}=\int(\boldsymbol{v}\times\boldsymbol{B})\cdot\mathrm{d}\boldsymbol{l}\tag{7.4}$$

**例 7.1** 半径为 $a$ 的半圆形线圈，置于磁感应强度为 $\boldsymbol{B}$ 的均匀磁场中。线圈绕垂直于磁场方向的直径 $OO'$ 以匀角速度 $\omega$ 转动，当线圈平面转至与 $\boldsymbol{B}$ 平行时，求线圈中的动生电动势。

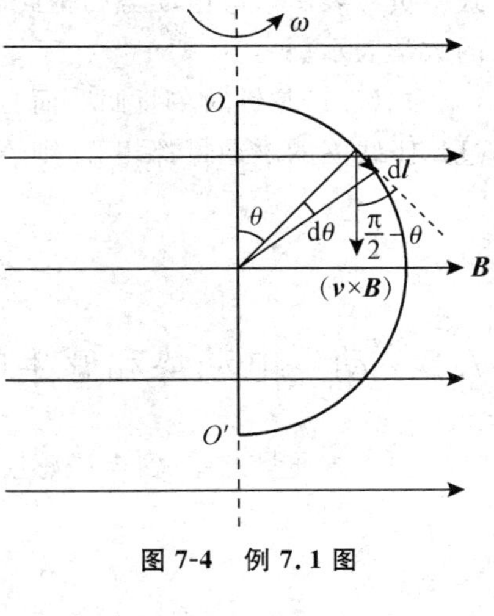

图 7-4 例 7.1 图

**解** 如图 7-4 所示，线圈上直径 $OO'$ 速度为零，故直径部分的动生电动势为零，总动生电动势由圆弧部分所产生。为了计算圆弧部分的

动生电动势，在圆弧上任取线元 $\mathrm{d}\boldsymbol{l}$（长为 $a\mathrm{d}\theta$），速度 $\boldsymbol{v}$ 的方向垂直于纸面向里，大小为 $v=\omega a\sin\theta$。$\boldsymbol{v}\times\boldsymbol{B}$ 的方向竖直向下，与 $\mathrm{d}\boldsymbol{l}$ 的夹角为 $\pi/2-\theta(\theta\in[0,\pi/2])$ 或 $\theta-\pi/2(\theta\in[\pi/2,\pi])$。线元 $\mathrm{d}\boldsymbol{l}$ 的动生电动势为

$$\mathrm{d}\mathscr{E}_{\mathrm{i}}=(\boldsymbol{v}\times\boldsymbol{B})\cdot\mathrm{d}\boldsymbol{l}=vB\mathrm{d}l\cos\left(\frac{\pi}{2}-\theta\right)=\omega a^2B\sin^2\theta\mathrm{d}\theta$$

沿圆弧对上式积分，可得线圈中的动生电动势

$$\mathscr{E}_{\mathrm{i}}=\int_0^{\pi}\omega a^2B\sin^2\theta\mathrm{d}\theta=\frac{1}{2}\pi\omega a^2B$$

结果为正，表示动生电动势沿积分绕行方向，即图中的顺时针方向。

### 7.2.2　感生电动势　感生电场

动生电动势对应的非静电力是洛仑兹力。对于感生电动势的情形，导体回路与磁场没有相对运动，其电动势单纯由变化的磁场产生，其非静电力不可能是洛仑兹力，也不可能是库仑力，因为库仑力不会与磁场的变化有关。麦克斯韦分析和研究了这类电磁感应现象后提出：不论有无导体或导体回路，变化的磁场都将在其周围空间产生具有闭合电场线的电场，并称此为感生电场或有旋电场，用 $\boldsymbol{E}_{\mathrm{i}}$ 表示。感生电场与静电场相同之处在于它们都对带电体施加作用力，产生感生电动势的的非静电力就是感生电场对自由电荷的作用力，称为感生电场力。除了产生的机理不同外，感生电场与静电场的性质截然不同，感生电场是一个无源场，对于空间任意闭合曲面，满足

$$\oint\boldsymbol{E}_{\mathrm{i}}\cdot\mathrm{d}\boldsymbol{S}=0$$

同时，感生电场又是一个有旋的场，对于空间任一闭合曲线，有

$$\oint\boldsymbol{E}_{\mathrm{i}}\cdot\mathrm{d}\boldsymbol{l}=-\frac{\mathrm{d}\Phi_{\mathrm{m}}}{\mathrm{d}t}\tag{7.5}$$

如果该曲线由导体构成，则上式就是导体回路的感生电动势。处于感生电场中一段导体 $ab$ 两端的感生电动势可以表示为

$$\mathscr{E}_{\mathrm{i}}=\int_a^b\boldsymbol{E}_{\mathrm{i}}\cdot\mathrm{d}\boldsymbol{l}\tag{7.6}$$

在导体回路不动的条件下，法拉第电磁感应定律可以表示为

$$\mathscr{E}_{\mathrm{i}}=\oint\boldsymbol{E}_{\mathrm{i}}\cdot\mathrm{d}\boldsymbol{l}=-\frac{\mathrm{d}}{\mathrm{d}t}\int\boldsymbol{B}\cdot\mathrm{d}\boldsymbol{S}=-\int\frac{\partial\boldsymbol{B}}{\partial t}\cdot\mathrm{d}\boldsymbol{S}\tag{7.7}$$

式中的面积分与环量积分之间通过右手螺旋关系联系，即积分的绕行方向与积分面元的正法向之间满足右手螺旋法则。式(7.7)是电磁感应定律的普遍积分形式，它是电磁场的基本方程之一。

当块状金属在非均匀磁场中移动或其所处的磁场随时间变化时，在感生电场的作用下，金属中的自由电子作往复的涡旋运动，其路径有如水中的漩涡，因此称为涡电流或简称涡流，也叫做傅科电流。因涡流导致的能量损耗称为涡流损耗，如变压器的铁芯，其中有随时间变化的磁通量，从而产生涡流。这些涡流使铁芯发热，消耗电能，因此铁芯一般采用叠片式（例如硅钢片，在其表面涂有薄层绝缘漆或绝缘的氧化物），以降低涡流损耗。在感应或热处理装置中，利用涡流可对金属工件进行加热。若在金属圆柱体上绕一线圈，当线圈中通入交变电流时，金属圆柱体便处在交变磁场中。设想金属圆柱体由一系列不同半径的圆柱形薄壳所构成，每层金属薄壳就是一个闭合回路，在交变磁场中有感应电流通过，这些感应电流在金属圆柱体内汇集出强大的涡流，释放出大量的焦耳热使金属自身熔化。这就是高频感应炉冶炼金属的原理。

如果涡流是由于导体在非均匀磁场中运动而产生，根据楞次定律，感应电流的效果总是反抗引起感应电流的原因。此时涡流除热效应外，还产生具有阻尼作用的机械效应来阻碍导体和磁场之间的相对运动，这种作用称为电磁阻尼。磁电式仪表中，就是利用电磁阻尼原理，使仪表中的线圈和固定在它上面的指针能迅速而平稳地停止运动。

电子感应加速器是利用感生电场对电子进行加速的设备。利用它可将电子加速到几十万到数百万电子伏，用加速后的高能电子束轰击各种靶，可得到穿透力很强的X射线，科学上可用于高能物理的研究，技术上可用于工业探伤和医学诊断等。

## 7.3 自感和互感

### 7.3.1 自感

任意通有电流的回路在周围空间产生的磁场，必有一部分磁感应线穿过回路本身，见图7-5。如果导体回路中电流变化，穿过回路自身的磁通量也会变化。我们把这种由于回路中的电流改变产生的磁通量变化而在自己回路中激起感生电动势的现象，称为自感现象，相应的电动势称为自感电动势。

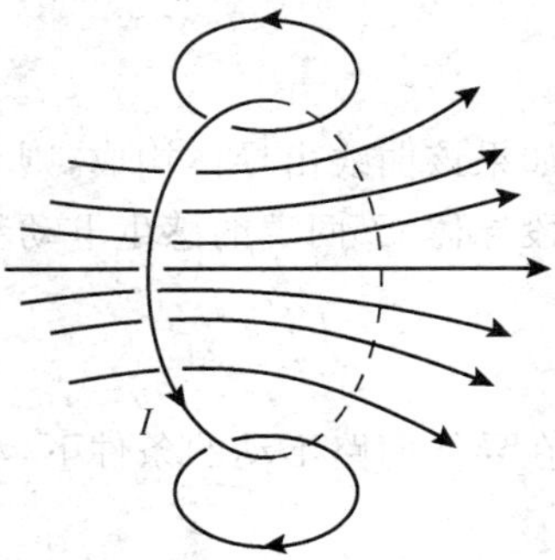

图 7-5 自感现象

设一回路通有电流 $I$，此电流产生的磁场的磁

感应强度与电流 $I$ 成正比，所以穿过该回路的总磁通量 $\Psi_m$ 也应正比于回路中的电流 $I$，即

$$\Psi_m = LI \tag{7.8}$$

式中比例系数 $L$ 称为该回路的自感系数，简称电感或自感。在 SI 制中自感系数的单位是亨利(H)。

在回路周围不存在铁磁质的情况下，自感系数是一个由回路的匝数、几何形状、大小以及周围介质的磁导率决定的物理量，与电流 $I$ 无关。如果决定 $L$ 的上述因素都保持不变时，$L$ 就是一个常量。根据电磁感应定律，自感电动势为

$$\mathscr{E}_L = -\frac{\mathrm{d}(LI)}{\mathrm{d}t} = -L\frac{\mathrm{d}I}{\mathrm{d}t} \tag{7.9}$$

式中负号表明自感电动势产生的感应电流的方向总是反抗回路中电流 $I$ 的变化。根据式(7.9)，在电流变化率相同的情况下，自感系数越大，产生的自感电动势越大，电流越不容易变化，也就是说，自感作用越强的回路，保持其电流不变的性质越强。

自感现象在各种电路设备和无线电技术中有广泛的应用。日光灯的镇流器就是利用线圈自感现象的一个例子，镇流器是一个带铁心的自感系数很大的线圈，它的作用是在点亮日光灯时产生一个瞬时高压，而在正常工作中它与日光灯灯管串联起着降压限流作用，保证日光灯的正常工作。此外，在电工设备中，常利用自感作用制成自耦变压器或扼流圈；在电子技术中，利用自感器和电容器可以组成谐振电路或滤波电路等。

自感现象也有不利的一面：在自感系数很大而电流又很强的电路中，在切断电路的瞬间，由于电流强度在很短的时间内发生很大的变化，会产生很高的自感电动势，使开关的闸刀和固定夹片之间的空气电离，形成电弧，这会烧坏开关，甚至危及工作人员的安全。因此，切断这类电路时必须采用特制的安全开关，常见的安全开关是将开关放在绝缘性能良好的油中，防止电弧的产生。

**例 7.2**　有一空心密绕长直螺线管长为 $l$，半径为 $R$，匝数为 $N$，求其自感系数。

**解**　设螺线管中通有电流 $I$，对于长直螺线管，管内磁场可近似看作是均匀的，磁感应强度的大小为

$$B = \mu_0 nI = \mu_0 NI/l$$

总磁通量为

$$\Psi_m = NBS = \frac{\mu_0 N^2 I}{l}\pi R^2$$

代入式(7.8)中,得

$$L=\frac{\Psi_m}{I}=\frac{\mu_0 N^2 \pi R^2}{l}=\mu_0 n^2 \pi R^2 l=\mu_0 n^2 V$$

式中 $V=\pi R^2 l$,是螺线管的体积。

### 7.3.2 互感

由于一个导体回路中的电流发生变化,在邻近导体回路内产生感应电动势的现象,称为互感现象,相应的感应电动势称为互感电动势。图 7-6 为两相邻回路 1 和 2,设回路 1 中的电流为 $I_1$,它产生的磁场穿过回路 2 的总磁通量为 $\Psi_{21}$。当两个回路的结构、相对位置及周围介质的磁导率不变时,根据毕奥-萨伐尔定律,$\Psi_{21}$ 与 $I_1$ 成正比,即

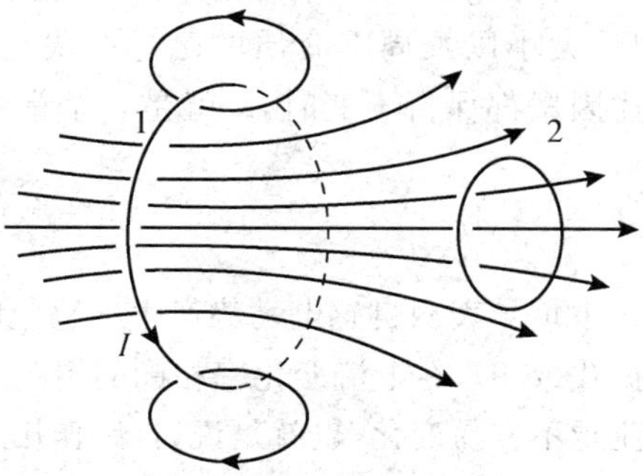


图 7-6 互感现象

$$\Psi_{21}=M_{21}I_1 \tag{7.10}$$

同理,若回路 2 中通以电流 $I_2$,它在回路 1 中的总磁通量与 $I_2$ 成正比,为

$$\Psi_{12}=M_{12}I_2 \tag{7.11}$$

系数 $M_{21}$ 称为回路 1 对回路 2 的互感系数,$M_{12}$ 称为回路 2 对回路 1 的互感系数。可以证明 $M_{21}$ 与 $M_{12}$ 相等,因此省去下标,记

$$M_{12}=M_{21}=M \tag{7.12}$$

互感系数可以简称为互感,它由回路的几何形状、尺寸、匝数、周围介质的磁导率以及回路的相对位置决定,与回路中的电流无关。互感系数在 SI 制中的单位为 H。

当 $M$ 不变时,应用电磁感应定律,可以得出由于电流 $I_1$ 的变化在回路 2 中产生的互感电动势

$$\mathscr{E}_{21}=-\frac{\mathrm{d}\Psi_{21}}{\mathrm{d}t}=-M\frac{\mathrm{d}I_1}{\mathrm{d}t} \tag{7.13}$$

同样也可以得出由于电流 $I_2$ 的变化在回路 1 中产生的互感电动势

$$\mathscr{E}_{12}=-\frac{\mathrm{d}\Psi_{12}}{\mathrm{d}t}=-M\frac{\mathrm{d}I_2}{\mathrm{d}t} \tag{7.14}$$

互感现象也被广泛地应用于无线电技术、电磁测量技术及传感器中。通过互感线圈能够使能量或信号由一个线圈方便地传递到另一个线圈，电工、无线电技术中使用的各种变压器都是互感器件，常见的有电力变压器、中周变压器、输入输出变压器、电压互感器和电流互感器。互感也有害处。例如，有线电话往往由于两路电话线之间的互感造成串音；收录机、电视机及电子设备中也会由于导线或部件间的互感而妨害正常工作。这些互感的干扰都要设法尽量避免。

## 7.4　磁场能量

我们知道，电场能量储存在电场之中，与此类似，磁场能量储存在磁场之中。考察自感系数为 $L$ 的线圈建立磁场的过程：在给线圈通电时，由于自感电动势的作用，电流不能立刻稳定在某一数值上，而是有一个自零增大到恒定值的短暂过程。与此同时，随着电流增大，电流激发的磁场也由零逐渐增强。在此过程中，电源做的功一部分转化为电路中的焦耳热，另一部分用于反抗电流建立过程中出现的自感电动势，转化为磁场的能量。

设 $i$ 表示电路中的瞬态电流，在 $\mathrm{d}t$ 时间内，电源反抗自感电动势做的功为

$$\mathrm{d}A=-\mathscr{E}i\mathrm{d}t=-\left(-L\frac{\mathrm{d}i}{\mathrm{d}t}\right)i\,\mathrm{d}t=Li\mathrm{d}i$$

当线线圈中的电流从零增大到恒定值 $I$ 时，电源反抗自感电动势所做的功为

$$A=\int_0^I Li\,\mathrm{d}i=\frac{1}{2}LI^2$$

于是自感线圈储存的磁场能量为

$$W_{\mathrm{m}}=\frac{1}{2}LI^2 \tag{7.15}$$

从式(7.15)可以看出，在电流相同的情况下，自感系数 $L$ 越大的线圈，回路储存的磁场能量越大。但是此式表示的磁场能量并没有体现出与磁场的直接关联，下面以充满磁导率为 $\mu$ 的磁介质的长直螺线管为例来推导磁场能量公式。对于均匀密绕的长直螺线管，通有电流 $I$ 时，它内部的磁感强度为 $B=\mu nI$，螺线管的自感系数为 $L=\mu n^2V$。于是，式(7-15) 可改写为

$$W_{\mathrm{m}}=\frac{1}{2}LI^2=\frac{1}{2}\mu n^2V\left(\frac{B}{\mu n}\right)^2=\frac{1}{2}BHV$$

由于无限长直螺线管内的磁场是均匀的，因此，单位体积储存的磁场能量是一个常量。上式除以体积，即得磁能密度

$$w_{\mathrm{m}} = \frac{1}{2}BH$$

虽然上式是从一个特例导出的，但可以证明它是一个普遍适用的公式。更一般地，上式应写为

$$w_{\mathrm{m}} = \frac{1}{2}\boldsymbol{B}\cdot\boldsymbol{H} \tag{7.16}$$

若要计算空间某区域的磁能，可在该区域对式(7.16)作体积分，即

$$W_{\mathrm{m}} = \int\frac{1}{2}\boldsymbol{B}\cdot\boldsymbol{H}\mathrm{d}V \tag{7.17}$$

对于线圈，由式(7.17)及式(7.15)可以计算出它的自感系数。

**例 7.3** 如图 7-7 所示，同轴传输电缆由半径为 $R_1$ 的圆柱形导体和半径为 $R_2$ 的共轴圆筒组成，其间充满磁导率为 $\mu$ 的均匀介质。电流由圆柱体的一端流入，由外筒流回。试计算当传输电缆通有恒定电流 $I$ 时，长为 $l$ 的一段传输线的磁场中所储存的能量，并由此计算自感系数。

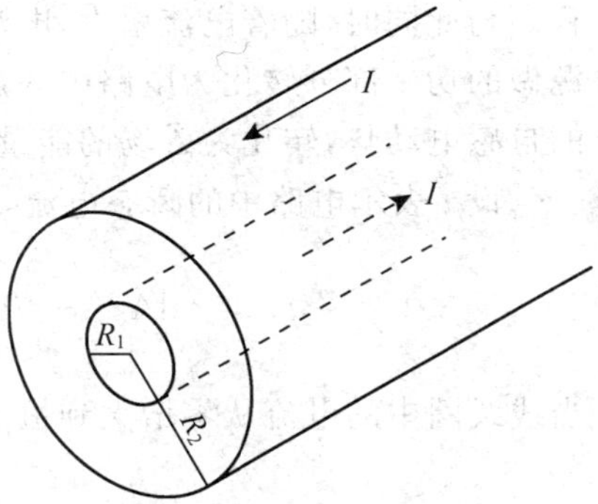

图 7-7 同轴传输电缆

**解** 由安培环路定理可计算出空间磁场强度分布为

$$H=\begin{cases}\dfrac{Ir}{2\pi R_1^2}, & 0<r<R_1\\ \dfrac{I}{2\pi r}, & R_1<r<R_2\\ 0, & r>R_2\end{cases}\qquad B=\begin{cases}\dfrac{\mu_0 Ir}{2\pi R_1^2}, & 0<r<R_1\\ \dfrac{\mu I}{2\pi r}, & R_1<r<R_2\\ 0, & r>R_2\end{cases}$$

取半径为 $r$、厚度为 $\mathrm{d}r$、长为 $l$ 的圆柱薄壳为体元，其体积为 $\mathrm{d}V=2\pi rl\mathrm{d}r$。由式(7.17)得

$$W_{\mathrm{m}} = \frac{1}{2}\int BH\,\mathrm{d}V = \int_0^{R_1}\frac{\mu_0 I^2 r^2}{8\pi^2 R_1^4}2\pi rl\,\mathrm{d}r + \int_{R_1}^{R_2}\frac{\mu I^2}{8\pi^2 r^2}2\pi rl\,\mathrm{d}r = \frac{\mu_0 I^2 l}{16\pi} + \frac{\mu I^2 l}{4\pi}\ln\left(\frac{R_2}{R_1}\right)$$

由式(7.15),长为 $l$ 的电缆的自感系数为

$$L=\frac{2W_m}{I^2}=\frac{\mu_0 l}{8\pi}+\frac{\mu_0 l}{2\pi}\ln\left(\frac{R_2}{R_1}\right)$$

这个结果也可以根据自感系数的定义式得到,请读者按式(7.8)计算自感系数,并与上式比较。

## 7.5　麦克斯韦方程组

电流的磁效应,揭示了电流(或运动电荷)与磁场之间的相互关系。法拉第电磁感应定律揭示了变化的磁通量与感应电动势之间的关系,但是电场与磁场之间的联系仍不清楚。麦克斯韦提出了感生电场的概念,建立了磁场与电场之间的一种联系,即随时间变化的磁场产生电场。另一种联系,即随时间变化的电场能否产生磁场呢?麦克斯韦研究了安培环路定理用于非恒定电流的矛盾之后,又提出了位移电流的假说。

### 7.5.1　位移电流

我们知道,恒定电流是连续的,在恒定电流的磁场中,安培环路定理可以写成

$$\oint_L \boldsymbol{H}\cdot \mathrm{d}l=\int_S \boldsymbol{j}\cdot \mathrm{d}\boldsymbol{S}=I \qquad (7.18)$$

式中 $I$ 是穿过以 $L$ 回路为边界的任意曲面 $S$ 的传导电流。

研究图 7-8 所示的电容器充、放电过程。在电容器的一个极板附近,任取一包围载流导线的闭合曲线 $L$,以 $L$ 为边界作 $S_1$ 和 $S_2$ 两个曲面,曲面 $S_1$ 和导线相交,曲面 $S_2$ 绕过电容器左极板。当把安培环路定理应用于这两个曲面时,对于曲面 $S_1$ 有

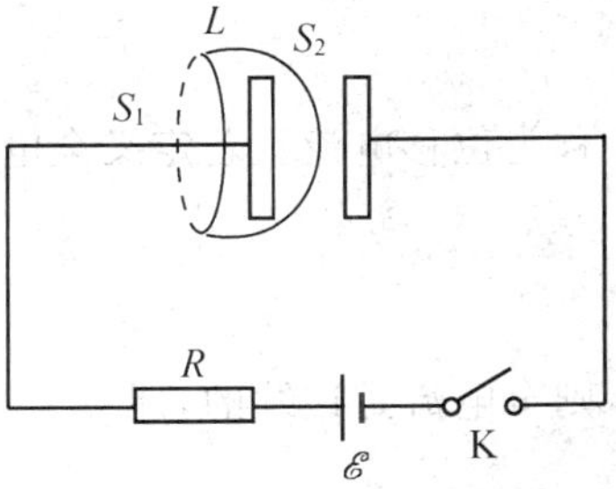


**图 7-8　电容器充、放电电路图**

$$\oint_L \boldsymbol{H}\cdot \mathrm{d}\boldsymbol{l}=\int_{S_1} \boldsymbol{j}\cdot \mathrm{d}\boldsymbol{S}=\boldsymbol{I}$$

而对于曲面 $S_2$ 有

$$\oint_L \boldsymbol{H}\cdot \mathrm{d}\boldsymbol{l}=\int_{S_2} \boldsymbol{j}\cdot \mathrm{d}\boldsymbol{S}=0$$

可见恒定磁场的安培环路定理已不适用于非恒定电流的电路，需要进行修正。

通过对电容器充、放电过程的分析可以发现，虽然传导电流在电容器两个极板之间中断了，但两个极板之间却出现了变化的电场。在电容器充放电过程中，$q$，$\boldsymbol{E}$ 和 $\boldsymbol{D}$ 都随时间变化。麦克斯韦假设静电场和恒定磁场的高斯定理在非恒定条件下依然成立，选取由 $S_1$，$S_2$ 组成的闭合曲面，有

$$\oint \boldsymbol{D} \cdot \mathrm{d}\boldsymbol{S} = q$$

上式对时间求导，并利用电流的连续性方程(6.4)，得

$$\oint \frac{\partial \boldsymbol{D}}{\partial t} \cdot \mathrm{d}\boldsymbol{S} = \frac{\mathrm{d}q}{\mathrm{d}t} = -\oint \boldsymbol{j} \cdot \mathrm{d}\boldsymbol{S}$$

或

$$\oint \left( \frac{\partial \boldsymbol{D}}{\partial t} + \boldsymbol{j} \right) \cdot \mathrm{d}\boldsymbol{S} = 0$$

可见$\frac{\partial \boldsymbol{D}}{\partial t} + \boldsymbol{j}$ 是连续的。

为了在非恒定电流产生的磁场中使安培环路定理也能成立，麦克斯韦把

$$\boldsymbol{j}_{\mathrm{d}} = \frac{\partial \boldsymbol{D}}{\partial t} \tag{7.19}$$

定义为位移电流密度，把

$$I_{\mathrm{d}} = \int \boldsymbol{j}_{\mathrm{d}} \cdot \mathrm{d}\boldsymbol{S} \tag{7.20}$$

称为位移电流。若定义全电流密度为

$$\boldsymbol{j}_{全} = \frac{\partial \boldsymbol{D}}{\partial t} + \boldsymbol{j}$$

则全电流是连续的，即

$$\oint \boldsymbol{j}_{全} \cdot \mathrm{d}\boldsymbol{S} = 0$$

或

$$I_{全} = \int_{S_1} \left( \frac{\partial \boldsymbol{D}}{\partial t} + \boldsymbol{j} \right) \cdot \mathrm{d}\boldsymbol{S} = \int_{S_2} \left( \frac{\partial \boldsymbol{D}}{\partial t} + \boldsymbol{j} \right) \cdot \mathrm{d}\boldsymbol{S}$$

引入位移电流概念以后，在电流非恒定情况下安培环路定理应推广为

$$\oint \boldsymbol{H} \cdot \mathrm{d}\boldsymbol{l} = \int \left( \boldsymbol{j} + \frac{\partial \boldsymbol{D}}{\partial t} \right) \cdot \mathrm{d}\boldsymbol{S} \tag{7.21}$$

式(7.21)表明，$\frac{\partial \boldsymbol{D}}{\partial t}$与 $\boldsymbol{j}$ 按相同的规律激发磁场，传导电流依赖电荷的移动，而位移电流却可以存在于真空和介质中。真空中的位移电流密度为 $\varepsilon_0 \frac{\partial \boldsymbol{E}}{\partial t}$，所以真空中的安培环路定理可以简化为

$$\oint \boldsymbol{H} \cdot \mathrm{d}\boldsymbol{l} = \varepsilon_0 \int \frac{\partial \boldsymbol{E}}{\partial t} \cdot \mathrm{d}\boldsymbol{S}$$

### 7.5.2　麦克斯韦方程组

麦克斯韦将描述电磁现象的普遍规律概括为 4 个方程，通常称之为麦克斯韦方程组。下列方程组是它的积分形式：

$$\left\{ \begin{aligned} & \oint \boldsymbol{D} \cdot \mathrm{d}\boldsymbol{S} = q & (7.22\mathrm{a}) \\ & \oint \boldsymbol{E} \cdot \mathrm{d}\boldsymbol{l} = -\int \frac{\partial \boldsymbol{B}}{\partial t} \cdot \mathrm{d}\boldsymbol{S} & (7.22\mathrm{b}) \\ & \oint \boldsymbol{B} \cdot \mathrm{d}\boldsymbol{S} = 0 & (7.22\mathrm{c}) \\ & \oint \boldsymbol{H} \cdot \mathrm{d}\boldsymbol{l} = \int \left( \boldsymbol{j} + \frac{\partial \boldsymbol{D}}{\partial t} \right) \cdot \mathrm{d}\boldsymbol{S} & (7.22\mathrm{d}) \end{aligned} \right.$$

式中描述电场的量 $\boldsymbol{E}$ 和 $\boldsymbol{D}$ 既包括电荷激发的部分，又包括变化的磁场产生的部分；描述磁场的量 $\boldsymbol{B}$ 和 $\boldsymbol{H}$ 既包括传导电流产生的部分，又包括位移电流（实质上是随时间变化的电场）产生的部分。

对于静电场，式(7.22a)的实验基础是库仑定律，它表明静电场是有源场。在这里，把它推广到一般情况，假定对于随时间变化的电场此式依然成立，这意味着感生电场是一个无源场，只有电荷激发的场对式(7.22a)有贡献。式(7.22b)是对法拉第电磁感应定律的推广，即认为对于随时间变化的场仍然适用。这意味着电荷激发的电场的场强，不管电荷运动与否，对任意闭合路径的线积分都是零。式(7.22c)将恒定磁场的无源性推广到随时间变化的磁场。式(7.22d)已在前面作了讨论。

麦克斯韦方程组中，式(7.22a)和式(7.22c)分别是对电场和磁场性质的描述，

式(7.22b)和式(7.22d)则深刻揭示了电场与磁场之间紧密的联系。

麦克斯韦关于位移电流的概念是作为理论假设提出来的,麦克斯韦方程组中含有从特殊情况向一般情况的假设性推广,它的正确性已经由它所导出的许多结论与实验结果的吻合得到证实。值得一提的是,从麦克斯韦方程组可以导出描述电磁场的波动方程,说明有电磁波的存在。这样一来,能否证实电磁波的真实存在就成了检验麦克斯韦理论的关键。

有介质存在时,电场强度和磁感应强度都与介质的特性有关,因此,麦克斯韦方程组是不完备的,还需要补充描述电磁量与介质关系的方程,对于各向同性介质,它们是

$$\left.\begin{aligned} \boldsymbol{D} &= \varepsilon \boldsymbol{E} \\ \boldsymbol{B} &= \mu \boldsymbol{H} \\ \boldsymbol{j} &= \sigma \boldsymbol{E} \end{aligned}\right\} \tag{7.23}$$

一旦给定了电荷与电流分布,结合初始条件和边界条件,原则上可以解决各种宏观电磁场问题。理论上可证明,麦克斯韦方程组的解具有唯一性。另外,麦克斯韦方程组满足狭义相对论的相对性原理,即在洛仑兹变换下方程的形式保持不变。

## 7.6 电磁波

### 7.6.1 电磁波的辐射

根据麦克斯韦方程组,只要存在随时间变化的电场就能激发有旋磁场,只要存在随时间变化的磁场就能激发有旋电场。一旦激发出来的有旋电场和有旋磁场也是随时间变化的,它们又能进一步激发相应的磁场和电场,以此类推。变化的电磁场相互激发的结果,是闭合的电场线与磁场线就像链条一样嵌套下去,在空间传播开,形成电磁波。要产生电磁波,首先要有电磁振源。我们知道,一切电场和磁场都来源于电荷及其运动。如果电荷作变速运动,那么,其周围的电场和磁场都将随时间变化,从而引起变化的电磁场在空间的相互激发,这个过程就是电磁波辐射。

下面我们以振荡的电偶极子为例定性介绍电磁波的辐射。最简单的振荡偶极子是电偶极矩按余弦方式变化的偶极子,它的电偶极矩为

$$p = p_0 \cos \omega t$$

式中 $p_0$ 为振幅，$\omega$ 为角频率。组成偶极子的正负电荷相对于它们的公共中心作简谐振动，这种振荡偶极子所激发的电场和磁场都是迅速变化的。在偶极振子中心附近的近场区，即在离振子中心的距离 $r$ 远小于电磁波波长 $\lambda$ 的范围内，可以忽略传播时间，瞬态电场分布接近于一个静态偶极子的电场。按上面的公式，$t=0$ 时偶极振子的正负电荷都在其各自最大位移处，在随后的简谐振动过程中，起始于正电荷终止于负电荷的电场线的形状也随时间而变化。图 7-9 定性地画出了在偶极振子附近一条电场线从开始到形成闭合曲线、然后脱离电荷并向外扩张的过程。伴随着电场的变化感生出了磁场，磁场线是以偶极振子为轴的疏密相间的同心圆。电场线与磁场线互相嵌套并以一定的速度由近及远地向外传播。在离偶极振子足够远的远场区域，即在 $r\gg\lambda$ 的远场区波阵面逐渐趋于球面，电磁场的分布如图 7-10所示。

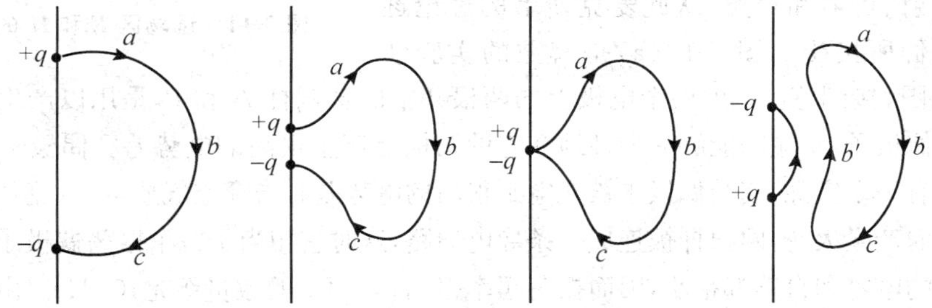


图 7-9　振荡电偶极子附近的电场线

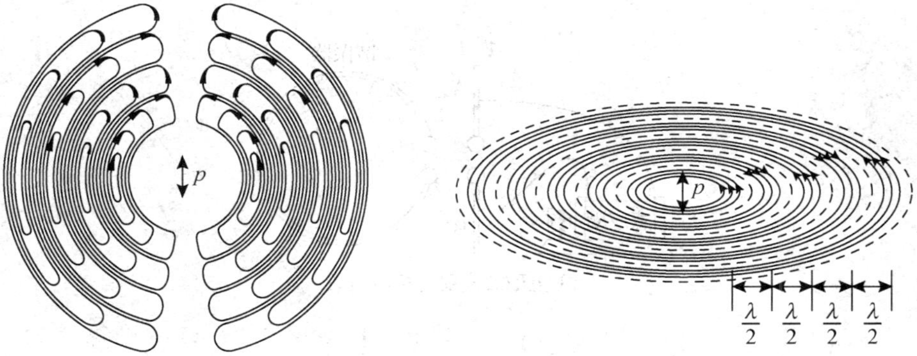


（a）电场线　（b）磁场线

图 7-10　振荡电偶极子远场区的电场线和磁场线

在以偶极振子的中心为原点以偶极振子的轴线为极轴的球坐标中(图 7-11),电场强度 $\boldsymbol{E}$ 和磁场强度 $\boldsymbol{H}$ 的方向在半径为 $r$ 的球面内,与径矢 $\boldsymbol{r}$ 垂直。其中 $\boldsymbol{E}$ 沿 $\boldsymbol{e}_\theta$ 方向,磁场强度 $\boldsymbol{H}$ 沿 $\boldsymbol{e}_\phi$ 方向,磁场线是绕极轴的同心圆,$\boldsymbol{E}$ 与 $\boldsymbol{H}$ 同相位且相互垂直,$\boldsymbol{E}\times\boldsymbol{H}$ 指向电磁波的传播方向,即 $\boldsymbol{e}_r$ 方向。

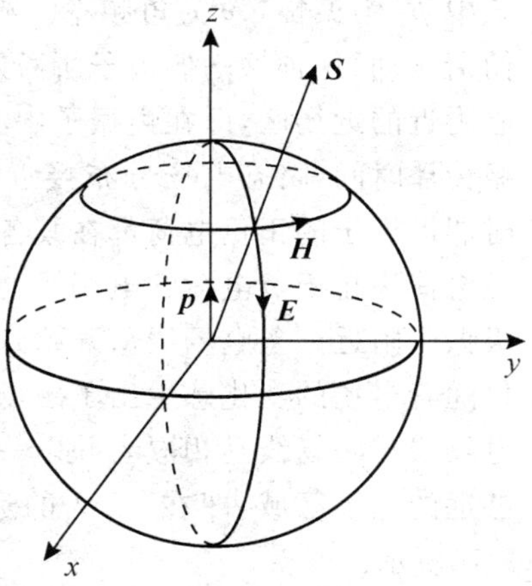

**图 7-11 远场区 E 和 H 的方向**

1888 年,赫兹根据电容器放电的振荡性质,设计制作了电磁波发射源和电磁波检测器,通过实验检测到电磁波,测定了电磁波的波速,并观察到电磁波与光波一样,具有偏振性质,能够被反射、折射和聚焦,从此麦克斯韦的理论逐渐为人们所接受。图 7-12(a)是赫兹的实验装置示意图,接到感应圈的两个电极上的两根共轴的黄铜杆 A 和 B,是用以产生电磁波的振荡偶极子,感应圈能够周期性地在它的两极上产生很高的电势差。偶极子 A 和 B 中间留有一个空隙,使当偶极子被充电到很高的电势差时击穿空气放电,电流往复地通过空隙而产生火花,两根杆被连成一条导电通路,这时它相当于一个振荡偶极子。由于偶极子的电容和自感都很小,因而振荡频率很高,其频率的数量级是$10^8$ Hz。由于电路中存在电阻,所以振荡是减幅振荡。感应圈周期性地使 A,B 充电,产生周期性的减幅振荡,如图 7-12(b)所示。

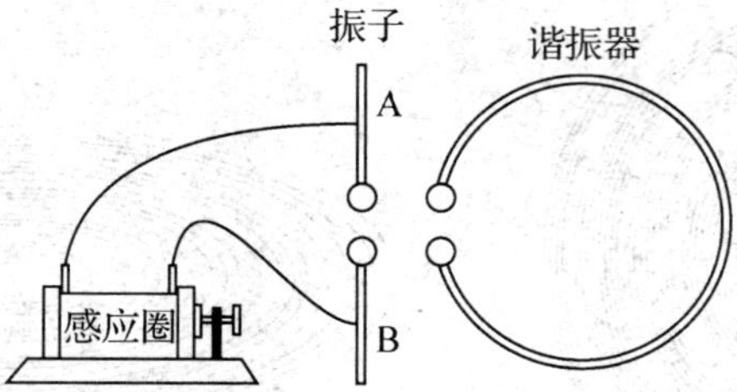

(a) 电磁波发射与接收装置

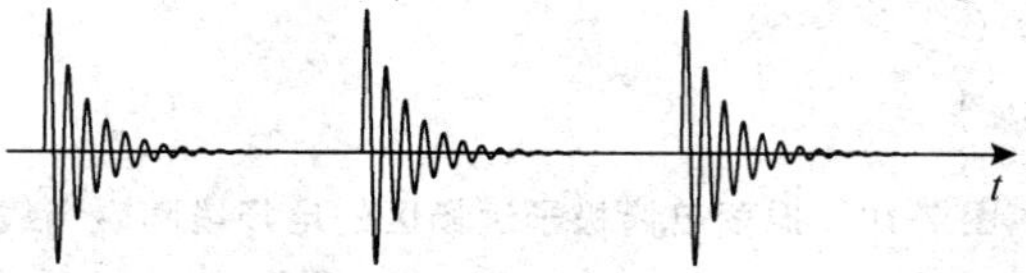

(b) 电磁振荡示意图

**图 7-12 赫兹的电磁波实验装置**

为了探测由振荡偶极子发射出来的电磁波，赫兹用一个不接感应圈的偶极振子，称为谐振器，并将它置于振荡偶极子的附近。谐振器外面装有套子用来调节长度，以此改变谐振器的固有频率。当偶极子振荡并发射电磁波时，由于电磁感应，谐振器产生电磁受迫振荡，在空隙中也就有火花发生。当谐振器的固有频率等于振荡偶极子的振荡频率时，形成共振，火花更强。

麦克斯韦电磁理论通过赫兹电磁波实验的证实，开辟了一个全新的领域——电磁波的应用和研究。1896 年洛仑兹提出的电子论，将麦克斯韦方程组应用到微观领域，并把物质的电磁性质归结为原子中电子的效应，这样不仅可以解释物质的极化、磁化、导电等现象以及物质对光的吸收、散射和色散现象；而且还成功地说明了关于光谱在磁场中分裂的正常塞曼效应；此外，洛仑兹还根据电子论导出了关于运动介质中的光速公式，把麦克斯韦理论向前推进了一步。

### 7.6.2　自由电磁波的传播

在弄清楚电磁波辐射的基础上，我们研究电磁波的传播特性。虽然麦克斯韦方程组只有 4 个方程，但由于介质的多样性，以及边界条件和初始条件的复杂性，实际存在的电磁波的形态是千变万化的。在这里，我们只讨论自由电磁波的一些基本性质。所谓自由电磁波，是没有电荷和电流存在情况下的电磁波，在此条件下，麦克斯韦方程组可以简化为

$$\begin{cases}\oint \boldsymbol{D}\cdot \mathrm{d}\boldsymbol{S}=0 & (7.24\mathrm{a})\\ \oint \boldsymbol{E}\cdot \mathrm{d}\boldsymbol{l}=-\int \dfrac{\partial \boldsymbol{B}}{\partial t}\cdot \mathrm{d}\boldsymbol{S} & (7.24\mathrm{b})\\ \oint \boldsymbol{B}\cdot \mathrm{d}\boldsymbol{S}=0 & (7.24\mathrm{c})\\ \oint \boldsymbol{H}\cdot \mathrm{d}\boldsymbol{l}=\int \dfrac{\partial \boldsymbol{D}}{\partial t}\cdot \mathrm{d}\boldsymbol{S} & (7.24\mathrm{d})\end{cases}$$

这组方程最简单的非零解是平面电磁波函数。将所得平面波函数代入方程组，可得自由平面电磁波的基本性质。这些性质可归纳如下：

(1)电场与磁场相互垂直，并且都与传播方向垂直，传播方向就是 $\boldsymbol{E}\times\boldsymbol{H}$ 的方向。这表明自由平面电磁波是横波，如图 7-13 所示。

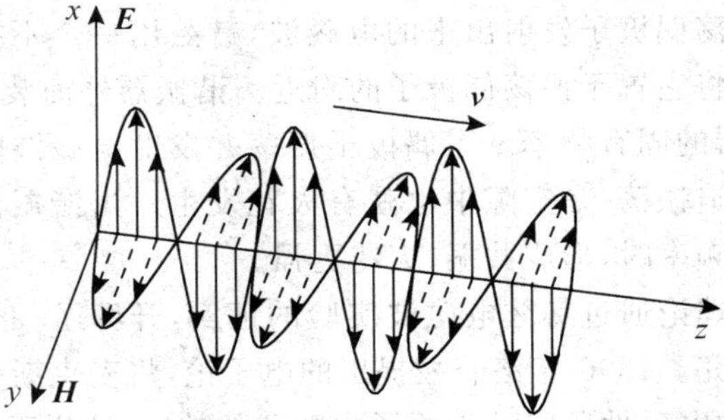


图 7-13 平面电磁波的传播

(2)对于空间同一点,**E** 与 **H** 的量值成正比,可表示为

$$\sqrt{\varepsilon}E = \sqrt{\mu}H \tag{7.25}$$

式(7.25)表明,电场强度的振幅 $E_0$ 和磁场强度的振幅 $H_0$ 满足$\sqrt{\varepsilon}E_0 = \sqrt{\mu}H_0$;$E$ 和 $H$ 的相位相同,频率相等。

(3)电磁波的波速为

$$v = \frac{1}{\sqrt{\varepsilon\mu}} = \frac{1}{\sqrt{\varepsilon_r\mu_r\varepsilon_0\mu_0}} \tag{7.26}$$

真空中电磁波的传播速度为

$$c = \frac{1}{\sqrt{\varepsilon_0\mu_0}} \tag{7.27}$$

将 $\varepsilon_0$ 和 $\mu_0$ 的数值代入式(7.27),可得 $c=2.997\,9\times10^8\ \text{m}\cdot\text{s}^{-1}$。这个结果与实验测出的真空中的光速非常吻合。

### 7.6.3 电磁波的能量密度与能流密度

在存在电磁波的空间里,既有电场能量又有磁场能量,伴随着电磁波的传播,存在能量的传输。这种以电磁波形式传输的能量,叫做辐射能。电磁场的能量密度是单位体积的电场能量与磁场能量之和,即

$$w = w_e + w_m = \frac{1}{2}\boldsymbol{D}\cdot\boldsymbol{E} + \frac{1}{2}\boldsymbol{B}\cdot\boldsymbol{H} = \frac{1}{2}(\varepsilon E^2 + \mu H^2) \tag{7.28}$$

单位时间内通过垂直于传播方向上单位面积的辐射能量,称为能流密度,也称为辐射强度。能流密度是一个矢量,用 **S** 表示,其方向即为电磁波的传播方向。如图 7-14 所示,垂直于电磁波的传播方向作一面元 d$A$,d$t$ 时间内通过该面元的电磁场能量就等于以 d$A$ 为底以 $v$d$t$ 为高的柱体内含有的电磁场能量,其中 $v$ 为电磁波速。由于此体元

可以任意小，所以可认为体元内电磁场能量分布是均匀的。体元内的电磁场能量为

$$dW = wv\,dt\,dA$$

按能流密度的定义，$S$ 的大小为

$$S = \frac{dW}{dt\,dA} = wv$$

将式(7.28)代入上式，同时利用式(7.25)，有

$$S = \frac{1}{2}(\varepsilon E^2 + \mu H^2)\frac{1}{\sqrt{\varepsilon\mu}} = \frac{1}{2}\left(\varepsilon E\sqrt{\frac{\mu}{\varepsilon}}H + \mu H\sqrt{\frac{\varepsilon}{\mu}}E\right)\frac{1}{\sqrt{\varepsilon\mu}} = EH$$

因为辐射能的传播方向就是电磁波的传播方向，所以上式写成矢量形式为

$$\boldsymbol{S} = \boldsymbol{E} \times \boldsymbol{H} \tag{7.29}$$

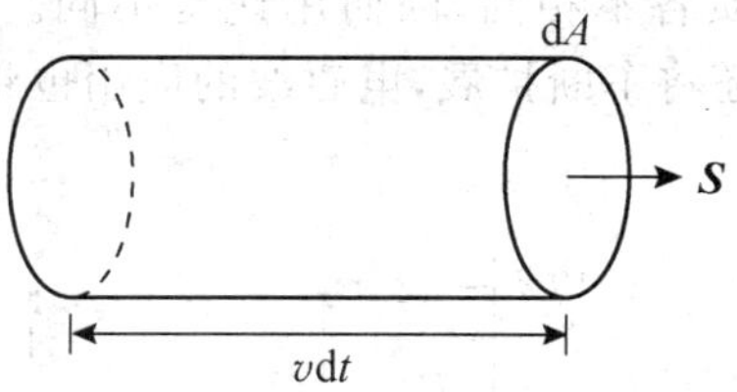


**图 7-14　能流密度的计算**

设有以波速 $v$ 沿 $z$ 轴传播的平面电磁波，其

$$E = E_0\cos\left[\omega\left(t - \frac{z}{v}\right) + \phi\right]$$

$$H = H_0\cos\left[\omega\left(t - \frac{z}{v}\right) + \phi\right]$$

其能流密度的大小为

$$S = E_0 H_0 \cos^2\left[\omega\left(t - \frac{z}{v}\right) + \phi\right]$$

它是时间和空间的瞬变函数。$S$ 的时间平均值称为波的强度或平均辐射强度。平面电磁波强度为

$$\overline{S} = \frac{\omega}{2\pi}\int_0^{2\pi/\omega} S\,dt = \frac{1}{2}E_0 H_0$$

将式(7.25)代入上式可得另外两个表达式：

$$\overline{S} = \frac{1}{2}u\varepsilon E_0^2 \quad 或 \quad \overline{S} = \frac{1}{2}u\mu H_0^2 \tag{7.30}$$

## 7.7 电磁波谱

自1888年赫兹用实验证明了电磁波的存在以来，迄今人们已经陆续发现，不仅光波是电磁波，还有红外线、紫外线、X射线、$\gamma$射线等也都是电磁波，电磁波是一个大家族。所有这些电磁波仅在波长（或频率）上有所差别，而在本质上完全相同，且波长不同的电磁波在真空中的传播速度都是$c$。因为波的频率和波长满足关系式$c=\lambda\nu$，所以频率不同的电磁波在真空中具有不同的波长。

不同波长的电磁波的产生机理和应用领域有很大区别。因此人们常把各类电磁波按波长大小依次排成一列，称为电磁波谱(图7-15)。若按其波长从小到大依次排列，有$\gamma$射线、X射线、紫外线、可见光、红外线、无线电波(微波、超短波、短波、长波)等。由于它们的性质各不相同，因而用途也不同。随着科学技术的不断进步，相信电磁波谱的两端还将不断扩展，电磁波的应用也将进一步扩展。

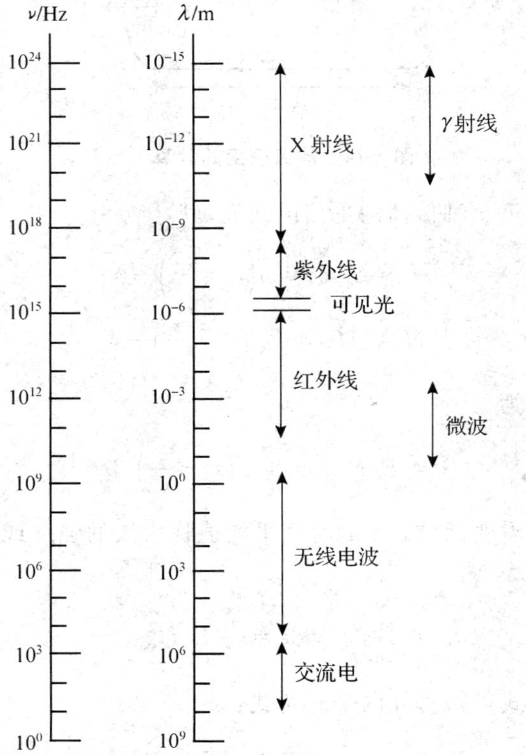


**图7-15 电磁波谱**

$\gamma$ 射线最常见于放射性物质发出的电磁波，波长极短。农作物种子播种前用一定剂量的 $\gamma$ 射线照射，可提高产量。用一定剂量的 $\gamma$ 射线照射蛹期或成虫阶段的雄性害虫，使其生殖腺功能破坏，但对生理上的特征没有影响，仍能保持寻找配偶的能力，经过若干代后，自然种群数量逐渐减少。

X 射线是由 X 射线管产生的电磁波，与普通光线一样，它对照相胶片有感光成像作用，可以利用 X 射线对农作物摄影。X 射线进入生物体内，使生物体内的分子和原子产生电离和激发，发生一系列生化反应，从而引起生理变化与遗传变异，因此，可以用来培育新种。

太阳光中含有大量紫外线，它是介于 X 射线与可见光之间的波段。紫外线能激发荧光，日光灯就是管内紫外线激发涂在灯管内壁上的荧光粉而发光的照明灯。紫外线也常用于杀菌和防伪技术上。常规制备的蛋白质中常常含有核酸，利用紫外线吸收光谱可以测量核酸——蛋白质复合物中蛋白质和核酸的量。

可见光是能引起人的视觉感觉的电磁波，所以又叫光波，其波长范围为400～760 nm(图 7-16)。人眼所看到的不同颜色的光实际上是不同频率的电磁波，白光则是不同频率可见光混合的结果。

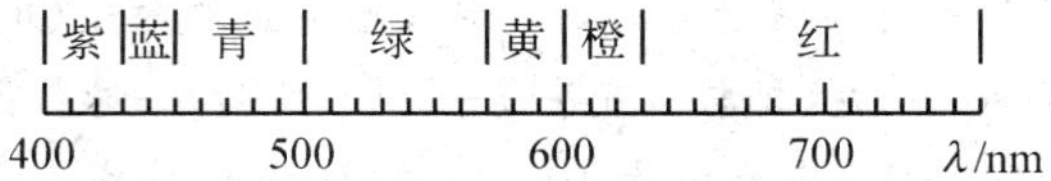


**图 7-16　真空中可见光的波长**

红外线常见于灼热物体发出的电磁波，它们会导致物体温度升高。红外电磁波在特定的红外敏感胶片上能形成热成像。很多物质的分子结构和化学成分都有其特定的红外吸收光谱，所以研究物质的红外吸收光谱可以分析物质的组成和分子结构。另外，红外探测器的灵敏度很高，广泛用于各种工农业生产、军事和天文观测中。

无线电波是在电磁场的作用下无线电天线中自由电子发生振荡而产生的电磁波。1895 年俄国科学家波波夫发明了第一个无线电报系统。1920 年商业无线电广播开始使用，20 世纪 30 年代发明了雷达，40 年代雷达和通信得到飞速发展，自 50 年代第一颗人造卫星上天，卫星通信事业得到迅猛发展。如今，无线电波已在广播、通信、军事应用、科学研究等诸多方面得到广泛的应用。

## 习　题

1. 如图所示，通过回路的磁通量与线圈平面垂直，且指向图面，设磁通量依如下关系变化：$\Phi=6t^2+7t+1$，式中 $\Phi$ 的单位为 mWb，$t$ 的单位为 s。求 $t=2$ s 时，在回路中的感生电动势的量值和方向。

2. 一无限长直导线通有交流电流 $i=i_0\sin\omega t$，它旁边有一与它共面的矩形线圈 $ABCD$，$AB$，$CD$ 与导线平行，矩形线圈长为 $L$，$AB$ 边和 $CD$ 边到直导线的距离分别为 $a$ 和 $b$。求：(1)通过矩形线圈所围面积的磁通量；(2)矩形线圈中的感应电动势。

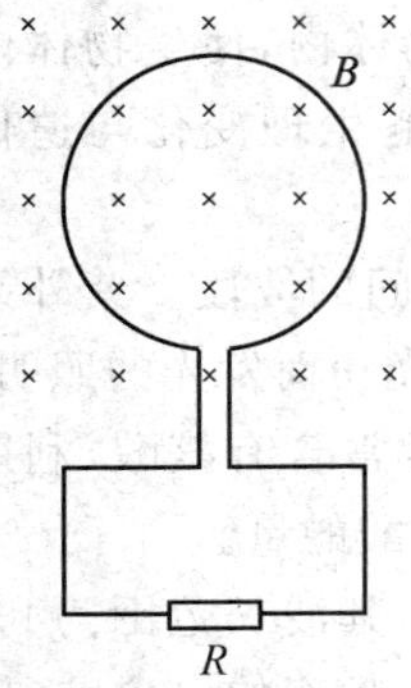


习题 7-1 图

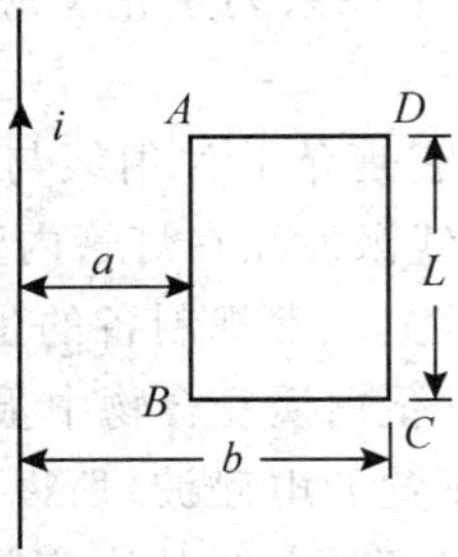


习题 7-2 图

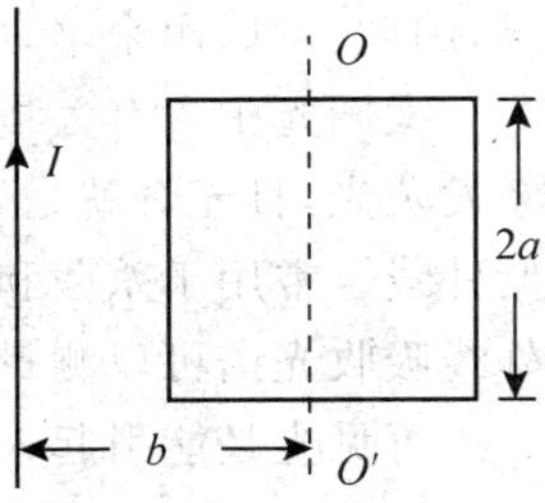


习题 7-3 图

3. 电流强度为 $I$ 的长直导线附近有正方形线圈绕其中心轴 $OO'$ 以匀角速度 $\omega$ 旋转(见图)，设正方形边长为 $2a$，$OO'$ 轴与长直导线平行，相距为 $b$。求线圈中的感应电动势。

4. $AB$ 和 $BC$ 两段导线，其长均为 10 cm，在 $B$ 处相接成 30°角，若使导线在均匀磁场中以速度 $v=1.5\ \mathrm{m\cdot s^{-1}}$ 运动，方向如图所示，磁场方向垂直纸面向内，磁感应强度为 $B=2.5\times10^{-2}$ T。求 $AC$ 之间的感应电动势。

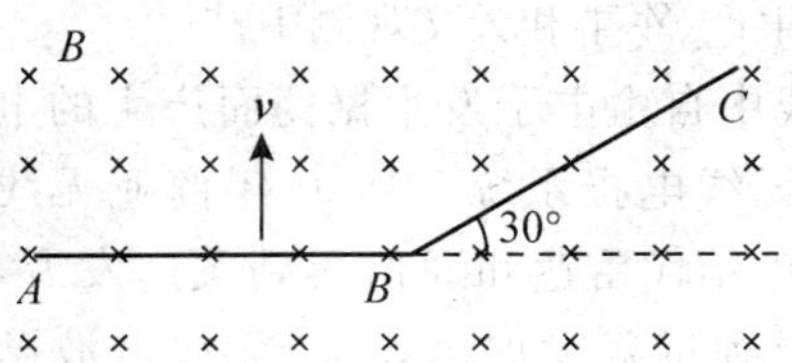


习题 7-4 图

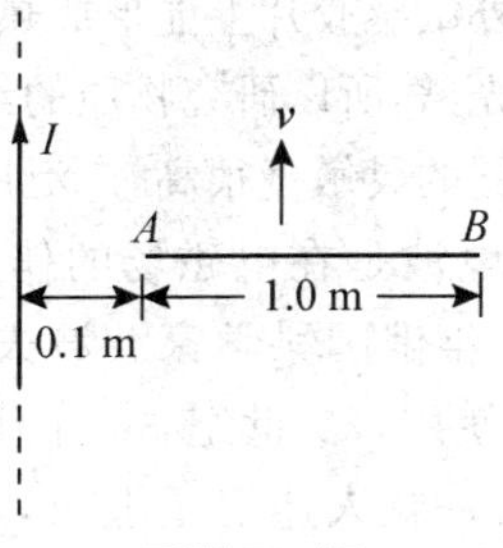


习题 7-5 图

5. 如图所示，金属杆 $AB$ 以 $v=2\ \mathrm{m\cdot s^{-1}}$ 的速率平行于一长直导线运动，此导线通有电流 $I=40$ A。求此杆中的感应电动势。

6. 最简单的交流发电机是在均匀磁场中转动的线圈，转轴 $OO'$ 与磁场 $\boldsymbol{B}$ 垂直，如图所示。已知 $B=0.4$ T，线圈面积 $S=25\ \mathrm{cm^2}$，线圈匝数 $N=10$ 匝，每秒转 50 圈，设开始时线圈平面的法线与 $\boldsymbol{B}$ 垂直。求感应电动势。

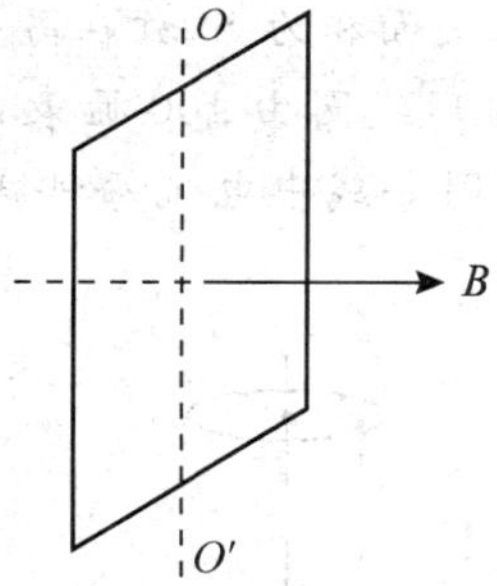


习题 7-6 图

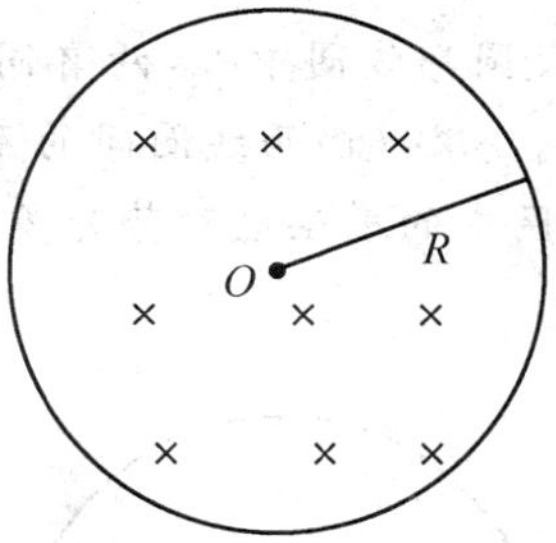


习题 7-7 图

7. 设磁场在半径 $R=0.5$ m 的圆柱体内是均匀的，$\boldsymbol{B}$ 的方向与圆柱体的轴线平行(见图)，$B$ 的时间变化率为 $1.0\times10^{-2}$ T·s$^{-1}$，圆柱体外无磁场。试计算离开中心 $O$ 点的距离为 0.1，0.25，0.5 和 1.0 m 处各点的感生电场场强。

8. 在半径为 $R$ 的圆柱形体积内，充满磁感应强度为 $B$ 的均匀磁场。有一长 $L$ 的金属棒放在磁场中，如图所示。设磁场在增强，并且 $\mathrm{d}B/\mathrm{d}t$ 已知，求棒中的感应电动势。

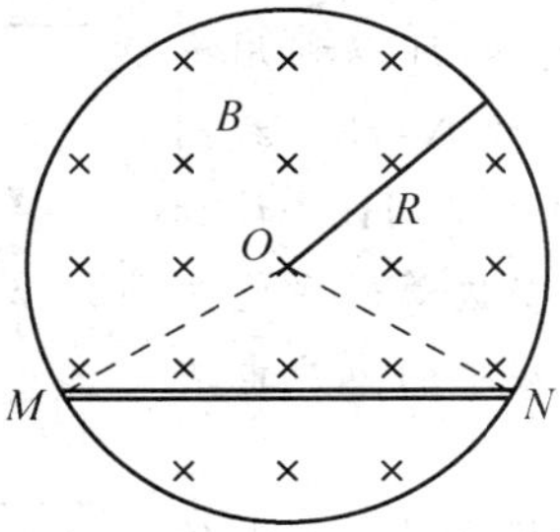


习题 7-8 图

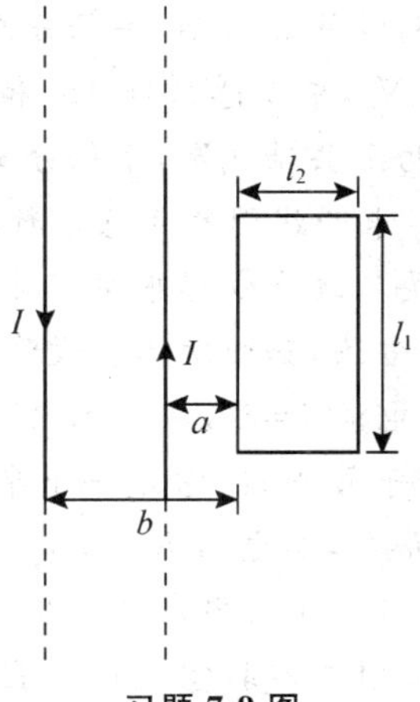


习题 7-9 图

9. 在两平行导线的平面内，有一矩形导线如图所示。如导线中电流 $I$ 随时间变化，试计算线圈中的感生电动势。

10. 有一螺线管，每米长度上有 800 匝线圈，在其中心放置了匝数为 30、半径为 1.0 cm 的圆形小回路，在 1/100 s 时间内，螺线管中产生 5.0 A 的电流。问在小回路里的感生电动势为多少。

11. 在长为 60 cm、直径为 5.0 cm 的空心纸筒上绕多少匝导线，才能得到自感系数为 $6.0\times10^{-3}$ H 的螺线管？

12. 一圆形线圈由 50 匝表面绝缘的细导线绕成，圆面积为 $S$，放在另一个半径为 $R$ 的大圆形线圈中心，两者同轴，如图所示。大圆形线圈由 100 匝表面绝缘的导数绕成。求：(1)两线圈间的互感系数；(2)当大线圈导线中电流每秒减少 50 A 时，小线圈中的感生电动势为多少？

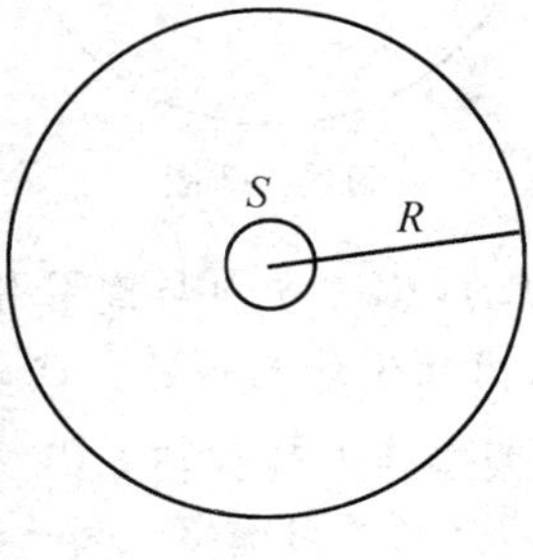

习题 7-12 图

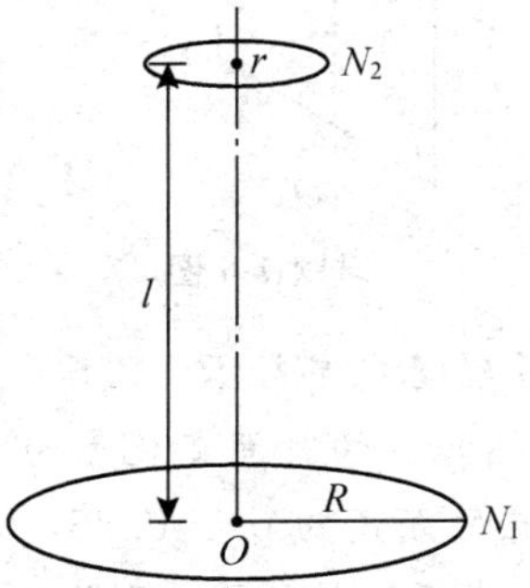

习题 7-14 图

13. 两螺线管同轴，半径分别为 $R_1$ 和 $R_2(R_1>R_2)$，长度为 $l(l\gg R_1)$，匝数分别为 $N_1$ 和 $N_2$，求互感系数 $M_{12}$ 和 $M_{21}$，由此验证 $M_{12}=M_{21}$。

14. 两个共轴线圈，半径分别为 $R$ 和 $r$，且 $R\gg r$，匝数分别为 $N_1$ 和 $N_2$，相距为 $l$(见图)。求两线圈的互感系数。

15. 要从真空仪器内部的金属部件上清除出气体，可以利用感应加热的方法，如图所示。设线圈长为 $l=20$ cm，匝数 $N=30$，线圈中的高频电流 $i=i_0\sin 2\pi ft$，其中 $i_0=25$ A，$f=1.0\times10^5$ Hz。被加热的是电子管阳极，它是一个半径 $r=4.0$ mm 而管壁极薄的中空圆筒，高度 $h\ll l$，其电阻 $R=5.0\times10^{-3}$ Ω。求：(1)阳极中的感应电流的最大值；(2)阳极内每秒产生的热量。

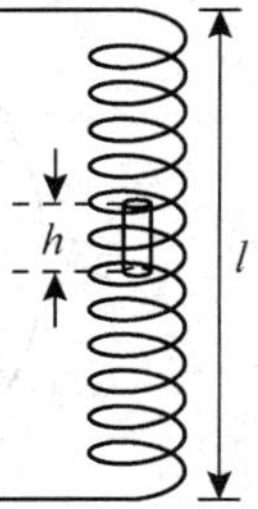

习题 7-15 图

16. 目前在实验室里产生 $E=10^5$ V · m$^{-1}$ 的电场和 $B=1$ T 的磁场是不难做到的，今在边长为 10 cm 的立方体空间里产生上述两种均匀场，问所需要的能量各为多少？磁场能量是电场能量的多少倍？

17. 一平行板真空电容器，两极板都是半径为 5 cm 的圆形导体片，设在充电时电荷在极板上均匀分布，两极板间电场强度的时间变化率为 $dE/dt=2\times10^{13}$ V · m$^{-1}$ · s$^{-1}$。求：(1)两极板间的位移电流 $I_d$；(2)两极板间磁感应强度的分布和极板边缘处的磁感应强度 $B_R$。

18. 试证明平行板电容器中的位移电流 $I_d=C\dfrac{dU}{dt}$，式中 $C$ 是电容器的电容，$U$

是两极板间的电势差。为了在一个1.0 μF的电容器内产生1.0 A的瞬时位移电流，加在电容器上的电压变化率应为多大？

19. 电阻率为$\rho$、截面积为$S$的导体中通有交变电流$I=I_0\cos\omega t$，试求导体中位移电流和传导电流的比值，并估计该比值的数量级。

20. 太阳每分钟入射至垂直于地球表面上每平方厘米的能量约为8.1 J。试求地面上日光中电场强度$E$和磁场强度$H$的振幅值。

21. 有一平均辐射功率为50 kW的广播电台，假定天线辐射的能流密度各方向相同。试求在离电台天线100 km远处的平均能流密度$\overline{S}$、电场强度振幅$E_0$和磁场强度振幅$H_0$。

22. 目前我国普及型晶体管收音机的中波灵敏度约为1 mV·$m^{-1}$，设这类收音机能清楚地听到100 km远某电台的广播，假定该电台的发射是各向同性的，并且电磁波在传播时没有损耗，问该台的发射功率至少多大？

# 第 8 章　振动与波

物体在一定位置附近的来回重复的运动，称为振动。它是在自然界和科学技术中常见的一种运动形式。树枝的晃动、水面的起伏、钟摆的摆动以及固体中原子的热运动等都是振动。还如机器的运转常常伴随着机器本身和机座的振动，一切发声体都在振动着。不仅如此，如果描述物体运动状态的物理量在某一值附近变化，我们也将这种变化称为振动。例如，电流、电压、电磁场、温度、化学反应时物质的浓度等在某一值附近作来回重复的变化时，都称为振动。虽然各种本质上不同的振动有它们不同的特点，但在很多方面又有其共同性，描述它们的数学方法也是相同的。这实际上反映出自然界的统一性以及各种现象之间的相互联系。

振动之所以特别重要，还在于它是波动的基础。一切波动都是某种振动在空间的传播过程。例如，声波、超声波、地震波等机械波是机械振动在弹性介质中的传播过程，而无线电波、光波、X 射线、$\gamma$ 射线等电磁波则是电磁场运动在空间的传播过程。由于振动的传播同时伴有能量的传播，因此波动也是能量传播的过程，是物质运动的一种重要形式。几乎在一切物理现象中都能遇到波动。本章虽然只限于讨论机械振动和机械波，但是它的很多规律也适用于其他的振动和波动。

## 8.1　振动

### 8.1.1　简谐振动

振动的形式多种多样，但其中最简单、最基本的振动是简谐振动。说它是最简单的振动，是因为描述它的数学形式很简单；说它是最基本的振动，是因为任意复杂的振动都可以看作是几个或多个简谐振动合成的结果。

1. 弹簧振子

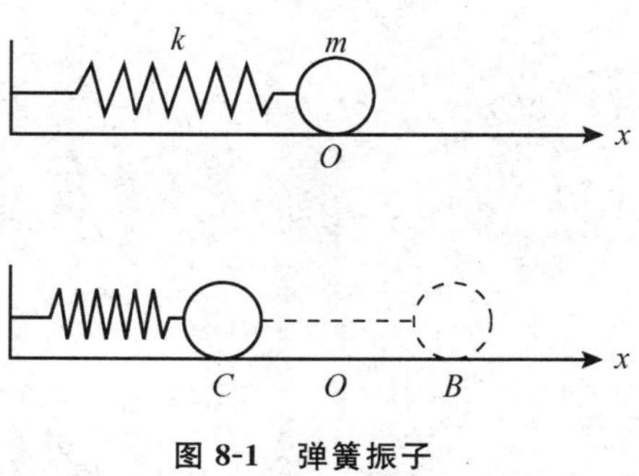

图 8-1　弹簧振子

如图 8-1 所示，将弹簧的一端固定，另

一端系质量为 $m$ 的小球，水平放置在光滑平面上，研究小球在弹簧弹性力的作用下在平衡位置附近作来回重复运动的情况。这种振动系统称为弹簧振子。

若小球离开坐标原点 $O$ 的位移为 $x$，则小球受力为 $f=-kx$。于是根据牛顿第二定律，有

$$m\frac{\mathrm{d}^2x}{\mathrm{d}t^2}=-kx$$

上式可以改定成

$$\frac{\mathrm{d}^2x}{\mathrm{d}t^2}+\frac{k}{m}x=0 \tag{8.1}$$

2. 单摆

如图 8-2 所示，在长度为 $l$ 不会伸长的轻线下端，悬挂质量为 $m$ 的小球，线在铅直位置时小球处于平衡位置 $O$ 点，研究小球在重力作用下在铅直面内平衡位置附近作来回重复运动的情况。这种振动系统称为单摆。

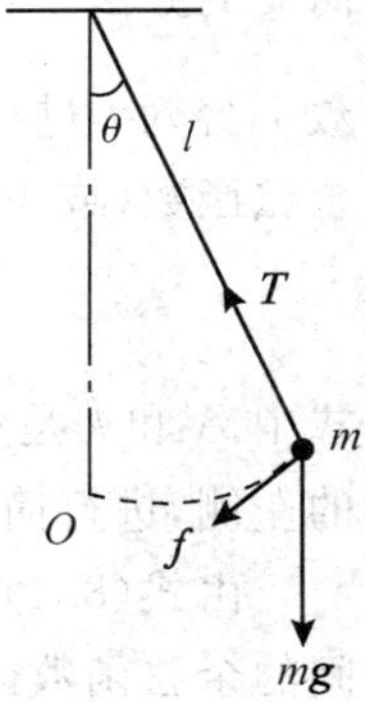

图 8-2　单摆

若小球离开坐标原点 $O$ 的角位移为 $\theta$（规定小球在平衡位置右方时 $\theta$ 角为正，在左方时 $\theta$ 为负），则使小球往返运动的力是重力的切向分力 $f=mg\sin\theta$，其方向与摆线垂直并指向平衡位置。在摆动不大的情况下，有 $\sin\theta\approx\theta$。所以力可以写为

$$f=-mg\theta$$

式中负号表示 $f$ 与角位移 $\theta$ 的符号相反。当 $\theta$ 为正时力指向左方，$f$ 为负；当 $\theta$ 为负时，力指向右方，$f$ 为正。根据牛顿第二定律，有

$$m\frac{\mathrm{d}v}{\mathrm{d}t}=m\frac{\mathrm{d}}{\mathrm{d}t}(l\omega)=ml\frac{\mathrm{d}^2\theta}{\mathrm{d}t^2}=-mg\theta$$

上式可改写成

$$\frac{\mathrm{d}^2\theta}{\mathrm{d}t^2}+\frac{g}{l}\theta=0 \tag{8.2}$$

比较式(8.2)和式(8.1)可以看出，弹簧振子振动和单摆微小振动有共同的特点，即加速度（或角加速度）与位移（或角位移）成正比而符号相反，因此它们的运动方程形式是相同的，可以纳入以下共同的形式：

$$\frac{\mathrm{d}^2x}{\mathrm{d}t^2}+\omega^2x=0 \tag{8.3}$$

对于弹簧振子，$x$ 就是位移，$\omega^2=\frac{k}{m}$；对于单摆，$x$ 代表角位移，$\omega^2=\frac{g}{l}$。

从受力的角度来看，在弹簧振子的情形下，小球受的是弹性力，力的大小与位移成正比而符号相反。在单摆的情形下，小球受的重力切向分力虽不是弹性力，但它的大小与角位移成正比而符号相反，这一特征和弹性力相同。我们将这种本质上是非弹性的，但就其对振动所引起的作用而言又与弹性力相似的力，称为准弹性力。因此，从受力角度看，弹簧振子和单摆的运动是相同的。

像弹簧振子、单摆等由弹性力或准弹性力所引起的的振动，或者运动方程有式(8.3)的形式的振动，都称为简谐振动。

根据微分方程理论，可以求出微分方程式(8.3)的解。我们现在不妨用另一种简便的方法来得到它的解。由式(8.3)知，$\frac{d^2x}{dt^2}=-\omega^2 x$，它说明一个含时间 $t$ 的函数 $x$ 经对 $t$ 进行二次微分后又得到了原来的函数形式，但符号相反。含时间 $t$ 的余弦函数（或正弦函数）自然是满足这个条件的。设式(8.3)的解为

$$x=A\cos(\omega t+\phi) \tag{8.4}$$

式中 $A$ 和 $\phi$ 是积分常量，它们的物理意义将在下面说明。将式(8.4)代入式(8.3)的左侧，进行简单的运算可知，所设的解确实是满足式(8.3)的。

由式(8.4)可以知道，物体作简谐振动时，描述运动的变量（位移、角位移）是时间的余弦函数或正弦函数。因此我们也可以将描述运动的变量 $x$ 满足式(8.4)的运动称为简谐振动。

3. 描述简谐振动的物理量

现在我们来说明式(8.4)中各量的物理意义。

首先，由三角函数性质 $|\cos\theta|\leqslant 1$ 可知，位移量 $x$ 的绝对值不能大于 $A$，即 $|x|\leqslant A$。这说明 $A$ 是小球离开平衡位置的最大距离，称为振幅。

其次，如果式(8.4)中的时间 $t$ 增加一个数值 $\frac{2\pi}{\omega}$，$x$ 的值不变，即

$$x=A\cos\left[\omega\left(t+\frac{2\pi}{\omega}+\phi\right)\right]=A\cos(\omega t+\phi)$$

这就是说，相隔 $\frac{2\pi}{\omega}$ 的两个时刻的运动状态是相同的，即运动是以 $\frac{2\pi}{\omega}$ 为间隔重复的。所以 $\frac{2\pi}{\omega}$ 就是振动的周期 $T$，即

$$T=\frac{2\pi}{\omega}$$

对于弹簧振子 $\omega^2=\frac{k}{m}$，因而弹簧振子的周期为

$$T=2\pi\sqrt{\frac{m}{k}} \tag{8.5}$$

对于单摆，$\omega^2=\frac{g}{l}$，因而单摆的周期为

$$T=2\pi\sqrt{\frac{l}{g}}$$

周期的倒数称为频率，它表示在单位时间内物体所作的完全振动的次数。频率的单位是每秒振动一次，称为赫兹。如果 $\nu$ 用表示频率，则

$$\nu=\frac{1}{T}=\frac{\omega}{2\pi} \tag{8.6}$$

或

$$\omega=2\pi\nu \tag{8.7}$$

称 $\omega$ 为角频率，它的单位是弧度・秒$^{-1}$（rad・s$^{-1}$）。

角频率 $\omega$ 是由振动系统本身的性质所决定的量，而周期和频率是由 $\omega$ 决定的，因此也是由振动系统本身性质所决定的量。这种由系统本身性质所决定的频率、周期或角频率往往称为固有频率、固有周期或固有角频率。

物体作简谐振动时，运动速度为

$$v=\frac{\mathrm{d}x}{\mathrm{d}t}=-A\omega\sin(\omega t+\phi) \tag{8.8}$$

由式(8.8)可知，当振幅 $A$ 和角频率 $\omega$ 一定时，位移和速度都取决于量$(\omega t+\phi)$，所以它是决定振动物体运动状态的物理量，我们称量$(\omega t+\phi)$为相位。$\phi$ 为 $t=0$ 时刻的相位，称为初相位。初相位与时间的零点选取有关。

相位和初相位之所以重要，是因为它们描述了振动的运动状态，当振幅 $A$ 和角频率 $\omega$ 一定时，简谐振动的瞬时位移、速度和加速度都取决于相位。在讨论两个简谐振动叠加时（如声波或光波的干涉现象等），合振动是加强还是减弱，起决定作用的是两者的相位差。

我们可由振动的初条件，即振动开始时位移 $x_0$ 的大小和速度 $v_0$ 的大小来确

定振动的振幅 $A$ 和初相位 $\phi$。将初条件，即 $t=0, x=x_0, v=v_0$ 代入式(8.4)和式(8.8)，有

$$x=A\cos\phi$$
$$v_0=-A\omega\sin\phi$$

从以上二式可求得

$$A=\sqrt{x_0^2+\left(\frac{v_0}{\omega}\right)^2} \tag{8.9}$$

$$\tan\phi=-\frac{v_0}{\omega x_0} \tag{8.10}$$

4. 简谐振动的几何表示法

为了形象地了解简谐振动的各个物理量，在研究某些振动的合成时用矢量相加就可得出所要的结果，我们将简谐振动中位移和时间的关系，用几何的方法形象地表示出来。

对于给定的简谐振动 $x=A\cos(\omega t+\phi)$，可以用几何方法表示如下：以横轴代表 $x$ 轴，其上的 $O$ 点作为原点，自 $O$ 点起作一矢量 $\boldsymbol{A}$，使其长度等于振幅 $A$，矢量 $\boldsymbol{A}$ 称为振幅矢量。在 $t=0$ 时刻，令 $\boldsymbol{A}$ 与 $x$ 轴正向的夹角等于初相位 $\phi$。设想 $\boldsymbol{A}$ 从这个位置开始，以大小和角频率 $\omega$ 相同的角速度沿逆时针方向转动，则在任一时刻 $t$，$\boldsymbol{A}$ 与 $x$ 轴夹角为 $(\omega t+\phi)$，于是 $\boldsymbol{A}$ 在 $x$ 轴上的投影 $A\cos(\omega t+\phi)$ 就代表给定的简谐振动。这种几何表示法又称矢量图法，见图 8-3。

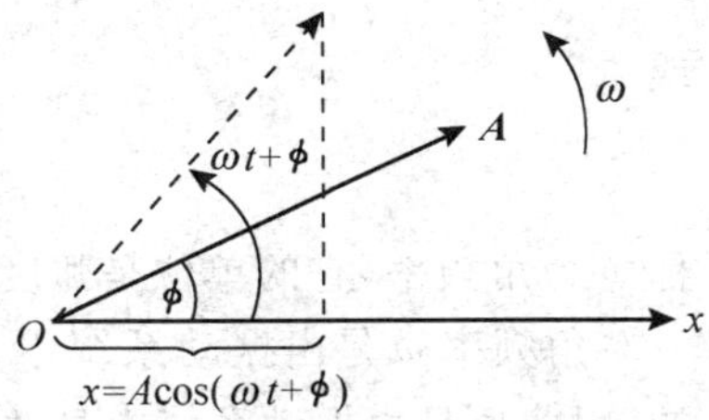

**图 8-3　简谐振动的矢量图法**

由矢量图法可以看出，振幅矢量 $\boldsymbol{A}$ 转动一周相当于物体振动一周，相位 $(\omega t+\phi)$ 从 0 至 $2\pi$ 变化时各个不同的值，表示一周期各个不同的运动状态。因此，相位是描述振动物体运动状态的物理量。

5. 简谐振动的能量

我们以弹簧振子为例来说明简谐振动的能量。某一时刻弹簧振子的动能和势能为 $E_k=\frac{1}{2}mv^2$ 和 $E_p=\frac{1}{2}kx^2$，而该时刻物体的位移 $x$ 和速度 $v$ 为

$$x=A\cos(\omega t+\phi)$$

和

$$v=\frac{\mathrm{d}x}{\mathrm{d}t}=-A\omega\sin(\omega t+\phi)$$

分别代入动能和势能表达式中，有

$$E_\mathrm{k}=\frac{1}{2}mA^2\omega^2\sin^2(\omega t+\phi)$$

$$E_\mathrm{p}=\frac{1}{2}mA^2\omega^2\cos^2(\omega t+\phi)$$

可以看出，当振子的位移达最大时，$\cos^2(\omega t+\phi)=1$，势能达到最大值，而 $\sin^2(\omega t+\phi)=0$，动能等于零。当振子通过平衡位置时，$\cos^2(\omega t+\phi)=0$，势能等于零，而 $\sin^2(\omega t+\phi)=1$，动能达到最大值。在一切其他的位置，物体同时具有动能和势能，且在不断变化，但它们的和

$$E=E_\mathrm{k}+E_\mathrm{p}=\frac{1}{2}mA^2\omega^2=\frac{1}{2}kA^2 \tag{8.11}$$

是不随时间变化的，即弹簧振子总能量在振动过程中保持不变，总能量与振动频率的平方和振幅的平方成正比。

物体作简谐振动时能量守恒，一是由于没有外力的作用，二是由于内力中弹性力和准弹性力是保守力，没有能量的耗散。

### 8.1.2 阻尼振动

简谐振动是一种理想的振动，振动系统一旦经外界推动后简谐振动就无需外力而自动进行下去。这种不在外力作用下的振动称为自由振动。但在实际情形中，物体在振动过程中总要受到阻力。因而任何振动系统最初所获得的能量，都要在阻力的作用下不断减少。因为振幅与振动能量有关，所以随着能量的减少，振幅也逐渐地减小，最终达到静止。

振幅随时间而减小的振动称为阻尼振动，主要有如下 3 种形式。

1. 阻尼振动

当阻力较小时，振动位移随时间的变化关系取如下表达式

$$x=A\mathrm{e}^{-\beta t}\cos(\omega t+\phi) \tag{8.12}$$

式中的 $\beta$ 是一个常量，称为衰减常量，显见它的单位是秒$^{-1}$（$\mathrm{s}^{-1}$）。阻力越大，$\beta$ 的值也越大，衰减也就越快。式中的 $\omega=\sqrt{\omega_0^2-\beta^2}$，其中 $\omega_0$ 为振动系统的固有频率。

我们可根据式(8.12)绘出 $x$-$t$ 曲线，如图 8-4 所示。

2. 过阻尼振动、临界阻尼振动

当衰减常量 $\beta$ 较大情况下，振动系统连一次振动都来不及完成就停止在平衡位置了。由于阻力较大，故振动需要较长的时间才能停止下来。如将单摆放在黏度很大的油类中运动，就属于这种情况。这种振动称为过阻尼振动。

当衰减常量 $\beta$ 介于上述两种阻尼振动的 $\beta$ 值之间的某一数值时，振动系统也是连一次振动都来不及完成就停止在平衡位置了，但物体能很快停止在平衡位置。这种振动称为临界阻尼振动。

过阻尼振动和临界阻尼振动的位移和时间的关系如图 8-5 所示。

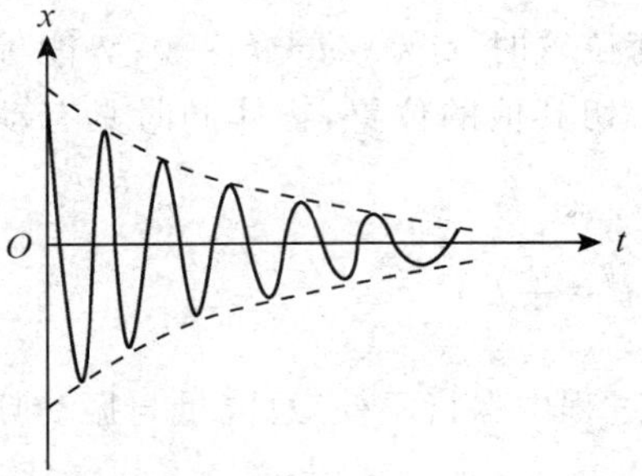


**图 8-4 阻尼振动位移时间曲线**

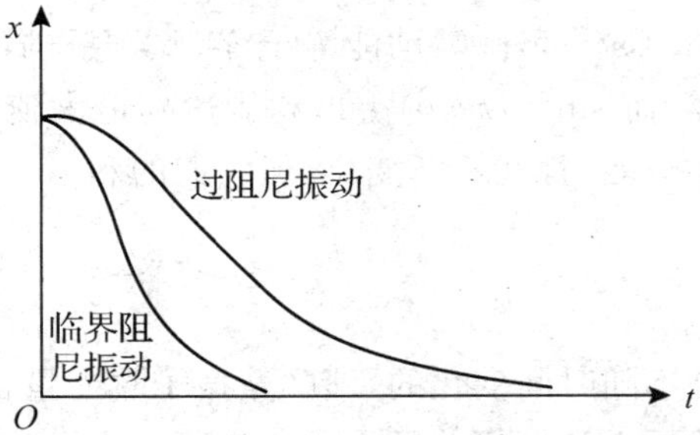


**图 8-5 过阻尼振动和临界阻尼振动位移时间曲线**

在实际问题中，我们常常调节衰减常量 $\beta$ 的大小，从而控制系统的振动情况。例如，在使用灵敏电流计时，常选用一定阻值的电阻(临界电阻)与灵敏电流计连接，使系统处于临界阻尼的状态，使振动系统很快回到平衡位置。

### 8.1.3 受迫振动 共振

从以上讨论可以知道，要使一个实际的振动系统维持振动必须施加外力。在许多情形下，是使物体按外来周期性力的频率振动。例如，扬声器中纸盆的振动、乐器中音腔薄板随琴弦的振动、缝纫机中针的振动、蒸汽机活塞的振动等，都属于这类振动。这种在外加周期性力的持续作用下振动系统所发生的振动称为受迫振动。

若施加的周期性外力为

$$f = H\cos \omega_e t \tag{8.13}$$

$f$ 称为强迫力，$H$ 称为力幅，$\omega_e$ 称为强迫力的角频率。

可以设想，在受迫振动过程中，振子因外力作功获得能量，又因阻尼损耗能量。由于振子所受阻力和振子速度成正比，振子开始振动时，速度不大，阻力较小，获得的能量大于损耗的能量，随着振动能量逐渐增大，速度相应增大，但同时阻力和损耗能量也增大了。当损耗与补充的能量相同时，受迫振动的能量将稳定在一定值，形成等幅振动。受迫振动振子位移的时间的变化关系如图 8-6 所示。受迫振动的特征与外力的大小、方向和频率密切相关，特别是对一确定的振动系统，当强迫力角频率取某一值时，受迫振动的振幅达到极大值，这种现象称为共振。共振时的强迫力角频率称为共振角频率，它为

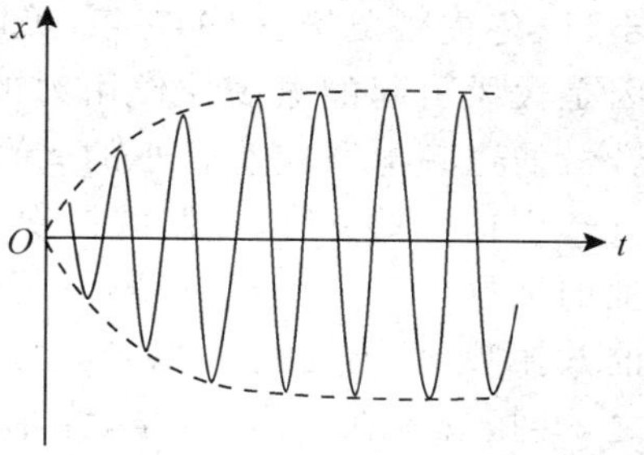

图 8-6　受迫振动的位移时间曲线

$$\omega_r = \sqrt{\omega_0^2 - 2\beta^2} \tag{8.14}$$

由式(8.14)可看出，在衰减常量 $\beta$ 很小时，$\omega_r$ 接近系统的固有角频率 $\omega_0$。

对于共振可以这样来理解，物体受迫振动达到等幅振动时的频率为强迫力的频率，但由于有回复力与阻尼和作用，所以位移和强迫力有不同的相位。这就是说，在受迫振动的一个周期内，强迫力的方向与物体的运动方向有时一致做正功提供能量；有时相反，作负功吸收能量。只有当强迫力的周期性变化与物体的固有振动“合拍”时，强迫力的方向始终与物体运动方向一致，从而将在整个周期内作正功，为振动系统提供最多的能量，使它的能量和振幅达到极大值，发生共振。阻尼的作用也是十分突出的，对于不同的阻尼，共振振幅的大小和共振曲线的形状有很大差异，如图 8-7 所示。由图可以看出，振动系统的衰减常量 $\beta$ 越小，共振曲线越尖锐，峰值也越高；$\beta$ 变大，峰值降低，曲线加宽。共振曲线是否尖锐狭窄常有重要的意义。例如，收音机选频特性的好坏就取决于此。

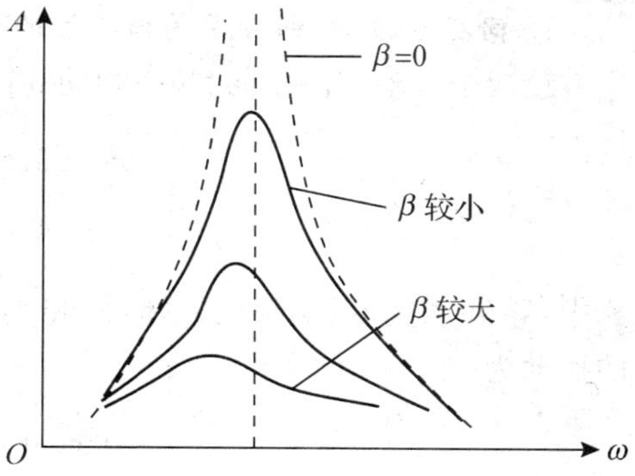

图 8-7　不同阻尼下的共振曲线

共振现象是普遍存在的。1904 年，俄国一队骑兵以整齐的步伐通过彼得堡的一座桥梁时桥身因共振而塌毁，从此规定，过桥时一律改用凌乱无序的碎

步，以免重蹈覆辙。1940 年，美国华盛顿州普热海峡的塔科麦桥被风破坏，原因是大风引起的振荡性作用力的频率与桥的固有频率相近，产生了共振。收音机的选频电路应有较小的$\beta$值，排除出现串台现象，但在扬声器振动系统中宜选用稍大的$\beta$值，抑制共振现象出现，使声音中不同频率的振动得到同等程度的重放。日光灯通电后，灯管中汞蒸气产生的紫外线被管壁的荧光粉强烈的共振吸收，转化为可见光。激光、原子钟利用的也是原子、分子的共振。总之，共振现象在力学、声学、光学、电磁学、乃至微观世界的分子、原子和原子核是普遍存在的，既有广泛的应用，也会造成损害，有时要利用它，有时又要设法避免。

### 8.1.4 振动的合成

我们所遇到的振动往往是几个振动叠加而成的。例如，当两个声波同时传播到空间某一点时，空气质元就同时参与两个振动。一般来说，合成振动是很复杂的，在此仅讨论这几种简单的情形，它们在机械振动与波动、交流电路、波动光学等方面有重要的应用。

1. 同振动方向、同频率简谐振动的合成

设两个振动方向相同、频率相同的简谐振动为

$$x_1 = A_1\cos(\omega t + \phi_1)$$

$$x_2 = A_2\cos(\omega t + \phi_2)$$

式中 $A_1$ 和 $A_2$ 为两振动的振幅，$\phi_1$ 和 $\phi_2$ 为两振动的初相位。根据叠加原理，合成的振动为

$$x = x_1 + x_2 = A_1\cos(\omega t + \phi_1) + A_2\cos(\omega t + \phi_2)$$

利用三角函数公式，可以得出合成振动是在原振动方向上具有同样角频率 $\omega$ 的简谐振动，即

$$x = A\cos(\omega t + \phi) \tag{8.15}$$

其中

$$A = \sqrt{A_1^2 + A_2^2 + 2A_1A_2\cos(\phi_2 - \phi_1)} \tag{8.16}$$

$$\phi = \arctan\left(\frac{A_1\sin\phi_1 + A_2\sin\phi_2}{A_1\cos\phi_1 + A_2\cos\phi_2}\right) \tag{8.17}$$

我们也可以用简谐振动矢量图法更简洁、直观地得到上述结果。图 8-8 中的旋转(角频率为 $\omega$)矢量 $\boldsymbol{A}_1$ 和 $\boldsymbol{A}_2$，在 $x$ 轴上的投影分别表示两简谐振动，$\phi_1$ 和 $\phi_2$ 分别是两振动的初相位。可以用平行四边形法求得两矢量的合成，这就是图中的 $\boldsymbol{A}$。设想 $\boldsymbol{A}_1$ 和 $\boldsymbol{A}_2$ 都以 $O$ 点为中心，并以角频率 $\omega$ 逆时针方向旋转，由于有相同的角频率，所以 $\boldsymbol{A}_2$ 和 $\boldsymbol{A}_1$ 之间的夹角($\phi_2-\phi_1$)始终不变，因此 $\boldsymbol{A}_2$ 和 $\boldsymbol{A}_1$ 所形成的四边形也不变，也就是说这四边形的对角线 $\boldsymbol{A}$ 始终等于 $\boldsymbol{A}_1$ 和 $\boldsymbol{A}_2$ 的合成，并也以角频率 $\omega$ 逆时针方向旋转，说明两简谐振动合成后是振幅为 $A$，角频率仍然为 $\omega$ 的简谐振动。利用图中的几何关系，很容易计算出振幅 $A$ 和初相位 $\phi$ 值也还分别是式(8.16)和式(8.17)。

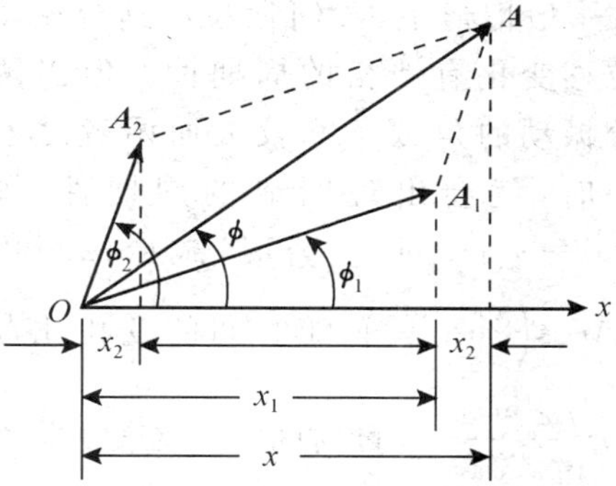

**图 8-8　两个同方向同频率简谐振动的合成**

两简谐振动的合成中，有两种特殊情况。

(1)当 $\phi_2-\phi_1=2k\pi, k=0,\pm1,\pm2,\cdots$ 时有

$$A=A_1+A_2 \tag{8.18}$$

即两简谐振动的相位差为 $2\pi$ 的整数倍时，合振动振幅有最大值，等于两分振动振幅之和。这种叠加称为同相位叠加。

(2)当 $\phi_2-\phi_1=(2k+1)\pi, k=0,\pm1,\pm2,\cdots$ 时有

$$A=|A_1-A_2| \tag{8.19}$$

即两简谐振动的相位差为 $\pi$ 的奇数倍时，合振动振幅有最小值，等于两分振动振幅差的绝对值。这种叠加称为反相位叠加。

2. 同振动方向、不同频率简谐振动的合成

为讨论简单起见，考虑两个振幅相同，角频率为 $\omega_1$ 和 $\omega_2$ 的两个同方和振动。因为 $\omega_1$ 不等于 $\omega_2$，两分振动的相位差不固定，选取两分振动相位相同时为时间的零点，使两分振动的初相位都为零，即

$$x_1=A\cos\omega_1 t,\ x_2=A\cos\omega_2 t$$

合振动为

$$x=A\cos\omega_1 t+A\cos\omega_2 t=2A\cos\left(\frac{\omega_2-\omega_1}{2}\right)t\cos\left(\frac{\omega_2+\omega_1}{2}\right)t \tag{8.20}$$

在一般情形下，我们觉察不到合振动的位移变化有严格的周期性。但当两个分振动的角频率都较大而两者之差很小时，就会出现明显的周期性，即当$|\omega_2-\omega_1| \ll \omega_2+\omega_1$时，式(8.20)中量$2A\cos\left(\frac{\omega_2-\omega_1}{2}\right)t$随时间的变化比起量$\cos\left(\frac{\omega_2+\omega_1}{2}\right)t$随时间的变化来慢得多。因此我们可以近似地将合振动看作振幅为$\left|2A\cos\left(\frac{\omega_2-\omega_1}{2}\right)t\right|$、角频率为$\frac{\omega_2+\omega_1}{2}$的简谐振动。由于振幅$\left|2A\cos\left(\frac{\omega_2-\omega_1}{2}\right)t\right|$的缓慢变化也是周期性的，因此发生振幅时大时小(振动时强时弱)的现象，如图 8-9 所示。两个频率都较大但相差很小的同方向振动合成时所产生的这种合振幅时而加强时而减弱的现象称为拍。振动变化的频率为

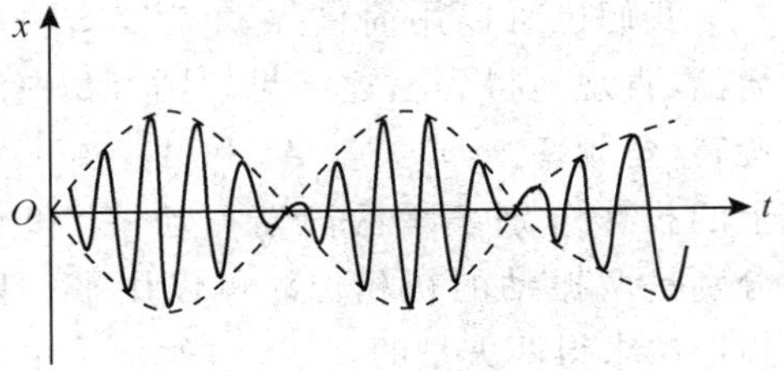

**图 8-9　拍现象**

$$\nu=\frac{\omega_2-\omega_1}{2\pi}=\nu_2-\nu_1 \tag{8.21}$$

这一频率$\nu$称为拍频，也就是单位时间内振幅加强或减弱的次数，其数值为两分振动的频率$\nu_2$与$\nu_1$之差。

拍是一种很重要的现象。在声振动和电磁振动中我们经常遇到拍现象。例如，利用标准音叉可以校准钢琴，当钢琴发出的频率与音叉的标准频率有些微小差别时，叠加后就出现拍音(抑扬的声音)，调整到拍音消失，就校准了钢琴的一个琴音。又如，从运动物体反射回来的电磁波的频率，由于多普勒效应，要发生微小的变化，通过测量反射波与发射波叠加后所形成的拍频，由此推算出运动物体的速度，这种测速方法的精度是很高的。

3. 振动方向相互垂直、频率相同的两简谐振动合成

设两个振动是在相互垂直的$x$、$y$轴上进行，位移方程为

$$\left.\begin{aligned} x&=A_1\cos(\omega t+\phi_1) \\ y&=A_2\cos(\omega t+\phi_2) \end{aligned}\right\} \tag{8.22}$$

式中$A_1$和$A_2$分别为两简谐振动的振幅，$\phi_1$和$\phi_2$为两振动的初相位。消去时间参量$t$，可以得到合振动的轨迹方程为

$$\frac{x^2}{A_1^2}+\frac{y^2}{A_2^2}-2\frac{xy}{A_1A_2}\cos(\phi_2-\phi_1)=\sin^2(\phi_2-\phi_1) \tag{8.23}$$

一般说来，这是个椭圆方程。椭圆的形状由相位差 $\phi_2-\phi_1$ 决定。以下分析几种特殊情形。

(1)$\phi_2-\phi_1=0$，即两振动的相位相同。这时由式(8.23)可得

$$y=\frac{A_2}{A_1}x$$

这是一条通过坐标原点而在第一和第三象限内的直线[图 8-10(a)]。合振动的位移为

$$s=\sqrt{x^2+y^2}=\sqrt{A_1^2+A_2^2}\cos(\omega t+\phi_1)$$

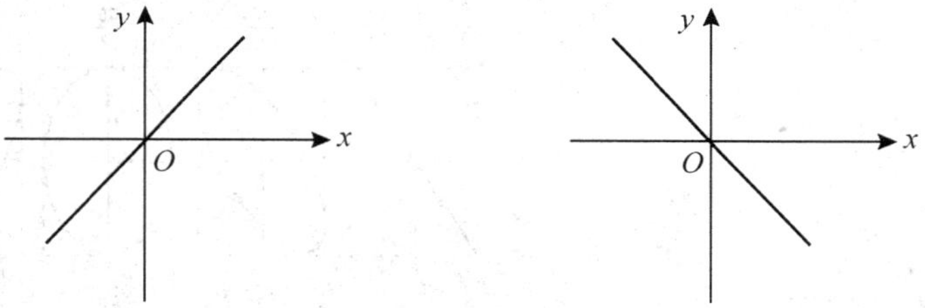


**图 8-10　$\phi_2-\phi_1=0$ 或 $\phi_2-\phi_1=\pi$ 时合振动仍为简谐振动**

显见，合振动仍是简谐振动，频率与分振动的频率相同，振幅为 $\sqrt{A_1^2+A_2^2}$。

(2)$\phi_2-\phi_1=\pi$，则由式(8.23)得

$$y=-\frac{A_2}{A_1}x$$

这是一条通过原点而在第二和第四象限的直线[图 8-10(b)]，与上述情形一样，合振动仍是简谐振动。

(3)$\phi_2-\phi_1=\frac{\pi}{2}$或 $\phi_2-\phi_1=-\frac{\pi}{2}$，这时式(8.23)均变为

$$\frac{x^2}{A_1^2}+\frac{y^2}{A_2^2}=1$$

合振动的轨迹均为正椭圆。但是这两种情况是有区别的。先讨论 $\phi_2-\phi_1=\frac{\pi}{2}$ 的情况下，合振动轨迹的形成过程。为了简便，令 $\phi_1=0$。首先看 $t=0$ 时刻，$x$ 和 $y$ 的数值，由式(8.22)可知，应是图 8-11 中的 $C$ 点，再过了很小的一段时间($\Delta t>0$)后，$C$ 点就移动到 $C'$ 点，图中的小箭头表明了旋转方向。由此可见，这个正椭圆轨迹

是绕着顺时针方向旋转(也称为右旋)形成的。于是可以得出这样的结论:如果图8-11沿 $y$ 轴方向振动的简谐振动的相位超前 $\pi/2$,合成的振动是一个右旋正椭圆。

对于 $\phi_2-\phi_1=-\frac{\pi}{2}$ 的情形,读者可以仿照上述方法,即可发现是一个左旋正椭圆。

还需指出的是,在这两种情形下,当 $A_1=A_2$ 时,即分振动振幅相等时,合振动轨迹变为圆。

(4)在一般情形下,当 $\phi_2-\phi_1$ 等于其他任一中间值时,所得到的合振动轨迹为形状和旋转方向各不相同的椭圆。图8-12表示相位差为某些值时合振动的轨迹。

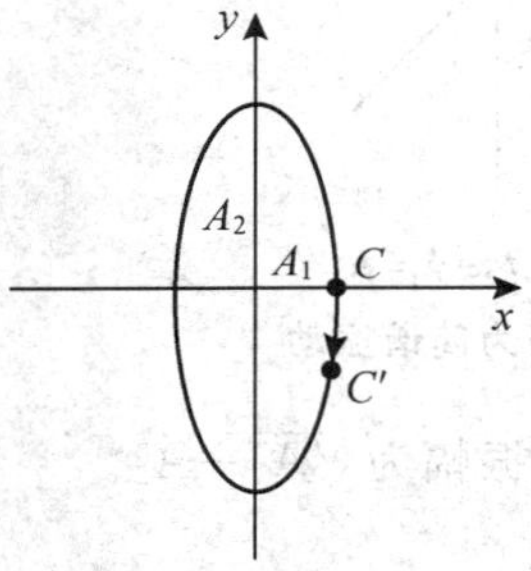


图 8-11 $\phi_2-\phi_1=\pi/2$ 时合振动为右旋正椭圆

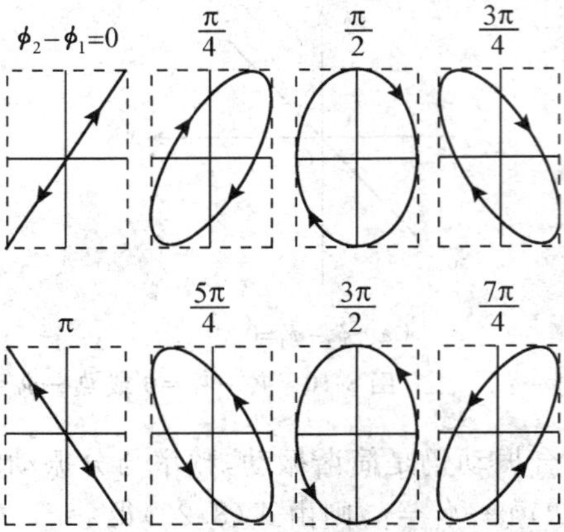


图 8-12 不同相位差时两同频垂直简谐振动的合成

综上所述,两振动方向相互垂直、同频率的简谐振动合成后,合振动在一直线、椭圆或圆上进行,轨迹的形状和运动方向由分振动振幅的大小和相位差决定。

## 8.2 波动

### 8.2.1 机械波的产生和传播

1. 产生机械波的条件

在连续的一大片介质中,如果一处的质元开始振动,由于介质的各质元间的相互作用,振动不会局限于开始振动的地点,而是要向四周传播开去。这种振动在介质中的传播称为机械波,开始振动的部分叫波源。产生机械波有两个条件,即要有作机械振动的物体作为波源和有能够传播这种机械振动的介质。声波、超声波和地震波等都是机械波。变化的电磁场在空间的传播称为电磁场。各种波在形式上具有许多共同的特征和规律，例如都具有一定的传播速度，都伴随着能量传播，都能产生反射、折射、干涉和衍射等。这一节主要讨论机械波的基本规律，其中有许多也适用于电磁波。

2. 纵波和横波

振动传播时，每个质元都在一定的平衡位置附近振动，并没有沿传播方向移动，而且质点的振动方向和波的传播方向也不一定相同。有两种比较简单的情况：振动传播时，如果振动方向与波的传播方向相同，则称它为纵波；如果振动方向与波的传播方向垂直，则称它为横波。用手抖动绳子的一端时，绳子上产生的波就是横波。在空气或液体中传播的声波和超声波就是纵波。其他如水面波等是比较复杂的波。当水面波发生时，水的质元一般都沿椭圆轨道振动，使它们回到平衡位置的力不是一般的弹性力，而是重力和表面张力。

要产生横波需要弹性介质内部有与波传播方向垂直的切向弹性力，固体介质中具有这种力，而在气体和液体内部不能产生这种切向弹性力，所以在固体介质内部既能传播纵波又能传播横波，在气体和液体内部只能传播纵波。

3. 波长、频率和波速之间的关系

振动在一周期中传播的距离称为波长，通常用 $\lambda$ 表示。因为相隔一周期后振动状态复原，所以相隔一波长两点之间的振动状态是相同的，即振动相位是相同的。因此波长也就是两个相邻近的振动相位相同点之间的距离。波长描述了波在空间上的周期性。

若振动的周期为 $T$，并称单位时间内振动状态（相位）传播的距离为波速（也称为相速）$v$，则有

$$v=\frac{\lambda}{T}=\lambda\nu \tag{8.24}$$

式中 $\nu$ 为振动频率。频率表示波在时间上的周期性。式(8.24)将波速与波在时间上和空间上的周期性联系起来。

4. 波的几何描述

当波源在弹性介质中振动时，振动将沿各个方向传播。为了形象地描述某一时刻振动传播到的各点的位置，在介质中作出该时刻振动传播到的各点的位置，这种轨迹称为波前。为了比较波传播时各点振动间的相互关系，作出振动相位相同的各点的轨迹，这种轨迹称为波面。波前是最前面的波面。若一波源的大小和形状可忽略不计，可将它视为点波源。在各向同性介质中，振动从点波源处向各个方

向传播的情形是相同的。于是，波前和波面都是以波源为中心的球面。

我们可以按波前的形状将波分类，波前为球面的称为球面波；波前为平面的称为平面波，如图 8-13 所示。

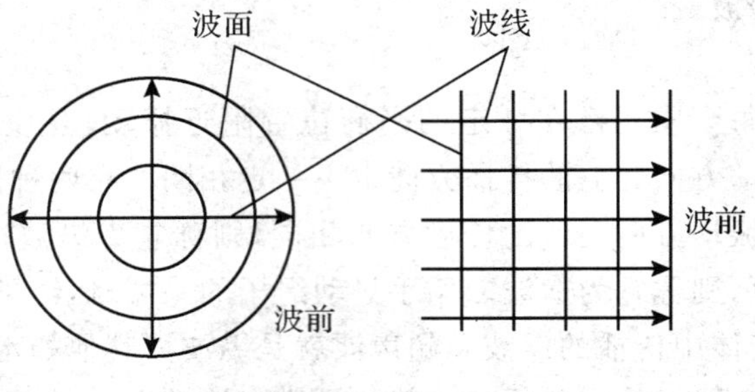


图 8-13 波前、波面和波线

为了形象地描述波的传播方向，作出切线方向永远和该处波传播方向一致的线，这些线称为波线（在光学中称为光线）。在各向同性介质中波线与波面垂直。在球面波的情形下，波线是沿半径方向的直线；在平面波的情形下，波线是与波前垂直的许多平行直线。

## 8.2.2 简谐波的表达式

简谐波是简谐振动在空间传播所形成的波。简谐波是最简单最基本的波。由于任一复杂的振动可看作是由许多简谐振动叠加而成的，因此，任一复杂的波也可看成是由许多简谐波叠加而成。

如图 8-14 所示，设波以速度 $\boldsymbol{v}$ 沿 $y$ 轴正方向传播，纵坐标 $x$ 表示直线 $Oy$ 上各质元的位移。则某时刻 $t$ 各质元的位置连接起来就形成图中的曲线（波形）。如果能够确定每一时刻直线 $Oy$ 上每一质元的位置，就掌握了波的全部运动过程，也就达到了描述波的目的。

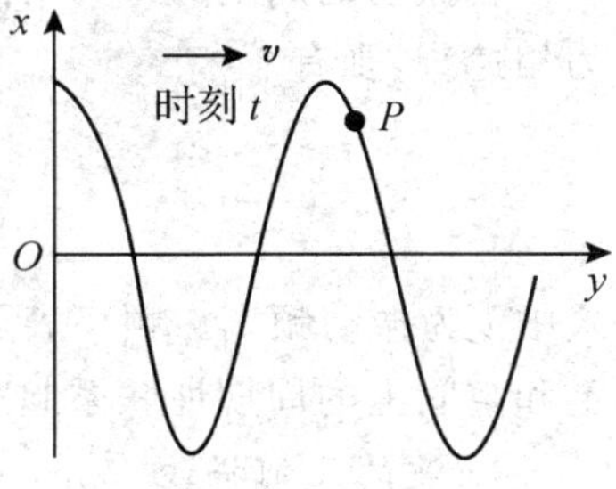


图 8-14 $t$ 时刻的波形

设 $O$ 点的振源作简谐运动的方程为

$$x = A\cos \omega t$$

并设在传播过程中各点的振动振幅不变，则当振动传播到质元 $P$ 时，质元 $P$ 将以相同的振幅和频率作着简谐振动。若质元 $P$ 距 $O$ 点的距离为 $y$，则振动由 $O$ 点传播到 $y$ 点所需时间为 $\frac{y}{v}$，因此质元 $P$ 的振动相位比 $O$ 点的振动相位落后 $\omega \frac{y}{v}$，所

以质元 $P$ 的振动方程为

$$x = A\cos\omega\left(t - \frac{y}{v}\right) \tag{8.25}$$

因为质元 $P$ 是任选的，因而式(8.25)描述了 $Oy$ 直线上任一质元在任一时刻的位置。这个方程就是我们所要求的简谐波运动学方程，即简谐波的表达式。

由于我们假定了波在传播过程中振幅保持不变，所以，确切地说式(8.25)是平面简谐波的表达式。对于球面波，它的振幅是随传播距离 $r$ 增大以 $1/r$ 倍数减小的。

根据 $\omega = \frac{2\pi}{T} = 2\pi\nu$ 和 $v = \frac{\lambda}{T} = \lambda\nu$，式(8.25)还可以写成下列常用的形式：

$$x = A\cos(\omega t - ky) \tag{8.26}$$

其中

$$k = \frac{2\pi}{\lambda} \tag{8.27}$$

以下对简谐波表达式作些讨论。

(1)如固定在某一点看，即当 $y$ 一定时，由式(8.26)可知，该质元在作角频率为 $\omega$ 的简谐振动，初相位为 $-2\pi\,\frac{x}{\lambda}$。因此，离 $O$ 点不同距离的各点，具有不同的振动相位。和 $O$ 点相距分别为 $y_1$ 和 $y_2$ 的两点，相位差为

$$\Delta\phi = \frac{2\pi}{\lambda}(y_2 - y_1) \tag{8.28}$$

可见，如果 $y_2 - y_1 = k\lambda$，$k = \pm1, \pm2, \pm3, \cdots$，则

$$\Delta\phi = 2k\pi$$

说明在任一时刻 $t$，两点的位移 $x$ 和速度 $v$ 都是相同的，我们就说这两点的振动相位相同。上述结果说明，相距为波长整数倍的两点，振动时具有相同的相位。如果

$$y_2 - y_1 = (2k+1)\frac{\lambda}{2},\ k = 0, \pm1, \pm2, \cdots$$

则有

$$\Delta\phi = (2k+1)\pi$$

这时，在任一时刻 $t$，两点的位移 $x$ 和速度 $v$ 都具有相同的数值但符号相反，我们

说这两点的振动相位相反。由此可见，相距为半波长奇数倍的两点，振动时具有相反的相位。

(2)对于给定时间 $t$ 来说，位移 $x$ 是 $y$ 的函数，即各质元的位移是不同的，图 8-15 中的实线为时刻 $t$ 的波形，虚线则为下一时刻 $t+\Delta t$ 的波形，由此可看到波形在往前传播，波形往前传播的速度等于波的相速度。

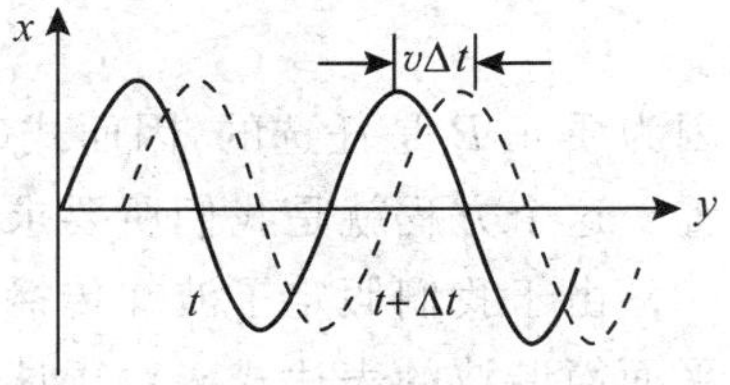

**图 8-15　波形的传播**

(3)上述的讨论只限于在 $y$ 轴方向传播的波，没有涉及整个空间，这种波称为一维波，一个在张紧了的弦上传递的横波就是一个一维波。

以上由机械振动状态传播出发，建立了简谐波的表达式，这对电磁波以及其他振动的传播也是适用的，当然描述振动物理量不再是质元的位移，而是其他物理量如电场强度等。

## 8.2.3　波的能量　声强

在弹性介质中有波传播时，介质中各质元都在各自的平衡位置附近振动，由于各质元有振动速度而具有振动动能，同时又由于质元产生形变还具有振动势能。这样，随着振动的传播就有能量的传播。在研究波对物质的作用时，经常需要考虑波传播过程中能量的传播。

1. 质元的能量

我们首先讨论在振动传播过程中，弹性介质中任一小质元的能量。设想一列纵波

$$x=A\cos\omega\left(t-\frac{y}{v}\right)$$

在密度为 $\rho$ 的介质中沿 $y$ 方向传播。体积为 $\Delta V$、质量为 $m=\rho\Delta V$ 的小质元的运动速度为 $u=\frac{\mathrm{d}x}{\mathrm{d}t}$，其动能为

$$\Delta E_{\mathrm{k}}=\frac{1}{2}mu^2=\frac{1}{2}\rho\Delta V\left(\frac{\mathrm{d}x}{\mathrm{d}t}\right)^2=\frac{1}{2}\rho\Delta VA^2\omega^2\sin^2\omega\left(t-\frac{y}{v}\right) \tag{8.29}$$

体积为 $\Delta V$ 的质元由于形变而具有弹性势能 $\Delta E_{\mathrm{p}}$，计算结果表明有

$$\Delta E_{\mathrm{p}}=\Delta E_{\mathrm{k}}=\frac{1}{2}\rho\Delta VA^2\omega^2\sin^2\omega\left(t-\frac{y}{v}\right) \tag{8.30}$$

由式(8.29)和式(8.30)可以看出，在平面简谐波中，每一质元的动能和势能是同相地随时间变化的，而且两者的数值时时相等。这一点不难理解，如图 8-16 所示，$a$ 处的质元正经过平衡位置，此时质元振动速度最大，其动能为最大值，同时其形变最大，势能也为最大值；而 $b$ 处的质元，振动速度为零，其振动动能为零，同时其形变为零，势能也为零。波动中质元的这种动能和势能相等的关系是它区别于孤立的振动系统的一个重要特点。

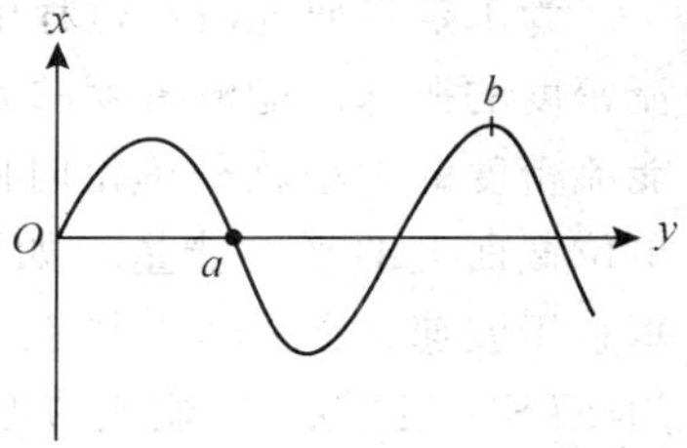

图 8-16　波的能量

质元的总能量为

$$\Delta E=\Delta E_{\mathrm{k}}+\Delta E_{\mathrm{p}}=\rho\Delta VA^2\omega^2\sin^2\omega\left(t-\frac{y}{v}\right) \tag{8.31}$$

式(8.31)说明质元总能量随时间作周期性变化，时而达到最大值，时而为零。质元能量的这一变化特点是能量在传播中的表现。

2. 波的强度

为了描述介质中各处能量的分布情况，我们引入能量密度，即质元单位体积的能量

$$\varepsilon=\frac{\Delta E}{\Delta V}=\rho A^2\omega^2\sin^2\omega\left(t-\frac{y}{v}\right)$$

图 8-17 绘出了质元位移和能量密度 $\varepsilon$ 随时间变化的情况。由图可以看出，$\varepsilon$ 变化的周期为位移 $x$ 变化周期的 1/2。能量密度在一周期的平均值为

$$\bar{\varepsilon}=\frac{1}{T'}\int_0^{T'}\rho A^2\omega^2\sin^2\omega\left(t-\frac{y}{v}\right)\mathrm{d}t$$

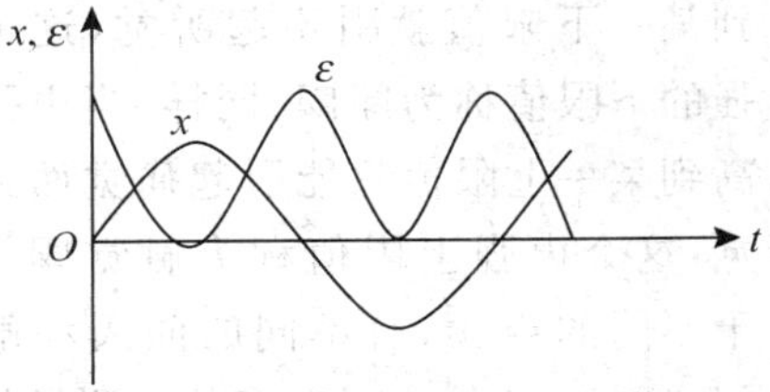

图 8-17　能量密度的周期是位移周期的 1/2

式中 $T'=T/2=\pi/\omega$。由于正弦平方的平均值为 1/2，因而将上式积分后，有

$$\bar{\varepsilon}=\frac{1}{2}\rho A^2\omega^2 \tag{8.32}$$

式(8.32)表明，波的平均能量密度和振幅平方、频率平方以及介质密度成正比。超声波比声波有较高的频率，当两者振幅相同时，超声波有更大的平均能量密度。

为了定量研究波动过程中能量的传播，通常引入能流密度的概念。能流密度的方向就是能量传播的方向，能流密度的大小就是单位时间内通过垂直于波速方向单位截面上的平均能量。如图 8-18 所示，在介质中取垂直于波速$\boldsymbol{v}$的面积$S$，则在一周期$T$内通过$S$的能量为$\bar{\varepsilon}vTS$。根据定义，能流密度为

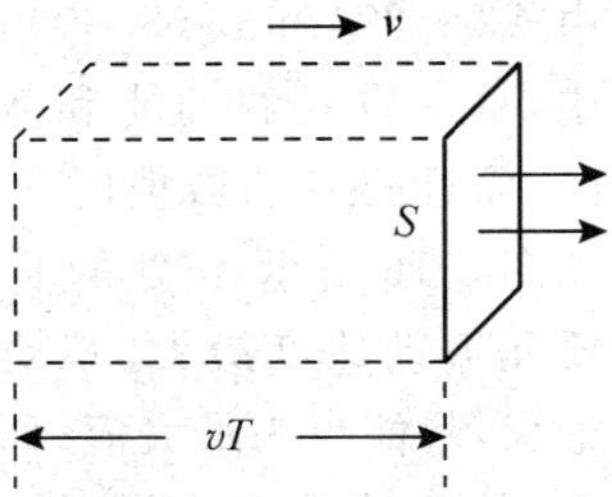


图 8-18

$$I=\frac{\bar{\varepsilon}vTS}{TS}=\bar{\varepsilon}v=\frac{1}{2}\rho A^2\omega^2 v$$

能流密度是一个矢量，它的方向和波速方向相同，因而上式也可写成矢量形式

$$\boldsymbol{I}=\bar{\varepsilon}\boldsymbol{v}=\frac{1}{2}\rho A^2\omega^2\boldsymbol{v} \tag{8.33}$$

能量密度决定了波的强弱，所以它又称为波强，单位为瓦·米$^{-2}$（$W\cdot m^{-2}$）。

3. *声强*

在弹性介质中传播的机械波，能引起人听觉的频率范围为 $20\sim2\times10^4$ Hz，通常将此频率称为声频。频率低于 20 Hz 的称为次声；高于 $2\times10^4$ Hz 的称为超声。广义地说，在一切介质内传播的任何机械振动都是声波。

引起人耳的听觉不仅与频率有关，而且与声波强度即声强有关，显见，式(8.33)也适用于声强。声强降到某一下限值就引不起听觉，这个声强的下限值称为闻阈；同样，当声强升高到某一上限值只能引起痛觉而无声觉，这个声强上限值称为触觉阈。对于不同的声频，有不同的闻阈和触觉阈。图 8-19 绘出了对多数人测量的平均结果。图中曲线表明，从闻阈到触觉阈声强变化范围很大。例如，频率为 1 000 Hz 的声音，闻阈为 $10^{-12}$ $W\cdot m^{-2}$，触觉阈为 10 $W\cdot m^{-2}$，两者相差 13 个数量级。由于声强变化范围大，常用对数来标度。规定 1 000 Hz 的闻阈为标准声强 $I_0$（$I_0=10^{-12}$ $W\cdot m^{-2}$），某频率的声强 $I$ 与 $I_0$ 之比的对数作为声强的量度，用 $L$ 表示：

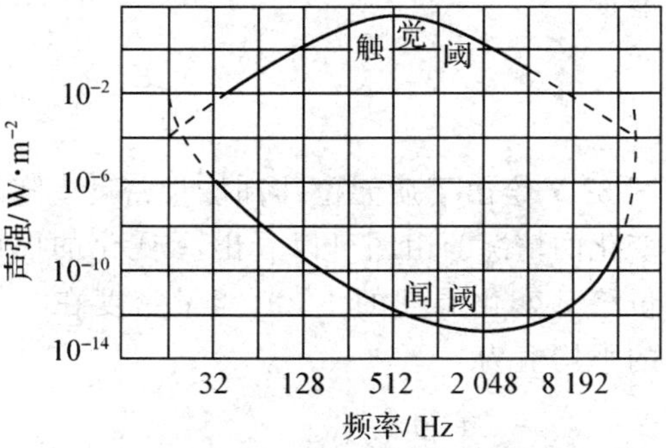


图 8-19 闻阈和触觉阈曲线

$$L=\lg\left(\frac{I}{I_0}\right)$$

$L$ 的单位称为贝尔(bel)。贝尔作为声强级别的单位太大,从闻阈到触觉阈之间只有 13 个级别。通常取贝尔的 1/10 即分贝(dB)作为声强级别的单位,即

$$L=10\lg\left(\frac{I}{I_0}\right) \quad (\mathrm{dB}) \tag{8.34}$$

这样,从闻阈到触觉阈的 $L$ 值大致为 0～130 dB。

需要指出的是,用声强级别表示声强,不仅为了量度上的方便,而且经验表明人耳感受到声音的主观强度大致是以分贝为单位加以区别的。

表 8-1 列出了常遇到的一些声音的声强级别。

**表 8-1　一些声音的声强级**

| 声　　音 | 声强/W・m$^{-2}$ | 声强级/dB |
|---|---|---|
| 刚能引起听觉的声音 | $10^{-12}$ | 0 |
| 树叶沙沙声 | $10^{-11}$ | 10 |
| 耳语 | $10^{-10}$ | 20 |
| 室内轻声收音机 | $10^{-8}$ | 40 |
| 一般谈话 | $10^{-6}$ | 60 |
| 闹市车声 | $10^{-4}$ | 80 |
| 铆钉声 | $10^{-2}$ | 100 |
| 重炮声 | 1 | 120 |
| 会聚超声波 | $10^{9}$ | 210 |

悦耳的乐声是一些波强不太大、近似周期性或者少数几个近似周期性的波合成的声波,即乐声的声谱基本上是分立谱。而噪声是一些波形不是周期性的或者是由个数很多的一些周期波合成的声波,即噪声的声谱是连续谱。噪声对人体健康的危害已引起广泛的关注和重视。在超过 90 dB 的环境下生活和工作有害于健康。对动物进行的试验表明,噪声达 170 dB 时可导致动物的死亡。

任何事物都有正、反两面。据报载,德国试验利用大街上噪声能供晚上街灯用;也有人试制噪声弹来打击恐怖分子;美国有科学家利用噪声刺激某些农作物,使其根、茎、叶表面的孔张得很大,从而增强了作物吸收肥料和养分的能力,这位科学家用汽笛向试验田的西红柿发射 100 dB 的噪声 30 多次,结果西红柿所结的果实与对照组相比既多又大,产量增加 9 倍。科学家还发现,不同植物对不同波段的噪声有不同的敏感度。此外,噪声还能控制某些植物提前或滞后发芽,利用这种差别就可制造成功噪声除草器。总之,开发噪声应用也是发展农业和提高产量的不可忽视的一面。

顺便提一下,20 世纪 70～80 年代,一些科学家发现植物在遇到不同的外部环

境(例如久旱逢雨、受到虫害等)会发出不同的声音。科学家意识到破译植物语言的重大意义,并有许多科学家已投身到这一艰辛的研究。

4. *超声波*

频率在 20 000 Hz 以上的机械波称为超声波。产生超声的方法很多,例如利用石英晶体的弹性振动可以产生很高的频率。当外加交变电场与石英晶体共振(压电效应)时产生的超声可以高达 $6\times10^{8}$ Hz,它在空气中的波长约为 500 nm,和可见光的波长相同。由于超声波的波长短,衍射现象不严重,因而具有良好的定向传播特性,也由于它的频率高,因而声强比一般声波大得多。而且超声波穿透本领很大,特别是在液体、固体中传播时衰减很小,在不透明的固体中能穿透几十米的厚度。声强很大的超声波在液体中传播时有所谓的空化现象。超声对液体不断形成压缩和拉伸,当液体无法承受时就会突然断裂而形成短暂空洞,这称为"空化"。这些空洞在压缩再度来临时会突然崩溃,在崩溃时空洞内产生很大的压强,有人估计可达数万个大气压,同时产生高温甚至放电现象。超声波的这些特性,在科学技术和工农业生产上得到广泛的应用。这些应用大致分为两大类。

一类是利用超声的强机械振动作用、高能量密度和空化等作用。如用于铝的焊接,在玻璃、陶瓷乃至金刚石上打孔,击碎人体内的结石等,也可用于罐头消毒和植物种子处理等。有报道超声处理植物种子引起增产和遗传变异,但这些结果还都难以确切地确定,尚需进一步研究。

另一类是利用超声波传播方向性强、界面上有强反射并易于探测的性质。如用来检查工件中的缺陷(如裂缝、气泡、砂眼等),这种探测无需解剖工件,称为无损探伤。超声波还可用来检测人体或家畜身体内部,观察内脏肿瘤等,它比 $X$ 射线安全方便,不伤害人体。超声波还可用来探测鱼群和海底暗礁和深度等。

5. *次声波*

次声波的频率范围大致为 $10^{-4}\sim20$ Hz。在火山爆发、地震、大气湍流、雪暴、磁爆等自然现象中都有次声波发生。它的特点是波长很长,可以远距离、长时间传播自然信息。例如,强烈地震时,接收纵波、横波、表面波 3 种次声波可以推算出地震波的垂直幅度、方向和水平速度。利用空气中的次声波可以侦察核爆炸。我国大庆油田工作者发现,地震前后,震中附近油田经常出现异常,主要表现为废井突然自喷、产油量突发性增加或降低等,于是他们利用电磁锤产生次声波来提高油井原油的产量。但是,次声波技术也存在一定的问题,一定强度下某些频率的次声波对人体是有害的。实验证明,10 Hz、170 dB 的次声波可使狗的呼吸困难或停止。人和其他生物不仅能够对次声产生某种反应,而且他(它)们的某些器官还会发出微弱的次声波,因此可以利用测定这些次声波的特性来了解人体或其他生物相应器官的活动情况。

核武器的发展曾对次声波的研究起了很大推动作用，如今科学家们对次声波的研究和它的应用范围要广泛得多，它已成为现代声学的一个新的分支——次声学。

### 8.2.4　波的传播

1. 惠更斯原理

荷兰物理学家惠更斯在 1690 年出版的《光论》一书中提出了一个著名的原理，利用这个原理可以较好地解释光传播中的一些问题，例如光的反射和折射以及光的衍射现象等。这个原理称为惠更斯原理，它同样适用于在弹性介质中传播的机械波。

惠更斯原理表述如下：波所达到的每一点都可看成新的波源，这些点发出的球面次波的包迹就是新的波前。

现在举例说明惠更斯原理的用法。如图 8-20 的示，波由波源 $O$ 以速度 $v$ 向空间传播，设 $t$ 时刻的波前是半径为 $R_1$ 的球面 $S_1$。$S_1$ 面上各点可看作新的波源，在 $\Delta t$ 时间内发生半径为 $v\Delta t$ 的半球面形的次波，而新的波前就是这些次波的包迹 $S_2$，半径为 $R_2=R_1+v\Delta t$。可以用同样的方法求出平面波情形下新的波前(图 8-21)。

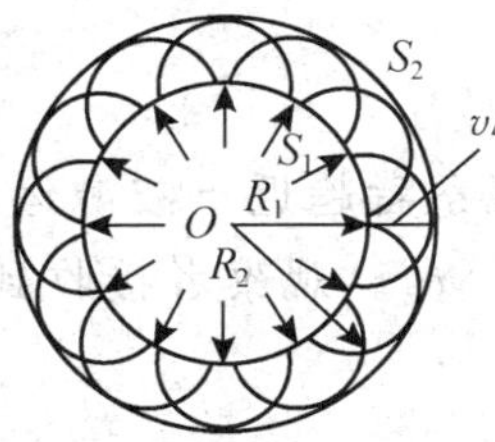

图 8-20　用惠更斯作图法得出球面波波前

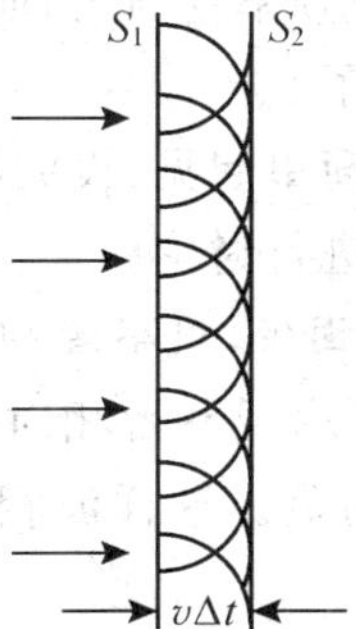

图 8-21　用惠更斯作图法得出平面波波前

上面两个例子都是波在各向同性的均匀介质中传播，用惠更斯原理求出的波前的几何形状保持不变。当波在各向异性介质中传播时，利用惠更斯原理得出的波前的几何形状和传播方向都可能发生变化。这一情况将在晶体波动光学中遇到。

2. 波的叠加原理　干涉

实验表明，从几个波源产生的波在同一介质中传播时，无论这几个波相遇与否，都保持原有的特性(频率、波长、振动方向、传播方向等)。因此，在相遇处各质元的振动位移是各波单独存在时在该点所引起的振动位移的矢量和。这就是波的叠加原理。例如，把两石块同时投入静水中，两振源所激起的圆形波，彼此穿过而又离开之后，它们将仍是圆形的，并仍以石块落下处为圆心。再如，听乐队演奏时，各种乐器的声音保持原有的音色，因而我们能够从中辩别出来。

当频率相同、振动方向相同、相位相同或有固定相位差的两列波在空间某区域同时传播时，可能形成有的地方振动始终加强，另一些地方振动始终减弱，因而空间有一稳定的强度分布。这种现象称为波的干涉。能产生干涉现象的两列波称为相干波，相应的波源称为相干波源。关于干涉现象我们将在第 9 章详细讨论。

### 8.2.5　多普勒效应

前面我们只研究了波源和观察者相对于传播波的介质静止的情形。如果观察者相对于介质运动，或者波源相对于介质运动，或者两者都相对于介质运动，这时观察者接收到的频率 $\nu'$ 和波源的频率 $\nu$ 不同，这种现象称为多普勒效应。这种效应是各种波都有的一种很重要的现象。例如，机车迎面驶来时，汽笛的音调听起来变高了，说明频率变高了；而当机车背离我们驶去时，则汽笛的音调听起来变低了，即频率变低了。

为讨论简单起见，设波源和观察者相对于介质的运动在二者的连线上。分以下 3 种情况进行讨论。

1. 波源固定，观察者相对于介质运动

以 $u_{观}$ 表示观察者相对于介质的速度，并规定观察者趋近于波源运动时 $u_{观}$ 为正，反之为负。这样波相对于观察者的速度为 $v+u_{观}$。观察者接收到的频率 $\nu'$ 为

$$\nu'=\frac{1}{T'}=\frac{v+u_{观}}{\lambda}=\frac{v+u_{观}}{vT}=\left(1+\frac{u_{观}}{v}\right)\nu \tag{8.35}$$

式(8.35)说明，当观察者趋近静止的波源，接收到的频率比波源频率高；如果观察者远离波源，接收到的频率低于波源的频率。在特殊情形下，如 $u_{观}=-v$，即观察者以波传播的速度离开波源运动，观察者与波相对静止，则 $\nu'=0$，即观察者接收到的振动数为零。

2. 观察者固定，波源相对于介质运动

以 $u_{源}$ 代表波源相对于介质的运动速度，并规定波源接近观察者，$u_{源}$ 为正，反之为负。由于波速 $v$ 和波源的运动无关，所以在一周期内波源在 $B$ 点发出的振动向前传播的距离总等于 $\lambda$（图 8-22），但在同时，波源向前移动了距离 $u_{源}T$ 而到达 $B'$ 点，整个波被挤压在 $B'A$ 之间，因而波长缩短为

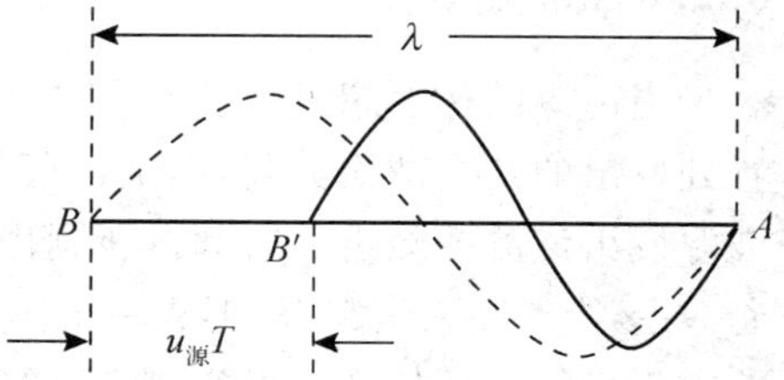


图 8-22　波源运动的影响

$$\lambda' = \lambda - u_{源}T$$

这样，观察者接收到的频率为

$$\nu' = \frac{v}{\lambda'} = \frac{v}{(v - u_{源})T} = \left(\frac{1}{1 - \frac{u_{源}}{v}}\right)\nu \tag{8.36}$$

显见，当 $\nu_{源} > 0$，则有 $\nu' > \nu$；若 $u_{源} < 0$，则 $\nu' < \nu$。

3. 波源和观察者同时相对于介质运动

由以上讨论可知，波源以 $u_{源}$ 相对于介质运动时使波长变为 $\lambda' = \lambda - u_{源}T$，当观察者以 $u_{观}$ 的速度相对于介质运动时，相对于观察者来说波的速度为 $v + u_{观}$。当两者同时相对于介质运动时，接收到的频率 $\nu'$ 为

$$\nu' = \frac{v + u_{观}}{\lambda - u_{源}T} = \frac{v + u_{观}}{v - u_{源}}\nu \tag{8.37}$$

如果观察者和波源的运动方向不在两者的连线上，则只要将速度沿连线上的分量代入式(8.37)即可。

多普勒效应是由奥地利物理学家多普勒在 1842 年发表的《论双星的色光》中提出的，他认为，运动着的声源，其音调对于静止的观测者是变动的，那么星光的颜色也应当随星对地球的速度而变化。他的原理已用于研究恒星的运动、寻找双星，是现代宇宙论的组成部分。天文学家观测遥远星系的光谱，并与地球上得到的光谱相比较时发现星系的光谱几乎都发生红移(波长变长)。根据多普勒效应原理，得出星系都正在远离地球向四外飞去，这就是宇宙膨胀论的一个有力依据。

由于利用多普勒效应可以测定运动物体的速度，所以它有许多实际的应用。例如，使用微波雷达测定云层的速度，从而对气象作出预报；利用激光测出血液中红血球流速，从而得出血液流动速度，对疾病作出诊断等等。

### 8.2.6 冲击波

当声源的速度超过声速时，式(8.37)不再成立。图 8-23 画出了声源在不同位置处发出的几个球面波前，图上的任何波前的半径都是 $vt$，其中 $v$ 为声速，$t$ 为从波源发出该波前经过的时间。所画出的波前是二维的(实际上是三维的)，它们沿着 V 形的包迹聚集起来，形成一个圆锥面，称其为马赫锥。这个图形说明，波源的前方不可能有任何波动产生，所有波前都被挤压而聚集在马赫锥上，其上高度集中了波的能量。容易造成巨大的破坏，这种波称为冲击波(或击波)。图 8-23 中锥形的半角 $\theta$ 称为马赫锥角，它由下式给定：

$$\sin\theta=\frac{vt}{u_{源}t}=\frac{v}{u_{源}} \tag{8.38}$$

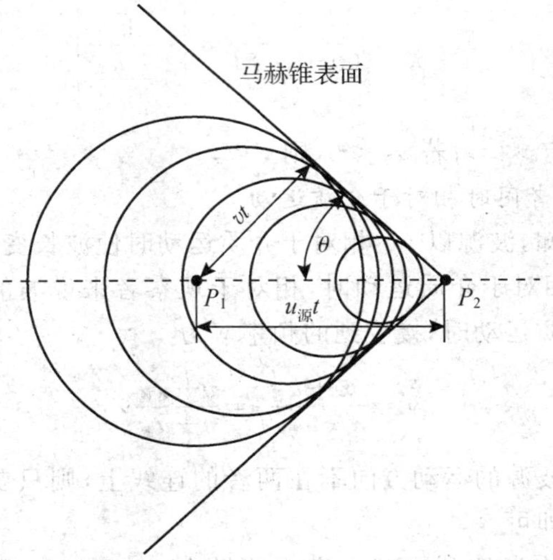


**图 8-23 冲击波的产生**

$u_{源}/v$ 值称为马赫数。如果一架飞机以 2.5 马赫数飞行，那就是说它以空气中声速的 2.5 倍速度飞行。

声源以超声速运动时形成的马赫锥可引起大气压强的骤然升高或降低，引发声音的突变(称为声爆)。例如猛甩一根长牛鞭时就能听到声爆，这时由于当鞭子的运动接近鞭梢时鞭梢的运动比声速大产生的。核爆炸威力大，会在空气中形成强烈的冲击波，它到达的地方，空气压强突然增大，可造成极大的破坏力。

当在透明介质里穿行的带电粒子速度超过介质里的光速(小于真空中光速)时，会辐射出圆锥形的电磁辐射，这种辐射称为切伦科夫辐射，利用这一原理可制成探测高能粒子速度的仪器——切伦科夫计数器。

## 习　题

1. 一个弹簧振子的小球作简谐振动 $x=0.05\cos(8\pi t+\frac{\pi}{3})$(SI)。(1)求此振动的角频率、周期、振幅、初相位、最大速度和最大加速度;(2)$t=1,2,10$ s 等时刻振动的相位;(3)求小球到达平衡位置的时刻。

2. 一质量为 $m$ 的物体,以振幅 $A$ 作简谐振动,最大加速度为 $a_{\max}$,则其振动总能量为多大?当其动能为其势能的一半时,物体离平衡位置多远?

3. 据报道,1976 年 7 月 28 日唐山地震时,居民感受到自己被甩到 1 m 高。假定地面在作简谐振动,而且频率是 1 Hz,则地面振动的最大速度和振幅各是多少?

4. 两劲度系数为 $k_1$ 和 $k_2$ 的弹簧串接后一端与质量为 $m$ 的物体相连,另一端固定,放在光滑水平面上。求该系统作振动时的固有频率 $\nu$。

5. 如图所示,一 U 形管装有密度为 $\rho$ 的液体,液柱总长度为 $L$。先在左端吹气加压,使两端液面高度差为 $h$,然后放气,液柱作简谐振动,试求其振荡频率。

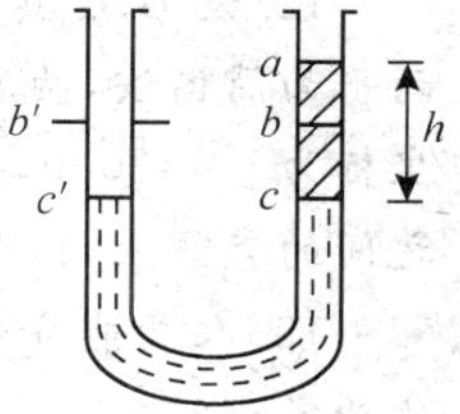

习题 8-5 图

6. 一弹簧振子,劲度系数为 25 N/m,以初动能 0.2 J 和初势能 0.6 J 开始振动。求:(1)它的振幅多大?(2)位移是振幅的一半时,势能多大?

7. 一个质点同时参与两个在同一直线上的简谐振动,其表达式分别为

$$x_1=0.04\cos\left(2t+\frac{\pi}{6}\right),\ x_2=0.03\cos\left(2t-\frac{\pi}{6}\right)\quad \text{(SI)}$$

试写出合振动的表达式。

8. 一平面简谐波在介质中以速度 10 m/s 沿 $x$ 轴(正向向右)左传播,若波线上 $A$ 点的振动方程为 $y_1=0.02\cos(2\pi t+\phi)$ m,而波线上另一点 $B$ 在 $A$ 点左边 5 cm 处,分别求以 $A$ 为坐标原点时波的表达式和以 $B$ 为坐标原点时波的表达式。

9. 一平面简谐波在 $t=0$ 时的波形曲线如图所示。(1)写出此波的表达式;(2)画出 $t=0.02$ s 时的波形图。

10. 已知一平面简谐波的表达式为 $x=5\cos(3t-4y+5)$cm,试求:(1)$t=5$ s 时介质中任一点的位移;(2)$y=4$ cm 处质点的振动规律;(3)波速 $v$;(4)$t=3$ s 时 $y=3.5$ cm 处质点的振动速度。

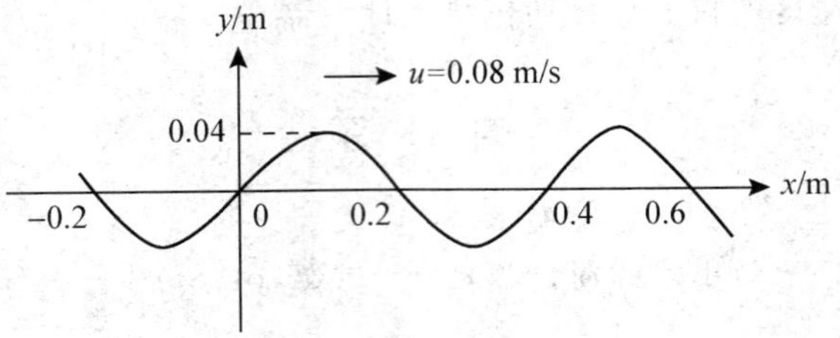


**习题 8-9 图**

11. 一横波沿一条张紧的弦线传播，沿线的方向取 $x$ 轴，该横波的表达式为

$$y=2\times10^{-3}\cos 2\pi(262t-3.3x)\ (\text{SI})$$

(1)说明波的传播方向；(2)求出波的振幅、频率、波长和波速；(3)位于 $x=0.5$ m 处的质元在 $t=0.02$ s 时的振动相位是多少？再过 $\Delta t=0.02$ s 此相位将位于何处？(4)位于 $x=0.5$ m 处的质元在 $t=0.02$ s 时的振动速度是多大？

12. 设 $B$、$C$ 具有相同的振动方向和振幅，振幅为 1 cm，初相位差 π，相向发出两平面简谐波，两波频率均为 100 Hz，波速为 430 m/s。已知 $B$ 为坐标原点，$C$ 的坐标为 $y_c=30$ m。试求：(1)两波源的振动表达式；(2)两波的表达式；(3)在 $B$、$C$ 之间的直线上，因两波叠加而静止的各点的位置。

13. 人耳能分辨的声强级的差别是 1 dB，声强级有此差别的两声波的振幅之比为多少？

14. 一只唢呐演奏的平均声强级约为 70 dB，5 只同样唢呐同时演奏的声强级多大？

15. 一喷气式飞机起飞时，距它 60 m 处的声强级是 120 dB，此处声音的强度多大(用 $\text{W/m}^2$ 表示)？距它 120 m 处的声强级多大？假设声波是球面波而且空气不吸收声波的能量。

16. 街道噪声声强级为 65 dB，在附近一个 1.2 m 见方的空窗口 1 s 内接收此噪声的能量是多少焦耳？

17. 一固定的声源发出频率为 100 kHz 的超声波。一汽车向超声源迎面驶来，在超声源处接收到从汽车反射回来的超声波，其频率从测频装置中测出 110 kHz。设空气中的声速为 $330\ \text{m}\cdot\text{s}^{-1}$，试计算汽车的行驶速度。

18. 在血管内血流的速率一般约为 $0.32\ \text{m}\cdot\text{s}^{-1}$，频率为 4.00 MHz 的超声波沿着血流的方向发射而被红血球反射回来，如果超声波在人体内的速度是 $1.5\times10^3\ \text{m}\cdot\text{s}^{-1}$，则入射波和反射波的频率差是多少？

# 第 9 章　光　　波

光学是物理学中最古老的基础学科之一，它和天文学、力学一样，有着悠久的历史；它又是当前科学技术领域中最为活跃的前沿阵地之一，具有强大的生命力和难以估量的发展前途。随着各种光学实验现象的不断发现和整个物理学的发展，光学理论也在不断地发展、完善和深入，同时促进了生产技术的发展。而生产技术的发展，又反过来不断向光学提出许多新的课题。光学发展的历史生动说明了理论和实践的辩证关系。

整个光学发展史贯穿着人们对光的本性的探索。在 17 世纪存在着互相排斥的光的微粒说和波动说。今天科学的进步使我们认识到光是一种电磁辐射，它具有波动性和粒子性的双重性质，这两种性质不是互相排斥，而是相互补充，是同一客观物质——光在不同场合表现出来的两种属性，我们不可能用其中任一属性概括光的全部性质。

光学研究光的传播以及它和物质的相互作用。光学可大致分为几何光学、波动光学、量子光学和现代光学四大部分。当光的波长可以忽略、其波动效应不明显时，人们把光的能量看成是沿着一根根光线传播的，它们遵从直进、反射、折射等定律，这便是几何光学。波动光学则是研究光在传播过程中显出的干涉、衍射和偏振等波动现象和特点。光和物质相互作用的问题，通常是在分子或原子的尺度上研究的，对这些现象进行较完满的解释需借助于量子理论（有些现象可用经典理论作定性说明），所以凡涉及光的发射和吸收等光与物质相互作用的微观过程都是量子光学研究的内容。现代光学是 1960 年发明激光器后迅速发展起来的光学新分支，它主要研究非线性光学、激光光谱学、信息光学等方面的问题。有关激光的基础知识将在第 12 章介绍，本章将着重讨论光的波动理论。

## 9.1　光的干涉

### 9.1.1　杨氏实验

两个普通的独立光源照射在同一空间区域（如屏幕）时，强度将是简单的相加，这种现象是屡见不鲜的。但在一定条件下，在两束光重叠区域内不是简单的叠加，而是有的区域加强，有的区域削弱，即呈现亮暗相间的条纹，这就是光的干涉现象。首先用实验实现光的干涉是杨氏在1801年完成的。杨氏用惠更斯原理和波的叠加原理完美地解释了他的实验结果，第一次测定了光波波长。

杨氏实验不仅在历史上有着重要地位，而且至今还有着重大的作用。正因为这些原因，我们在波动光学一开始就介绍杨氏实验，并以它作为“解剖”对象，做详细的讨论。

1. 杨氏实验装置　实验现象

杨氏当初的实验装置如图9-1所示。在阻挡屏 $M_1$ 上做有针孔S，阻挡屏 $M_2$ 上也有两个相距很近的针孔 $S_1$ 和 $S_2$。$M_1$、$M_2$ 和屏幕 $M_3$ 是相互平行的，$M_3$ 和 $M_2$ 的间距以及 $M_2$ 和 $M_1$ 的间距均远远大于 $S_1$ 和 $S_2$ 的间距。让日光照射 $M_1$ 上的针孔S，这时在 $M_3$ 上可以观察到一组明暗相间的、平行的直线彩色条纹，各色条纹分别等宽，但并不相等，其中红条纹最宽，紫条纹最窄。

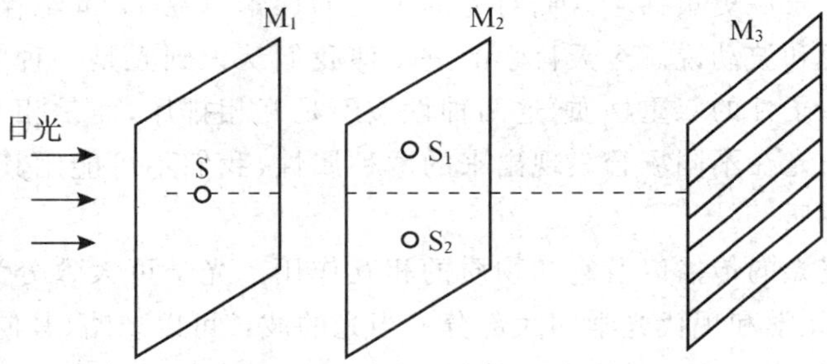


**图 9-1　原杨氏实验装置**

后来发现，以狭缝代替针孔S、$S_1$ 和 $S_2$，并用单色光(如钠黄光)照射，在屏幕上可得到更为清晰的明暗相间的单色直线条纹，装置如图9-2所示。自20世纪60年代激光源产生后，杨氏实验装置更为简单。若单色光采用激光，则图9-2中的狭缝S可去除，在屏幕 $M_3$ 上同样可观察到清晰的明暗相间的直线条纹。

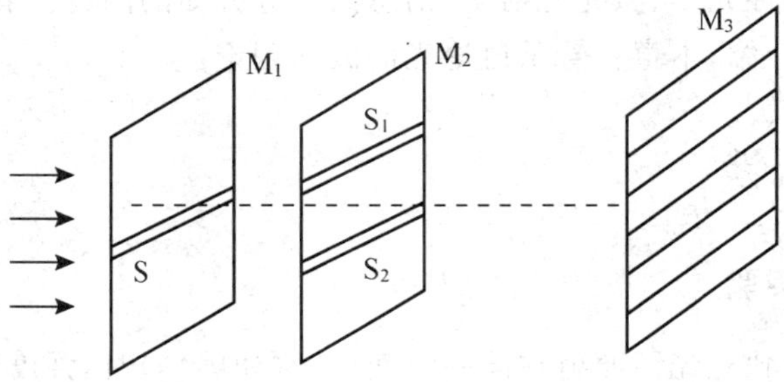


**图 9-2　杨氏双缝干涉**

杨氏实验的结果，即在 $M_3$ 上观察到明暗相间的条纹，是无法用几何光学理论来解释的，因为几何光学告诉我们光是沿着直线传播的，那么图 9-1 或图 9-2 中的 $M_3$ 上应是一片黑暗，根本不可能有光，但事实上屏幕上有光且光强是周期分布。如何来解释此实验现象呢？这正是我们下面要讨论的内容。

2. 实验结果分析

现在根据惠更斯原理和波的叠加原理来研究 $M_3$ 上呈现的条纹的特点。如图 9-3 所示，用单色光照射针孔 S，S 可看作是一个点光源，它向空间发出球面波，这样针孔 $S_1$ 和 $S_2$ 必落在 S 发出的球面波波面上（若 $R_1=R_2$，则落在同一波面上）。由惠更斯原理，$S_1$ 和 $S_2$ 可视为新的次波源，$S_1$ 和 $S_2$ 各自向空间发出球面波，它们在 $M_3$ 相遇，可根据波的叠加原理进行计算。

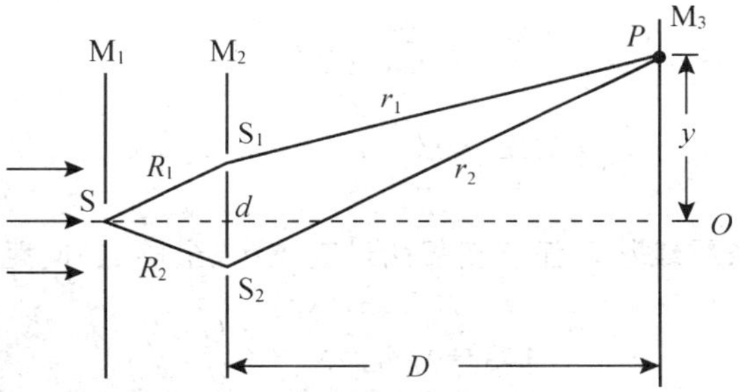


**图 9-3　杨氏干涉原理图**

由于在杨氏实验中有条件 $d\ll D$（例如 $d=0.5$ mm，$D=100$ cm），所以 $\boldsymbol{r}_1$ 和 $\boldsymbol{r}_2$ 几乎是平行的，这样 $S_1$ 和 $S_2$ 发出的球面波在 $P$ 点相遇时，它们的振动方向可看作是平行的，于是在 $P$ 点两振动的叠加是属于同频率、同振动方向且相位差恒定的两个简谐振动的合成，即在 $P$ 点的光强度由相位差决定。

在 $R_1=R_2$ 的条件下，相位差 $\delta=2\pi\dfrac{r_2-r_1}{\lambda}=2\pi\dfrac{\Delta L}{\lambda}$，其中 $\Delta L=r_2-r_1$。由图 9-3 中的几何关系可得 $r_2=\sqrt{D^2+\left(y+\dfrac{d}{2}\right)^2}$，$r_1=\sqrt{D^2+\left(y-\dfrac{d}{2}\right)^2}$，于是有

$$\Delta L=r_2-r_1=D\sqrt{1+\frac{\left(y+\frac{d}{2}\right)^2}{D^2}}-D\sqrt{1+\frac{\left(y-\frac{d}{2}\right)^2}{D^2}}$$

在实验中有条件 $D\gg y\pm\dfrac{d}{2}$，即在屏幕上观察条纹的范围要小于 $D$，可利用近似公

式 $\sqrt{1+x}\simeq 1+\frac{x}{2}(x<1)$，最后得

$$\Delta L=r_2-r_1=y\frac{d}{D} \tag{9.1}$$

$$\delta=2\pi\frac{r_2-r_1}{\lambda}=2\pi\frac{yd}{D\lambda} \tag{9.2}$$

条纹最亮点有

$$\delta=2\pi\frac{yd}{D\lambda}=2k\pi$$

$$y=k\lambda\frac{D}{d}\quad(k=0,\pm1,\pm2,\cdots) \tag{9.3}$$

条纹最暗点有

$$\delta=2\pi\frac{yd}{D\lambda}=(2k+1)\pi$$

$$y=\left(k+\frac{1}{2}\right)\lambda\frac{D}{d}\quad(k=0,\pm1,\pm2,\cdots) \tag{9.4}$$

其中 $k$ 称为干涉条纹级数。任意相邻两最亮点(或最暗点)间距离为

$$\Delta y=y_{k+1}-y_k=\lambda\frac{D}{d} \tag{9.5}$$

由式(9.5)可知：①在 $D$ 和 $d$ 确定条件下，波长 $\lambda$ 越大，条纹宽度越大，所以在用白色光源时，由于各种颜色的光波长不同，因此除在零级亮纹中心是白色外，在其余处出现彩色条纹。当干涉级数较大时，不同级数的各色条纹由于互相重叠出现均匀强度，无法辨认干涉条纹。所以用白色光源观察时，可辨认条纹数很少，故一般实验中均用单色光源。②$\Delta y$ 与干涉条纹级数 $k$ 无关，这说明了在屏幕上所观察到的干涉条纹是等间距的。③由于可见光波长对我们直接观察来说是一个很小的量，若在实验中要出现有明显可见的明暗相间的干涉条纹(揭示出光波的空间周期性)必须使 $D\gg d$，杨氏实验装置中安排了此条件(另一原因使 $S_1$ 和 $S_2$ 在 $P$ 点的振动方向是一致的)。④在确定的 $D$ 和 $d$ 条件下，由测量干涉条纹宽度 $\Delta y$ 即可测定光波波长。杨氏就是通过此法第一次测量了光波波长。

我们还要继续说明下列几点。

(1)屏幕上光强分布由 $\delta=\frac{2\pi}{\lambda}(r_2-r_1)$ 决定。在杨氏实验里，$S_1$ 和 $S_2$ 发出的球面波都是在 $n=1$ 的空气中传播，所以屏幕上强度分布情况，实际上是由两个波到达 $P$ 点的几何程差 $(r_2-r_1)$ 决定。如果 $S_1$ 和 $S_2$ 发出的球面波分别在折射率为

$n_1$ 和 $n_2$ 的介质中传播，若 $R_1=R_2$，则有

$$\delta=2\pi\frac{r_2}{\lambda_2}-2\pi\frac{r_1}{\lambda_1}$$

而 $\lambda_2=\dfrac{\lambda}{n_2}$，$\lambda_1=\dfrac{\lambda}{n_1}$，其中 $\lambda$ 是真空中的波长，所以有

$$\delta=\frac{2\pi}{\lambda}(n_2r_2-n_1r_1)$$

于是屏幕上光强分布由 $(n_2r_2-n_1r_1)$ 决定，我们称 $n_2r_2$ 和 $n_1r_1$ 分别为 $S_2$ 和 $S_1$ 点光源发出光波到达屏幕上 $P$ 点的光程，而 $(n_2r_2-n_1r_1)$ 称为两者的光程差。

(2)在讨论 $S_1$ 和 $S_2$ 两相干点光源在屏幕上某点的光强时，可认为是相同的，亦即忽略了 $r_1$ 和 $r_2$ 之间差异，但在讨论 $S_1$ 和 $S_2$ 在幕上某点引起的振动相位时，却一定要计算 $r_1$ 和 $r_2$ 之间的差异。所以同一个物理量在什么情况下可忽略，在什么情况下不能忽略，均要作具体分析，决定取舍。

(3)干涉条纹实质上体现了参与相干叠加的光波间相位差的空间分布，换句话说，干涉条纹的强度记录了相位差的信息，这一概念对现代光学是十分重要的。

全息照相的“全息”指的就是物体发出光波的全部信息，既包括振幅(或强度)，也包括相位。正因为全息照片含有光波全部信息，所以它与普通照片(仅记录了光的强度)有很大的不同。其一是人们观察全息照片，可看到原物完整的立体虚像，这个立体虚像是真正立体的，当人眼换一个位置时，可以看到物体的侧面像，原来被挡住的地方这时也显露出来了；其二是通过全息照片上任一碎片，也可以看到整个物体的立体像。全息原理是 1948 年伽伯为了提高电子显微镜的分辨能力而提出的，但当时没有高相干性、高强度的光源，全息照相研究工作进展相当缓慢，全息术也不被人们所重视。自 1960 年激光器出现后，人们又燃起了对全息的兴趣，从此全息技术的研究进入了一个新阶段，发展非常迅速，已成为科学技术的一个新领域。如今全息技术已有大量的应用，如全息显微术、全息 X 射线显微镜、全息电影、全息电视、全息干涉计量术、全息存储、特征字符识别等。

前面提到，在图 9-1 所示的屏幕 $M_3$ 上，在通常的实验观察的线度内，可观察到明暗相间的直线条纹，我们现在要问，为什么干涉条纹是直线条纹？如果屏幕 $M_3$ 放在其他位置，将观察到什么形状的干涉条纹呢？要回答这些问题，还需从两个相干点光源 $S_1$ 和 $S_2$ 在空间干涉情况谈起，见图 9-4。我们已证明：

当 $r_2-r_1=k\lambda$ 时，干涉强度有极大值；当 $r_2-r_1=\left(k+\frac{1}{2}\right)\lambda$ 时，干涉强度有极小值；当 $r_2-r_1=$ 常量时，干涉强度相等。

根据几何学知道，当 $r_2-r_1=$ 常量的轨迹是以 $S_1$ 和 $S_2$ 为焦点，$S_1$ 和 $S_2$ 的连线为旋转轴的双叶旋转双曲面。图 9-4 是通过 $S_1$ 和 $S_2$ 的一个垂直剖面图。图 9-4 的幕Ⅰ与双叶旋转双曲面相截，在幕Ⅰ上的截线为双曲线。所以，一般说来在幕上观察到的干涉条纹应为双曲线，但是如果幕Ⅰ与 $S_1$ 和 $S_2$ 的距离远远大于 $S_1$ 和 $S_2$ 的距离，而同时在幕Ⅰ上的观察范围不是很大的话，在幕Ⅰ上观察到的干涉条纹近乎是直线，我们在前面所说在幕上观察到直线条纹就是这个含意。

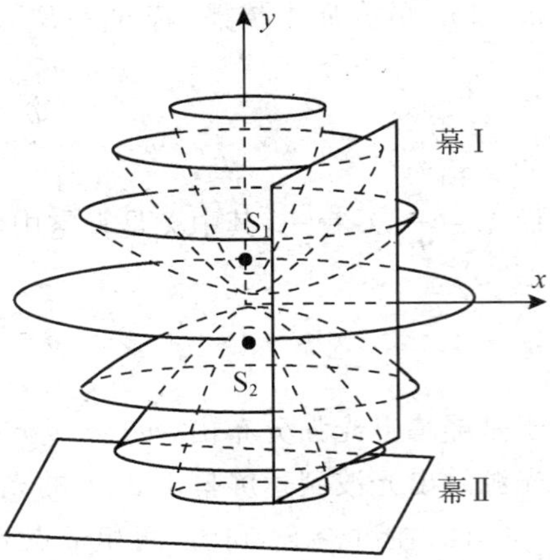


图 9-4　两相干点光源的干涉场

如果图 9-4 的两相干点光源 $S_1$ 和 $S_2$ 向全空间发出光波，则在幕Ⅱ上可观察到一组明暗相间的同心圆形干涉条纹。但是在杨氏实验里的 $S_1$ 和 $S_2$（图 9-1）不是向全空间发出光波，只向图中的右方发出半个球面波，于是在幕Ⅱ的位置，一般说来可观察到一组明暗相间的同心圆弧干涉条纹。

## 9.1.2　劳埃德镜和半波损

劳埃德镜干涉装置如图 9-5 所示。狭缝光源 S 垂直于图面，S 射出的光以很大的入射角（接近 90°）照射到一块垂直于图面的平板玻璃 $MN$ 上（为了使玻璃板下表面不存在反射光而予以涂黑）。于是从狭缝光源 S 发出的光波，一部分经玻璃板的上表面反射到幕上；另一部分直接投射到幕上。在幕上两光束交叠区域里出现的干涉条纹可视为由 S 和 S 在玻璃板上的虚像 S′所产生。因此条纹宽度等计算也可利用杨氏实验的结果。

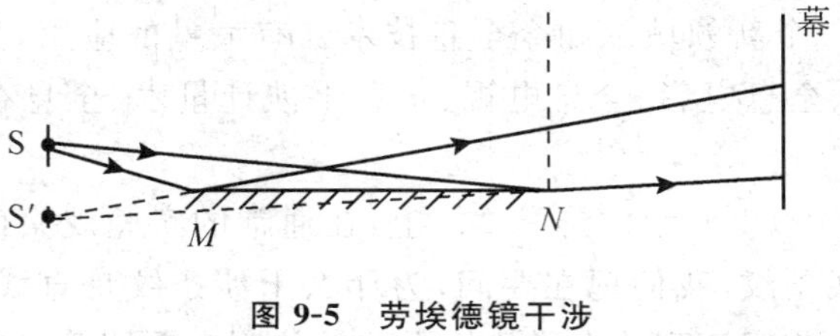


图 9-5　劳埃德镜干涉

劳埃德镜干涉中还存在着一个很重要的特征。将图 9-5 中的幕移到图中虚线的位置，与玻璃板边缘 $N$ 点紧靠在一起。根据直接的光程计算，S 和 S′到 $N$ 点的光程相等，两者之差为零，$N$ 点应为亮点，而实验表明该点是暗点。这就说明了两光束之一有了相位 $\pi$ 的变化。因为入射光不可能有相位突变，所以由上述实验结果可得出如下结论：当光由空气（光疏介质）以接近 90°的入射角射向玻璃（光密介质）表面反射时，反射光的振动突然朝相反方向振动，这等于说反射光的光程在反射过程中损失了半个波长。

### 9.1.3　薄膜干涉

当一束光射到各向同性的电介质薄膜上时，一部分光波会透射，另一部分光波会反射，一般情况下透射波和反射波的振幅都比入射波的要小，于是形象地说成是振幅被“分割”了，所以把薄膜说成是一种分割振幅的干涉装置。普遍地讨论薄膜干涉装置整个交叠区内任意平面上的干涉条纹是一个极为复杂的问题，实际中意义最大的是厚度不均匀薄膜表面的等厚干涉条纹和厚度均匀薄膜在无穷远产生的等倾干涉条纹，这两类干涉条纹的理论比较简单，应用比较广泛，是本节讨论的重点。

*1. 薄膜反射光程差的计算*

要研究一束光经薄膜反射和折射后两反射光线产生的干涉条纹，首先要计算它们的光程差。

有一束单色光斜入射至两个表面相互平行的、厚度为 $h$、折射率为 $n$ 的薄膜，薄膜两侧的介质折射率分别为 $n_1$ 和 $n_2$，如图 9-6 所示。图中光线 1 是入射光经薄膜第一个表面反射后返回至原介质中的，光线 2 是经薄膜第二个表面反射后返回至原介质中的。我们来计算光线 2 和光线 1 的光程差。由图 9-6 可知，光程差为

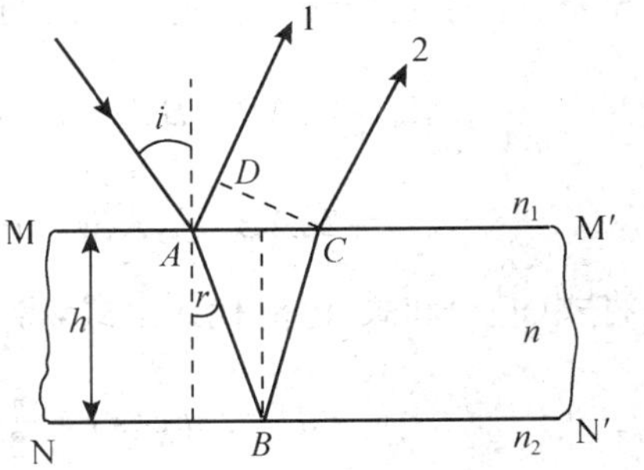


**图 9-6　平行薄膜光程差的计算**

$$\Delta L = n(AB+BC) - n_1 AD \qquad (9.6)$$

图中的 $i$ 角为入射光线的入射角，$r$ 为折射光线的折射角。由图中的几何关系和光的反射、折射两定律可得

$$AB = BC = h/\cos r \qquad (9.7)$$

$$AD = AC\sin i = 2h\tan r\,\sin i = 2h\,\frac{\sin r}{\cos r}\cdot\frac{n\sin r}{n_1} \qquad (9.8)$$

将上两式代入式(9.6)得

$$\Delta L = n\frac{2h}{\cos r} - n_1 2h\frac{\sin r}{\cos r}\cdot\frac{n\sin r}{n_1} = \frac{2nh}{\cos r}(1-\sin^2 r)$$

或

$$\Delta L = 2nh\cos r \tag{9.9}$$

理论上可以证明，如果薄膜的两个界面中仅仅存在一个光由光疏介质射向光密介质的界面，那么在计算光线 2 和光线 1 之间的光程差时尚须附加 $\lambda/2$(半波损)。如果在两个界面光都是由光疏介质射向光密介质，或光都是由光密介质射向光疏介质，则不存在半波损的问题。考虑到可能存在半波损，式(9.9)可写成

$$\Delta L = 2nh\cos r + \lambda/2 \tag{9.10}$$

在应用式(9.10)时，应根据上述的原则来取舍式中的 $\lambda/2$ 项。

上述讨论的入射光斜入射至薄膜，经反射和折射后产生的光线 2 和光线 1 是相互平行的，它们在无穷远点相干涉。现在我们来讨论薄膜表面上相干涉的两光线的光程差，如图 9-7 所示。在图中作一根垂直于 $SA$ 的辅助线 $AD$。在实际的问题里，由于薄膜很薄，点光源 S 至薄膜的距离较大，$A$,$C$ 两点非常接近，所以可以认为 $SA \approx SD$ 即 $SA - SD \ll \lambda$。于是光线 2 和光线 1 之间的光程差为

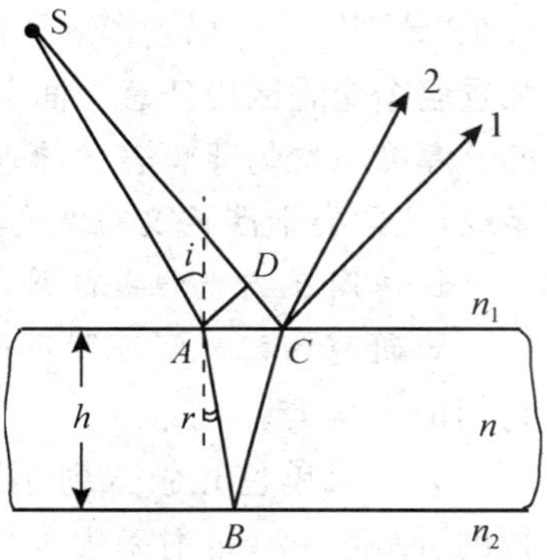

图 9-7 平行薄膜表面上一点光程差计算

$$\begin{aligned}\Delta L &= n(AB+BC) - n_1 DC + \frac{\lambda}{2}\\ &= 2nAB - n_1 AC\sin i + \frac{\lambda}{2}\end{aligned}$$

将式(9.7)和式(9.8)代入上式，得

$$\Delta L = 2nh\cos r + \frac{\lambda}{2}$$

显见，上式和式(9.10)完全相同。

现在我们来计算二表面有一很小夹角 $\alpha$ 的薄膜表面上光线 2 与光线 1 之间的光程差，如图 9-8 所示。由于薄膜的夹角 $\alpha$ 很小，$h$ 很薄，$A$,$C$ 两点很接近，可以认为 $AB \approx BC$。于是同理可得两光线之间的光程差为

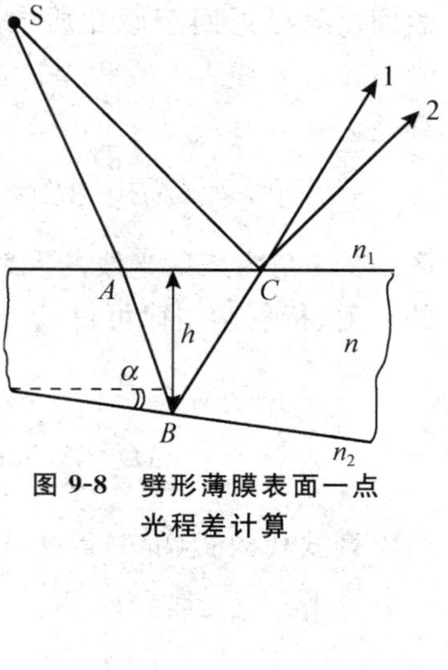

图 9-8 劈形薄膜表面一点光程差计算

$$\Delta L = 2nh\cos r + \frac{\lambda}{2}$$

由以上反射的两光线之间光程差的讨论可知，若我们感兴趣的仅是无穷远点和薄膜表面上点的干涉，那么无论是平行薄膜还是劈形薄膜，两光线间的光程差可以统一写成式(9.10)的形式，即 $\Delta L = 2nh\cos r + \dfrac{\lambda}{2}$。这个公式很重要，在讨论薄膜干涉时要反复使用它，它常常是我们讨论问题的出发点。

2. 薄膜等厚干涉

现假定有一劈形薄膜，如图 9-9 所示，并假定 $n_2 < n < n_1$。若点光源 S 发出的两条特定光线交于 $C$ 点，此两反射光在 $C$ 点的光程差为

$$\Delta L = 2nh\cos r$$

若 $\Delta L = k\lambda$ 或 $h = \dfrac{k\lambda}{2n\cos r}$，则干涉强度为极大，$C$ 点为亮点；若 $\Delta L = \left(k + \dfrac{1}{2}\right)\lambda$，或 $h = \left(k + \dfrac{1}{2}\right)\lambda / 2n\cos r$，则干涉强度为极小，$C$ 点为暗点。由以上计算可知，对于点光源 S，在薄膜表面上不同点两特定光线间的光程差随薄膜厚度 $h$ 和折射角 $r$ 的不同而不同，于是各点的干涉强度各不相同，在表面上形成一套干涉条纹。以上我们假设 $n_2 < n < n_1$，说明了在此条件下不存在半波损失，这并不失去我们讨论问题的普遍性，因为有无半波损失的差别仅仅在于干涉条纹的级数相差半级，即亮、暗条纹位置对调，并不影响条纹的其他特征，如形状、间距、反衬度等。在实际中经常关心的只是条纹的相对变动，只有少数场合需要确定条纹的绝对级数。为了公式和叙述的简捷，今后我们一般不去理会半波损失，只在必要时才予以讨论。

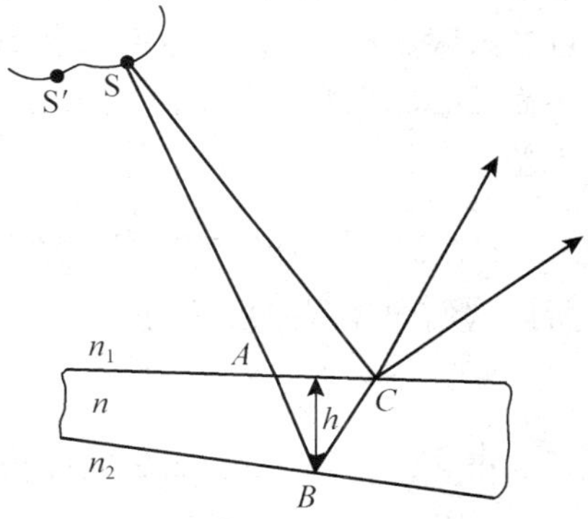

**图 9-9 等厚干涉**

现在再来讨论点光源 S 邻近的点光源 S′(图 9-9)发出的特定光线在薄膜上 $C$ 点的光程差 $\Delta L'$ 与点光源 S 发出的两特定光线在 $C$ 点的光程差 $\Delta L$ 之差，即

$$d(\Delta L) = \Delta L' - \Delta L = d(2nh\cos r) = -2nh\sin r\,dr$$

若 $|2nh\sin r\,dr| \ll \lambda$，则 S 和 S′ 两点光源在 $C$ 点产生的干涉强度是相同的，这种非相干的叠加使得薄膜上干涉条纹的反衬度得到提高，干涉条纹更为清晰。

一般在薄膜干涉中使用的是扩展光源(即面光源)，面光源上每一点光源在劈形状薄膜上产生一组干涉条纹。于是，薄膜表面总的干涉强度就取决于许许多多组干涉条纹的非相干叠加的结果。在一般情况下，结果是比较复杂的，也难以讨论。

但是,如果我们用眼睛垂直注视薄膜表面(通常正是这样观察薄膜的),则观察到的干涉条纹的形状、宽度就容易讨论。由于是接近垂直观察,人眼至薄膜表面的距离远远大于人眼的瞳孔直径,所以面光源发出的光线经薄膜表面反射后不能全部进入眼睛,仅仅是那些满足 $r\approx 0$ 的光线可进入眼睛(图 9-10),这部分光线(由面光源上某面元 $\Delta S$ 发出的)在薄膜表面的点的光程差之差

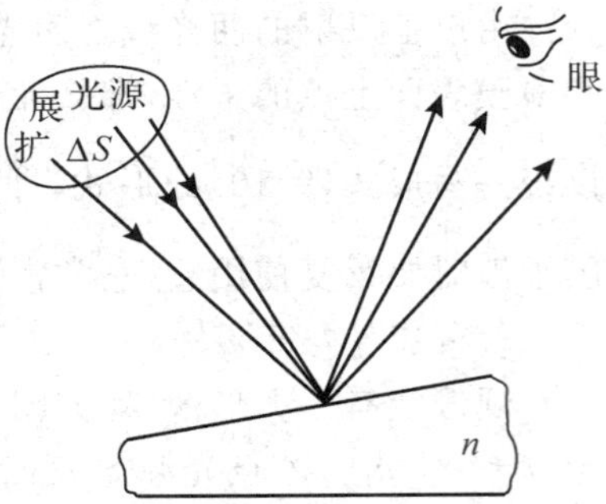

图 9-10 扩展光源对等厚条纹的影响

$$|2nh\sin r\mathrm{d}r|\ll\lambda$$

所以它们的光程差可写为

$$\Delta L=2nh \tag{9.11}$$

由式(9.11)可知,如果薄膜内的折射率 $n$ 是均匀的,凡薄膜厚度 $h$ 相同的地方,光程差相等,有相同的干涉强度。换言之,同一条干涉亮条纹(或暗条纹)上各点的 $h$ 相同,这就是等厚干涉条纹名称的由来。所以我们可在劈形薄膜表面上观察到一组等间距直线条纹,如图 9-11 所示。

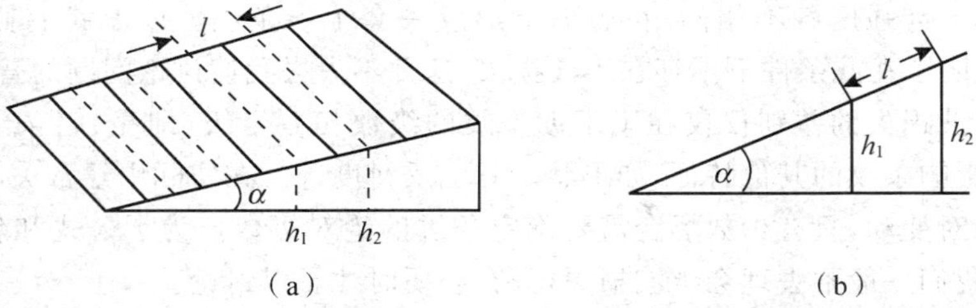

图 9-11 等厚干涉条纹宽度计算

若 $\Delta L=2nh=k\lambda$ 或 $h=k\dfrac{\lambda}{2n}$,对应亮条纹的位置;若 $\Delta L=2nh=\left(k+\dfrac{1}{2}\right)\lambda$ 或 $h=\left(k+\dfrac{1}{2}\right)\dfrac{\lambda}{2n}$,对应暗条纹的位置,其中 $k=0,1,2,\cdots$。

光程差

$$\Delta L'-\Delta L=2nh_2-2nh_1=\lambda \tag{9.12}$$

由图 9-11(b)得

$$h_2-h_1=\alpha l \tag{9.13}$$

由式(9.12)和式(9.13)得干涉条纹的宽度

$$l=\frac{\lambda}{2n\alpha} \tag{9.14}$$

由于等厚干涉条纹可以将薄膜厚度的分布情况直观地表现出来，它是研究薄膜性质的一种重要手段。科学技术的发展对度量的精确性提出了越来越高的要求，精密机械零件的尺寸必须精确到 $10^{-4}\sim10^{-5}$ cm 的数量级，对精密光学仪器零件精确度的要求更高，达 $10^{-6}$ cm 的数量级。用机械的检验方法达到这样高的精密度是十分困难的，但光的干涉条纹可将在波长 $\lambda$ 的数量级以下的微小长度差别和变化反映出来，这就提供了检验精密机械或光学零件的重要方法，这类方法在现代科学技术中的应用是非常广泛的。

以上讲的光源都是单色的。如果光源是非单色的，则其中不同波长的成分各在薄膜表面上形成一组干涉条纹。由于干涉条纹的宽度与波长有关，因而各色的条纹彼此错开，在薄膜表面上形成色彩绚丽的干涉条纹，这是日常生活里最容易看到的一种光的干涉现象。在水面铺展的油膜、肥皂泡以及许多昆虫的翅膀上，都可以看到这种彩色的干涉条纹，在高温下金属表面被氧化而形成的氧化层上，也能看到因干涉现象而出现的色彩，例如从车床切削下来的钢铁碎屑往往呈现美丽的颜色。

3. 薄膜等倾干涉

现在讨论平行薄膜上彼此平行的两反射光线在无穷远处产生的干涉条纹。如果用凸透镜观察，干涉条纹将形成在它的后焦面上，如图 9-12 所示。根据透镜的物、像间等光程性和式(9.10)，图 9-12 中的两反射光线 2 和 1 在幕上 $P$ 点的光程差为

$$\Delta L=2nh\cos r+\frac{\lambda}{2} \tag{9.15}$$

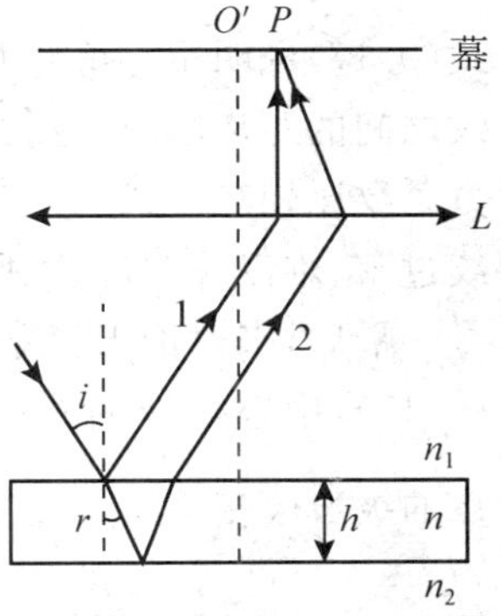

图 9-12　等倾干涉光程差

由式(9.15)可知，如果薄膜内部的折射率是均匀的，再加上讨论的薄膜厚度 $h$ 也是均匀的，所以引起 $\Delta L$ 变化的唯一因素是折射角 $r$(亦即入射角 $i$)，说明凡入射角相同的光线对应同一干涉条纹，等倾干涉条纹的名称即由此而来。观察等倾干涉条纹的实验装置如图 9-13 所示。由于幕上一点 $P$ 到幕中心 $O$ 点的距离只决

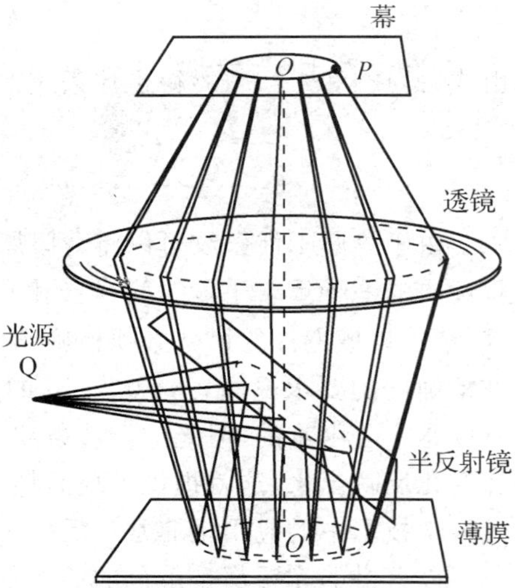

图 9-13　等倾干涉条纹观察

定于倾角，所以具有相同倾角的反射线（如图 9-13 所示，它们排列在一圆锥面上）在幕上交点的轨迹将是以 $O$ 为中心的圆周。于是我们在幕上可观察到一组以 $O$ 为中心的明暗相间的圆形条纹。

现在再来分析等倾干涉条纹的一些特点。由式(9.15)可知，$r$ 角越小（亦即入射角 $i$ 越小），光程差 $\Delta L$ 越大，从而对应的条纹级数越高。所以在幕上半径小的圆条纹级数要比半径大的圆形条纹级数高。$r=0$（即 $i=0$）时，对应图 9-13 幕上中心点 $O$ 的光程差最大，它究竟是暗点还是亮点，或既非亮点也非暗点的情况，要由 $n_1, n, n_2$ 和 $h$ 的情况决定。关于条纹疏密情况也可用式(9.15)进行讨论。对该式进行微分，并使它等于 $\lambda$，即

$$d(\Delta L) = -2nh\sin r dr = \lambda \tag{9.16}$$

可得两相邻亮（或暗）干涉条纹间的角距离为

$$|dr| = \frac{\lambda}{2nh\sin r} \tag{9.17}$$

式(9.17)说明了 $r$ 角越大（亦即 $i$ 角越大），$|dr|$ 就越小，即半径越大的那些干涉条纹之间的距离越小，也就是离中心点 $O$ 远的地方条纹比较密，离中心点 $O$ 近的地方条纹比较疏。式(9.15)还说明了，若膜的厚度过厚，即 $h$ 过大，$|dr|$ 极小，干涉条纹过密，难以分辨清楚，所以要观察到薄膜的干涉条纹，膜的厚度是有限制的。

最后，来讨论当膜厚度 $h$ 作连续变化时干涉条纹的变化情况。出发点还是式(9.15)，中心点 $O$ 的光程差 $\Delta L=2nh$，每改变 $\lambda/2$ 时，$\Delta L$ 即改变一个波长 $\lambda$，中心点的级数改变 1。设原来膜的厚度 $h=h_k=k\dfrac{\lambda}{2}$，中心点的级数为 $k$，从中心算起的第 1，2，3，…条纹级数为 $k-1, k-2, k-3, \cdots$。当 $h$ 增大到 $h_{k+1}=\left(k+\dfrac{1}{2}\right)\lambda$ 时，中心点的级数成为 $k+1$，从中心点算起的第 1，2，3，…根条纹的级数顺序为 $k, k-1, k-2, \cdots$。原来的中心斑点变成第 1 圈，原来的第 1 圈变成第 2 圈……，同时在中心生出一个新的斑点。所以当 $h$ 连续增大时，我们看到的是中心强度周期地变化着，由

于这里不断生出新的条纹，犹如泉口的水波似的发散出去。对于 $h$ 连续减小的情况可作同样的分析，这时看到的景象恰好与上面相反，圆形条纹不断向中心会聚，直到缩成一个斑点后在中心消失掉。由于中心强度每改变一个周期（即吐出或吞进一个条纹）就表明薄膜厚度改变了半个波长，利用这种方法可以精确地测定 $h$ 的改变量。

图 9-13 所示观察等倾干涉条纹的实验装置中的光源是扩展光源。扩展光源上各个点光源在透镜焦面的幕上形成的各套干涉条纹是完全重合的，它们非相干叠加的结果将使亮纹更亮，暗纹依然是暗的，条纹变得更为清晰。所以在观察等倾干涉条纹，扩展光源是有利而无害的。若光源是非单色性的，例如日光，由于不同波长的光，薄膜有不同的折射率，由式(9.15)可知，即使在 $h$ 和 $r$ 角相同情况下，不同波长的两反射光线的光程差 $\Delta L$ 也不相同，于是在透镜后焦面上可观察到彩色的圆形条纹。半径较大的干涉条纹或膜的厚度 $h$ 稍大，会使各种波长的干涉条纹重叠在一起，致使干涉条纹无法辨认。

4. 薄膜干涉的一些应用

1）牛顿环　厚度不均匀的薄膜都能产生等厚干涉条纹。如图 9-14(a)所示，在一块平板玻璃上放一个凸面向下的平凸透镜。在透镜的凸表面与平板玻璃的表面之间形成一个厚度由零逐渐增大且两表面的夹角也随之增大的空气层。设透镜与平板玻璃的接触点为 $O$，显然空气层的等厚线是以 $O$ 为中心的圆。图中的 M 为半反射镜，S 为单色光源，L 为透镜。若我们在透镜的上方垂直观察，观察到的干涉条纹是一系列以 $O$ 为中心的同心圆[图 9-14(b)]，由于空气层下表面有半波损失，所以中心点为暗点。这种透镜与平板玻璃间空气层所产生的明暗相间条纹称为“牛顿环”。

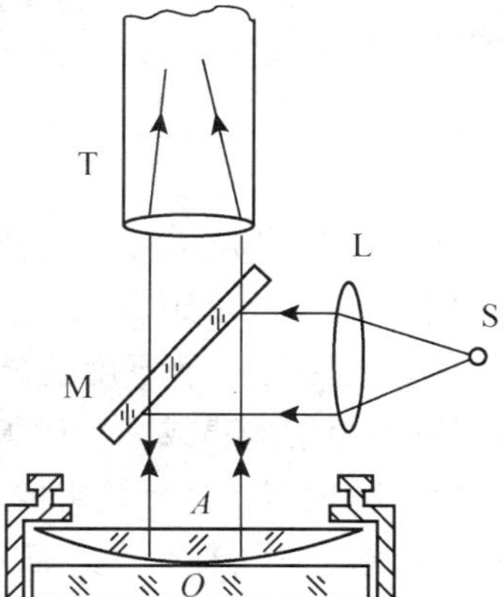


(a)

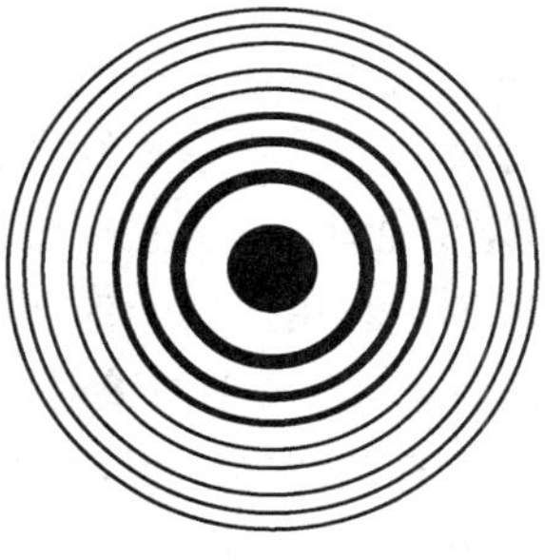

(b)

**图 9-14　牛顿环装置**

图 9-15 中的 $C$ 点为透镜凸表面的曲率中心，$R$ 为曲率半径。由图中的几何关系可得

$$r^2=R^2-(R-h)^2=2Rh-h^2$$

由于透镜的曲率半径 $R\gg h$，所以有

$$r^2\approx 2Rh \tag{9.18}$$

对于第 $k$ 级暗纹中心有

$$2h_k+\frac{\lambda}{2}=\left(k+\frac{1}{2}\right)\lambda$$

或

$$2h_k=k\lambda$$

将上式代入式(9.18)得

$$r_k^2=kR\lambda \tag{9.19}$$

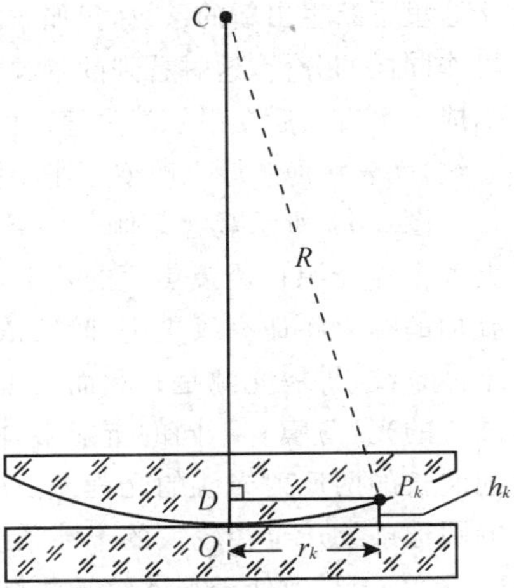


图 9-15　透镜曲率半径的测量

由式(9.19)可以看出：①第 $k$ 级暗条纹半径 $r_k$ 与 $\sqrt{k}$ 成正比，即有 $r_1:r_2:r_3:\cdots=1:\sqrt{2}:\sqrt{3}:\cdots$，所以随着级数 $k$ 增大，干涉条纹间距缩小，干涉条纹整个看来是内环疏、外环密；②若透镜的曲率半径 $R$ 已知，我们测量出第 $k$ 级暗条纹的半径 $r_k$，即可测定光源波长 $\lambda$；③若实验中所用的单色光源波长 $\lambda$ 为已知，我们测量出第 $k$ 级暗条纹的半径 $r_k$，则可测量透镜的曲率半径 $R$。不过，在实际工作中，由于灰尘、形变等因素致使中心点 $O$ 处两表面不是严格的紧密接触，从而条纹的级数无法确定，所以我们不用式(9.19)，而根据下式来计算 $R$

$$R=\frac{r_{k+m}^2-r_k^2}{m\lambda} \tag{9.20}$$

其中 $r_{k+m}$ 为第 $k+m$ 级暗条纹半径，$r_k$ 为第 $k$ 级暗条纹半径。对于某种玻璃的透镜，它有一定的曲率半径，意味着它在一定介质中有确定的焦距。

2)增透膜　利用薄膜干涉原理，在透镜表面敷上一层一定厚度的薄透明胶可以减少光的反射，增加光的透射，这一层薄透明胶称为增透膜或减反射膜。增透膜在光学仪器上有广泛的应用，例如较高级照相机的物镜由 6 个透镜组成，在潜水艇上用的潜望镜约有 20 个透镜。一般说来，每个透镜与空气有 2 个界面，光在空气和玻璃的界面垂直入射时，反射光约占入射光能的 4%。这样一来，对于一个复杂的光学仪器，有十几个乃至数十个反射界面，入射光能的损失是十分可观的，增透膜的作用正是减少这种损失。平常我们看到照相机镜头上一层蓝紫色膜就是增

透膜。

现假定在折射率为 $n_2$ 的玻璃上镀了一层透明薄膜，其折射率为 $n$，且有 $n_1 < n < n_2$，如图 9-16 所示。控制透明薄膜厚度 $h$，使对于某波长 $\lambda$，光线 1 和 2 产生相消干涉，即有

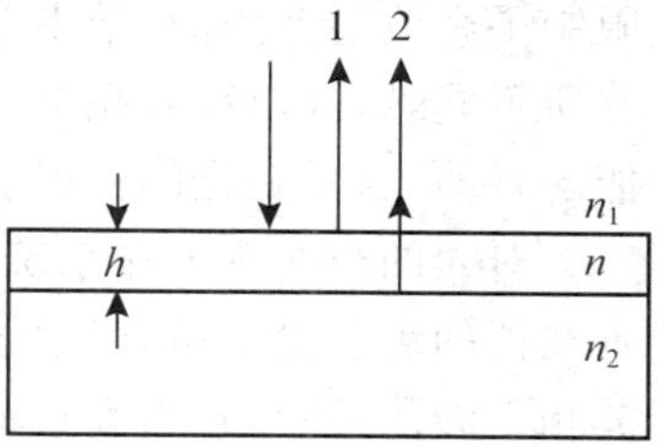

图 9-16 增透膜

$$2nh = \left(k + \frac{1}{2}\right)\lambda, \quad k = 0, 1, 2, \cdots$$

或
$$h = \frac{2k+1}{4n}\lambda \tag{9.21}$$

由以上可看出，一层增透膜只能使某种波长的反射光达到极小（一般情况下并不为零），对于其他相近波长的反射光也有不同程度的减弱。至于控制哪一波长的反射光达到极小视实际需要而定。对于助视光学仪器或照相机等，一般选择可见光的中部波长 550 nm 来消反射光，这波长是呈黄绿色，所以增透膜的反射光中呈现出与它互补的颜色，即蓝紫色。

实际工作中有时提出相反的需要，即尽量降低透射率提高反射率，其原理和增透膜完全一样。

薄膜光学是 20 世纪 60 年代兴起的，它在光学仪器和其他技术领域中有着广泛的应用，例如宇宙飞船的主要供电系统之一——太阳电池，宇航员的头盔和面甲的表面都涂有薄膜，以便将太阳光发出的强烈的红外光反射掉，达到热屏蔽的目的。

## 9.2 光的衍射

### 9.2.1 惠更斯-菲涅耳衍射原理

波动在传播过程中，如果遇到障碍物就会发生偏离直线传播、偏离反射定律和折射定律的现象，称这种现象为波的衍射。由于日常生活的经验，人们对水波和声波的衍射现象是比较熟悉的。例如在一堵高墙两侧的人都能听到对方的说话声，这就表明声波可以偏离直线绕过障碍物而传播。同样，水波也能绕过水面上的障碍物而传播。广播电台发射的无线电波能绕过山的障碍，使山区也能接收到电台的广播，这说明电磁波也能绕过障碍物的边缘传播。

按几何光学观点，点光源发出的光，当通过圆孔、狭缝、直边或其他任意形状的孔或障碍物到达幕上，在幕上应该呈现明显的几何阴影，影内完全没有光，影外一

片明亮。然而，实际上在所述圆孔、狭缝或其他障碍物都很窄小情况下，由于它们限制了光波的波阵面，结果有光进入影内，并且在影外的光强分布也与无障碍物时有所不同，影外出现有亮有暗的分布。这是光的直线传播、反射和折射等定律所不能解释的，这就是光的衍射现象。

对光的衍射现象作系统的、富有成果的研究是从菲涅耳开始的。1818 年菲涅耳在他的著名论文里，吸取了惠更斯原理中“次波”这一合理思想，独立地提出了次波相干涉的概念，相当满意地解释了光的衍射现象。后来基尔霍夫为菲涅耳的分析提供了完善的数学基础。此后，许多人对光的衍射进行了广泛的研究，至今已达到很完善的地步。

图 9-17 中，$\Sigma$ 为从点光源 L 发出的球面波在某时刻到达的波面，$P$ 为空间的某点。如果要问波在 $P$ 点引起的振动如何，则惠更斯-菲涅耳原理告诉我们：把 $\Sigma$ 面分割成无穷多个小面元 $\mathrm{d}\Sigma$，把每个 $\mathrm{d}\Sigma$ 看成发射次波的波源，由于 $\Sigma$ 是球面，所以 $\mathrm{d}\Sigma$ 这些次波源的振动相位是相同的。这些次波源发射与光源 L 同频率的球面次波将在 $P$ 点相遇，由于各面元 $\mathrm{d}\Sigma$ 到 $P$ 点的光程是不同的，从而在 $P$ 点引起的振动相位不同。$P$ 点的总振动就是这些次波相干叠加的结果，这就是惠更斯-菲涅耳原理的基本思想。

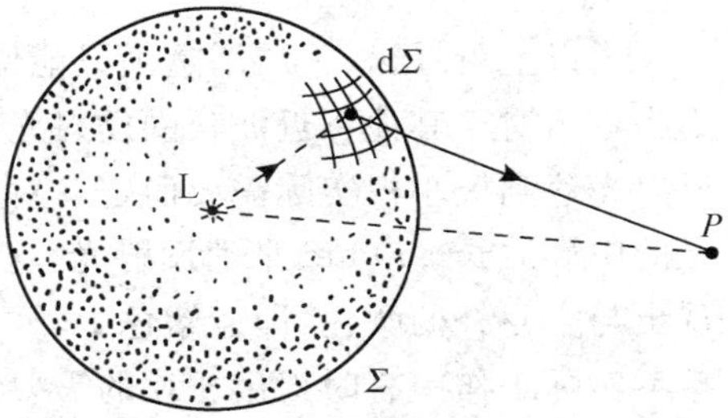

**图 9-17 惠更斯-菲涅耳衍射原理**

用简短的文字概括起来，惠更斯-菲涅耳原理可表述如下：波前 $\Sigma$ 上每个面元 $\mathrm{d}\Sigma$ 都可看成新的振动中心，它们发出次波，这些次波是相干的，空间某一点 $P$ 的振动就是这些次波在该点相干叠加的结果。

如图 9-18 所示，L 为点光源，MN 为带孔的障碍物，$P$ 为 MN 右方空间的任一点。为了讨论的方便，假定点光源 L 发出的球面波是严格的单色简谐波，因此球面波的波面上各次波源也发出和 L 同频率的球面简谐波。为了定量计算 $P$ 点的振动，菲涅耳还作了如下 3 个具体假设：①次波源 $\mathrm{d}\Sigma$ 的振动初相位等于点光源 L 自由传播到 $\mathrm{d}\Sigma$ 时所引起的振动相位；②为了克服惠更斯作图中后退波的困难，提出了倾斜因子 $f(\theta)$ 的假设（$\theta$ 角是次波源 $\mathrm{d}\Sigma$ 的法线方向与 $\mathrm{d}\Sigma$ 到 $P$ 点向矢径之间的夹角），

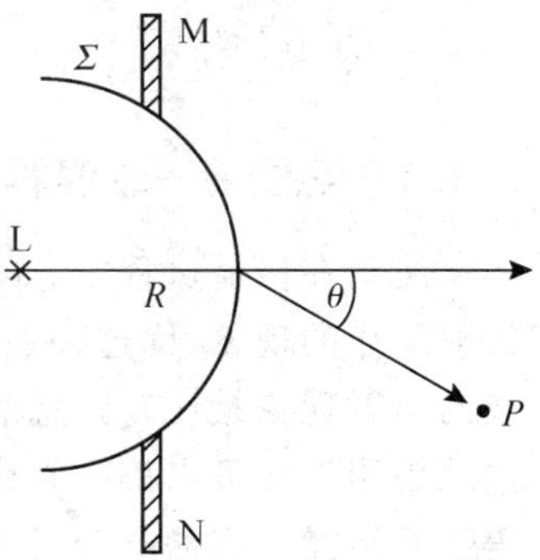

**图 9-18 菲涅耳衍射中各量的说明**

即认为面元 dΣ 发出的次波在 $P$ 点引起振动的振幅随 $\theta$ 角的增大而减小，$\theta=0$ 时取 $f(\theta)=1$，$\theta\geqslant\pi/2$ 时取 $f(\theta)=0$，并略去了 $\theta\geqslant\pi/2$ 的那些次波源对 $P$ 点振动的贡献；③在有障碍物存在时，被障碍物遮去的波面部分对 $P$ 点的振动无贡献，同时也不考虑障碍物对其附近光场的影响。

现在计算 $P$ 点的总振动。面元 dΣ 发出的次波在 $P$ 点的振动为

$$\mathrm{d}S_P \propto \frac{f(\theta)}{r}\mathrm{e}^{\mathrm{i}\left[2\pi\left(\frac{t}{T}-\frac{r}{\lambda}\right)+\varphi\right]}$$

或

$$\mathrm{d}S_P = a\,\frac{f(\theta)}{r}\mathrm{e}^{\mathrm{i}\left[2\pi\left(\frac{t}{T}-\frac{r}{\lambda}\right)+\varphi\right]}$$

其中 $a$ 是与光源和所选波面有关的比例系数，$\varphi=-\dfrac{2\pi}{\lambda}R+\varphi_0$ 是面元 dΣ 处的次波振动的初相位，$\varphi_0$ 是光源 L 振动的初相位。$P$ 点的总振动应为 Σ 波面上各次波源在 $P$ 点引起振动的叠加，由于认为次波是相干的，所以各次波在 $P$ 点引起的振动，振动方向相同、频率相同、有稳定的相位差，它们的叠加可表为下述积分

$$S_P = \int_{\Sigma}\frac{af(\theta)}{r}\mathrm{e}^{\mathrm{i}\left[2\pi\left(\frac{t}{T}-\frac{r}{\lambda}\right)+\varphi\right]}\mathrm{d}\Sigma \tag{9.22}$$

式(9.22)称为菲涅耳衍射积分。

菲涅耳曾在他自己创立的衍射原理基础上，用简化了的半波带法计算了圆孔、直边和单缝衍射，计算结果与他的实验观察相符。特别值得一提的是当年光的微粒说的拥护者泊松根据菲涅耳理论计算小圆屏衍射，得出在几何阴影中央应有一亮点，以此来驳难菲涅耳，但不久阿喇果在实验上果真观察到这个亮点，从而为惠更斯-菲涅耳原理奠定了坚实的实验基础。总之，惠更斯-菲涅耳原理是由光的波动性出发来解释光的衍射现象的基本原理，定量地解决了衍射强度分布问题，它还指出了光直线传播定律的应用范围，把衍射和光的直进性统一起来。

还需说明的是，通常根据光源、衍射屏和接收屏幕相互间距离的大小，将衍射分为两类：一类是光源和接收屏幕(或两者之一)距离衍射屏有限远[图 9-19(a)]，这类衍射称为菲涅耳衍射；另一类是光源和接收屏幕都在无穷远[图 9-19(b)]，这类衍射称为夫琅禾费衍射。这种区别纯粹是从理论上作计算考虑的。在实验室中实现图 9-19(b)所示的那种夫琅禾费装置的原型是有困难的，但可以近似地或利用成像光学系统(透镜)使之实现。本章主要讨论夫琅禾费衍射。

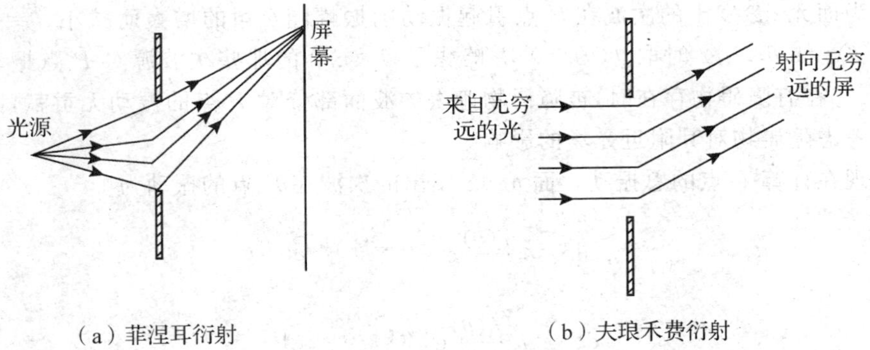


图 9-19 衍射的分类

## 9.2.2 单缝夫琅禾费衍射

1. 实验装置和实验现象

夫琅禾费衍射是平行光的衍射，在实验室中可借助于两个透镜来实现。如图 9-20 所示，点光源 Q 位于透镜 $L_1$ 的焦点上，一束平行光照在衍射屏上，衍射屏开口处的波前向各方向发出次波。方向彼此相同的衍射光线经过 $L_2$ 会聚到它的后焦面上的同一点。如果衍射屏的开口是一个垂直于图面的狭缝，我们可以观察到如下的实验现象。当衍射屏不存在或衍射屏开口特别大时，可在图 9-20 的屏幕中央 $O$ 观察到一个亮点，即点光源 Q 的像点，此时情形和几何光学中点光源 Q 经透镜 $L_1$ 和 $L_2$ 成像情况完全一样，说明狭缝宽度很大时，光的衍射现象并不显著。当缩小狭缝宽度时，可以在接收屏幕上观察到明暗相间的光带，光带的方向垂直于狭缝的方向(图 9-21)，狭缝的宽度越窄，光带上亮纹在 $x$ 方向上的宽度也就越宽，说明在 $x$ 方向衍射现象越显著。还可注意到，由于狭缝的取向是 $y$ 方向，在 $y$ 方向

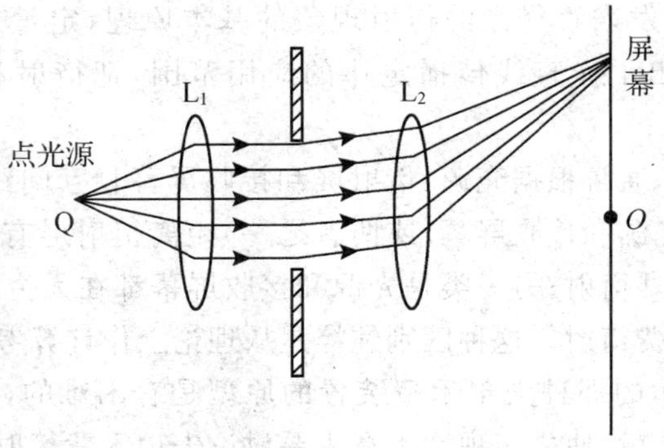


图 9-20 点光源情况下的夫琅禾费单缝衍射

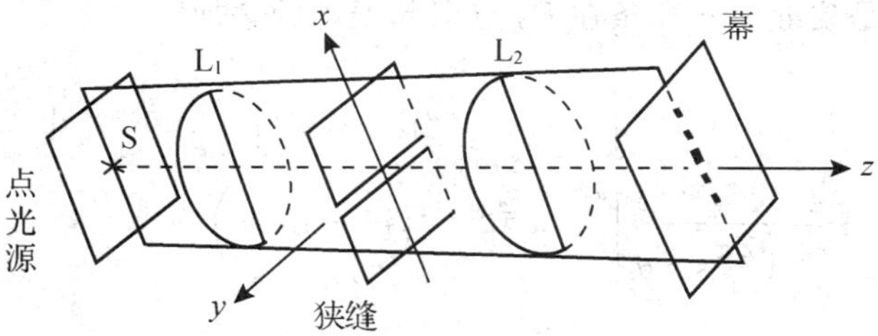


图 9-21　衍射条纹垂直狭缝

光的传播并未遇到什么障碍，所以在此方向上光的衍射现象一定不显著，接收屏幕的光带不在 $y$ 方向展开，正说明了这种情况。

2. 衍射强度公式

令单色的平行光垂直照射到宽度为 $a$ 的狭缝上(图 9-22)，根据惠更斯-菲涅耳原理，被入射光照射的狭缝上每一点可视为次波源，这些次波源发射衍射波。如果讨论的是小角衍射(即图中的 $\theta$ 角很小)，可以忽略倾斜因子和距离稍有差异的影响，而认为这些衍射波在接收屏幕上引起的振动振幅是相同的。由于平行入射光是垂直照射狭缝，所以狭缝上每个次波源的振动振幅和初相位是相同的。以下计算(图 9-22)中衍射角相同的那些平行衍射光线在接收屏幕上一点 $P_\theta$ 相干叠加的强度。

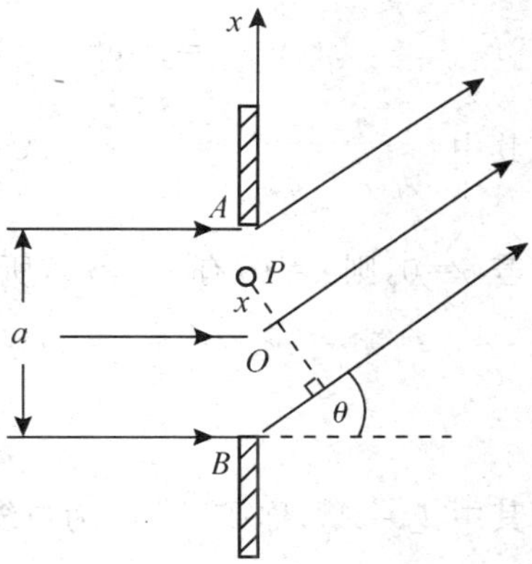


图 9-22　衍射光程差计算

设图 9-22 中狭缝中心点 $O$ 为参考点，即设 $O$ 点发出的衍射光到达接收屏幕上一点 $P_\theta$ 的振动初相位为零，将狭缝分成许多窄条，$O$ 点附近的线元 $\mathrm{d}x$(窄条)在屏幕上 $P_\theta$ 点引起的振动为

$$\mathrm{d}S = c\mathrm{d}x\mathrm{e}^{\mathrm{i}\omega t} \tag{9.23}$$

其中 $c$ 为比例常数，$c\mathrm{d}x$ 为 $O$ 点附近线元在 $P_\theta$ 点引起的振动振幅。狭缝上某点 $P$ 附近的线元在 $P_\theta$ 点引起的振动为

$$\mathrm{d}S = c\mathrm{d}x\mathrm{e}^{\mathrm{i}(\omega t + \delta)} \tag{9.24}$$

其中

$$\delta = \frac{2\pi}{\lambda}\Delta L = 2\pi\,\frac{x\sin\theta}{\lambda} \tag{9.25}$$

$P_\theta$ 点的合振动是狭缝上各窄条在 $P_\theta$ 点引起振动的叠加

$$
\begin{aligned}
S &= \int_B^A \mathrm{d}S = \int_{-a/2}^{a/2} c\mathrm{e}^{\mathrm{i}(\omega t+\delta)}\,\mathrm{d}x = c\mathrm{e}^{\mathrm{i}\omega t}\int_{-a/2}^{a/2} \mathrm{e}^{\mathrm{i}\frac{2\pi}{\lambda}\sin\theta x}\,\mathrm{d}x \\
&= \frac{c\mathrm{e}^{\mathrm{i}\omega t}}{\mathrm{i}\,\frac{2\pi}{\lambda}\sin\theta}\int_{-a/2}^{a/2} \mathrm{e}^{\mathrm{i}\frac{2\pi}{\lambda}\sin\theta x}\,\mathrm{d}\left(\mathrm{i}\,\frac{2\pi}{\lambda}\sin\theta x\right) \\
&= \frac{c\mathrm{e}^{\mathrm{i}\omega t}}{\mathrm{i}\,\frac{2\pi}{\lambda}\sin\theta}\left[\mathrm{e}^{\mathrm{i}\frac{e\pi a}{\lambda}\sin\theta} - \mathrm{e}^{-\mathrm{i}\frac{\pi a}{\lambda}\sin\theta}\right] \\
&= ca\,\frac{\sin\left(\frac{\pi a\sin\theta}{\lambda}\right)}{\frac{\pi a\sin\theta}{\lambda}}\mathrm{e}^{\mathrm{i}\omega t} = ca\,\frac{\sin\alpha}{\alpha}\mathrm{e}^{\mathrm{i}\omega t} \\
&= A_\theta \mathrm{e}^{\mathrm{i}\omega t}
\end{aligned} \tag{9.26}
$$

其中

$$A_\theta = ca\,\frac{\sin\alpha}{\alpha},\quad \alpha = \frac{\pi a\sin\theta}{\lambda} \tag{9.27}$$

若 $\theta=0$，则 $\alpha=0$，有 $A_0=ca$，所以 $A_\theta=A_0\,\frac{\sin\alpha}{\alpha}$，$P_\theta$ 点的衍射强度为

$$I = A_\theta^2 = I_0\left(\frac{\sin\alpha}{\alpha}\right)^2 \tag{9.28}$$

其中 $I_0=A_0^2$，称 $\left(\frac{\sin\alpha}{\alpha}\right)^2$ 为单缝衍射因子。

3. 衍射强度分布的分析

1）主极强（零级衍射斑）位置　$\alpha=0$，即 $\theta=0$ 时，有 $I=I_0$。$\alpha=0$ 相当于各衍射光线之间无光程差，这就是几何光学像点的位置。从这里可了解透镜成像的“物像等光程”的物理意义。几何光学中的实际光线就是零级衍射线，而零级衍射斑的中心就是几何光学的像点。这是具有普遍意义的结论，利用它可以较容易找到零级衍射斑的位置。

2）极小值（暗纹）位置　由式（9.28）可知，$\alpha=k\pi$，即

$$\sin\theta = k\,\frac{\lambda}{a},\quad k=\pm1,\pm2,\cdots \tag{9.29}$$

有 $I=0$。由式（9.29）可知，极小值对称的等间距的分布在主极强两侧，按 $k$ 的取值称为各级极小，它是暗纹（$I=0$）。

3）次极强（高级衍射斑）位置　除了在 $\theta=0$ 处出现零级衍射斑外，在两个暗纹

位置之间还出现光强极大值，它的值要比主极强小得多，称为次极强或高级衍射斑。次极强的位置可由$\frac{d}{d\alpha}\left(\frac{\sin\alpha}{\alpha}\right)=0$求出，得

$$\alpha=\tan\alpha \tag{9.30}$$

式(9.30)是一个超越方程，可以分别作出 $y=\alpha$ 和 $y=\tan\alpha$ 两曲线，如图 9-23 所示，它们的交点即为此超越方程的解，其数值为

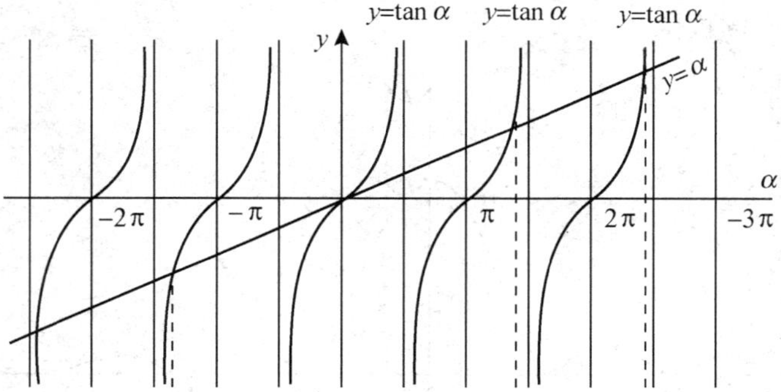


**图 9-23 超越方程求解**

$\alpha=\pm1.43\pi,\pm2.46\pi,\pm3.47\pi,\cdots$，对应的 $\sin\theta=\pm1.43\frac{\lambda}{a},\pm2.46\frac{\lambda}{a},\pm3.47\frac{\lambda}{a},\cdots$。各次极强的强度为 $I_1\approx4.7\%I_0,I_2\approx1.7\%I_0,I_3\approx0.8\%I_0,\cdots$。由此可见，高级衍射斑的强度比零级衍射斑小得多。这里还未考虑倾斜因子的作用，若考虑到它，高级衍射斑的强度还要进一步减小，故经衍射后，绝大部分光能集中在零级衍射斑内。

4)亮斑的角宽度　我们规定，以相邻暗纹的角距离作为亮斑的角宽度。在小角衍射条件下，式(9.29)可写为

$$\theta\approx k\frac{\lambda}{a},\quad k=\pm1,\pm2,\cdots$$

由此可看出，零级亮斑在 $\theta=\pm\frac{\lambda}{a}$之间。它的半角宽度为

$$\Delta\theta=\frac{\lambda}{a}\quad 或\quad a\Delta\theta=\lambda \tag{9.31}$$

$\Delta\theta$ 等于其他亮斑的角宽度，亦即零级亮斑的角宽度比高级衍射斑的角宽度大一倍。

根据式(9.28)画出的衍射强度曲线如图 9-24 所示。如前所述，零级亮斑集中了绝大部分光能，它的半角宽度 $\Delta\theta$ 的大小可作为衍射效应强度的标志。式(9.31)告诉我们，对于给定的波长，$\Delta\theta$ 与缝宽 $a$ 成反比，即在波前上对光束限制越大，衍射场越弥散，衍射斑铺开得越宽；反之，当缝宽很大，光束几乎自由传播，$\Delta\theta\to0$。这表明衍射场基本上集中在沿直线传播的原方向上，在透镜焦面上衍射斑收缩为几何像点。式(9.31)还告诉我们，在保持缝宽 $a$ 不变的条件下，$\Delta\theta$ 与 $\lambda$ 成正比，波长越长，衍射效应越显著，波长越短，衍射效应越可忽略，可以说几何光学是波长 $\lambda\to0$ 的极限。

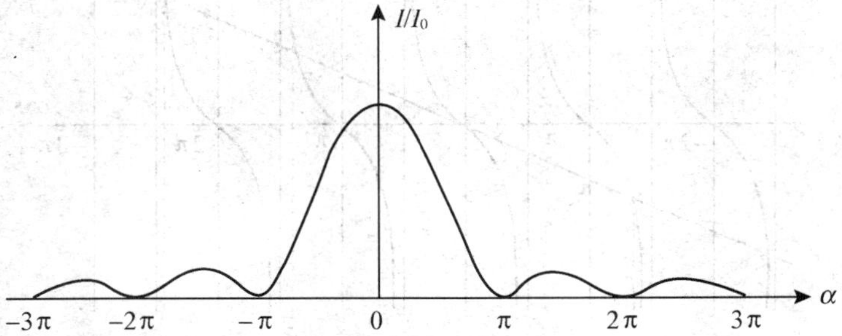


图 9-24 单缝衍射强度曲线

最后讨论一下用线光源代替点光源的单缝夫琅禾费衍射。实验装置如图 9-25 所示，图中线光源的取向平行于狭缝。线光源可看成是一系列不相干点光源的集合。我们可以设想图 9-21 所示装置中的点光源沿 $y$ 方向移动，则接收屏幕上的衍射图样将沿相反方向平移，把点光源在各个位置上形成的衍射光带不相干叠加在一起，我们就得到图 9-25 中接收屏幕上的平行直线衍射条纹。

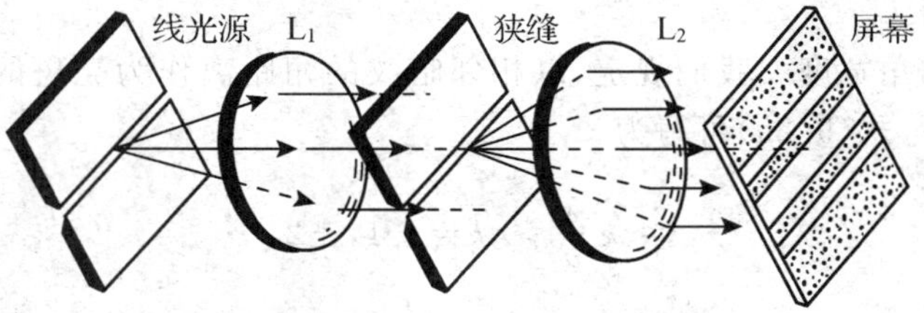


图 9-25 缝光源夫琅禾费衍射的衍射条纹

### 9.2.3 衍射光栅

1. 平面透射光栅的强度分布公式

凡具有空间周期性结构、从而能等宽等间隔地分割入射波面的光学元件统称为光栅。例如在一块透明的玻璃板上刻有大量相互平行、等宽、等间隔的刻痕，这样的一块玻璃板就是一种透射光栅(图 9-26)。入射光只能在未刻的透明部分通过，在刻痕上因漫反射而不能通过，这种光栅实际上相当于由等宽、等间距的平行狭缝组成。实用的光栅一般每毫米有几十条乃至上千条刻痕。当光波在光栅上透射或反射时，将发生衍射，产生形状一定的衍射图样，它可以把入射光中不同波长的光分离开来，所以它和棱镜一样，是一种分光装置，其主要用途是形成光谱。

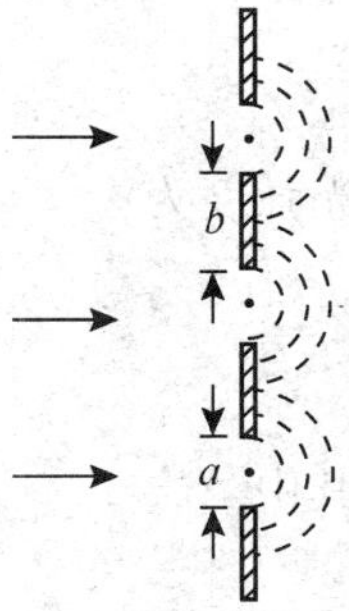

图 9-26　透射光栅

设透射光栅上每条缝的宽度为 $a$，缝间不透明部分宽度为 $b$，则相邻狭缝上对应点之间距离为 $d=a+b$，$d$ 称为光栅常量。将一块透射光栅放在图 9-25 中的单狭缝位置，即为多狭缝夫琅禾费衍射的装置，如图 9-27 所示。在透镜 $L_2$ 的后焦面的屏幕上可观察到对应某一特定透射光栅的衍射图样。在上述的衍射装置里，入射光是垂直照射透射光栅的。对于光栅上每个单缝衍射情况，我们已求出对应于 $\theta$ 方向所有衍射光线相干后的振动振幅为

$$a_\theta=a_0\frac{\sin\alpha}{\alpha}$$

其中

$$\alpha=\frac{\pi a\sin\theta}{\lambda}\tag{9.32}$$

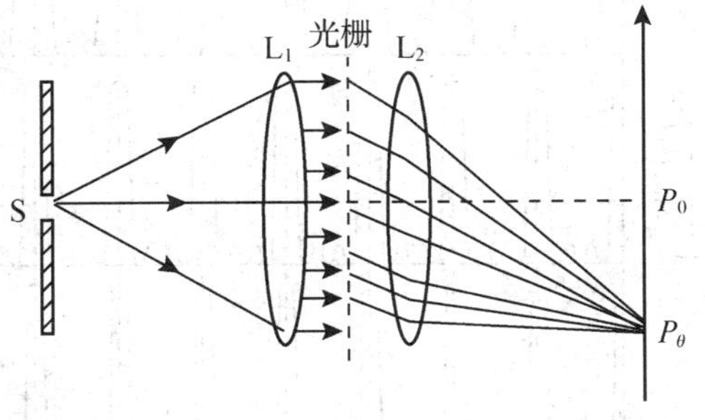

图 9-27　平面透射光栅的夫琅禾费衍射

对于光栅上的多缝情况，还要考虑缝与缝之间的干涉。由于入射的平行光是垂直照射衍射光栅，和单缝情况一样，每个缝上光矢量振动的振幅和初相位是相同的，并忽略倾斜因子和距离稍有差异的影响，假定每个缝发出某一方向的衍射光到达屏幕上引起的振动振幅是相同的。我们用类似求单缝衍射强度分布公式的方法可求出在沿衍射角 $\theta$ 方向上多缝夫琅禾费衍射相干叠加后的振动振幅为

$$A_\theta = \left| a_\theta \frac{\sin N\beta}{\sin\beta} \right| = \left| a_0 \frac{\sin\alpha}{\alpha} \frac{\sin N\beta}{\sin\beta} \right| \tag{9.33}$$

光强度为

$$I = A_\theta^2 = a_0^2 \left(\frac{\sin\alpha}{\alpha}\right)^2 \left(\frac{\sin N\beta}{\sin\beta}\right)^2 \tag{9.34}$$

其中

$$\alpha = \frac{\pi a}{\lambda}\sin\theta,\quad \beta = \frac{\pi d}{\lambda}\sin\theta \tag{9.35}$$

式(9.34)中的$\left(\frac{\sin\alpha}{\alpha}\right)^2$称为单缝衍射因子，$\left(\frac{\sin N\beta}{\sin\beta}\right)^2$称为缝间干涉因子。下面分别讨论这两个因子的特点和作用。

1)缝间干涉因子的特点　图 9-28 给出了几条不同缝数的缝间干涉因子的曲线(为了便于比较，纵坐标缩小到 $1/N^2$)，它们有以下一些特点。

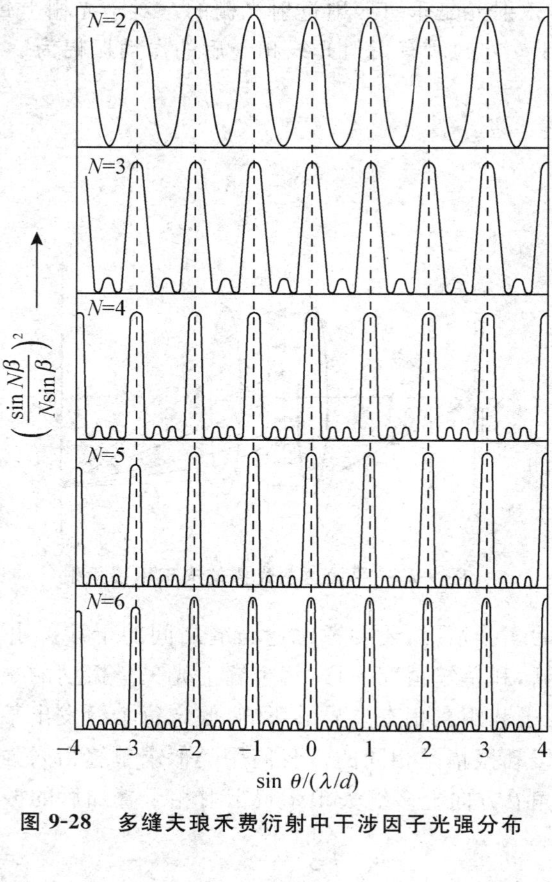


图 9-28　多缝夫琅禾费衍射中干涉因子光强分布

①主极强峰值的大小、位置和数目。当$\beta=k\pi$，即

$$d\sin\theta=k\lambda,\quad k=0,\pm1,\pm2,\cdots \tag{9.36}$$

有$\sin N\beta=0$，$\sin\beta=0$，但它们的比值为$\dfrac{\sin N\beta}{\sin\beta}=N$，这些地方是缝间干涉因子主极强，它们的强度是单缝在该方向强度的$N^2$倍。式(9.36)称为光栅方程式。它表明，主极强位置与缝数$N$无关，此外由于衍射角$\theta$的绝对值不可能大于90°，所以主极强的级别受$|k|<\dfrac{d}{\lambda}$的限制。例如当$\lambda=0.4\,d$时，只可能有$k=0,\pm1,\pm2$级主极强，如果$\lambda\geqslant d$，则除了零级外，别无其他主极强。

②零点的位置、主极强的半角宽度和次极强的数目。当$\beta=\left(k+\dfrac{m}{N}\right)\pi$时(其中$k=0,\pm1,\pm2,\cdots,m=1,2,\cdots,N-1$)，即

$$\sin\theta=\left(k+\frac{m}{N}\right)\frac{\lambda}{d} \tag{9.37}$$

缝间干涉因子$\dfrac{\sin N\beta}{\sin\beta}=0$，由式(9.36)和式(9.37)可知，每两个主极强之间有$(N-1)$条暗线，相邻暗线间有一个次极强，共有$(N-2)$个。次极强的位置可由

$$\frac{d}{d\beta}\left(\frac{\sin N\beta}{\sin\beta}\right)^2=0$$

决定，经计算有$\tan N\beta=N\tan\beta$。可作出$y=\tan N\beta$和$y=N\tan\beta$曲线，两曲线的交点即为次极强的位置。

图9-28表明，主极强亮线的宽度随$N$的增加而减小。主极强亮线的半角宽度可通过如下方法求得。$k$级主极强位置为$\sin\theta_k=k\dfrac{\lambda}{d}$，与$k$级主极强最邻近的暗线位置为$\sin(\theta_k+\Delta\theta)=(k+1/N)\dfrac{\lambda}{d}$。以上两式相减得

$$\sin(\theta_k+\Delta\theta)-\sin\theta_k=\frac{\lambda}{Nd}$$

对于光栅$\Delta\theta$总是很小的，所以有

$$\sin(\theta_k+\Delta\theta)-\sin\theta_k\approx\left(\frac{d\sin\theta_k}{d\theta}\right)\Delta\theta=\cos\theta_k\Delta\theta$$

于是得

$$\Delta\theta=\frac{\lambda}{Nd\cos\theta_k} \tag{9.38}$$

式(9.38)表明,主极强的半角宽度 $\Delta\theta$ 与 $Nd$ 成反比,$Nd$ 越大,$\Delta\theta$ 越小,说明主极强亮纹越细。

以上分析了 $N$ 缝干涉因子的特征,由于实用的光栅的缝数 $N$ 总是很大的,在这种情况下,次极强是很弱的,它们完全观察不到。所以上述结论中最重要的只是两条,即主极强位置和半角宽度,它们分别由光栅方程式,即式(9.36)和式(9.38)决定。

2)单缝衍射因子的作用　图 9-28 中所示的缝间干涉因子乘以图 9-29(a)所示的单缝衍射因子,就得到图 9-29(b)~(f)所示的强度分布。从这里可以看出,乘上单

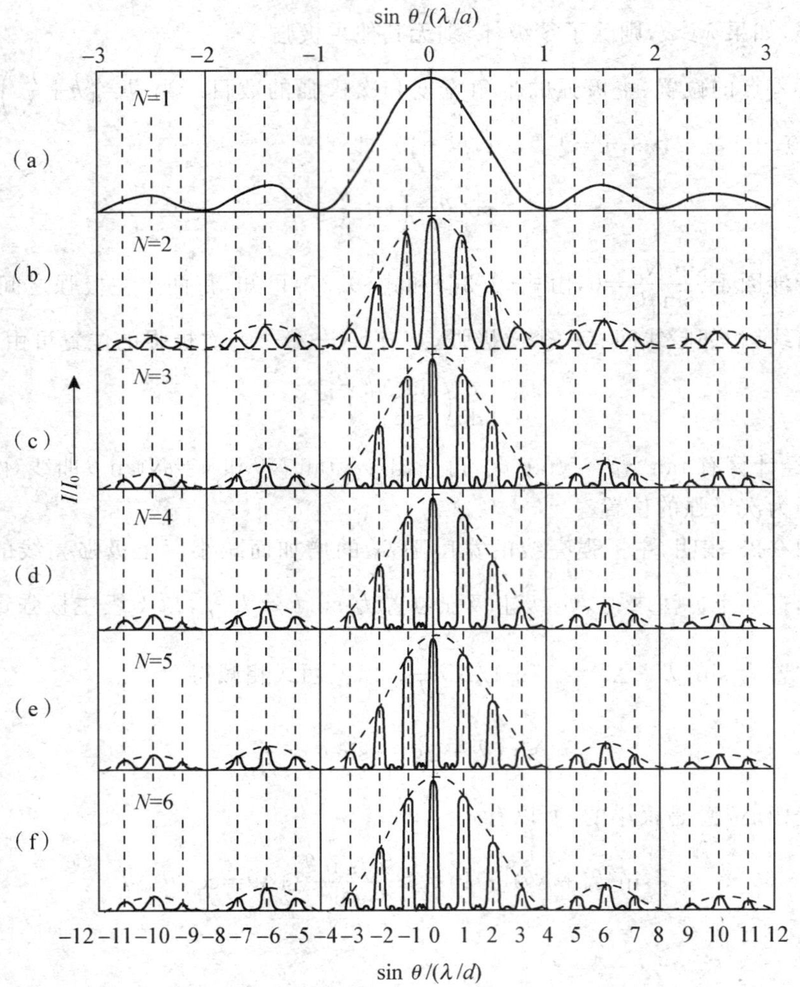


图 9-29　多缝衍射强度分布曲线

缝衍射因子后，得到的实际强度分布中各级主极强的大小不同，特别是刚好遇到单缝衍射因子零点的主极强消失的，这种现象称为缺级。我们举一个例子加以说明，设 $N=5$，$d=3a$，这时的单缝衍射因子和缝间干涉因子的曲线为图 9-30(a)和(b)，它们的乘积曲线为图 9-30(c)。单缝衍射因子在 $\sin\theta=\dfrac{\lambda}{a}$ 的地方是零点，而 $\dfrac{\lambda}{a}=3\dfrac{\lambda}{d}$，这里又正是缝间干涉因子第 3 级主极强的位置，两因子相乘以后使这一级消失了。同理，−3 级、±6 级等也是缺级。

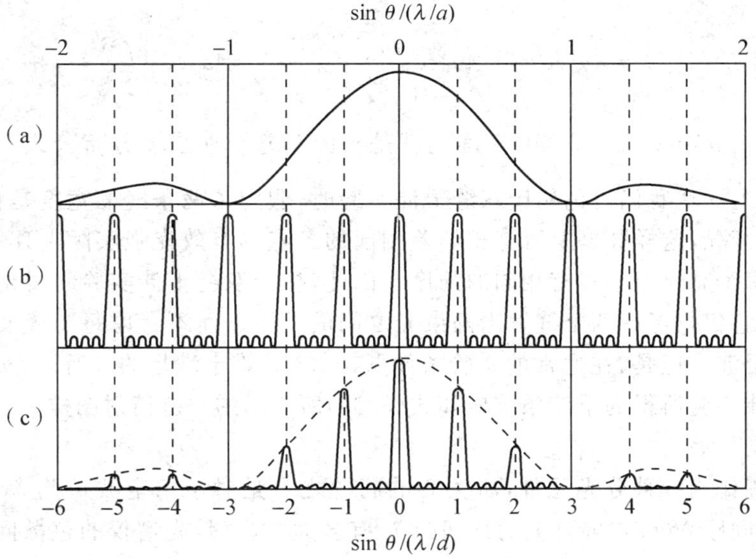


**图 9-30　缺级现象**

总之，对于确定的波长，在给定光栅常量 $d$ 后，主极强的位置也就定下来了，这时单缝衍射因子仅影响强度在各主极强之间的分布，并不改变各主极强的位置和它的半角宽度。

最后，我们特别讨论一下双缝夫琅禾费衍射和杨氏双缝干涉之间的关系。对于双缝($N=2$)衍射，干涉因子为

$$\frac{\sin^2 2\beta}{\sin^2\beta}=\frac{(2\sin\beta\cos\beta)^2}{\sin^2\beta}=4\cos^2\beta$$

于是根据式(9.34)，双缝衍射的光强分布为

$$I_\theta=\frac{\sin^2\alpha}{\alpha^2}(4a_0^2\cos^2\beta)=\frac{\sin^2\left(\dfrac{\pi a\sin\theta}{\lambda}\right)}{\left(\dfrac{\pi a\sin\theta}{\lambda}\right)^2}(4a_0^2\cos^2\beta) \tag{9.39}$$

若 $a\ll\lambda$，则有

$$\frac{\sin^2\left(\dfrac{\pi a\sin\theta}{\lambda}\right)}{\left(\dfrac{\pi a\sin\theta}{\lambda}\right)^2}=1$$

则式(9.39)成为

$$I_\theta=4a_0^2\cos^2\beta=4a_0^2\cos^2\left[\frac{\dfrac{2\pi}{\lambda}d\sin\theta}{2}\right]=4a_0^2\cos^2\left(\frac{\delta}{2}\right) \tag{9.40}$$

其中 $\delta=\dfrac{2\pi}{\lambda}d\sin\theta$。式(9.40)实际上就是杨氏双缝干涉强度分布公式。这决非偶然，因为上一章我们讨论杨氏双缝干涉实验时，假定了两条缝的宽度是任意窄的，即 $a\ll\lambda$ 情况，这样屏幕上所有相位差相同的各点的有效光强实际上几乎相同，即干涉时每个亮纹差不多有相同的强度。因此，杨氏双缝干涉实验的讨论只是一种近似，即它仅仅考虑两个缝发出两束光之间的干涉。而不考虑每个缝发出一束光的自身干涉。但是，在通常的实验条件下，$a\ll\lambda$ 是难于满足的。所以，实际上杨氏双缝干涉实验所得的干涉条纹应如式(9.39)所表示的双缝衍射图样。

2. 光栅的色散

光栅作为一种分光元件，所关心的问题之一是对于一定波长差 $\delta\lambda$ 的两条谱线，其角间距 $\delta\theta$ 或在屏幕上的线间距 $\delta l$ 有多大，这就是光谱仪的色散问题。角色散定义为

$$D_\theta=\delta\theta/\delta\lambda \tag{9.41}$$

线色散定义为

$$D_l=\delta l/\delta\lambda \tag{9.42}$$

设光栅之后的会聚透镜的焦距为 $f$，则 $\delta l=f\delta\theta$，得

$$D_l=fD_\theta \tag{9.43}$$

要计算 $D_\theta$ 和 $D_l$，可从光栅方程式 $d\sin\theta_k=k\lambda$ 出发，两边取微分得 $d\cos\theta_k\delta\theta=k\delta\lambda$，于是光栅的角色散为

$$D_\theta=\frac{k}{d\cos\theta_k} \tag{9.44}$$

光栅的线色散为

$$D_l = \frac{k}{d\cos\theta_k} f \tag{9.45}$$

近代光栅的缝制作得很精密，即 $d$ 很小，就是为了增大光栅的色散。为了增大线色散，常使用焦距 $f$ 达数米的透镜。

3. 瑞利判据、光栅的分辨本领

若要分辨清楚波长很接近的两条谱线，只是角距离或线距离大还是不够的，尚要求每条谱线都很细锐。前者就是光栅角色散或线色散问题，在同样的色散情况下，谱线越细锐越好分辨，说明色散、分辨本领是光栅的两种不同指标。在图 9-31 所示的 3 种情况里，两条谱线的角距离是相同的，即角色散相同，但每条谱线的半角宽度 $\Delta\theta$ 不同，在图(a)中 $\Delta\theta > \delta\theta$，两条谱线的合成强度如虚线所示，看起来和一条谱线无异，因此无法分辨它们原来有两条谱线。在图(c)中，$\Delta\theta < \delta\theta$，合成光强在中间有明显的极小，我们可以分辨出这是两条谱线。通常规定 $\Delta\theta = \delta\theta$[图(b)的情况]时，两谱线恰能分辨，这便是瑞利判据。

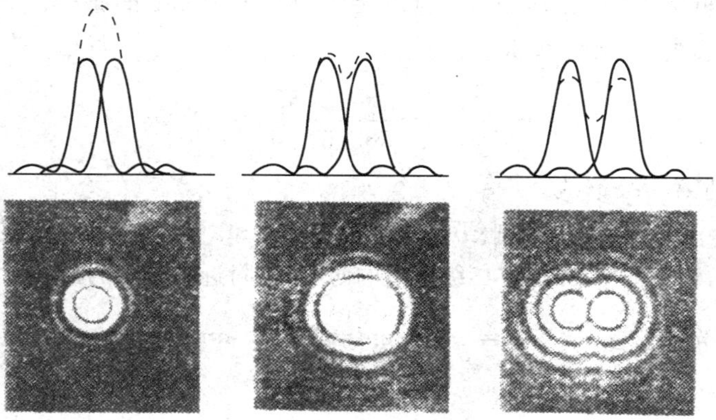

(a)　　(b)　　(c)

**图 9-31　瑞利判据**

对于每个衍射光栅，谱线的半角宽度 $\Delta\theta$ 是一定的。由式(9.38)确定，即 $\Delta\theta = \frac{\lambda}{Nd\cos\theta_k}$。由式(9.41)和式(9.44)得邻近两波长的角距离为

$$\delta\theta = \frac{k\delta\lambda}{d\cos\theta_k} \tag{9.46}$$

由瑞利判据 $\Delta\theta = \delta\theta$，得到能够分辨的最小波长差为

$$\delta\lambda = \lambda / kN \tag{9.47}$$

通常一个分光仪器的分辨本领定义为

$$R=\frac{\lambda}{\delta\lambda}=kN \tag{9.48}$$

式(9.48)表明，光栅的分辨本领正比于光栅总缝数 $N$ 和光谱的级 $k$ 数，而与光栅常量 $d$ 无关。

**例 9.1**　以波长为 589.3 nm 的钠黄光垂直入射到光栅上，测得第 2 级谱线的偏角为 28°8′。用另一未知波长的单色光垂直入射时，它的第 1 级谱线的偏角是 13°30′。(1)求未知波长；(2)未知波长的谱线最多能观察到第几级？

**解**　(1)设 $\lambda_0=589.3\ \text{nm}$，$\lambda$ 为待测波长。

由题意有　　$d\sin\theta_0=2\lambda_0$，　$d\sin\theta=\lambda$

由上二式可得

$$\lambda=2\lambda_0\frac{\sin\theta}{\sin\theta_0}=2\times589.3\times\frac{\sin 13°30'}{\sin 28°8'}=583.5(\text{nm})$$

(2)由光栅方程 $d\sin\theta=k\lambda$，$k$ 的最大值由 $|\sin\theta|\leqslant1$ 的条件决定。对波长为 583.5 nm 的谱线，其最大级次波为

$$k=\frac{d}{\lambda}=\frac{2\lambda_0}{\lambda\sin\theta_0}=\frac{2\times589.3}{583.5\times\sin 28°8'}=4.3$$

所以能观察到第 4 级谱线。

**例 9.2**　一光栅每厘米刻线 5 000 条，共 3 cm。(1)求该光栅的二级光谱在 500 nm 附近的角色散率。(2)在二级光谱的 500 nm 附近能分辨的最小波长差是多少？

**解**　(1)光栅常量　　$d=\frac{1}{5\ 000}\ \text{cm}=2\times10^3\ \text{nm}$

500 nm 的二级光谱的角位置满足

$$\sin\theta=2\frac{\lambda}{d}=0.5,\quad \theta=30°$$

由式(9.38)，角色散率为

$$D_\theta=\frac{k}{d\cos\theta}=\frac{2}{2\times10^3\times\cos30°}=1.15\times10^{-3}(\text{rad/nm})$$

(2)光栅的总缝数为 $N=5\ 000\times3=15\ 000$，由式(9.47)能分辨的最小波长差为

$$\delta\lambda=\frac{\lambda}{kN}=\frac{500}{2\times15\ 000}=0.017(\text{nm})$$

### 9.2.4 圆孔夫琅禾费衍射

将图 9-21 中的狭缝用一个半径为 $a$ 的圆孔代替，即为圆孔夫琅禾费衍射的实验装置。若要计算屏幕上的衍射强度分布，其出发点和计算单缝夫琅禾费衍射强度公式是完全相同的，但由于用到的数学知识较多，在这里不再进行具体的推导，只给出结果。在单色的平行光垂直照射圆孔条件下，衍射强度分布为

$$I(\theta)=I_0\left[\frac{2J_1(x)}{x}\right]^2 \tag{9.49}$$

其中：$\theta$ 为衍射角；$x=\frac{2\pi}{\lambda}a\sin\theta$；$J_1(x)$ 为一阶贝塞尔函数，它是一种特殊函数，其数值可查有关的数学用表；$I_0=C\frac{\pi^2a^2}{\lambda^2}$，为 $\theta=0$ 时的衍射强度值，其中 $C$ 为比例常量。衍射图样如图 9-32 所示。根据式(9.49)，绘成的衍射强度分布曲线如图 9-33 所示，图中纵轴为相对强度 $I/I_0$，横轴为 $\sin x$。在 $\theta=0$ 处有最大光强，称中央极大，$\theta$ 满足 $\sin\theta=0.610\frac{\lambda}{a}$，$1.116\frac{\lambda}{a}$，$1.619\frac{\lambda}{a}$，…时为极小值，对应各个暗环。两相邻暗环间有一次极大，它们构成了中央亮斑外围的各亮环。各级次极大的强度要比中央极大小得多，如第 1、第 2 和第 3 级次极大的强度依次为 $0.0175\ I_0$，$0.00146\ I_0$ 和 $0.00160\ I_0$。中央亮斑称为艾里斑，占有全部能量的 83.78%，其他各级亮环所占能量依次为 7.22%，2.77%，1.46%，…。艾里斑的半角宽度为

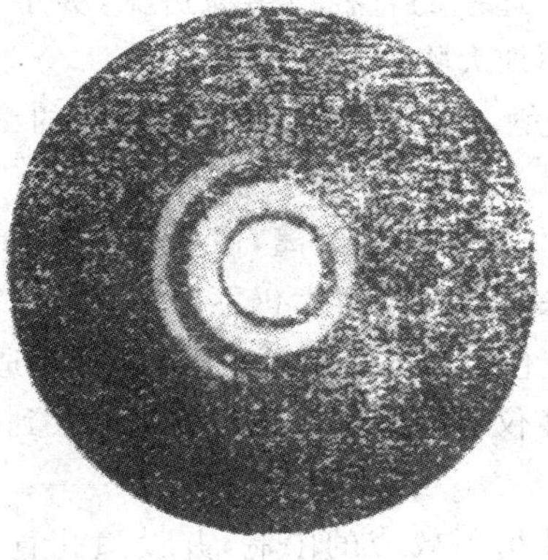

图 9-32　圆孔夫琅禾费衍射条纹

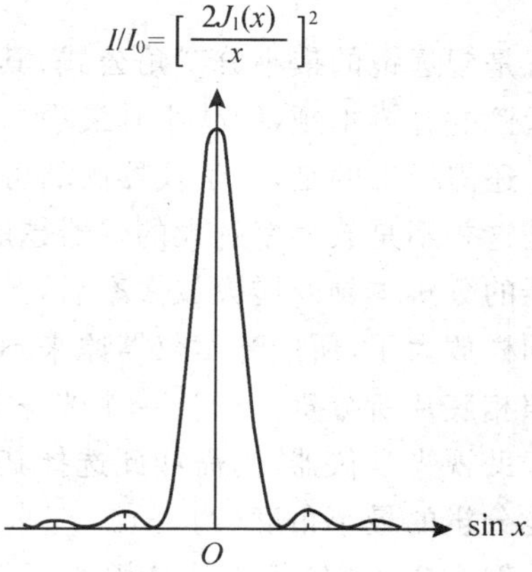


图 9-33　圆孔夫琅禾费衍射光强分布曲线

$$\Delta\theta=0.610\frac{\lambda}{a}=1.22\frac{\lambda}{D} \tag{9.50}$$

式中 $D$ 为圆孔直径。若透镜的焦距为 $f$,则艾里斑的线半径为

$$\Delta l=\Delta\theta f=1.22\frac{\lambda}{D}f \tag{9.51}$$

由以上的讨论可知,圆孔半径 $a$ 越小,艾里斑就越大,衍射现象明显;反之,$a$ 越大,则艾里斑越小,衍射现象不明显。当 $a\gg\lambda$ 时,各级次极大向中心靠拢,而艾里斑缩成一亮点,这正是几何光学的结果。

由于大多数光学仪器中所用透镜的边缘都是圆形的,而且大多是通过平行光或近似平行光成像的,所以夫琅禾费圆孔衍射问题,对分析成像的质量是必不可少的。以下通过讨论望远镜的分辨本领来说明这个问题。

用望远镜观察远处的一个物点。由于光的衍射效应,这个物点成的像实际上是一个有一定大小的衍射斑。若两个物点紧挨在一起,靠得太近的像斑会彼此重叠起来。由于两个物点的光是非相干的,强度直接叠加,这时就可能看不出是两个圆斑。为了给光学仪器规定一个最小分辨角的标准,通常采用前述的瑞利判据,即当一个圆斑像的中心恰好落在另一圆斑像的边缘(即一级暗纹)上时,就算两个像恰能分辨。对于望远镜来说,这时两像斑中心的角距离 $\theta_m$ 对应于每个圆斑的半角宽度,即

$$\theta_m=1.22\frac{\lambda}{D} \tag{9.52}$$

这就是望远镜的最小分辨角公式,其中 $D$ 是望远镜的直径。由此可见,为了提高望远镜的分辨本领,即减小其最小分辨角,必须加大物镜的直径。

还需指出的是,光学仪器固然可以放大视角,从而使人能够分辨物体的细节,但是这并不是放大率越大的仪器越能分辨物体的细节,因为衍射效应限制了光学仪器的分辨本领。增大放大率后,虽然放大了像点之间的距离,但每个像的衍射斑也同样放大了,所以光学仪器原来不能分辨的东西,放得再大仍不能为我们的眼睛或照相底片所分辨。设计一个光学仪器时,应使它的放大率和分辨本领相适应。对于助视光学仪器,尚需如此选择其放大率,使仪器的最小分辨角刚好放大到人眼所能分辨的最小角度(约 $1'$)。

**例 9.3** 假定人眼的分辨本领主要受瞳孔衍射效应的限制,并设瞳孔直径为 2.0 mm,光波波长 $\lambda=550$ nm(人眼最灵敏的光),计算 20 m 远处人眼能分辨的最小线距离。

**解**　人眼的最小分辨角为

$$\theta_m = 1.22\frac{\lambda}{D} = 1.22\times\frac{5.50\times10^{-5}}{0.20} = 3.4\times10^{-4}(\mathrm{rad})$$

在 20 m 处能分辨的最小线距离为

$$\Delta l = 20\theta_m = 20\times3.4\times10^{-4} = 6.8\times10^{-3}(\mathrm{m}) = 6.8\ \mathrm{mm}$$

## 9.2.5　X 射线的衍射

1895 年伦琴发现，当高速电子流轰击固体时，会发出一种看不见的射线(图 9-34)，它能透过许多对可见光不透明的物质，对感光乳胶有感光作用，并能使许多物质产生荧光。由于当时不知其为何种射线，故称 X 射线，后也称伦琴射线。研究表明，X 射线是波长在 $10^{-3}$～1 nm 范围内的电磁波。X 射线的波长远小于光的波长，所以无法用人工刻制的光学光栅来观察 X 射线的衍射现象。1912 年劳埃首先想到利用晶体来观察 X 射线衍射，因为理想晶体中的粒子在空间作周期性排列，粒子间的距离为 $10^{-8}$ cm 的数量级，晶体的这种点阵结构可看作是光栅常量很小的三维光栅。劳埃利用单晶体观察到了 X 射线的衍射现象，从而首次从实验上证实了 X 射线与光一样是一种电磁波。图 9-35 是劳埃的实验装置示意图，一束多色的 X 射线照射到单晶体上，由于单晶体的衍射作用而分成许多束衍射线，在晶体后的感光片上形成由许多斑点(称劳埃点)组成的衍射图像，称劳埃图。当 X 射线照射到晶体上时，组成晶体点阵的每个粒子成为衍射中心而发出子波，这些子波相干叠加的结果使某些特定方向的衍射波具有最大的强度，并在感光片上形成相应的劳埃斑。

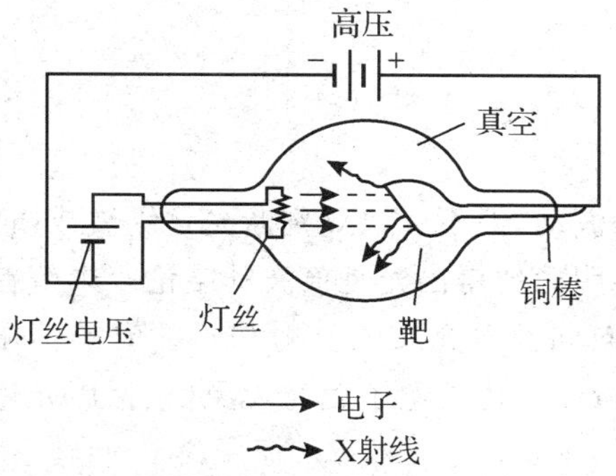


**图 9-34　X 射线管**

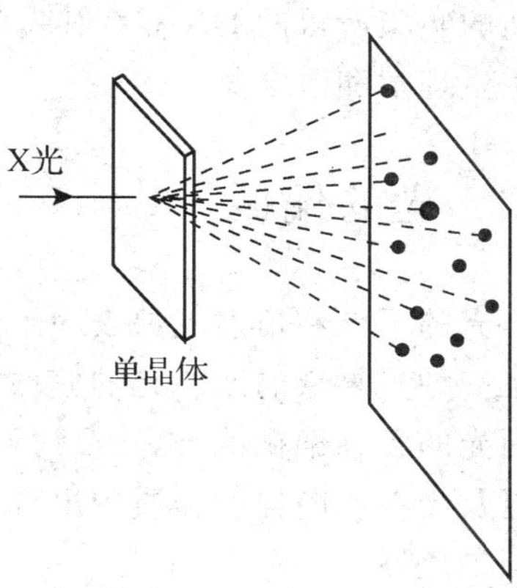


**图 9-35　劳埃实验装置示意图**

布拉格父子对 X 射线在晶体点阵上的衍射提出了一个简明而有效的解释。晶体点阵中所有粒子都可归在一系列互相平行的平面上，这些平面称为点阵平面，相邻两点阵平面间的垂直距离称为晶面间距，用 $d$ 表示。对于晶体的空间点阵来说，点阵平面族有无限多个，各点阵平面族有各自的间距。布拉格认为劳埃图中每个斑点是 X 射线在每个点阵平面族上的相干反射造成的。如图 9-36 所示，考虑任一族点阵平面（图中以平行直线表示），当 X 射线以掠入射 $\varphi$ 角入射时，就某一点阵平面而言，在平面的镜反射方向具有最强的衍射强度，这是因为各粒子发出的衍射波在镜反射方向满足干涉极大的条件。但就整个点阵平面族而言，在镜反射方向上的总衍射强度取决于各平面的反射波的相干叠加结果。只有当从相邻两平面反射出来的射线间的光程差为波长的整数倍时，即满足

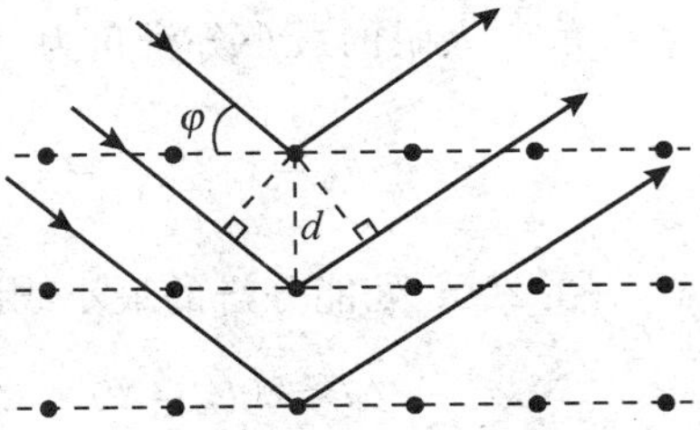

图 9-36 布拉格公式的解释

$$2d\sin\varphi = k\lambda, \quad k=1,2,3,\cdots \tag{9.53}$$

时，才达到干涉极大。式(9.53)称为布拉格公式。

布拉格公式是 X 射线衍射的基本规律。利用它可以测定晶体的晶面间距（X 射线波长为已知）或 X 射线的波长（晶体的晶面间距为已知）。这为研究金属靶的原子结构和晶体结构提供了重要依据。现在 X 射线衍射分析已成为了解未知化学组成的有机化合物结构的一种标准方法。遗传基因脱氧核糖核酸（DNA）的双螺旋结构，就是由生物学家沃森和物理学家克里克在 1953 年分析了物理学家威尔金斯的实验所得的 DNA X 射线衍射图像而得到的，为此上述三人获 1962 年度诺贝尔生理学和医学奖。

## 9.3 光的偏振

光的干涉和衍射现象表明了光是一种波动，但不能以此判断光是纵波或横波，还是一种更复杂的波。光的偏振实验事实明确地得出光是横波的结论。本节首先介绍光的各种偏振状态，然后讨论光在各向同性电介质上反射和折射时的偏振现象以及光在各向异性介质中出现的双折射现象，还讨论了旋光现象（包括旋光色散和圆二色性）。

### 9.3.1　自然光和偏振光

光波是横波，它的电场和磁场矢量的振动方向与波的传播方向垂直，根据电场(和磁场)矢量在垂直于传播方向的平面内的不同情况，可以把光分为自然光和各种形态的偏振光。

1. 自然光、线偏振光和部分偏振光

光是光源中大量原子或分子发射的。普通光源(如太阳、电灯、火焰等)中各原子或分子在大约 $10^{-8}$ s 的时间内辐射一振动方向的波列，它们的初相位和振动方向是随机分布的，因此宏观看起来，入射光中包含了所有方向的横振动，哪个横方向也不比其他横方向更为突出(图 9-37)。具有这种特点的光，称为自然光。

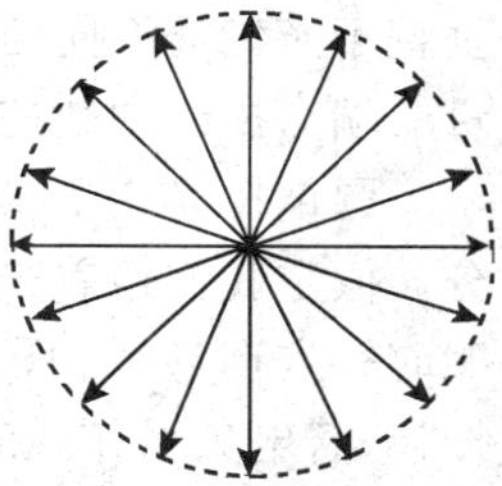

**图 9-37　自然光的偏振状态**

在自然光中，任何方向的电矢量 $\boldsymbol{E}$ 都可分解为相互垂直的两个方向(如 $x$ 方向和 $y$ 方向)上的分量，所有取向的电矢量在这两个方向上的分量的时间平均值必相等。也就是说，自然光可以用强度相等、振动方向互相垂直的两个横振动来表示。但是在这种表示中，必须注意由于自然光中各电矢量之间无固定的相位关系，因而其中任何两个取向不同的电矢量不能合成为一个单独的矢量。

自然光中的横振动在各方向上是均衡的，如果失去这种均衡性，就叫做偏振。如果电矢量的振动确定在某一方向，则称此光为线偏振光或平面偏振光，通常用图 9-38 表示，其中图(a)表示电矢量垂直图面的线偏振光，图(b)表示在图面内的线偏振光。

有些光的电矢量振动方向在垂直光的传播方向平面内各方向都有，但不同方向的振幅大小不同(图 9-39)，它们的初相位也是随机分布的。具有这种特点的光称为部分偏振光。由此可见，部分偏振光的偏振状态介于自然光和线偏振光之间。

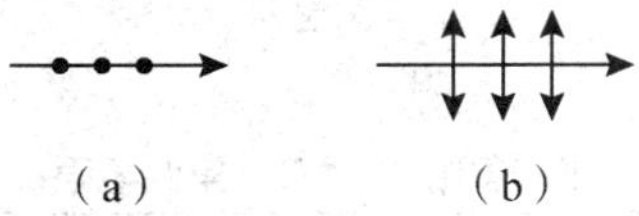


**图 9-38　线偏振光的偏振状态**

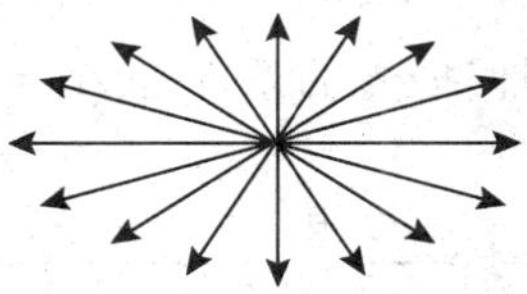

**图 9-39　部分偏振光的偏振状态**

通常用偏振度 $P$ 来衡量部分偏振光偏振程度的大小，它定义为

$$P=\frac{I_{\max}-I_{\min}}{I_{\max}+I_{\min}}$$

其中 $I_{max}$ 为部分偏振光沿某一方向上具有光强最大值，$I_{min}$ 为在其垂直方向上具有的光强最小值。若 $I_{min}=0$，那么 $P=1$，电矢量完全限制在一个方向，这就是线偏振光；若 $I_{max}=I_{min}$，则 $P=0$，这就是自然光；若 $0<I_{min}<I_{max}$，则 $P<1$，这就是部分偏振光。

2. 圆偏振光和椭圆偏振光

一束光在传播途径中任一点的电矢量瞬时值大小不变，但它的末端在过该点垂直于光传播方向的平面上，以角速度 $\omega$（即波的圆频率）匀速旋转。换言之，电矢量的端点描绘的轨迹为圆，这种光称为圆偏振光。

圆偏振光有右旋圆偏振光和左旋圆偏振光之分。假定我们迎着光速传播方向观察，若电矢量作顺时针方向转动[图 9-40(a)]，称此光为右旋圆偏振光；若电矢量作逆时针方向转动[图 9-40(b)]，称此光为左旋圆偏振光。

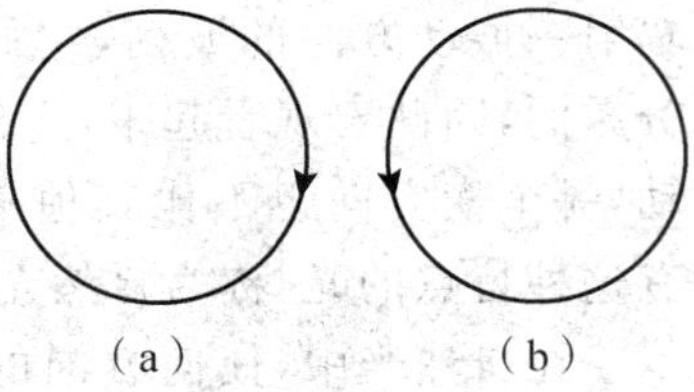


**图 9-40　圆偏振光的偏振状态**

若一束光的电矢量端点在垂直于光传播方向平面内描绘的轨迹为一椭圆，这种光称为椭圆偏振光。椭圆偏振光也有右旋和左旋之分，其定义与圆偏振光相同，即迎着光的传播方向看去，逆时针者为左旋，顺时针者为右旋。

由垂直振动的合成理论，椭圆运动可看成两个相互垂直的简谐振动的合成。椭圆偏振光两个分量的表达式可写成

$$E_x=A_x\cos\omega t$$
$$E_y=A_y\cos(\omega t+\delta) \tag{9.54}$$

椭圆偏振光长、短轴的大小和取向，与振幅 $A_x$，$A_y$ 和相位差 $\delta$ 都有关系。图 9-41 给出了不同 $\delta$ 值的椭圆轨迹，可以看出，线偏振光和圆偏振光都可看作是椭圆偏振光的特例。椭圆偏振光退化为线偏振光的条件是 $A_x=0$ 或 $A_y=0$ 或 $\delta=0$ 或 $\pm\pi$。退化为圆偏振光的条件是 $A_x=A_y$ 和 $\delta=\pm\dfrac{\pi}{2}$。

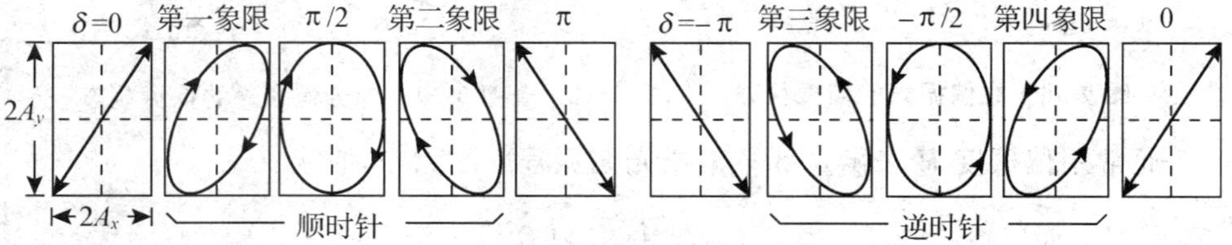


**图 9-41　两个同频垂直振动的合成**

由振动合成理论还知道，振幅和频率相同的左、右旋两个圆振动可合成为一个同频率的直线振动。

## 9.3.2　马吕斯定律和布儒斯特定律

1. 二向色性　马吕斯定律

有些晶体对不同振动方向的电磁波具有选择吸收的性质。例如天然的电气石是六角形的片状晶体(图 9-42)，长对角线的方向称为它的光轴。当光线射在这种晶体表面上时，振动的电矢量与光轴平行时被吸收得较少，光可以较多地通过[图 9-42(a)]；电矢量与光轴垂直时被吸收得较多，光通过得很少[图 9-42(b)]，这种性质称为二向色性。电气石晶体对两个振动方向吸收程度的差别还不够大，而硫酸碘奎宁晶体的性能要比它好得多，但硫酸碘奎宁的晶体很小，通常把这种晶体埋置在柔软的透明塑料片中，然后把塑料片拉伸，使这些晶粒的光轴定向排列起来，这就制成了偏振片。偏振片的最大优点是面积可以做得很大，且价格也便宜，在实际中得到了广泛的应用。

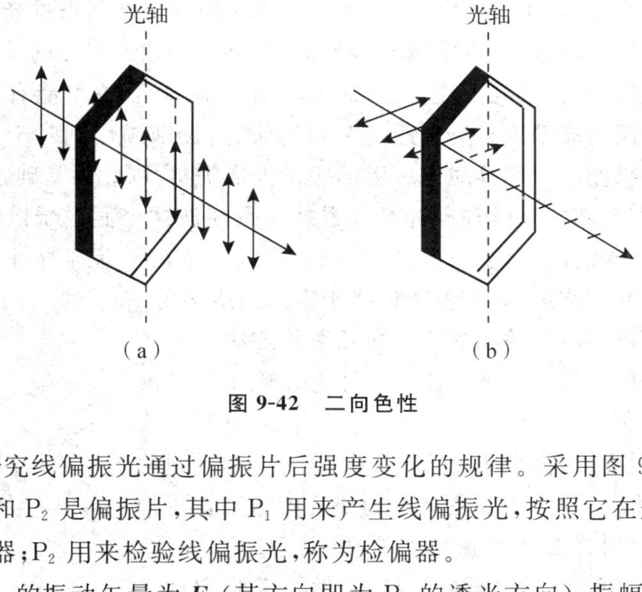


图 9-42　二向色性

现在来研究线偏振光通过偏振片后强度变化的规律。采用图 9-43 所示的装置。图中 $P_1$ 和 $P_2$ 是偏振片，其中 $P_1$ 用来产生线偏振光，按照它在这里所起的作用，称为起偏器；$P_2$ 用来检验线偏振光，称为检偏器。

设通过 $P_1$ 的振动矢量为 $\boldsymbol{E}_1$(其方向即为 $P_1$ 的透光方向)，振幅为 $A_1$，强度为 $I_1=A_1^2$，通过 $P_2$ 的振动矢量为 $\boldsymbol{E}_2$(其方向即为 $P_2$ 的透光方向)，振幅为 $A_2$，强度为 $I_2=A_2^2$。若 $\boldsymbol{E}_1$ 和 $\boldsymbol{E}_2$ 之间的夹角为 $\theta$，则它们之间的振幅关系为 $A_2=A_1\cos\theta$，即有

$$I_2=A_2^2=(A_1\cos\theta)^2=I_1\cos^2\theta \tag{9.55}$$

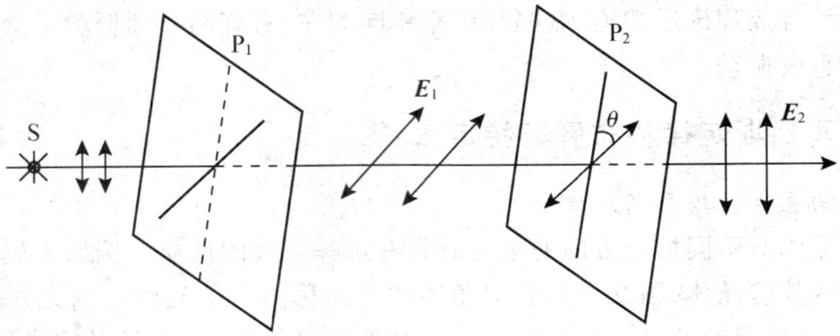


**图 9-43　马吕斯定律**

根据式(9.55),若 $\theta=0$,即两偏振片 $P_1$ 和 $P_2$ 的透光方向平行,则有 $I_2=I_1$,即透过 $P_2$ 有最大的光强;若 $\theta=\pi/2$,即 $P_1$ 和 $P_2$ 的透光方向垂直,则有 $I_2=0$,说明光完全被 $P_2$ 阻挡,这种现象称为消光;若 $P_1$ 和 $P_2$ 的透光方向既不平行又不垂直,则透过 $P_2$ 的光强介于零和 $I_1$ 之间。总之,式(9.55)表示了线偏振光通过检偏器后透射光强度随 $\theta$ 角变化的规律,此规律称为马吕斯定律。

还需要说明两点:①上述定律于 1809 年由法国的马吕斯根据光的微粒说推导出,后由阿喇果用精确的光度学测量所证实;②持光微粒说观点的马吕斯还发现了光反射时的偏振现象,连同上述定律(纵波具有轴对称性,不可能有此定律),他认为可以推翻杨氏的波动说。杨氏经过多年的研究,逐渐领悟到对于光波要用横波的概念来代替纵波。菲涅耳对这一新的假设大加赞赏,以此为基础,发表了有关的论文,指出所有已知的光学现象都可以根据光是横波这个假说予以解释。光是横波这一观点,使光的波动说完成了它的最后形式。也由于菲涅耳等人对光的衍射和偏振现象研究的推进,光的波动说终于为人们所接受。

### 2. 反射和折射时的偏振现象　布儒斯特定律

设自然光以入射角 $i$ 射到各向同性电介质 1 和 2 的界面上。将入射光的光振动分解为相互垂直的两个成分:一个与入射面平行,振幅用 $E_{P1}$ 表示;另一个与入射面垂直,振幅用 $E_{S1}$ 表示。对反射光和折射光的振动也可作同样的分解,反射光的两个振幅分别用 $E'_{P1}$ 和 $E'_{S1}$ 表示,折射光的两个振幅分别用 $E_{P2}$ 和 $E_{S2}$ 表示。实验和理论表明,在一般情况下反射光为部分偏振光,且 $E'_{S1}>E'_{P1}$,即垂直于入射面的振动占优势;折射光也是部分偏振光,且 $E_{P2}>E_{S2}$,即平行于入射面的振动占优势(图 9-44)。

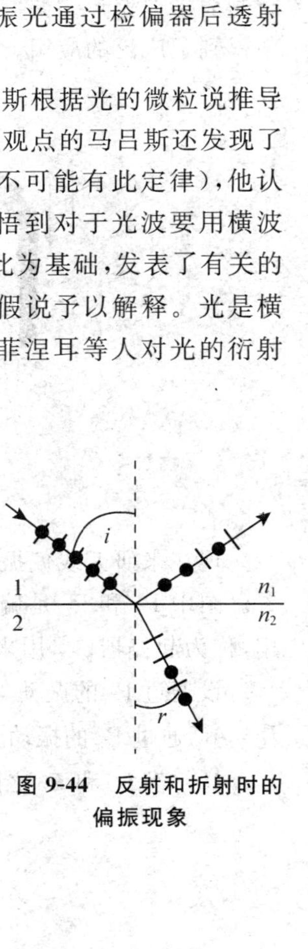


**图 9-44　反射和折射时的偏振现象**

实验和理论还表明，当入射角为某一特殊值 $i_b$ 时，反射光中仅有垂直于入射面的振动分量，反射光为线偏振光。$i_b$ 称为布儒斯特角或起偏角，它由下式决定：

$$\tan i_b=\frac{n_2}{n_1} \tag{9.56}$$

式中 $n_1$ 和 $n_2$ 是两介质的折射率。式(9.56)称为布儒斯特定律，它是万花筒发明人布儒斯特于 1812 年从经验规律中得出的。

举例来说，光由空气射向玻璃界面时，此时 $n_1\approx 1$ 和 $n_2=1.54$，根据式(9.56)得 $i_b=57°$。在应用式(9.56)要注意，由于介质的折射率是波长的函数，所以 $i_b$ 角总是对确定的波长的光而言，这就是说，不同波长的光，由空气射向玻璃时，有不同的 $i_b$ 值。

现将布儒斯特定律与折射定律相比较，有

$$\frac{\sin i_b}{\cos i_b}=\frac{n_2}{n_1}=\frac{\sin i_b}{\sin r}$$

所以 $\cos i_b=\sin r=\cos\left(\frac{\pi}{2}-r\right)$，即 $i_b+r=\frac{\pi}{2}$。由此得到，入射光以布儒斯特角入射时，反射光与折射光互相垂直，此时反射光为线偏振光，而折射光为具有最大偏振度的部分偏振光(图 9-45)。

由以上讨论可知，当一束自然光以 $i_b$ 入射至空气—玻璃分界面时，与入射面垂直的 S 分量在界面上要反射掉一部分，而与入射面平行的 P 分量却 100% 透过。若将若干玻璃板叠加起来，通过多次的反射和折射，S 分量不断被反射掉，这样最后玻璃片堆出来的光束中 S 分量就十分微弱了，它几乎是 100% 的 P 分量线偏振光了，如图 9-46 所示。

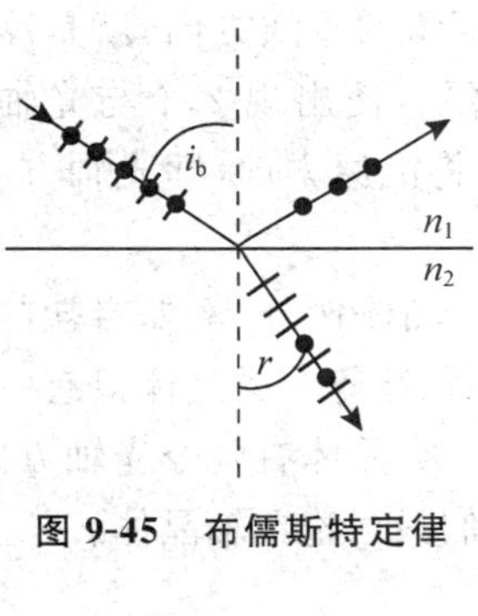


**图 9-45　布儒斯特定律**

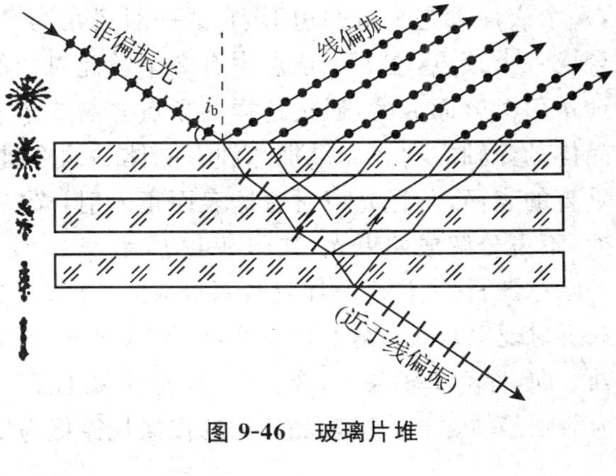


**图 9-46　玻璃片堆**

### 9.3.3 晶体双折射

1. 寻常光和非寻常光

光的双折射现象于1669年被丹麦的巴塞林纳斯所发现，他无意中将一块很大的冰洲石（又称方解石，化学成分是$CaCO_3$）放在书上，他惊奇地发现，书上每一个字都变成了两个字，他将此现象记载下来。过了10年，惠更斯研究了此现象，他认为一个字有两个像，表明一束光通过冰洲石后变成了两束光，并称此现象为双折射。

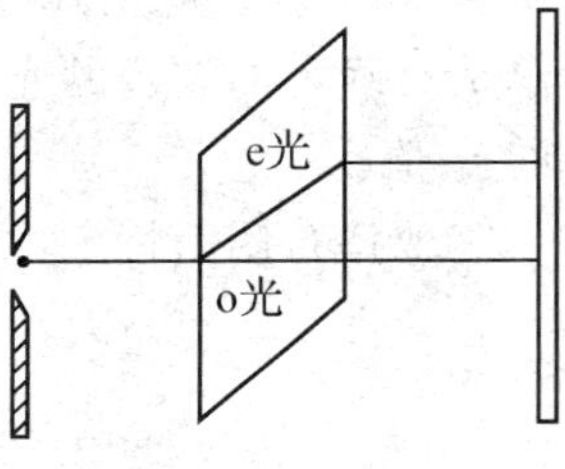

图 9-47 o光和e光

我们可以看到上述每个字产生的两个像，在冰洲石内部浮起的高度是不同的，如果冰洲石表面与书面平行（入射光正入射），转动冰洲石还可发现，一个像不动，另一个像随之转动。这些现象说明了，两束光在冰洲石内部的折射程度不同，一束光在晶体中沿原方向传播，另一束偏离了原来的方向。前者符合光的折射定律（正入射时光束不偏折），后者违背折射定律。如果进一步对各种入射方向的光进行研究，结果表明，晶体内的两束光中的一束总符合折射定律，另一束常常不遵守折射定律。我们称前一条折射光为寻常光（简称o光），称后一条折射光为非寻常光（简称e光）。若用偏振片检查o光和e光（图9-47），发现二者皆为线偏振光，在正入射情况下，两束光的偏振方向相互垂直。要注意的是，这里所谓的e光和o光，只有在晶体内部才有意义，射出晶体之后，就无所谓e光和o光了。在冰洲石中存在着一个特殊的方向，光线沿着这个方向传播时o光和e光的传播速度一样，这个特殊方向称为晶体的光轴。为了说明光轴的方向，对冰洲石晶体形状结构稍加介绍。冰洲石的天然晶体结构如图9-48所示，它呈平行六面体状，每个表面都是平行四边形，它的一对锐角为78°，一对钝角为102°，每3个表面汇合成一个顶点，在8个顶点中有2个彼此对着的顶点（图9-48中的$A$,$B$）是由3个钝角面汇合而成的，通过这样的顶点并与3个界面成等角的直线方向，就是冰洲石晶体的光轴方向。如果把冰洲石晶体的两个钝角顶磨平，使出现2个与光轴方向垂直的表面，并让光束对着这表面正入射，光在晶体中将沿原方向（即光轴方向）传播，不再分解成两束光，如图9-49所示。

除冰洲石外，许多晶体具有双折射的性能（立方晶系的晶体例外，例如岩盐晶体无双折射现象），双折射晶体有两类，像冰洲石、石英、红宝石、冰等一类晶体只有一个光轴方向，称为单轴晶体；像云母、蓝宝石、橄榄石、硫磺等一类晶体有两个光轴方向，称为双轴晶体。光在双轴晶体内的传播规律更为复杂，我们只讨论单轴晶体。

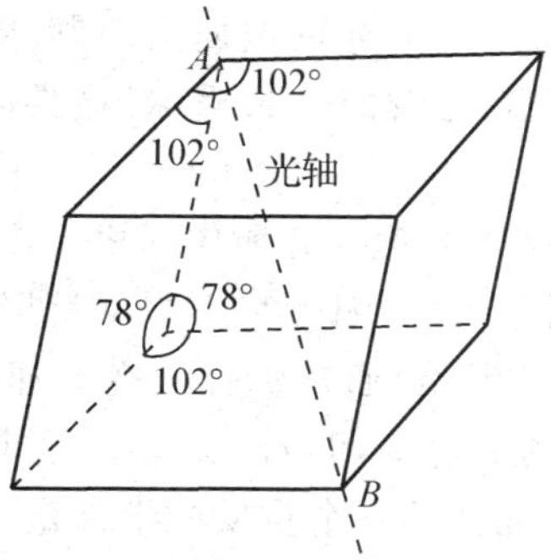


图 9-48　冰洲石的光轴方向

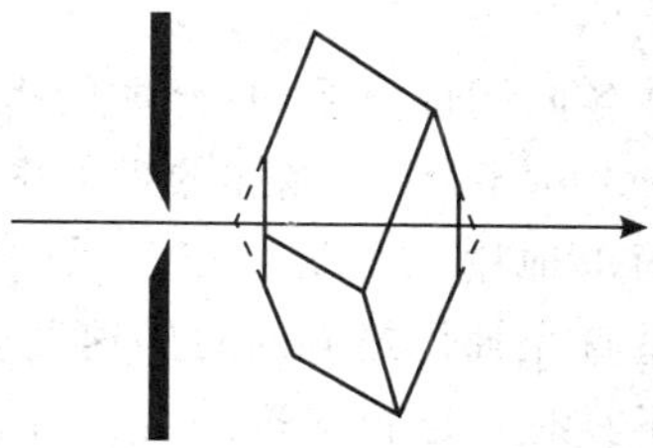

图 9-49　光束沿冰洲石晶体光轴方向射入

2. 单轴晶体中光的波面与速度

在各向同性介质中的一个点光源发出的波沿各方向传播速度 $v=c/n$ 都一样，和光的振动方向无关，经过 $\Delta t$ 时间后形成的波面是一个半径为 $v\Delta t$ 的球面。在各向异性介质中，在传播方向上，不同振动方向的光的传播速度可能是不同的，这意味着波阵面是两重曲面。在单轴晶体中的 o 光传播规律与普通各向同性介质一样，它沿各方向传播速度 $v_o$ 相同，所以它的波面是球面[图 9-50(a)]，但 e 光沿各方向传播的速度 $v$ 不同，沿光轴方向的传播速度与 o 光一样也是 $v_o$，垂直光轴方向的传播速度是另一数值 $v_e$。在经过 $\Delta t$ 时间后，e 光的波面如图 9-50(b)所示，是围绕光轴方向的回转椭球面。把 o 光和 e 光两波面画在一起，它们在光轴方向上相切(图 9-51)。

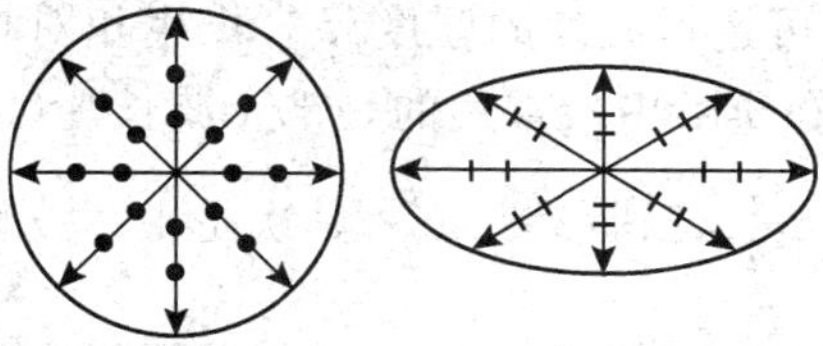

(a) o 光　　(b) e 光

图 9-50　o 光和 e 光的波面

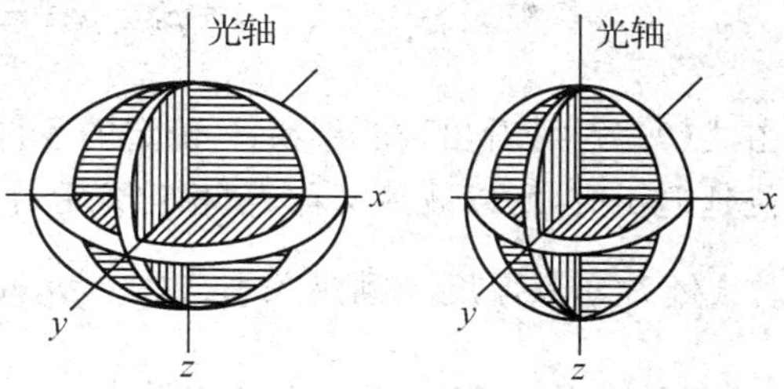


(a) 负晶体　　(b) 正晶体

图 9-51　正、负单轴晶体

为了说明 o 光和 e 光的振动方向，引入主平面的概念。晶体中某条光线与晶体光轴构成的平面，称为主平面。图 9-50 的纸平面就是其上画出各光线的主平面。o 光电矢量的振动方向总是和 o 光的主平面垂直，e 光电矢量的振动方向则在 e 光的主平面内。

单轴晶体分为两类：一类以冰洲石为代表，$v_e>v_o$，e 光的波面是扁椭球，这类晶体称为负晶体；另一类以石英为代表，$v_e<v_o$，e 光的波面是长椭球，这类晶体称为正晶体。

在各向同性介质中，介质的折射率定义为真空中光速与介质中光束 $v$ 之比，即 $n=c/v$。对于 o 光，晶体的折射率为 $n_o=c/v_o$，对于 e 光，因为它不服从折射定律，不能简单地用一个折射率来反映它的折射规律。但是，通常仍把真空光速 $c$ 与 e 光沿垂直光轴传播方向时的速度 $v_e$ 之比称为它的折射率，即 $n_e=c/v_e$。这个 $n_e$ 值虽然不具有普通折射率的含义，但它与 $n_o$ 一样是晶体的一个重要光学参量。$n_o$ 和 $n_e$ 合称为晶体的主折射率。

3. 圆偏振光和椭圆偏振光的获得与检验

1)波片、1/4 波长片和 1/2 波长片　所谓波片就是从单轴晶体(例如石英)中切割下来的平行平面板，其表面与晶体的光轴平行(图 9-52)。这样一来，当一束光正入射时，分解成的 o 光和 e 光传播方向虽然不改变，但它们在波片内的速度 $v_o$ 和 $v_e$ 是不同的(图 9-51)，或者说它们的折射率 $n_o$ 和 $n_e$ 是不同的。设波片的厚度为 $d$，则 o 光和 e 光通过波片时的光程不同，它们分别为 $n_o d$ 和 $n_e d$。当它们射出波片时造成的相位差为

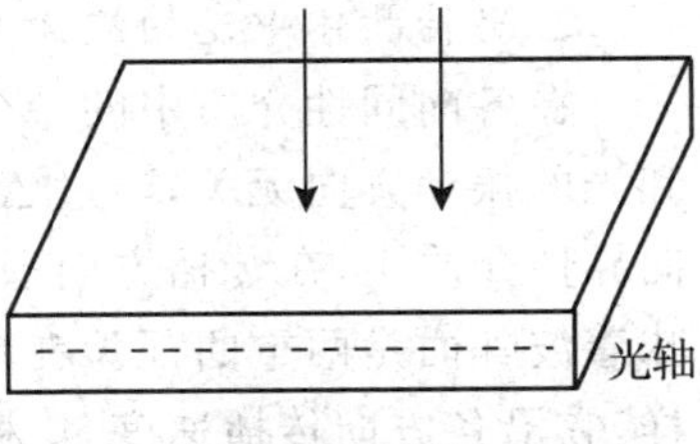

**图 9-52　波片**

$$\delta=\varphi_o-\varphi_e=\frac{2\pi}{\lambda}(n_o-n_e)d \tag{9.57}$$

由式(9.57)可看出，在 $n_o$ 和 $n_e$ 确定的条件下，可选择波片的厚度 $d$ 来产生相对相位延迟 $\delta$ 值，所以波片又称为“相位延迟片”。在实际中最常用的是 1/4 波长片(简称 $\lambda/4$ 片)，其厚度 $d$ 满足关系式 $(n_o-n_e)d=\pm\frac{\lambda}{4}$，于是 $\delta=\pm\frac{\pi}{2}$；其次是 1/2 波长片$\left(\text{简称}\frac{\lambda}{2}\text{片}\right)$，其厚度 $d$ 满足关系式 $(n_o-n_e)d=\pm\frac{\lambda}{2}$，于是 $\delta=\pm\pi$。需要指出的是，$\frac{\lambda}{4}$ 片和 $\frac{\lambda}{2}$ 片都是对某一个确定波长的光来说的。

2)圆偏振光和椭圆偏振光的获得　令自然光通过一个起偏器和一个波片，在一般情况下可获得椭圆偏振光，如图 9-53 所示，由起偏器射出的线偏振光射到波片中去时，被分解成 $\boldsymbol{E}_o$ 和 $\boldsymbol{E}_e$ 两个振动，它们在波片内的传播速度不同，穿出波片时产生一定的附加相位差 $\delta$，射出波片之后两光束速度恢复到一样，合

成一起一般得到椭圆偏振光，在一定的条件下可得到圆偏振光或仍为线偏振光。

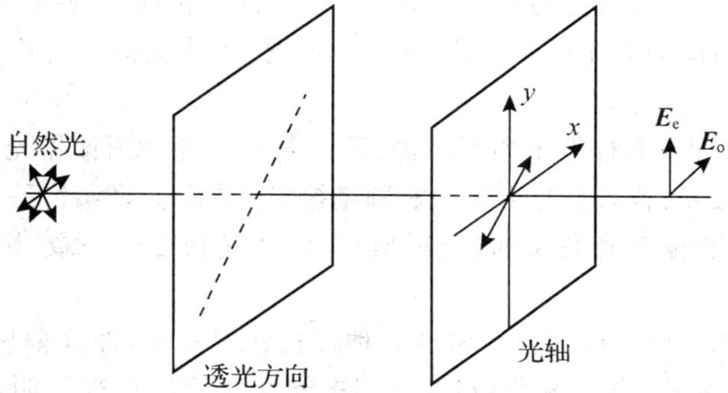


图 9-53　获得椭圆偏振光

若要从波片出射的是圆偏振光，要满足如下两个条件。首先，波片必须选择成 $\lambda/4$ 片，使 o 光和 e 光相位差为 $\pm\pi/2$，再则从起偏器出射的线偏振光正入射至 $\lambda/4$ 片的表面时，它的振动方向与光轴夹角 $\theta=\pm\pi/4$，使 $\lambda/4$ 片内的 o 光和 e 光的振幅相等。至于出射的圆偏振光是右旋的还是左旋的，视 $\lambda/4$ 片是正晶体还是负晶体以及入射至 $\lambda/4$ 片表面的线偏振光振动方向的方位决定。

若图 9-53 中的波片是负晶体（例如冰洲石）制成的 $\lambda/4$ 片，正入射至 $\lambda/4$ 片表面上的线偏振光电矢量振动方向与图中所选择坐标系的 $x$ 轴成的角 $\theta=\pi/4$（和 $y$ 轴也成 $\pi/4$），在线偏振光刚进入 $\lambda/4$ 片时，将它分解成 o 光（振动方向沿着 $x$ 轴）和 e 光（振动方向沿着 $y$ 轴），两者进入时是同相位，它们的振动方程可写成

$$E_o=A_o\cos\omega t=A\cos\omega t$$

$$E_e=A_e\cos\omega t=A\cos\omega t$$

射出 $\lambda/4$ 片时，由于 $n_e<n_o$，e 光相位超前于 o 光相位为 $\pi/2$，它们的振动方程可写为

$$E_o=A\cos\omega t$$

$$E_e=A\cos(\omega t+\pi/2)$$

由上述方程可看出，合成振动为一圆偏振光。为了确定这个圆偏振光的旋转方向，

我们可定出这个旋转着的电矢量的尖端在 $t=0$ 和 $\Delta t$ 两时刻的位置。在 $t=0$ 时刻，有 $E_o=A, E_e=0$，在 $\Delta t$ 时刻有 $E_o \approx A, E_e=-A\sin\omega\Delta t \approx -A\omega\Delta t$。图 9-53 表明，代表这个出射圆偏振光的矢量是沿顺时针方向旋转的（观察者面向出射光束），故出射光束为右旋圆偏振光。对 $\theta=-\pi/4$ 情况，可作类似的讨论，可知出射光为左旋圆偏振光。

从上述的讨论，不难得出如下结论：若入射光束为一圆偏振光，则通过 $\lambda/4$ 片后成为一线偏振光；若入射光束为一椭圆偏振光，则通过 $\lambda/4$ 片后一般依然为一椭圆偏振光；若椭圆偏振光的长轴（或短轴）与波片光轴方向一致，则出射光为线偏振光。

3）偏振光的检验　前面曾介绍过 5 种偏振状况的光，即线偏振光、圆偏振光、椭圆偏振光、自然光（非偏振光）和部分偏振光。我们现在来说明，利用偏振片和 $\lambda/4$ 片可将 5 种光完全区分开来。

使用一块偏振片就可将线偏振光从其他 4 种光中挑选出来，这是因为 5 种光分别通过偏振片时，在转动偏振片情况下，唯有线偏振光有消光位置（若是理想的偏振片，消光位置即为全暗的位置），其他 4 种光无消光位置。圆偏振光和自然光分别通过偏振片时，在转动偏振片情况下，二者出射的强度是等强度，而无法区分它们。椭圆偏振光和部分偏振光分别通过偏振片时，在转动偏振片情况下，二者出射的强度时强时弱，也无法区分它们。若将偏振片和 $\lambda/4$ 片联合起来使用，则可区分。

利用图 9-54 的装置，可将圆偏振光和自然光区分开来。若入射光束是圆偏振光，经过 $\lambda/4$ 片后成为一线偏振光，此线偏振光再入射至偏振片，在转动偏振片情况下，可以观察到它的出射光强度是变化的，且存在消光位置。若入射光是自然光，经过 $\lambda/4$ 片后依然是自然光，再入射至偏振片，在转动偏振片情况下，出射光的强度是不变的，无消光位置。

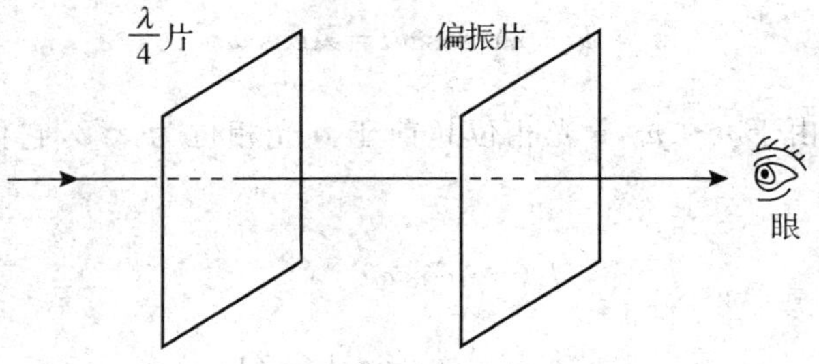


**图 9-54　检验圆偏振光、自然光**

要区分椭圆偏振光和部分偏振光，步骤要稍为复杂些，可分以下 3 个步骤：①首先要定出 $\lambda/4$ 片的光轴方向（或与光轴垂直方向），用图 9-55 的装置可达到此目的。令起偏器和检偏器的透光方向相互平行，然后在它们中间插入 $\lambda/4$ 片并转动，在检偏器后观察到最大光强时停止 $\lambda/4$ 片转动，此时 $\lambda/4$ 片表面上与起偏器和检偏器透光方向平行的方向即为它的光轴方向或与光轴垂直的方向。②用偏振片分别定出椭圆偏振光主轴方向（例如光强最大方向，即为长轴方向）和部分偏振光的光强最大值方向。③令椭圆偏振光和部分偏振光分别通过 $\lambda/4$ 片，并使它们的光强最大方向和 $\lambda/4$ 片的光轴方向（或垂直光轴方向）平行，然后通过一检偏器，这样椭圆偏振光经过 $\lambda/4$ 片后成为一线偏振光，而部分偏振光通过 $\lambda/4$ 片后依然为部分偏振光，再通过检偏器，原来的椭圆偏振光有消光位置，而部分偏振光无消光位置，于是将两者区别开来。

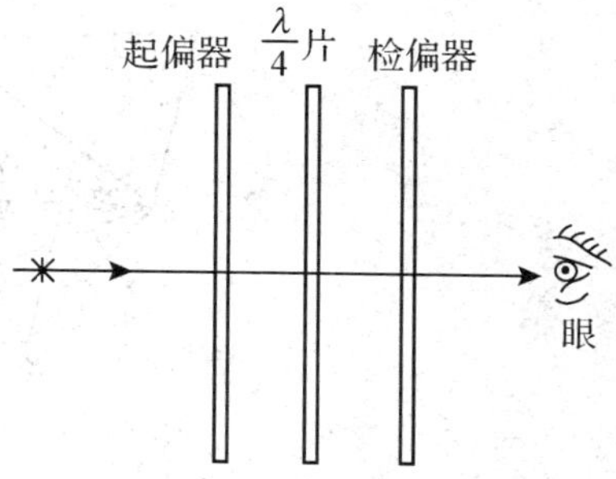

**图 9-55　检验椭圆偏振光和部分偏振光**

4. 尼科耳棱镜

尼科耳棱镜是利用冰洲石的双折射现象制成的一种光学元件，在许多光学仪器中用来产生和检查线偏振光。尼科耳棱镜有多种形式，我们在此描述最普通的一种。如图 9-56(a)所示，取长度约为宽度 3 倍的冰洲石晶体，称包含光轴和入射界面法线的平面为主截面。若以端面 $ABCD$ 为入射界面，$ACC'A'$ 便是一个主截面。在天然晶体中此主截面的对角 $\angle C$ 和 $\angle A'$ 原为 71°，将端面磨去少许，使得新的对角变为 68°[图 9-56(b)]。将晶体沿垂直主截面 $ACC'A$ 且过对角线 $A''C''$ 的平面 $A''EC''$ 剖开磨平，然后再用加拿大树胶黏合。加拿大胶是一种折射率 $n$ 介于冰洲石 $n_o$ 和 $n_e$ 之间的透明物质（对于钠黄光，$n=1.55$，而 $n_o=1.65836$，$n_e=1.48641$）。按照上述设计，平行于棱边 $AA'$ 的入射光进入晶体后，o 光将以大于临界角 $\arcsin\left(\frac{n}{n_o}\right)\approx 69°$ 的入射角投在剖面 $A''ECF$ 上。它将因全反射而偏折射到棱镜的侧面，在那里用黑色涂料将它吸收，或者用小棱镜将它引出。至于 e 光，由于它与光轴的夹角足够大，在晶体内的"折射率"仍小于加拿大胶的 $n$，从而不发生全反射，于是从尼科耳棱镜另一端射出的将是单一的线偏振光。

由于加拿大胶吸收紫外线，故尼科耳棱镜对此波段不适用，这时可用其他形式的棱镜，如渥拉斯顿棱镜。

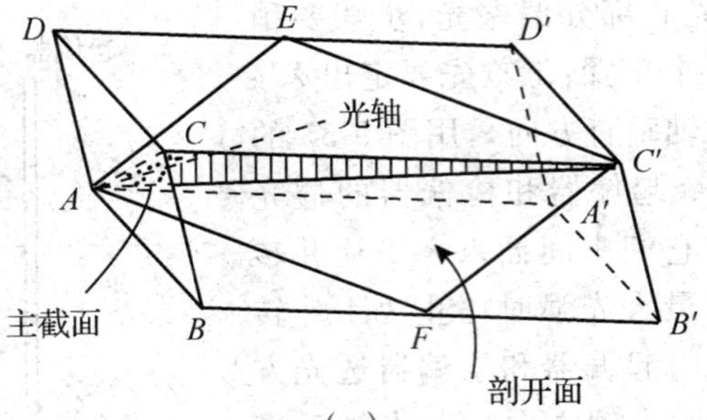


（a）

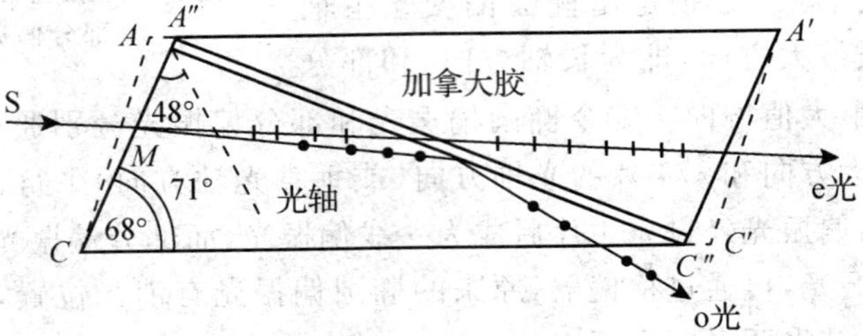


（b）

图 9-56 尼科耳棱镜

## 9.3.4 旋光性

如上所述，在普通的单轴晶体（如冰洲石）中光线沿光轴传播时不发生双折射，即 o 光和 e 光的传播方向和波速都一样。但是一束线偏振光沿石英晶体的光轴传播时，它的振动面发生连续地转动（图 9-57），这种现象称为旋光性。电矢量振动面的旋转分为右旋和左旋两种，向光源方向看去，振动面顺时针方向旋转的石英称为右旋石英；逆时针方向旋转的石英称为左旋石英。

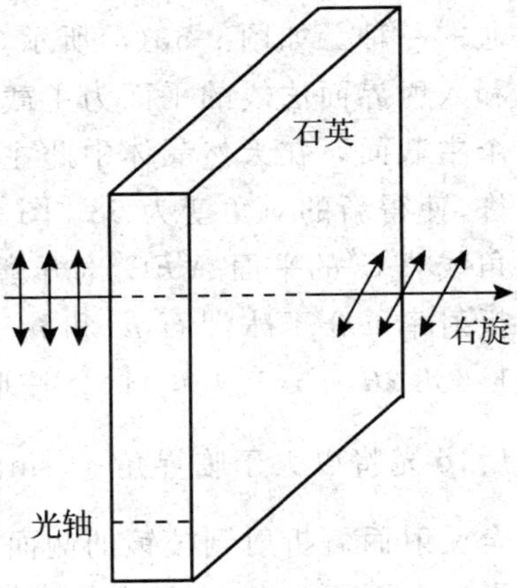


图 9-57 石英晶体的旋光性

实验表明，振动面旋转的角度 $\varphi$ 与石英晶片的厚度 $d$ 成正比，即

$$\varphi=\alpha d \tag{9.58}$$

其中比例系数 $\alpha$ 称为石英的旋光率。旋光率的数值因波长而异，因此在日光照射下，不同颜色的光的振动面旋转的角度不同，这种现象称为旋光色散。

除了石英晶体以外，许多有机液体和溶液也具有旋光性，其中最典型的是食糖的水溶液，如图 9-58 所示，在一对偏振器之间加入一根带有平行平面窗口的玻璃管。从偏振器可以检验出光线经过管内溶液时有旋光现象。实验表明，振动面旋转的角度 $\varphi$ 与管长 $l$ 和溶液的浓度 $N$ 成正比，即

$$\varphi=[\alpha]Nl \tag{9.59}$$

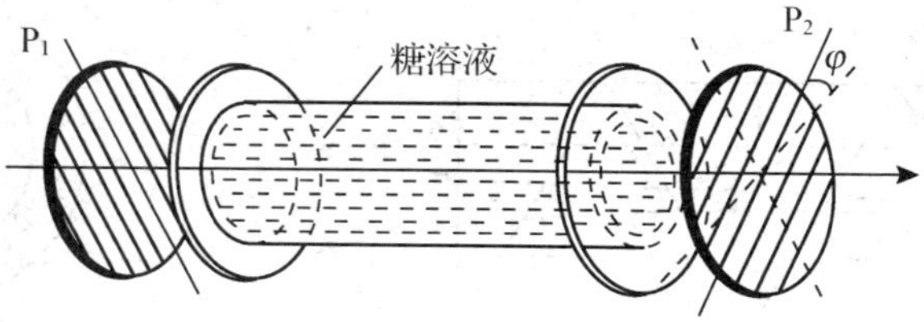


**图 9-58　量糖计**

通常 $l$ 的单位用分米，$N$ 的单位用克·厘米$^{-3}$，于是$[\alpha]$的单位是度·(分米·克·厘米$^{-3}$)$^{-1}$。蔗糖的水溶液在 20℃时，对于钠黄光$[\alpha]=66.46°\cdot(\mathrm{dm}\cdot\mathrm{g}\cdot\mathrm{cm}^{-3})^{-1}$。根据已知的$[\alpha]$和 $l$，测出 $\varphi$ 角，应用式(9.59)可求得浓度 $N$。这种测量溶液浓度的方法既迅速又准确，在工业生产和实验室中被广泛的使用。

许多有机药物、生物碱、生物体中的各种糖类、氨基酸等都具有旋光性，并常有右旋和左旋两种旋光异构物。区别右旋和左旋对了解分子结构和有关性质是重要的。某些药物的右旋和左旋异构物虽然分子式相同，但疗效却迥然不同。例如，天然氯霉素是左旋的，而人工合成的合霉素则是左右旋各半的混合物，其中只有左旋成分有疗效。直接生产出来的驱虫药四咪唑也是左右旋成分的混合物，其中有效的也是左旋成分。

1825 年菲涅耳对石英晶体的旋光现象提出了唯像的解释：一束线偏振光可以分解成两束频率相同、振幅相等的左旋和右旋圆偏振光，这两种圆偏振光在旋光物质中的传播速度不同(左旋圆偏振光在左旋物质中的传播速度快，而右旋圆偏振光在右旋物质中的传播速度快)，或者说它们的折射率不同，经过旋光物质后产生了附加相位差，合成时仍为线偏振光，但振动面转过了一定的角度。

菲涅耳在提出上述唯像解释的同时，设计出由右旋、左旋石英晶体组成的复合棱镜(图 9-59)验证了它。令一束线偏振光垂直射向复合棱镜，而它的出射光，故然是两束(左旋和右旋)圆偏振光。

以上只考虑了左、右旋圆偏振光在旋光介质中传播速度即折射率不同，实际上介质对左、右旋圆偏振光的吸收系数往往也是不同的，即 $\varepsilon_L$、$\varepsilon_R$ 不同，二者之差

$\Delta\varepsilon=\varepsilon_L-\varepsilon_R$ 称为圆二色性，由于 $\varepsilon_L$、$\varepsilon_R$ 不同，一线偏振光通过介质后成为一椭圆偏振光(图 9-60)，因此圆二色性也常用椭圆度 $\theta$ 来表示，$\tan\theta=b/a$，$a$ 为椭圆长轴的长度，$b$ 为椭圆短轴的长度。前面已提到旋光率 $\alpha$ 随波长的变化而变化，称之为旋光色散，而圆二色性也随波长的变化而变化，称之为圆二色谱。由以上说明可以看出，圆二色性和旋光色散有相同的物质基础，即旋光性的不同表现。

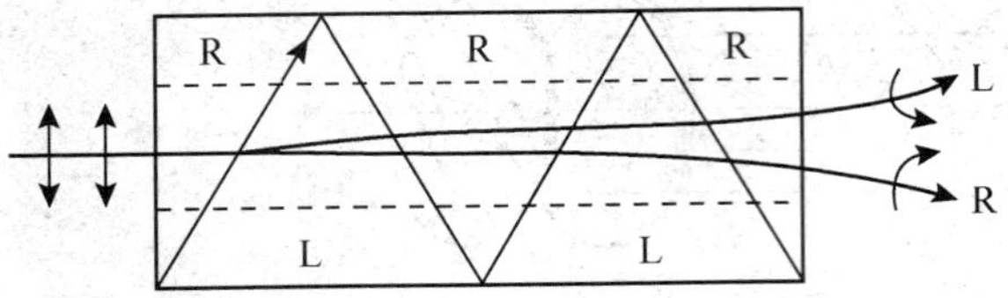


图 9-59 复合棱镜

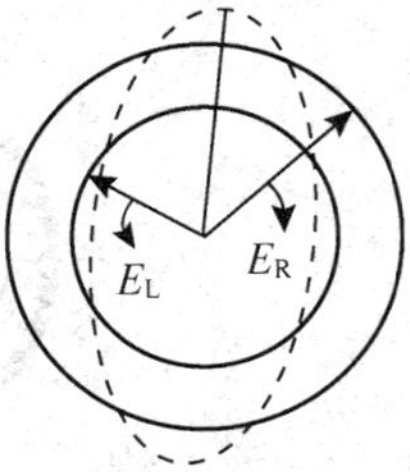


图 9-60 圆二色性

同一化合物构型不同，它们的旋光色散谱与圆二色谱也不同，于是我们可利用这两种谱来确定化合物的构型以及各种构型(如蛋白质的二级结构 α 螺旋、β 折叠、无规卷曲)在分子中所占的比例。还如在核酸研究方面，当构型发生变化时，例如双股变为单股，或单股变为双股核酸和小分子结合时，旋光色散谱和圆二色谱均发生变化，可见这两种谱对研究生物大分子很有用，而且它们的优点是所需样品少，样品为溶液，更接近于生活状态。

## 习　题

1. 在杨氏双缝干涉装置中，以 He-Ne 激光(632.8 nm)束直接照射双缝，双缝间隔为 0.5 mm，屏幕在 2 m 远，求条纹的间距，它是光波长的多少倍?

2. 在杨氏双缝干涉实验装置中，入射光的波长为 550 nm，用一片厚度为 $8.53\times10^3$ nm 的薄云母片覆盖双缝中的一条狭缝，这时屏幕上的第 9 级明纹恰好移到屏幕中央原零级明纹的位置，问该云母片的折射率为多少?

3. 在杨氏干涉实验装置中，采用加有蓝绿色滤光片的白光光源，其波长范围为 $\Delta\lambda=100$ nm，平均波长为 $\lambda=490$ nm。试估算从第几级条纹开始，条纹将变得无法分辨?

4. 用白光作光源观察杨氏双缝干涉。设缝间距为 $d$，试求能观察到的清晰可见光谱的级次。

5. 将一薄透镜从中心对切成两个半透镜 $L_1$ 和 $L_2$，并横向错移一定的距离，构成一个干涉装置(称梅林干涉仪)，现将单色点光源放在 $L_1$ 的左侧焦点处，观察屏

放在 $L_2$ 的右边，如图所示。试画出干涉光路图，用斜线表示干涉场的区域，并描述屏上所看到的干涉条纹。

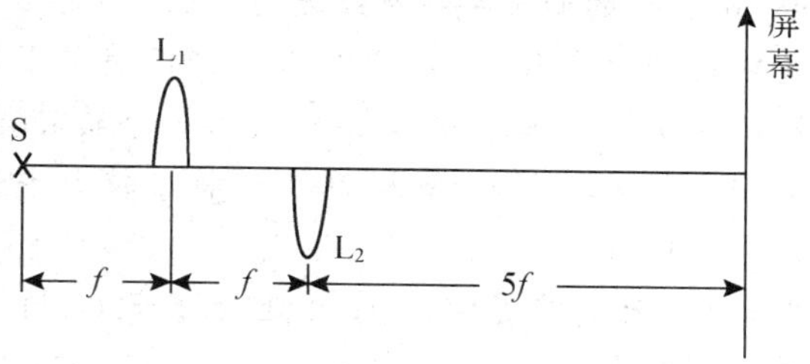


**习题 9-5 图**

6. 一平面单色光波垂直照射在厚度均匀的薄油膜上，油膜覆盖在玻璃板上。油的折射率为 1.30，玻璃的折射率为 1.50。若单色光的波长可由光源连续可调，只观察到 500 nm 和 700 nm 这两个波长的单色光在反射中消失，试求油膜层的厚度。

7. 白光垂直照射到空气中一厚度为 395 nm 的肥皂膜上，设肥皂膜的折射率为 1.33。试问该膜的正面呈现什么颜色？背面呈现什么颜色？

8. 在半导体生产中需要测量 Si 片上 $SiO_2$ 薄膜的厚度，为此将 $SiO_2$ 薄膜磨成劈形，如图所示，已知 Si 的折射率为 3.4，$SiO_2$ 的折射率为 1.5，用波长为 633 nm 的光垂直照射，观察到整个斜面上有 10 条明纹和 9 条暗纹，求 $SiO_2$ 薄膜的厚度。

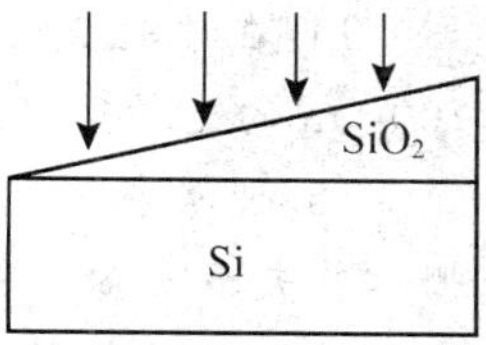


**习题 9-8 图**

9. 利用等厚条纹可以检验精密加工工件表面的质量。在工件上放一平板玻璃，使其间形成一空气劈形膜[图(a)]。今观察到干涉条纹如图(b)所示。试根据纹路弯曲方向，判断工件表面上纹路是凹还是凸，并求纹路深度。

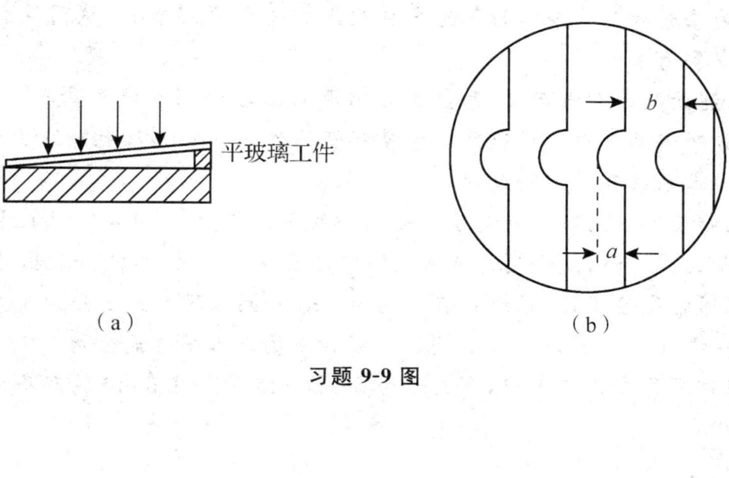


(a)　　　　(b)

**习题 9-9 图**

10. 一平凸透镜放在平板玻璃上，在反射光中观察牛顿环，当 $\lambda_1=450$ nm 时，观测到第 3 级明环的半径为 $1.06\times10^{-3}$ m，换为红光时，观察到第 5 级明环的半径为 $1.77\times10^{-3}$ m。求透镜的曲率半径及红光的波长。

11. 在观察牛顿环的干涉条纹时，所用光源包括两种波长，一种波长为 $\lambda_1=$ 486.1 nm，另一波长 $\lambda_2$ 未知。已知从中心数 $\lambda_1$ 的第 8 个暗环与 $\lambda_2$ 的第 9 个暗环正好重合。(1) 求未知波长 $\lambda_2$；(2) $\lambda_1$ 和 $\lambda_2$ 的暗环将在较大半径处发生第二次重合，求第二次重合处 $\lambda_2$ 的暗环级次。

12. 在平行薄膜等倾干涉的装置中，透镜焦距为 $f=20$ cm，光源的波长为 $\lambda=$ 600 nm，产生干涉现象的是玻璃板($n_2=1.5$)上的氟化镁($n_1=1.38$)涂层，其厚度为 $h=5.00\times10^{-2}$ mm。试问：(1) 在反射光方向上观察到的干涉条纹，其中心是亮点还是暗点？(2) 从中心向外计算，第 5 个亮环的半径是多少？

13. 在单缝夫琅禾费衍射中，用水银灯发出的波长为 546 nm 的绿色平行光垂直入射到单缝上，测得第 2 级暗纹到衍射图样中心的线距离为 0.30 cm。当用一未知波长的光做实验时，测得第 3 级暗纹到中心距离为 0.42 cm。试求未知光的波长。

14. 在单缝夫琅禾费衍射实验中，若某一光波的第 3 级极大恰与波长为 700 nm 的光的第 2 级极大重合，求此光波的波长。

15. 使单色平行光垂直入射到一个双缝上(可以把它看成是只有 2 条缝的光栅)，其夫琅禾费衍射包线的中央极大宽度内恰好有 13 条干涉明条纹。试问两缝中心的间隔 $d$ 与缝宽 $a$ 应有何关系？

16. 用每毫米内有 1 200 条缝的 15 cm 光栅作为分光元件，组装成一台光栅光谱仪。(1) 试问它的一级光谱在可见光波段的中部($\lambda\approx550$ nm)能分辨的最小波长差为多少？(2) 如果用照相底片摄谱，由于乳胶颗粒密度的影响，感光底片的空间分辨本领为每毫米 200 条。为了充分利用光栅的色分辨本领，试问这台光谱仪器的焦距至少要有多长？

17. 在迎面驶来的汽车上，两盏前灯相距 1.2 m，试问在汽车离人多远的地方，人眼恰能分辨这两盏灯？设夜间人眼瞳孔直径为 5.0 mm，入射光波长为 550 nm，而且仅考虑人眼瞳孔的衍射效应。

18. 已知天空中两颗星相对于一望远镜的角距离为 $4.84\times10^{-6}$ rad，它们发出的光波波长为 550 nm。问望远镜物镜的口径至少要多大，才能分辨出这两颗星？

19. 在通常亮度下，人眼瞳孔直径约为 3 mm，问人眼的最小分辨角是多大？远处两根细丝之间的距离为 2 mm，问细丝离开多远时人眼恰能分辨？

20. 在钠蒸气发出的光中，有波长为 589.0 nm 和 589.6 nm 的两条谱线。使用每毫米有1 200条缝的15 cm宽的光栅，试问在一级光谱中这两条谱线的角位置、角间距和半角宽度各为多少？

21. 以波长400～760 nm的白光照射光栅，在衍射光谱中，第2级和第3级发生重叠，试求第2级光谱被重叠的波长范围。

22. 波长为600 nm的单色光垂直入射在一光栅上，第2级和第3级谱线分别出现在衍射角$\theta$满足关系式$\sin\theta_2=0.2$和$\sin\theta_3=0.3$处，第4级为缺级。(1)求该光栅的光栅常量$d$及光栅狭缝的最小可能宽度$a$；(2)按此$d$和$a$的值，列出屏幕上可能呈现的谱线全部级数。

23. 宽度为4.2 cm的光栅，若它所产生的第1级光谱的分辨本领是$6\times10^4$。(1)求该光栅的光栅常量；(2)若要分开波长为600 nm和600.004 nm的两条谱线，问至少应该观察第几级光谱？

24. 在一对正交的偏振片之间插入另一个偏振片，其偏振化方向与前两者的偏振化方向均成45°角。问自然光经过它们后的强度减为原来的百分之几？

25. 在两块正交偏振片$P_1$和$P_3$之间插入另一块偏振片$P_2$，光强为$I_0$的自然光垂直入射于偏振片$P_1$。求转动$P_2$时透过$P_3$的光强$I$与转角的关系。

26. 自然光通过两个偏振化方向成60°角的偏振片，透射光强为$I_1$。若在这两个偏振片之间再插入另一偏振片，它的偏振化方向与前两个偏振片的偏振化方向均成30°角，则透射光强为多少？

27. 偏振片$P_1$和$P_2$的偏振化方向之间的夹角为$\theta$，用光强为$I_1$的自然光和光强为$I_2$的线偏振光，同时垂直入射到$P_1$，若线偏振光的光振动方向与$P_1$的偏振化方向间的夹角为$\alpha$，则从系统透射出来的光强将随$\alpha$和$\theta$如何变化？

28. 一束线偏振光和自然光的混合光，当它垂直入射一偏振片并旋转偏振片时测得透射光强的最大值是最小值的5倍。求入射光束中线偏振光与自然光的光强之比。

29. 一束自然光通过两个偏振化方向成60°角的偏振片，若每个偏振片吸收10%可通光的光线，求出射光强与入射光强之比。

30. 布儒斯特定律提供了一种不透明电介质折射率的测试方法。今测得某电介质的布儒斯特角为57°，试求该电介质的折射率。

31. 一平行平面的玻璃板放置在空气中，空气折射率近似为1，玻璃折射率为$n=1.50$，入射光以布儒斯特角入射到玻璃板的上表面时，折射角是多少？折射光在下表面反射时，其反射光是否是线偏振光？

32. 已知方解石的主折射率$n_o=1.658$，$n_e=1.486$。线偏振光垂直入射到一块光轴平行于表面的方解石晶片上，若入射线偏振光的振动方向与晶片的主截面成

$30^{\circ}$角，问：(1)晶片中o光和e光的强度之比是多少？(2)为使晶片对钠黄光($\lambda=589.3$ nm)成为$\frac{\lambda}{2}$片，晶片的最小厚度应是多少？(3)从该$\frac{\lambda}{2}$片透出的线偏振光的振动面相对于入射光的振动面转过了多大角度？

33. 波长为589 nm的左旋圆偏振光垂直入射到石英做成的波片上，波片厚度为$5.56\times10^{-2}$ cm。试决定出射光的偏振态。设石英的$n_o=1.544$，$n_e=1.553$。

34. 在两个偏振化方向相互平行的偏振片之间，平行放置一片垂直于光轴切割的石英片。已知石英对钠黄光的旋光率为$21.7^{\circ}\cdot\text{nm}^{-1}$。试问当石英晶片的厚度为多少时，钠黄光不能通过第二个偏振片？

35. 一未知浓度的葡萄糖水溶液装满在12.0 cm长的玻璃管中，一单色线偏振光垂直于管端面，沿管的中心轴线通过，从检偏器测得光的振动面旋转了$1.23^{\circ}$。已知葡萄糖溶液的旋光率为$20.5^{\circ}\ \text{cm}^3\cdot(\text{dm}\cdot\text{g})^{-1}$，求葡萄糖溶液的浓度。

36. 将14.5 g的蔗糖溶于水，得到60 $\text{cm}^3$的溶液，在管长为15 cm的量糖计中测得钠光振动面旋转角为向右$16.8^{\circ}$，已知$[\alpha]=66.5^{\circ}\ \text{cm}^3\cdot(\text{dm}\cdot\text{g})^{-1}$。问该蔗糖样品中有多少非旋光杂质。

# 第 10 章　波粒二象性

1900 年，普朗克提出辐射量子假说，认为电磁场和物质交换能量是以能量子的方式实现的，从而得出黑体辐射能量分布公式，成功地解释了黑体辐射现象。1905 年，爱因斯坦引进光量子（光子）的概念，并给出了光子的能量、动量与辐射频率和波长的关系，成功地解释了光电效应。1923 年，康普顿研究了 X 射线散射实验，进一步证实了爱因斯坦的光子概念。在人们认识到光具有波动和微粒的二象性之后，为了解释一些经典理论无法解释的现象，法国物理学家德布罗意于 1923 年提出微观粒子具有波粒二象性的假说。1927 年，戴维孙和革末用实验证实了物质粒子的波动性。粒子和波动两种概念互相补充，才能全面反映物质在各种不同条件下所表现的性质。

## 10.1　黑体辐射

### 10.1.1　黑体辐射的实验规律

热量传递有 3 种方式：热传导、热对流和热辐射，前两种方式读者已经熟悉了，热辐射是物体受热激发或物体由于具有温度而辐射电磁波的现象。物体向四周辐射出电磁波的总能量称为辐射能。一切温度高于绝对零度的物体都能产生热辐射。热辐射的光谱是连续谱，理论上可以辐射任何波长的电磁波。热辐射的能谱分布与物体本身的特性及其温度有关，一般的热辐射主要是波长较长的可见光和红外线。由于电磁波的传播无需任何介质，所以热辐射是在真空中唯一的传热方式。

为了定量描述热辐射的规律，首先引入几个相关的概念：在单位时间内从物体表面单位面积上所辐射出来的各种波长电磁波的总能量，称为该物体的辐射出射度，简称辐出度。它是辐射物体的绝对温度的函数，用 $\Phi(T)$ 表示，单位为 $\mathrm{W \cdot m^{-2}}$。在单位时间内从物体表面单位面积上所辐射出来的波长在 $\lambda$ 附近单位波长间隔的辐出度称为单色辐出度，记为 $M_\lambda(T)$。显然，单色辐出度与辐出度之间存在如下关系：

$$\Phi(T) = \int_0^\infty M_\lambda(T)\,\mathrm{d}\lambda \tag{10.1}$$

物体在向外辐射的同时，还吸收从其他物体辐射来的能量。物体辐射或吸收的能量与它的温度、表面积等因素有关。如果在同一时间内从物体表面辐射的电磁波的能量和它吸收的电磁波的能量相等，吸收和辐射就处于温度一定的热平衡状态。在热平衡状态下，辐射体的单色辐出度 $M_\lambda(T)$ 与其单色吸收比 $a_\lambda(T)$ 的比值只与温度有关，即

$$\frac{M_\lambda(T)}{a_\lambda(T)} = F(T) \tag{10.2}$$

式中 $F(T)$ 是一个与物质无关的普适函数。单色吸收比 $a_\lambda(T)$ 的定义是：被物体吸收的单位波长间隔的能量与入射到该物体的能量之比。这个规律是德国物理学家基尔霍夫于 1859 年首先发现的，称为基尔霍夫辐射定律。该定律表明，热辐射辐出度大的物体其吸收比也大，反之亦然。

对于任意波长的电磁辐射，$a_\lambda$ 恒为 1 的辐射体，叫做绝对黑体，简称黑体。黑体在自然条件下并不存在，它只是一种理想化模型，在实验室中常常用维持一定温度的空腔来模拟。如图 10-1 所示，在一封闭空腔壁上开一小孔，任何波长的光穿过小孔进入空腔后，在空腔内壁反复反射，重新从小孔穿出的机会极小，即便剩下的微乎其微的光线从洞口射出，也因经历了多次反射而损失了大部分能量。对空腔外的观察者而言，小孔对任何波长电磁辐射的吸收比都接近于 1，故可看作是黑体。将基尔霍夫辐射定律应用于黑体，有 $M_\lambda(T)=F(T)$。可见，基尔霍夫辐射定律中的函数 $F(T)$ 即黑体的单色辐出度。只要知道黑体的单色辐出度和物体的单色吸收比，就能了解一般物体的热辐射性质。所以，研究黑体辐射的单色辐出度成了研究热辐射问题的主要工作。

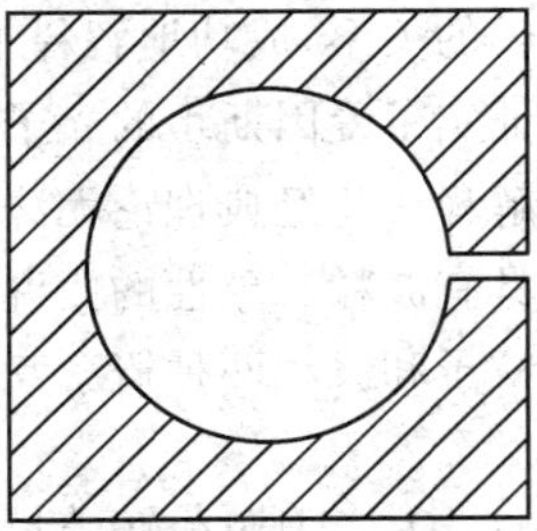

**图 10-1　用空腔模拟黑体**

在各种温度下，测量黑体的单色辐出度随波长的变化，得到如图 10-2 所示的

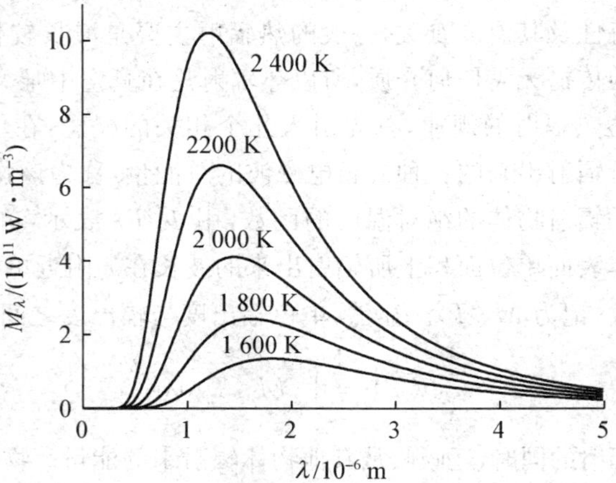


**图 10-2　黑体辐射的实验曲线**

一组曲线。图中每条曲线对应一定的温度，曲线下的面积代表总的辐射出射度，它与温度有关。

1879 年奥地利物理学家斯特潘从实验上发现 $\Phi(T)$ 与热力学温度 $T$ 的四次方成正比。1884 年玻耳兹曼应用热力学理论导出了这个关系，此关系称为斯特潘-玻耳兹曼定律，可表示为

$$\Phi(T)=\sigma T^4 \tag{10.3}$$

式中比例系数 $\sigma=5.670\,51\times10^{8}\ \mathrm{W\cdot m^{-2}\cdot K^{-4}}$，称为斯特潘-玻耳兹曼常量。只要测得总辐射出射度 $\Phi$，由上述定律可得知黑体的温度，这是用辐射法测量高温的依据。

1893 年德国物理学家维恩指出，黑体辐射实验曲线单色辐出度取极大值时的波长 $\lambda_m$（峰值波长）与热力学温度 $T$ 的乘积是常量，即

$$\lambda_m T=b \tag{10.4}$$

式中常量 $b=2.897\,756\times10^{-3}\ \mathrm{m\cdot K}$。式(10.4)称为维恩位移定律。由维恩位移定律可知，黑体温度增加时，其辐射曲线的最高峰向短波方向移动。只要测出 $\lambda_m$，就可求得黑体的温度，这为光测高温提供了另一种手段。

为从理论上解释黑体辐射的实验曲线，19 世纪的许多物理学家试图从已有的经典理论出发导出与整个辐射曲线吻合的理论公式。1896 年维恩运用热力学理论由经典统计物理学得到了如下半经验公式：

$$M_\lambda(T)=\frac{\alpha}{\lambda^5}\mathrm{e}^{-\beta/\lambda T} \tag{10.5}$$

式中 $\alpha,\beta$ 为常量。维恩公式只在短波波段与实验结果相符，在长波波段则出现明显偏差(图 10-3)。瑞利于 1900 年、金斯于 1905 年假定振子能量按自由度均分，导出下面的的辐射公式：

$$M_\lambda(T)=\frac{2\pi ckT}{\lambda^4} \tag{10.6}$$

基中 $k$ 为玻耳兹曼常量，$c$ 为光速。此式称为瑞利-金斯公式，它在长波段与实验结果相符，但在短波段则完全不符合实验结果，特别当波长很短时，$M_\lambda(T)$将趋于无穷大(图 10-3)。1911 年，这个理论与实验结果在短波段的这一巨大偏差，被荷兰莱顿大学物理学教授埃伦菲斯特称为“紫外灾难”。

经典理论在解释黑体辐射时所遇到的困难意味着物理学发展史上一个重大转折点的来临，而该问题的解决标志着量子论时代的开始。黑体辐射的实验规律在普朗克提出能量子假设后才得到圆满解释。

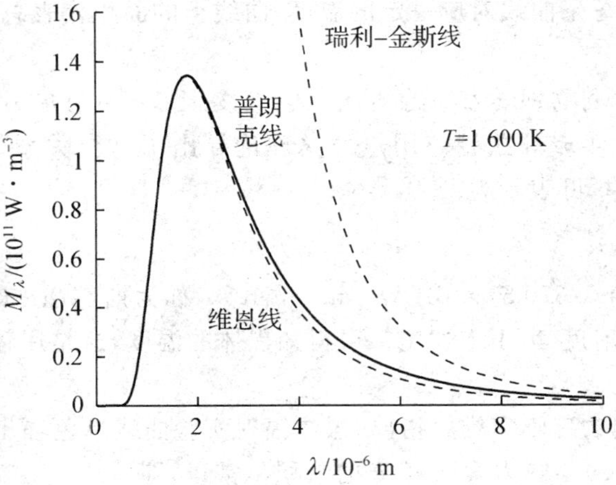


图 10-3 黑体辐射的理论曲线

### 10.1.2 普朗克公式

19 世纪下半叶,很多物理学家都从事光谱学的研究,因为从光谱可得到辐射源的成分和温度等信息。普朗克自 1895 起开始研究黑体辐射问题。1900 年 10 月,普朗克依据熵对能量二阶导数的两个极限值进行内推,结合实验数据,得到了如下公式:

$$M_\lambda(T)=\frac{2\pi hc^2}{\lambda^5}\frac{1}{\mathrm{e}^{hc/\lambda kT}-1} \tag{10.7}$$

这就是著名的普朗克黑体辐射公式,式中 $k$ 为玻耳兹曼常量;$h=6.626\times10^{-34}\,\mathrm{J\cdot s}$,称为普朗克常量。这个公式与实验数据完全符合,它的短波极限和长波极限分别过渡到维恩公式和瑞利–金斯公式。从普朗克公式可以导出维恩位移定律和斯特潘–玻耳兹曼定律,并可求得

$$\sigma=\frac{2\pi^5k^4}{15h^3c^2},\quad b=\frac{hc}{4.965k}$$

虽然实验证明了普朗克公式对于全部波长和所有温度的正确性,然而它是一个侥幸猜中的内推公式,并不具备明确的理论基础。对于普朗克来说,他的最重要的任务就是为新的公式提供理论基础。经过两个月的努力,他终于从理论上得到了式(10.7)。公式的推导过程用到了玻耳兹曼统计以及下面的假设:

(1)黑体辐射空腔壁中电子的振动可视为一维谐振子,它吸收或发射电磁辐射

能量时，以与振子的频率成正比的能量子 $\varepsilon=h\nu$ 为基本单元来吸收或发射能量。

(2)空腔壁上带电谐振子所吸收或发射的能量是 $h\nu$ 的整数倍，即 $0,\varepsilon,2\varepsilon,\cdots$。

普朗克这一杰出工作标志着量子论的诞生，它冲击了经典物理学中"一切自然过程都是连续的"这一信条。$h$ 作为最基本的自然常量之一，体现了微观世界的基本特征，它既是支配电磁波和物质相互作用的基本量，又是表征原子结构的重要参量。

## 10.2　光电效应

### 10.2.1　光电效应实验的规律

光束照射到金属表面，使电子从金属中逸出的现象，叫做光电效应，相应的电子叫做光电子。后来发现光束照射到半导体材料上时，可以使其 导电性能增强，原因是光照可以激发出导电的载流子。因此，通常把前者叫做"外光电效应"，把后者叫做"内光电效应"。

图 10-4 是研究光电效应的实验装置。阴极 K 的表面涂有感光金属层，A 为阳极。光线经石英窗照在阴极上，就会有光电子逸出，如果在 A、K 两端存在电势差 $U$，则光电子在加速电场的作用下飞向阳极，形成光电流。光电流和加速电势差分别由电流计 G 和伏特计 V 读出。实验结果有如下基本规律。

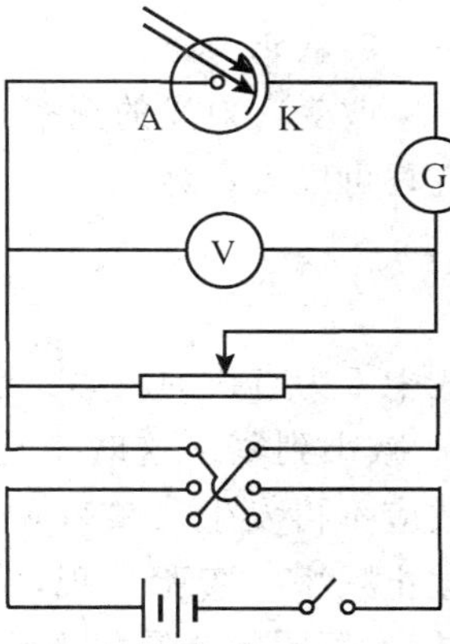

图 10-4　光电效应实验装置示意图

1. 饱和光电流

光电流随电势差 $U$ 的变化曲线叫做光电伏安特性曲线。在光强一定的条件下，当 $U$ 增大到一定程度，光电流 $I$ 趋于一个饱和值，称为饱和光电流。实验显示，饱和光电流与光强成正比，如图 10-5 所示。饱和光电流对应于加速电势差足够大，使从金属表面产生的光电子全部到达阳极。因此这个实验结果表明，单位时间从阴极发出的电子数与光强成正比。

2. 遏止电势差

当 $U$ 为零时，光电流并不为零。这意味着从阴极发出的光电子具有一定的初速度，只有加上反向电势差，形成两极间的减速电场时，才有可能使光电流为零。逐渐增大反向电势差数值，光电流开始变为零时反向电势差的绝对值称为遏止电

势差,用 $U_a$ 表示。光电子的最大初动能与 $U_a$ 的关系式为

$$eU_a = \frac{1}{2}mv_m^2 \tag{10.8}$$

其中 $e$ 为电子电荷的绝对值,$m$ 为电子质量。

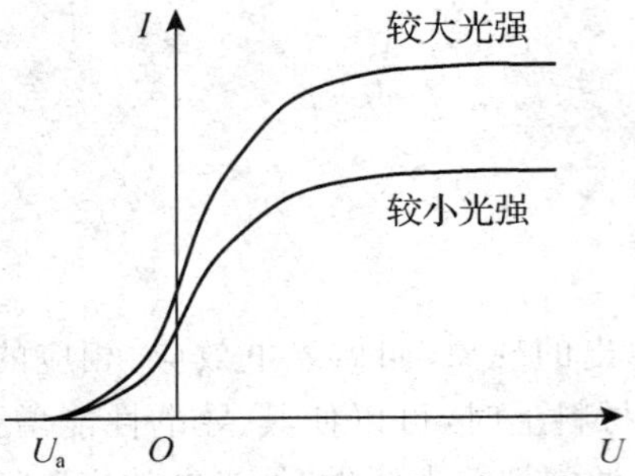


图 10-5 光电伏安特性曲线

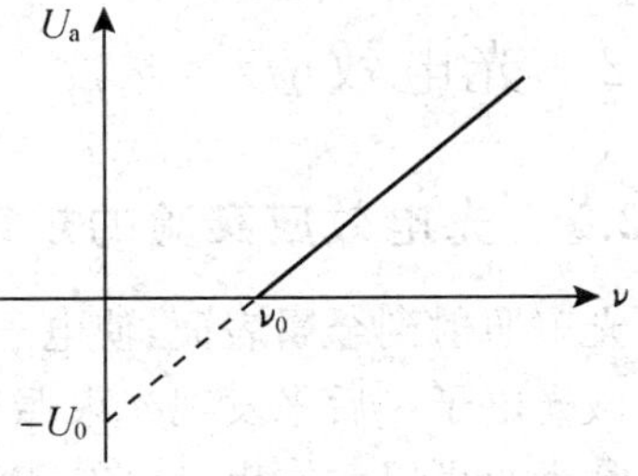


图 10-6 遏止电势差与频率的关系

3. 截止频率

改变入射光的频率 $\nu$ 时,遏止电势差也随之线性地变化,如图 10-6 所示,直线方程可以表示为

$$U_a = k\nu - U_0 \tag{10.9}$$

式中 $k$ 为直线的斜率。当 $\nu$ 减小到 $\nu_0$ 时,$U_a$ 减小到零。这时不论光强多大,光电效应不再发生。频率 $\nu_0$ 称为光电效应的截止频率。实验发现,$U_0$ 对同一金属为常量,不同的金属截止频率不等,但斜率 $k$ 不随金属的改变而变化。图 10-7 是几种不同金属的实验结果。

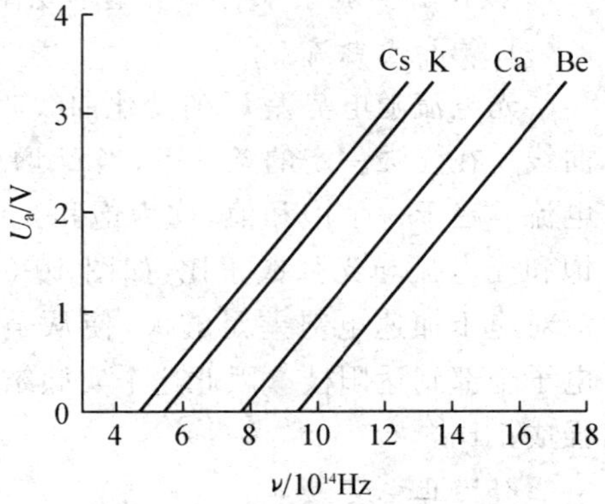


图 10-7 不同金属截止电压与频率的关系

4. 弛豫时间

光电子几乎是在光照射到金属表面的同时产生的,与光的强弱无关。弛豫时间不超过$10^{-9}$ s。

### 10.2.2　光的波动学说遇到的困难

光的电磁波理论无法正确解释光电效应的实验规律，主要表现为以下几个方面：

(1)按经典电磁理论，电子之所以脱离金属表面是因为电子在光的交变电场作用下作受迫振动，一旦电子的能量足够大就可以从金属表面逸出。电子单位时间吸收的能量与光强成正比，逸出时的能量与光强和驰豫时间成正比。

(2)按光的波动理论，只要光强足够大，总可以使电子的能量达到逸出金属表面所需的能量，应该与频率无关，不应该存在截止频率。

(3)电子在受迫振动过程中，能量的积累需要一定时间。当光强较小时，能量积累的时间较长，光强较大时，能量积累的时间短，按电磁波理论计算，电子不可能在 $10^{-9}$ s 这样短的时间内脱离金属。

### 10.2.3　爱因斯坦对光电效应的解释

1905 年，爱因斯坦把普朗克 1900 年提出的量子概念推广到光在空间中的传播情况，提出光量子假说。其内容为：频率为 $\nu$ 的光是由大量的光子组成的粒子流，光子能量正比于 $\nu$，即

$$\varepsilon = h\nu \tag{10.10}$$

其中 $h$ 为普朗克常量。按照这个假设，光子能量就是最小的"一份"能量，总能量应该是光子能量的整数倍；光强决定于单位时间通过单位垂直面积的光子数。

按照爱因斯坦的光子假说，金属中的电子要么吸收一个光子，要么完全不吸收。电子吸收一个光子后，一部分能量用来克服金属的脱出功 $A$，另一部分由电子携带（逸出后电子的动能），所以有

$$h\nu = \frac{1}{2}mv_{\mathrm{m}}^{2} + A \tag{10.11}$$

式(10.11)称为爱因斯坦光电效应方程，用此方程很容易解释光电效应的实验规律。

(1)入射光强增大时，光子数增多，单位时间产生的光电子数目也随之增加，这就说明了饱和光电流与光强之间的正比关系。

(2)把式(10.8)代入爱因斯坦光电效应方程(10.11)，可以直接看出遏止电势差 $U_{\mathrm{a}}$ 与频率 $\nu$ 之间的线性关系。

(3)若光子能量不足以克服金属的脱出功,则没有光电效应发生。设 $v_m=0$,有

$$\nu_0=\frac{A}{h}$$

这就是发生光电效应的最低入射光频率,低于 $\nu_0$ 的光,不论光子数目多大,单个光子没有足够能量使电子逸出,自然没有光电效应发生。

(4)电子吸收光子时间很短,只要光子频率大于截止频率,电子就能立即逸出金属表面,无需积累能量的时间,与光强无关。

将式(10.9)改写为

$$ek\nu=eU_a+eU_0$$

并与式(10.11)类比,可以发现,式(10.9)中的 $U_0=A/e$,斜率 $k=h/e$。因此,可以利用光电效应测量普朗克常量。爱因斯坦提出光子假说和式(10.11)以后,密立根经过了10年的努力,做了大量精密实验,终于通过光电效应实验精密测定了普朗克常量,同时验证了爱因斯坦光电效应方程。爱因斯坦因为在光电效应方面的成就获得了1921年度诺贝尔物理学奖,密立根因他在测量电子电荷和光电效应方面的研究获得1923年诺贝尔物理学奖。

爱因斯坦的光子假说发展了普朗克的量子假说,把量子性从辐射的机制引申到光的本性上,光不仅在吸收和发射时是量子化的,而且光的传播本身也是量子化的。爱因斯坦的光子假说使人们终于认清了光的波粒二象性。

## 10.3 康普顿效应

### 10.3.1 康普顿效应的实验规律

1920年,美国物理学家康普顿用X光管产生的X射线做散射实验,图10-8是康普顿散射实验装置示意图。康普顿将波长0.071 nm的X光投射到石墨上,然后在不同的角度测量被石墨分子散射的X光强度。他清晰地观察到,当 $\phi=0$ 时,只检测到与入射X射线波长相同的散射光。当 $\phi\neq0$(如45°,90°,135°)时,发现存在两种波长的散射光,一种波长与入射光相同,另一种则大于入射X射线的波长,后者随角度增加偏离增大,这就是康普顿效应。图10-9是康普顿的实验结果。为了取得更全面的实验数据,康普顿所在的物理实验室开展了深入的研究,其中来自中国的研究生吴有训工作最有成效,他以高超的实验技术为

康普顿效应的确认做出了重大贡献。康普顿最初发表的论文只涉及一种散射物质（石墨），尽管已经获得了明确的数据，但终究还只限于某一特殊条件，难以令人信服。为了证明这一效应的普遍性，吴有训在康普顿的指导下，做了 7 种物质的 X 射线散射曲线，并于 1925 年发表论文，有力地证明了康普顿效应的客观存在。

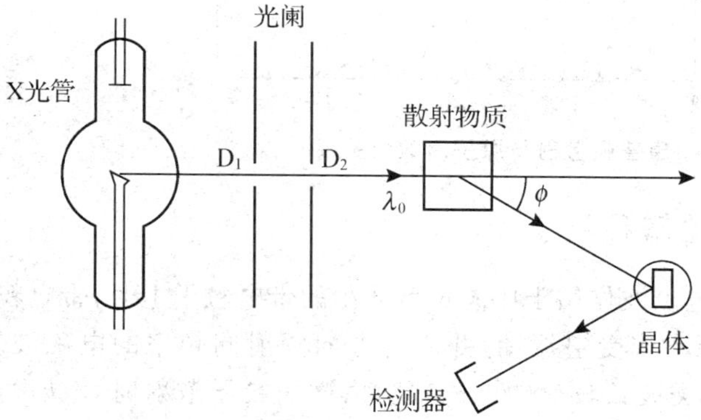


图 10-8　康普顿散射实验装置

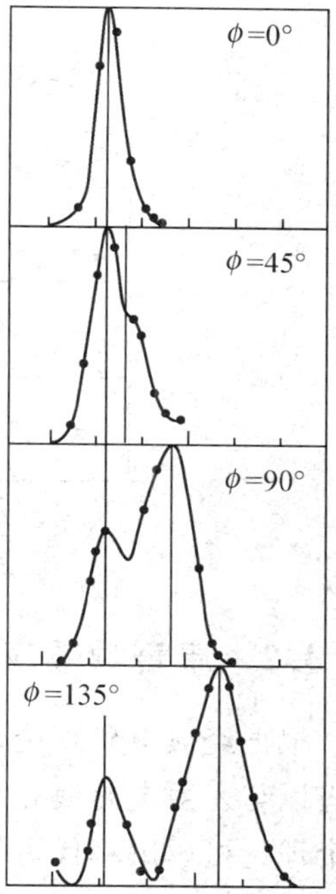


图 10-9　康普顿散射与角度的关系

康普顿效应的实验规律可归结为：

(1)设入射 X 射线的波长为 $\lambda_0$，在散射光中除原波长的谱线外还出现波长 $\lambda > \lambda_0$ 的谱线。

(2)波长差 $\Delta\lambda = \lambda - \lambda_0$ 随散射角 $\phi$(散射光与入射光间的夹角)的增大而增大；散射光中波长为 $\lambda$ 的谱线强度随 $\phi$ 的增大而增强。

(3)对不同元素的散射物质，同一散射角时的波长差 $\Delta\lambda$ 均相同；波长为 $\lambda$ 的谱线强度随散射元素的原子序数的增加而减弱(参看图 10-10)。

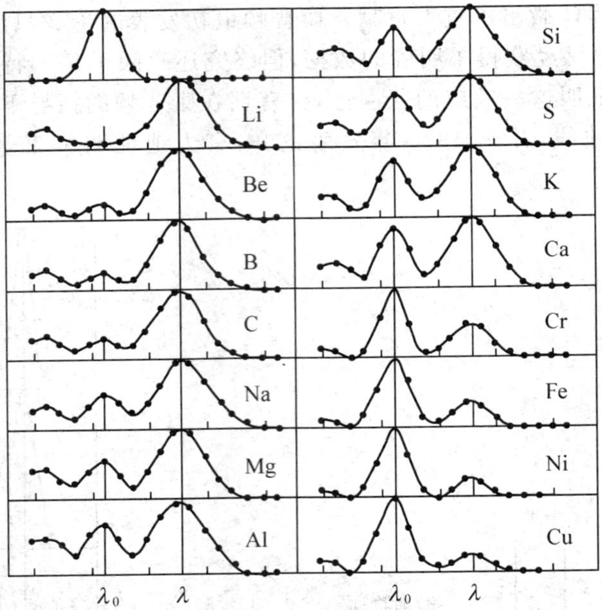


**图 10-10 康普顿散射与原子序数的关系**

## 10.3.2 康普顿效应的理论解释

根据经典电磁理论，单色电磁波作用于比波长尺寸小的带电粒子上时，带电粒子将以与入射电磁波相同的频率作受迫振动，并向各方向辐射同频率的电磁波。这个理论可以解释像可见光这类波长较长的电磁辐射由微小粒子散射时，散射光波长几乎与入射光相等的现象，但不能对康普顿效应作出合理解释。

1923 年，康普顿利用光子概念将康普顿效应看成是 X 光光子与散射物质中静止自由电子作弹性碰撞的结果，从而对康普顿散射作出了正确的解释。光子作为微粒，既有能量又有动量；散射物质中的价电子可近似看作是自由电子，其能量远比 X 光子的能量小，可认为碰撞前电子处于静止状态。

图 10-11 表示一个光子与一个静止的自由电子作弹性碰撞的过程。设初态电子静止，质量为 $m_0$，末态质量为 $m$。根据碰撞过程能量守恒，有

$$h\nu_0 + m_0 c^2 = h\nu + mc^2 \tag{10.12}$$

再由动量守恒，有

$$\boldsymbol{p}_e = \boldsymbol{p}_0 - \boldsymbol{p}$$

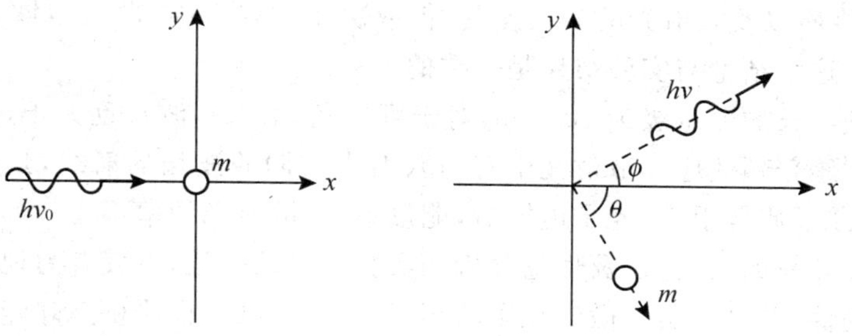


（a）碰撞前 （b）碰撞后

**图 10-11 光子与静止的电子碰撞**

式中各量的大小为 $p_e = mv$，$p_0 = \dfrac{h\nu_0}{c}$，$p = \dfrac{h\nu}{c}$。由三角函数关系得

$$(mv)^2 = \left(\frac{h\nu_0}{c}\right)^2 + \left(\frac{h\nu}{c}\right)^2 - 2\,\frac{h\nu_0}{c}\,\frac{h\nu}{c}\cos\phi$$

即

$$m^2v^2c^2 = h^2\nu_0^2 + h^2\nu^2 - 2h^2\nu_0\nu\cos\phi \tag{10.13}$$

方程(10.12)平方后减去方程(10.13)得

$$m^2c^4\left(1-\frac{v^2}{c^2}\right) = m_0^2c^4 - 2h^2\nu_0\nu(1-\cos\phi) + 2m_0c^2h(\nu_0-\nu) \tag{10.14}$$

将

$$m = \frac{m_0}{\sqrt{1-v^2/c^2}}$$

及

$$\nu = c/\lambda,\quad \nu_0 = c/\lambda_0$$

代入式(10.14)，可得

$$\Delta\lambda = \lambda - \lambda_0 = \frac{2h}{m_0c}\sin^2\left(\frac{\phi}{2}\right) = 2\lambda_C\sin^2\left(\frac{\phi}{2}\right)$$

式中 $\lambda_C = \dfrac{h}{m_0c} = 2.43\times10^{-12}$ m，叫做电子的康普顿波长。上式说明了波长的偏移

$\Delta\lambda$ 与散射物质以及入射光的波长无关，仅取决于散射方向，散射角增大时，$\Delta\lambda$ 也随之增大。这个结论与实验结果是一致的。

康普顿波长的数量级为 $10^{-12}$ m，对于可见光，由于其波长远大于这个量级，所以观察不到康普顿效应。散射光中有与入射光相同的波长的射线，是由于光子与原子碰撞，原子质量很大，光子碰撞后，能量不变，散射光频率不变。

康普顿效应的发现，以及理论分析和实验结果的一致，不仅有力地证实了光子假说的正确性，并且证实了微观粒子的相互作用过程中，也严格遵守能量守恒和动量守恒定律。为此，康普顿于 1927 年获得了诺贝尔物理学奖。

## 10.4 实物粒子的波动性

### 10.4.1 德布罗意假设

光的干涉、衍射、偏振等实验事实，使人们认识到光有波的属性，麦克斯韦根据他提出的电磁场理论，指出光是一种电磁波，从而解决了光的传播媒质问题。黑体辐射、光电效应和康普顿效应则为光子假设提供了有力的证据。这样，历时 3 个多世纪的波动说和微粒说的争论，由光的波粒二象性的观点所代替。受光的波粒二象性的启发，1923 年，一位法国青年德布罗意在几篇论文中都提出了物质波动的概念，当时几乎没有引起人们的注意。1924 年，德布罗意在他的博士论文中明确提出了一个大胆的假设：实物粒子也具有波粒二象性，传统上被认为是粒子的电子、质子、中子等也具有波动性。这些实物粒子的波长与动量的关系与光子一样，满足 $p=h/\lambda$。因此，以动量 $p=mv$ 运动的粒子的波长①为

$$\lambda=\frac{h}{p}=\frac{h}{mv} \tag{10.15}$$

式(10.15)称为德布罗意公式。与实物粒子联系的波称为物质波或德布罗意波②。由于当时没有任何实验说明粒子的波动性，他的假设是富有挑战性的。

**例 10.1** 求质量为 2.7 g、速度为 10 m · s$^{-1}$的乒乓球的德布罗意波长。

**解** 由式(10.15)，有

$$\lambda=\frac{h}{mv}=\frac{6.63\times10^{-34}\,\text{J}\cdot\text{s}}{2.7\times10^{-3}\,\text{kg}\times10\,\text{m}\cdot\text{s}^{-1}}=2.46\times10^{-32}\,\text{m}$$

---

① $p$ 为相对论动量，$p=m_0v/\sqrt{1-v^2/c^2}$，当 $v\ll c$ 时，$p=m_0v$，$m_0$ 表示静止质量。

② 德布罗意自己称其为相波，1926 薛定谔首次将其称为物质波。

计算结果显示，宏观物体的德布罗意波长是极小的量，所以无法觉察到其波动性。

### 10.4.2　德布罗意波的实验验证

德布罗意提出物质波后，不少人想从实验上发现电子的波动性，但是实验必须在高真空条件下进行，而 20 世纪 20 年代抽高真空技术具有很大的难度。1927 年美国贝尔电话研究所的戴维孙和他的同事革末成功地进行了电子衍射实验，实验装置如图 10-12 所示。

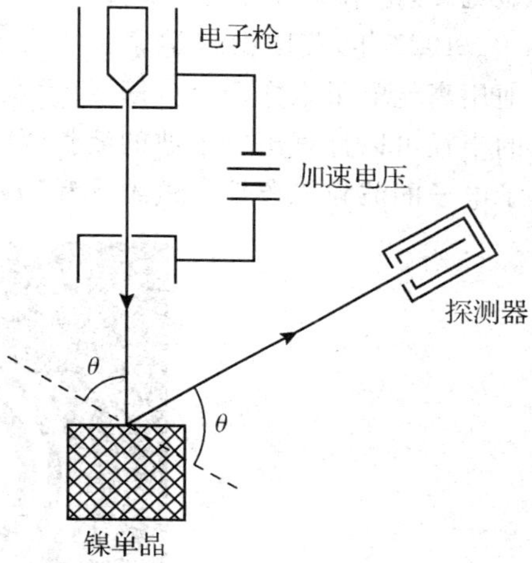

图 10-12　戴维孙-革末电子衍射实验装置

戴维孙和革末把由电子枪发射的电子束，经电势差 $U$ 加速后，正入射到镍单晶上，观察衍射电子束的强度和衍射角之间的关系，衍射电子束用法拉第圆筒收集，法拉第圆筒可以转动以测量不同衍射方向电子的相对强度。戴维孙和革末依次对 16 个衍射极大证实了德布罗意的假设。其中一组实验数据为，当 $U=54$ V 时，在 $\theta=65°$ 的方向得到明显的衍射极大。这个结果不能把电子当成运动粒子来说明，必须把电子看成波动来解释。此方向对应的镍单晶的晶面间距可由 X 射线衍射实验测定，为 $d=0.091$ nm。根据晶体衍射的布拉格公式

$$2d\sin\theta = k\lambda,\quad k=1,2,3,\cdots$$

对应于 $k=1$，有

$$\lambda = 2d\sin\theta = 0.165 \text{ nm}$$

现在看看德布罗意预言的波长。由

$$\lambda=\frac{h}{p}=\frac{h}{mv}$$

及

$$\frac{1}{2}mv^2=eU$$

可得

$$\lambda=\frac{h}{\sqrt{2meU}}=0.167\ \mathrm{nm}$$

显见，理论结果与实验结果符合得很好。

1927 年，英国物理学家汤姆孙[①]（G. P. Thomson）也完成了电子衍射实验。他用高能电子束穿透金属薄层，很快就观察到了衍射环（图 10-13），根据这些圆环的半径可以计算出电子波的波长，从而令人信服地证明了德布罗意波长公式，证实了电子的波粒二象性。戴维孙和汤姆孙同时获得 1937 年的诺贝尔物理学奖。

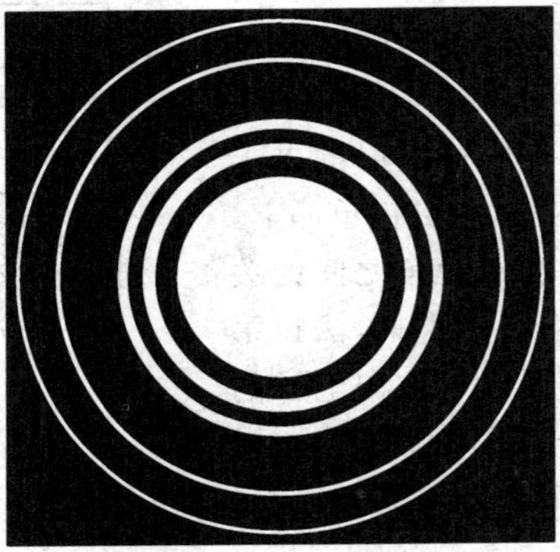

**图 10-13　电子束的多晶薄片衍射图**

1961 年，约恩孙成功地制成了长 50 μm、宽为 0.3 μm、缝间距为 1.0 μm 的多缝，用 50 kV 的电势差加速电子，并使电子分别通过单缝、双缝……，得到了衍射图样（图 10-14），它们与光的衍射图样十分相似。

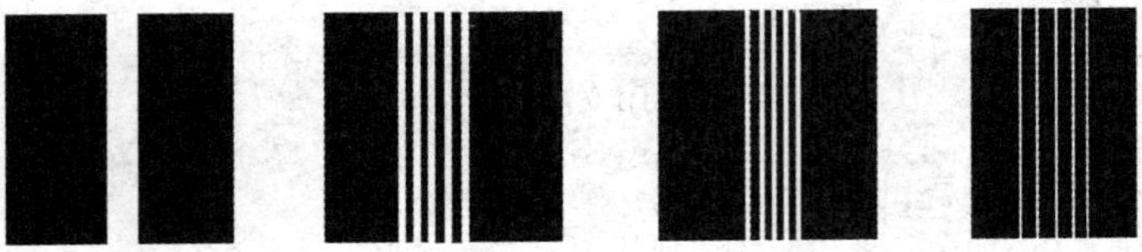

（a）单缝　（b）双缝　（c）三缝　（d）四缝

**图 10-14　电子的多缝衍射图样**

1993 年，克罗米等人用扫描隧道显微镜技术，把蒸发到铜（111）表面上的铁原

①J. J. Thomson 的儿子。有趣的是 J. J. Thomson 在 1897 年证实了电子是个带电粒子，30 年后，G. P. Thomson 证实了电子的波动性。

子排列成了圆环形量子围栏，在量子围栏内，受到铁原子强散射的电子波与入射的电子波发生干涉，从而形成了驻波。图 10-15 是他们观测到的在量子围栏内所形成的同心圆驻波，它直观地证实了电子的波动性。

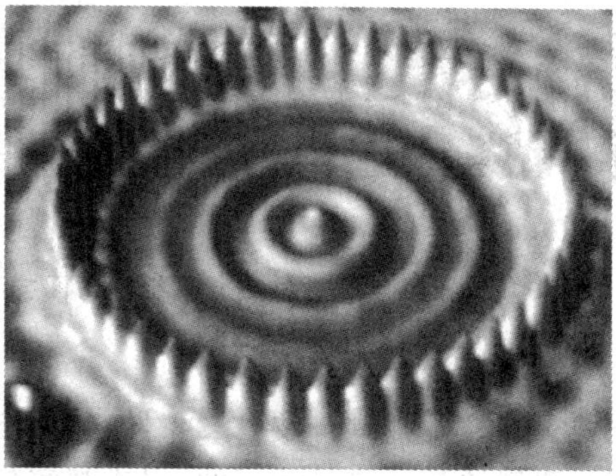

图 10-15　量子围栏

### 10.4.3　德布罗意波的统计解释

由德布罗意公式和上述电子衍射实验可知，德布罗意波既不是机械波，也不是电磁波，因为这里研究的既不是连续介质也不是电磁场。曾经有人认为，微观粒子的波动性是最基本的，它是由若干列波组成的一种波包，即粒子性包含于波动性之中。如果电子是波包，那么，由于电子波在介质分界面上的反射和折射，电子将被分裂为反射部分和折射部分，也就是说，从两个方向观察到的只是电子的一部分。但实验中观察到的总是一个个具有一定质量和电荷的电子，从来没有观察到几分之一个电子。实验还表明，粒子衍射与粒子数密度无关，即使粒子一个一个地入射，只要时间足够长，衍射的各级极大仍会显现出来。就像一个训练有素的射击运动员打靶，尽管子弹是一发一发打出去的，每发子弹的弹着点是无法事先确定的，但多发子弹弹着点的分布是有一定规律的。同样，电子通过狭缝后在屏上出现的位置是不可预测的，观察时间较短时，屏上记录点的分布看起来没有什么规律。如果时间足够长，屏上接收的电子数越来越多，有些地方很密，有些地方则很疏，其分布将形成有规律的衍射图样。图 10-16 是用计算机模拟的不同数目的电子形成的双缝衍射图样。这说明，电子在屏上各个位置出现的概率密度并不是常数：有些地方出现的概率大，即出现“亮条纹”；而有些地方出现的概率却可以为零，没有电子到达，显示“暗条纹”。由此可见，在电子衍射实验中观察到的，是大量事件所显示出来的一种概率分布，这正是玻恩对德布罗意波的物理意义的解释，即德布罗意波的强度和微观粒子在某处附近出现的概率密度成正比，因此，微观粒子在各处出现

图 11-16 不同电子数的电子双缝衍射图样

的概率密度才具有明显的物理意义。

必须说明，虽然一切实物粒子都具有波粒二象性，但由于普朗克常量是一个极小的量，宏观物体的德布罗意波长一般是很短的，很难观察到它们的波动性。对于微观粒子情况就不同了，它们的质量小得多从而具有较长的德布罗意波长，其波动性不容忽略。

微观粒子的波动性已经在现代科学技术上得到应用。电子显微镜分辨能力之所以较普通显微镜高，就是应用了电子的波动性。我们知道，光学仪器的分辨率与波长成反比，光学显微镜由于受到可见光波长的限制，分辨率不能很高。电子的德布罗意波长比可见光短得多，有效地提高了分辨能力。目前，电子显微镜的分辨率可达 0.2 $\mu$m。

### 10.4.4 不确定关系

在经典力学中，一个粒子的位置和动量是可以同时确定的，而且一旦知道了某一时刻粒子的位置和动量，则在一般情况下，任意时刻粒子的位置和动量原则上都可以精确地预言。但是，微观粒子具有波粒二象性，它只能以一定的概率出现在空间某一位置，经典力学中轨道的概念已失去了意义，用位置和动量描述粒子状态的方法也不再适用了。

虽然微观粒子的动量与坐标不能同时具有确定的值，但坐标的不确定量和动量的不确定量之间存在着一定的制约关系，这个关系可以借助于电子单缝衍射实验来说明：如图 10-17 所示，一束电子以速率 $v$ 沿 $y$ 轴射向宽度为 $a$ 的狭缝，在屏幕上可观测到其衍射图样。对于单个电子，我们无法确定它是从缝上哪一点经过的，因此电子在 $x$ 方向的不确定量为 $\Delta x = a$。为了估算电子 $x$ 方向动量的不确定量，我们只考虑到达单缝衍射中央明区的电子，设 $\theta$ 为第一级衍射暗纹中心的衍射

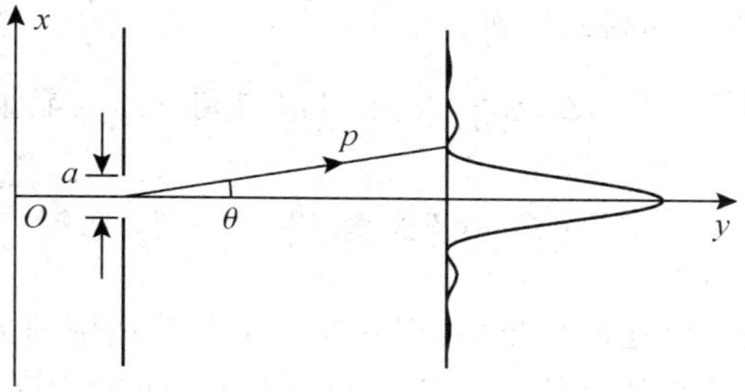


图 10-17　电子单缝衍射

角,则有

$$\sin\theta = \frac{\lambda}{a}$$

式中 $\lambda$ 为电子的德布罗意波长,$\lambda = h/p$。这样,对于处在中央明纹中的电子,由于动量方向的改变,满足

$$-p\sin\theta \leqslant p_x \leqslant p\sin\theta$$

可以认为 $p_x$ 的不确定量为

$$\Delta p_x = 2p\sin\theta = 2\,\frac{h}{\lambda}\,\frac{\lambda}{a} = 2\,\frac{h}{a} = 2\,\frac{h}{\Delta x}$$

于是有

$$\Delta x \Delta p_x = 2h$$

如果考虑其他级次衍射条纹,则 $\Delta p_x$ 还要大些。

上式只是一个粗略的估计结果,严格的关系式是 1927 年海森堡根据量子力学导出的不确定关系式

$$\Delta x \Delta p_x \geqslant \frac{\hbar}{2} \tag{10.16}$$

式中 $\hbar = \dfrac{h}{2\pi}$。式(10.16)说明,如果同时测量作一维运动的微观粒子的位置和动量,则位置的不确定量与动量的不确定量的乘积必须大于或等于 $\hbar/2$。不确定关系是量子理论中的一个重要概念,它是自然界的客观规律,是基于物质的波粒二象性建立起来的,不是测量技术和主观能力的问题,其中的不确定量不可能通过提高

仪器的精度及实验技术而得到改善。

由式(10.16)和 $E=\frac{p_x^2}{2m}$,$\Delta x=\frac{p_x}{m}\Delta t$ 还可以得到时间与能量的不确定关系式

$$\Delta E\Delta t \geqslant \frac{\hbar}{2} \tag{10.17}$$

式(10.17)虽然是从一维运动导出的,但它是一个普遍适用的关系式。

式(10.17)常常用来估算粒子在某一能级的寿命或利用粒子的寿命估算该能级的宽度。如果一个粒子在能量状态 $E$ 附近只能停留 $\Delta t$ 的时间,称为粒子的平均寿命,则在这一段时间内粒子的能量状态并非完全确定,它有一个弥散 $\Delta E \geqslant \frac{\hbar}{2\Delta t}$,称为能级宽度。只有当粒子的停留时间为无限长时,该粒子的能量状态才是完全确定的。

## 习 题

1. 设用某种光测高温计测得从一个炉子的小孔射出的辐射通量为 22.8 $\mathrm{W\cdot cm^{-2}}$,计算炉子的内部温度。

2. 热核爆炸中火球的瞬时温度达 $10^7$ K,求辐射最强的波长。这种波长的能量 $h\nu$ 是多少?

3. 设中子的质量为 $1.67\times10^{-27}$ kg,为使动能为 20 keV 的中子通过圆孔衍射后其中心最大与第一级最小的夹角为 2°,圆孔直径应为多少?

4. 设一电子被电势差 $V$ 所加速,最后打在一金属靶上。若电子的全部动能转化为一个光子,求这光子相应的光波波长分别为 500 nm(可见光)和 0.1 nm(X 射线)时,加速电子所需要的电势差为多少?

5. 求与下列各粒子相关的物质波的波长各是多少:(1)质量为 10 g、以速度 1 000 $\mathrm{m\cdot s^{-1}}$ 飞行的子弹;(2)能量为 100 eV 的自由电子;(3)能量为 1 MeV 的自由质子;(4)温度为 300 K、具有动能 $3kT/2$ 的氦原子。

# 第 11 章　原子的量子理论

1897 年汤姆孙在实验中发现了电子，1911 年卢瑟福的 $\alpha$ 粒子散射实验证实了带正电的原子核的存在，这样，就从实验上证明了原子的存在，以及原子是由电子和原子核构成的理论。根据经典的电磁理论，电子绕原子核的运动过程中自动地辐射能量，使原子的能量逐渐减少、辐射的频率逐渐改变，因而发射光谱应是连续光谱，电子因能量的减少最终会落到原子核上。但事实上原子是稳定的，原子所发射的光谱是离散的，而不是连续的。这些事实表明，经典物理学不再适用研究原子内部的运动规律，迫切需要适合于微观过程的原子理论。1913 年，丹麦物理学家玻尔在卢瑟福所提出的核模型的基础上，结合原子光谱的经验规律，应用普朗克于 1900 年提出的量子假说和爱因斯坦于 1905 年提出的光子假说，提出了原子能级、跃迁等概念，建立了氢原子的半经典模型。玻尔的理论能够说明氢原子光谱等某些原子现象，但对原子问题作进一步的研究时，却显示出这种理论的局限性。1926 年薛定谔建立了波动力学。同时，海森伯、玻恩、狄拉克等人，从另外途径建立了等效的理论，这种理论就是现在所说的量子力学，它能很好地解释原子现象。20 世纪的前 30 年，原子物理学处于物理学的前沿，发展很快，促进了量子力学的建立，开创了近代物理的新时代。量子力学成功解释了原子结构、原子光谱，以及电子、光子和电磁场的相互作用。

量子力学在低速、微观范围内普遍适用，它是现代物理学基础之一，在现代科学技术中的表面物理、半导体物理、凝聚态物理、粒子物理、低温超导物理、量子化学以及分子生物学等学科的发展中，都有重要的理论意义。量子力学的产生和发展标志着人类认识自然实现了从宏观世界向微观世界的重大飞跃。

本章主要介绍量子力学中波函数和薛定谔方程的基本知识及其简单应用。

## 11.1　波函数和薛定谔方程

### 11.1.1　波函数

随着实物粒子波动性的实验证实以及波粒二象性观点的确立，如何确定粒子的状态，定量描述物质波的波函数是什么等一系列问题成了人们关注的焦点。人们首先想到用经典物理学中的波函数描述物质波，但是物质波与经典物理学的波动有着明显的区别。在经典物理学中，一个波动总是与特定的物理量相联系，例如声波中的压强、电磁波中的电场强度和磁场强度等，而实物粒子表现出的波动性并不能与某种实在的物理量在空间的分布联系起来。另一方面，物质波与经典物理学中的波动从本质上讲又有相同之处，那就是波的相干叠加。因此，必须要求描述物质波的波函数既能保留波的相干叠加的特性又要区别于经典物理学波动的内涵，玻恩对物质波的统计解释——概率波成功解决了上述问题。

在光波的衍射中，屏幕上任一点的光强正比于该点场强振幅的平方；在电子衍射中，屏幕上任一点的衍射波用 $\psi(x,y,z,t)$ 描述，按照玻恩概率波的解释，该点衍射强度与电子出现在 $(x,y,z)$ 附近的概率成正比。也就是说。$|\psi(x,y,z,t)|^2$ 是与电子出现在 $(x,y,z)$ 点附近的概率成正比的量，确切地说，在量子力学中，$|\psi(x,y,z,t)|^2\mathrm{d}x\mathrm{d}y\mathrm{d}z$ 表示 $t$ 时刻在 $(x,y,z)$ 处的体积元 $\mathrm{d}x\mathrm{d}y\mathrm{d}z$ 中找到粒子的概率，这就是玻恩对波函数的统计诠释。它是量子力学的基本假设之一，它的正确性已被大量的实验观测所证实。

概率波的概念既能维护电子的粒子性，又能体现电子的波动性。由于概率波给出的是电子出现的概率，所以不要求分割电子。而电子的概率分布又是由波函数决定的，所以能给出干涉、衍射图样，又体现了波动性。1954 年，玻恩由于他的基础研究，特别是由于他对波函数的统计诠释而获得了诺贝尔奖。

根据波函数的统计诠释，如果不考虑粒子的产生和湮灭现象，单粒子的波函数有如下性质：

(1)由于在全空间发现粒子的概率为 1，所以要求波函数满足归一化条件

$$\iiint_{-\infty}^{\infty} |\psi|^2\mathrm{d}x\mathrm{d}y\mathrm{d}z = 1 \tag{11.1}$$

但应该指出，如果我们只关心相对概率，则不对波函数进行归一化也是可以的。波函数乘以一个常数后并不改变其相对概率分布，即

$$\left|\frac{C\psi(x_1,y_1,z_1)}{C\psi(x_2,y_2,z_2)}\right|^2=\left|\frac{\psi(x_1,y_1,z_1)}{\psi(x_2,y_2,z_2)}\right|^2$$

其中 $C$ 表示任意常数。

(2)波函数应该满足单值、有限和连续的条件。因为波函数的模平方表示概率密度，有确定的统计意义，所以要求 $|\psi(x,y,z)|^2$ 为单值函数，但 $\psi(x,y,z)$ 本身不一定为单值函数。在空间任意有限体积内找到粒子的概率应该是一有限值，所以

要求

$$\iiint |\psi|^2 \mathrm{d}x\mathrm{d}y\mathrm{d}z = \text{有限值}$$

(3)波函数本身的相位具有不确定性。对于任意实数 $\phi$,因为 $\mathrm{e}^{\mathrm{i}\phi}$(i 为虚数单位)的模为 1,所以 $\mathrm{e}^{\mathrm{i}\phi}\psi$ 与 $\psi$ 表示的概率密度分布完全相同,如果 $\psi$ 为归一化的波函数,则 $\mathrm{e}^{\mathrm{i}\phi}\psi$ 也是归一化的波函数。

**例 11.1**　设粒子的波函数为 $\psi(x)=C\mathrm{e}^{-x^2/2}$,其中 $C$ 为归一化常量。(1)求常量 $C$;(2)求在 $x=0$ 和 $x=1$ 之间发现粒子的概率。

**解**　(1)根据波函数的归一化条件,有

$$\int_{-\infty}^{\infty} |\psi(x)|^2 \mathrm{d}x = C^2\int_{-\infty}^{\infty} \mathrm{e}^{-x^2}\mathrm{d}x = 1$$

式中的积分

$$\int_{-\infty}^{\infty} \mathrm{e}^{-x^2}\mathrm{d}x = \pi^{1/2}$$

于是有 $C=1/\pi^{1/4}$。归一化的波函数为

$$\psi(x)=\frac{1}{\pi^{1/4}}\mathrm{e}^{-x^2/2}$$

(2)按波函数的统计意义,在 $x=0$ 和 $x=1$ 之间发现粒子的概率为

$$\int_0^1 \left|\frac{1}{\pi^{1/4}}\mathrm{e}^{-x^2/2}\right|^2 \mathrm{d}x = \frac{1}{\pi^{1/2}}\int_0^1 \mathrm{e}^{-x^2}\mathrm{d}x = \frac{1}{2}\mathrm{erf}(1)$$

式中用到了误差函数的定义式 $\mathrm{erf}(x) = \dfrac{2}{\pi^{1/2}}\displaystyle\int_0^x \mathrm{e}^{-t^2}\mathrm{d}t$,查表可得,粒子位于 $x=0$ 和 $x=1$ 之间的概率约为 42.1%。

## 11.1.2　薛定谔方程

根据前面的讨论,如果知道了粒子的波函数就可以计算出概率密度的空间分布,从而确定粒子的运动状态。但是如何得到波函数呢?能否找到一个类似于经典力学的波动方程那样用于求解粒子波函数的方程呢?德布罗意的论文经爱因斯坦推荐后,引起物理学界的广泛重视,薛定谔在郎之万的促动下阅读了德布罗意的论文。1926 年,德拜听了薛定谔的报告后,提醒薛定谔说:"既然电子具有波动性,它应该有一个波动方程。"薛定谔不久就把德布罗意物质波表示成数学形式,建立

了称为薛定谔方程的量子力学波动方程。

薛定谔方程是量子力学的基本假设之一，它不能从其他更基本的原理推导出来，其正确性只能靠实验来验证。下面我们从一维自由运动粒子的波函数来引入薛定谔方程。

动量为 $p=mv$ 沿 $x$ 轴运动的自由粒子的能量 $E=\frac{p^2}{2m}$。考虑到粒子的波动性，并引入波数 $k=\frac{2\pi}{\lambda}$，有

$$p=\frac{h}{\lambda}=\hbar k,\quad E=\frac{\hbar^2 k^2}{2m}=\hbar\omega \tag{11.2}$$

这种自由运动粒子的波函数具有平面波的形式

$$\psi(x,t)=\psi_0 e^{-i(\omega t-kx)}=\psi_0 e^{-i(Et-px)/\hbar} \tag{11.3}$$

将此波函数对 $t$ 取一阶偏导数，得

$$\frac{\partial\psi}{\partial t}=-\frac{i}{\hbar}E\psi$$

对 $x$ 求二阶偏导数，得

$$\frac{\partial^2\psi}{\partial x^2}=-\frac{p^2}{\hbar^2}\psi$$

比较以上二式，并将 $E=\frac{p^2}{2m}$ 代入，得

$$i\hbar\frac{\partial\psi}{\partial t}=-\frac{\hbar^2}{2m}\frac{\partial^2\psi}{\partial x^2} \tag{11.4}$$

这就是作一维运动自由粒子的波函数所遵从的方程，称为一维运动自由粒子的含时薛定谔方程。

如果粒子在一维保守场中运动，则其总能量除了动能以外，还含有势能 $V(x,t)$，即

$$E=\frac{p^2}{2m}+V(x,t)$$

式(11.4)应推广为

$$i\hbar\frac{\partial\psi}{\partial t}=-\frac{\hbar^2}{2m}\frac{\partial^2\psi}{\partial x^2}+V(x,t)\psi \tag{11.5}$$

这就是一维势场中粒子的含时薛定谔方程。对于在三维空间运动的粒子，上式还应该推广为

$$i\hbar\frac{\partial\psi}{\partial t}=-\frac{\hbar^2}{2m}\left(\frac{\partial^2\psi}{\partial x^2}+\frac{\partial^2\psi}{\partial y^2}+\frac{\partial^2\psi}{\partial z^2}\right)+V(x,y,z,t)\psi \tag{11.6}$$

或

$$i\hbar\frac{\partial\psi}{\partial t}=-\frac{\hbar^2}{2m}\nabla^2\psi+V(x,y,z,t)\psi \tag{11.7}$$

式中$\nabla^2$为拉普拉斯算符，其定义式为

$$\nabla^2=\frac{\partial^2}{\partial x^2}+\frac{\partial^2}{\partial y^2}+\frac{\partial^2}{\partial z^2}$$

式(11.7)就是一般薛定谔方程。薛定谔方程在量子力学中的地位与经典力学中牛顿运动定律相当，适用于非相对论情形。

### 11.1.3　定态薛定谔方程

实际应用中，常常遇到微观粒子在与时间 $t$ 无关的稳定势场中运动的问题，称为定态问题。如果 $V$ 与时间 $t$ 无关，则含时薛定谔方程可以分离变量。令

$$\psi(x,y,z,t)=\varphi(x,y,z)f(t)$$

代入薛定谔方程(11.7)，得

$$i\hbar\varphi(x,y,z)\frac{\partial f(t)}{\partial t}=-\frac{\hbar^2}{2m}f(t)\nabla^2\varphi(x,y,z)+V(x,y,z)\varphi(x,y,z)f(t)$$

等式两边同时除以 $f(t)\varphi(x,y,z)$，有

$$i\hbar\frac{1}{f(t)}\frac{\partial f(t)}{\partial t}=-\frac{\hbar^2}{2m}\frac{1}{\varphi(x,y,z)}\nabla^2\varphi(x,y,z)+V(x,y,z)$$

因 $t$ 与 $x,y,z$ 无关，若要等式成立，等式两边必须同等于一个常量 $E$。这样上式可化为两个方程：

$$i\hbar\frac{\partial f(t)}{\partial t}=Ef(t) \tag{11.8}$$

$$-\frac{\hbar^2}{2m}\nabla^2\varphi(x,y,z)+V(x,y,z)\varphi(x,y,z)=E\varphi(x,y,z) \tag{11.9}$$

很容易得到方程(11.8)的解为

$$f(t)=e^{-iEt/\hbar}$$

于是波函数可表示为

$$\psi(x,y,z,t)=\varphi(x,y,z)e^{-iEt/\hbar} \tag{11.10}$$

由于概率密度 $|\psi|^2$ 与时间无关，而且可以证明，$E$ 即为粒子的能量，也与时间无关，所以式(11.9)称为定态薛定谔方程，相应的波函数 $\varphi(x,y,z)$ 叫做定态波函数。可见，求解定态问题归结为求解定态薛定谔方程。

## 11.2 一维势场中的粒子

作为薛定谔方程的应用，本节我们研究粒子在一些简单一维势场中运动的例子，从中可以学习量子力学研究定态问题的思路及量子化方法。

### 11.2.1 一维无限深势阱

一维无限深势阱是指粒子被限定在有限宽度作一维运动的理想势场。在上述有限宽度内，势能为零，粒子可以自由运动，其他区域的势能为无限大。在经典力学看来，处于一维无限深势阱中的粒子，其能量可以取任意有限值，粒子在阱内各处出现的概率相等。下面我们通过求解薛定谔方程，看看量子力学的结论。图 11-1 表示一个宽度为 $a$ 的无限深势阱，其势能函数为

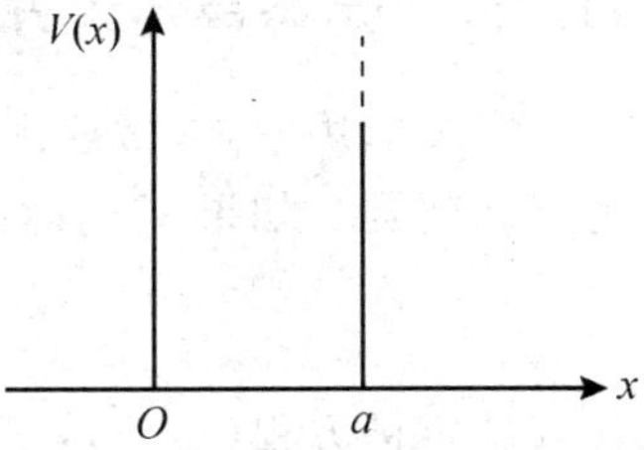


图 11-1 一维无限深势阱

$$V(x)=\begin{cases}0, & 0\leqslant x\leqslant a\\ \infty, & x<0, x>a\end{cases}$$

显然，势能函数与时间无关，定态薛定谔方程为

$$-\frac{\hbar^2}{2m}\frac{d^2\varphi}{dx^2}+V\varphi=E\varphi$$

在阱内，定态薛定谔方程为

$$\frac{d^2\varphi}{dx^2}=-\frac{2mE}{\hbar^2}\varphi$$

令

$$k^2=\frac{2mE}{\hbar^2}$$

将薛定谔方程化为

$$\frac{d^2\varphi}{dx^2}+k^2\varphi=0$$

上式为简谐振动的动力学方程，其通解为

$$\varphi(x)=A\sin kx+B\cos kx$$

式中 $A$ 和 $B$ 为两个待定常数。

在阱外区域，定态薛定谔方程为

$$\frac{d^2\varphi}{dx^2}=\frac{2m}{\hbar^2}(V-E)\varphi=\lambda^2\varphi,\quad \lambda=\infty$$

上式的通解为

$$\varphi(x)=Ce^{\lambda x}+De^{-\lambda x}$$

式中 $C$ 和 $D$ 为两个待定常数。当 $x\to\infty$ 时，$|\varphi|\to\infty$，由波函数有限的条件可得 $C=0$。同理，$D=0$。

由波函数在 $x=0$ 和 $x=a$ 处连续，可得 $A$ 和 $B$ 不同时为零的条件为

$$B=0,\quad \sin ka=0$$

欲使上式成立，必须满足 $ka=n\pi$，$n$ 为整数，由此可以确定 $k$ 的取值为

$$k=\frac{n\pi}{a}=\frac{\sqrt{2mE}}{\hbar}$$

此式意味着，能量 $E$ 必须取下列分立值：

$$E_n=\frac{n^2\pi^2\hbar^2}{2ma^2},\quad n=1,2,3,\cdots \tag{11.11}$$

也就是说，能量是量子化的。$n$ 称为量子数，$n=1$ 对应于能量最低的状态，称为基态，$n>1$ 的状态称为激发态，对应于 $n=2,3,\cdots$ 分别叫做第一激发态、第二激发态……。处于无限深势阱中粒子的基态能量不为零，可以通过不确定关系来理解。假如能量为零，那么动量也为零，这时动量的不确定量为零，按不确定关系，坐标的不确定量必须为无限大。而事实上，粒子被势阱的宽度所限制，所以最小能量不可能为零。

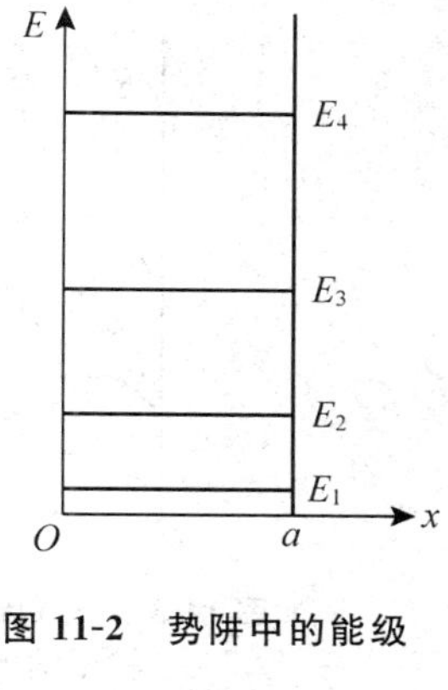


**图 11-2　势阱中的能级**

将 $k$ 的值代入定态薛定谔方程的通解中，有

$$\varphi_n(x)=\begin{cases}A\sin\left(\dfrac{n\pi}{a}x\right), & x\in[0,a]\\ 0, & x<0,x>a\end{cases}$$

下面由归一化条件求出待定常数 $A$。即由

$$\int_{-\infty}^{\infty}|\varphi(x)|^2\mathrm{d}x=A^2\int_0^a\sin^2\left(\frac{n\pi}{a}x\right)\mathrm{d}x=1$$

可得

$$A=\sqrt{\frac{2}{a}}$$

于是，完整的定态波函数为

$$\varphi_n(x)=\left\{\begin{array}{ll}\sqrt{\dfrac{2}{a}}\sin\left(\dfrac{n\pi}{a}x\right), & x\in[0,a]\\ 0, & x<0,x>a\end{array}\right\} \tag{11.12}$$

从上面的讨论可以看出，在势阱宽度给定的情况下，不论是能级还是波函数都由量子数 $n$ 唯一确定，能级和波函数是一一对应的。图 11-3 和图 11-4 分别示出了前 4 个能级的波函数及概率密度曲线。从图中可以看出，粒子在势阱中各处出现的概率并不是均匀分布的，当量子数变化时，粒子的概率分布也随之改变。这与经典力学的观点是不同的。随着量子数的增大，概率密度曲线的峰值个数增多，相邻峰的间距变小，当 $n$ 很大时，这些峰将会彼此靠得很近。由式(11.11)可以算出相邻能级之间的差值为

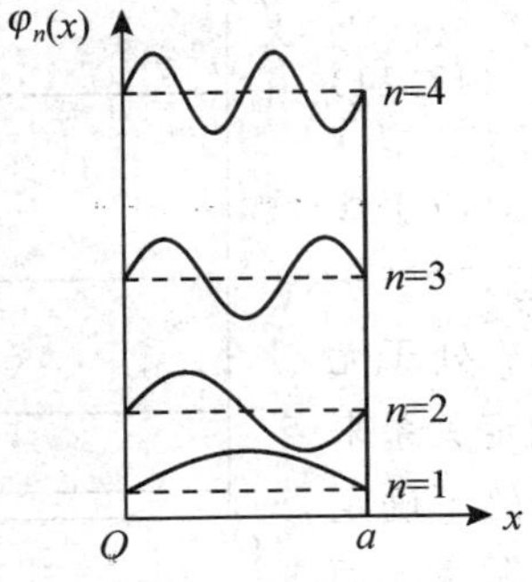


**图 11-3 一维无限深势阱中粒子的波函数**

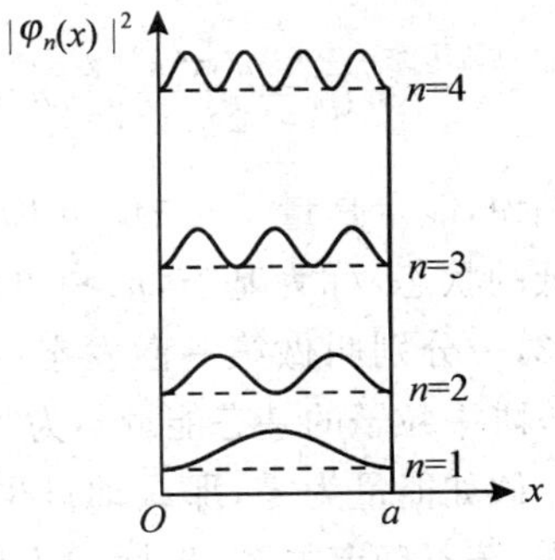


**图 11-4 一维无限深势阱中粒子的概率密度分布**

$$\Delta E_n = E_{n+1} - E_n = (2n+1)\frac{\pi^2\hbar^2}{2ma^2} \tag{11.13}$$

式(11.13)表明，相邻能级间隔随量子数的增大而增大，势阱宽度越小，能级间隔越大，量子化特征越明显。能级相对间隔

$$\frac{\Delta E_n}{E_n} = \frac{2}{n} + \frac{1}{n^2}$$

随量子数的增大而减小。设想 $n \to \infty$ 时，上式趋于零，这就过渡到了经典力学的情形。因此，经典力学可看成是量子力学在 $n \to \infty$ 时的极限情况。

**例 11.2**　质量为 $m$ 的粒子在图 11-1 所示的一维无限深势阱中运动，并处于量子数为 $n$ 的状态。求在 $0 \leqslant x \leqslant a/n$ 区间内发现粒子的概率。

**解**　根据式(11.12)，粒子在阱内的概率密度分布为

$$|\varphi_n(x)|^2 = \frac{2}{a}\sin^2\left(\frac{n\pi x}{a}\right)$$

由波函数的统计意义，在 $0 \leqslant x \leqslant a/n$ 区间内发现粒子的概率为

$$P(0 \leqslant x \leqslant a/n) = \frac{2}{a}\int_0^{a/n} \sin^2\left(\frac{n\pi x}{a}\right)\mathrm{d}x = \frac{1}{n}$$

实际上，这个结果很容易从图 11-4 中总结出来。

### 11.2.2　一维方势垒

图 11-5 所示的势能曲线可以表示为

$$V(x) = \begin{cases} 0, & x<0, x>a \\ V_0, & 0 \leqslant x \leqslant a \end{cases}$$

上述势能分布称为一维方势垒。我们可以将势能分布分为 $x<0$，$0 \leqslant x \leqslant a$ 和 $x>a$ 3 个区域，然后分别写出它们各自的薛定谔方程，分别解出其通解，再利用波函数及其导数在边界上连续的条件得到 3 个区域的波函数。在这里我们略去计算过程，只介绍主要结论。设开始时粒子位于 $x<0$ 的区域，如果粒子能量 $E>V_0$，根据经典力学，粒子将无反射地经过其他区域；根据量子力学，除了共振透射外，粒子在不同区域的交界面上都有反射。如果开始时 $E<V_0$，根据经典力学，粒子只能在 $x<0$ 的区域运动，其他区域为禁区；根据量子力学，左边的粒子仍有一定的概率穿过势垒，进入其他两个区域。这就是微观粒子的势垒贯穿，也叫做隧道效应，隧道效应来源于微观粒子的波粒二象性。图 11-6 显示了各区域的波函数曲线。

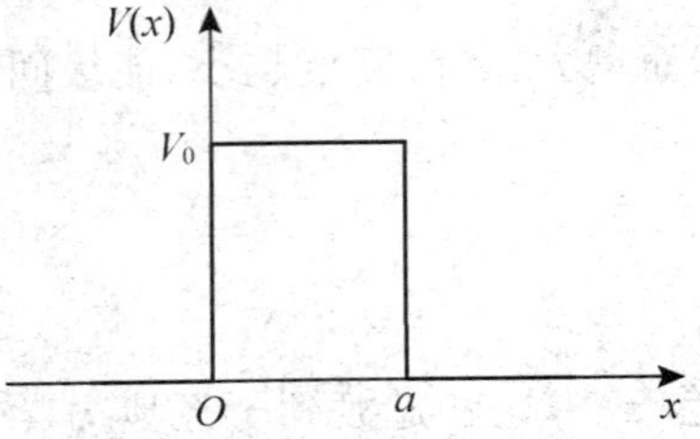


图 11-5　一维方势垒

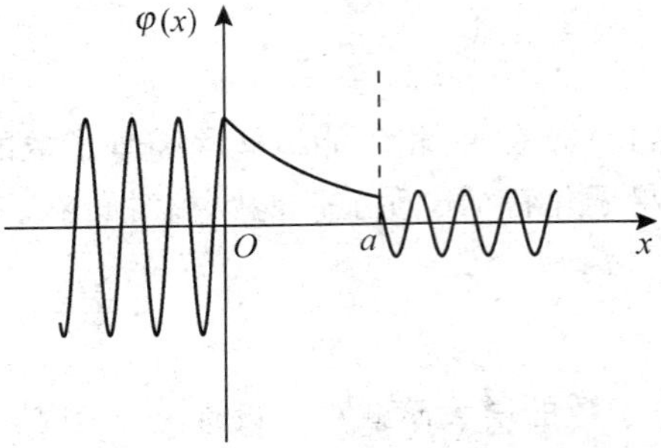


图 11-6　隧道效应

在 $x=a$ 处透射波的概率密度与入射波的概率密度之比称为势垒贯穿的透射系数。由薛定谔方程的解计算出的透射系数为

$$T \propto e^{-2a\sqrt{2m(V_0-E)}/\hbar}$$

从上式可以看出，透射系数与粒子质量、势垒宽度和高度有关。粒子质量越大，势垒越宽越高，透射系数越小。当 $m$ 或 $a$ 的大小为任何宏观尺度时，透射系数几乎为零，这与经典力学的结论是一致的，只有 $a$ 小到原子尺度时，才表现出明显的隧道效应。

隧道效应不但可以解释一些经典理论不能解释的现象，如 α 衰变等，而且这种效应已被用来制成固体器件如半导体隧道二极管，超导隧道结等。1982 年宾尼和罗雷尔利用隧道效应成功研制出了扫描隧道显微镜（STM）。STM 的工作原理是：把极小的探针和被研究的物质表面作为两个电极，当样品表面与探针的距离小于 1 nm 时，在外电场作用下电子就会穿过两极间的绝缘层流向另一极，产生隧道电流，并通过反馈电路传递到计算机上表现出来。隧道电流对探针与样品间的距离十分敏感。若控制隧道电流不变，则探针在垂直于样品表面方向上高度的变化就能反映样品表面的起伏。若控制针尖高度不变，通过隧道电流的变化可得到样品表面电子密度的起伏。利用 STM 可以分辨样品表面上原子的台阶、平台和原子阵列，可以直接绘出表面的三维图像，使人类第一次能够实时地观测到单个原子在物质表面上的排列状态以及与表面电子行为有关的性质，在表面科学、材料科学和生命科学等领域中有着重大的意义和广阔的应用前景。这一发明使他们与电子显微镜的发明者鲁斯卡共获 1986 年度诺贝尔物理学奖。

### 11.2.3　一维谐振子

任何系统在平衡位置附近的微小振动，例如分子振动、晶格振动以及辐射场的振动等往往都可以分解成若干彼此独立的一维简谐振动。简谐振动往往还作为复杂运动的初步近似，所以简谐振动无论在经典力学还是量子力学中都是一个重要的物理模型。在经典力学中，谐振子的势能为$V(x)=\frac{1}{2}kx^2$，$k$为劲度系数。具有此势能的质量为$m$的质点将在原点附近以角频率$\omega=\sqrt{k/m}$作简谐振动。由于$k=m\omega^2$，所以将谐振子的势能改写成

$$V(x)=\frac{1}{2}m\omega^2x^2$$

描述谐振子的定态薛定谔方程为

$$\frac{\hbar^2}{2m}\frac{\mathrm{d}^2\varphi}{\mathrm{d}x^2}+\left(E-\frac{1}{2}m\omega^2x^2\right)\varphi=0$$

用$\frac{2}{\hbar\omega}$乘以方程两边得

$$\frac{\hbar}{m\omega}\frac{\mathrm{d}^2\varphi}{\mathrm{d}x^2}+\left(\frac{2}{\hbar\omega}E-\frac{m\omega}{\hbar}x^2\right)\varphi=0$$

令

$$y=\sqrt{\frac{m\omega}{\hbar}}x=\beta x,\quad \alpha=\frac{2E}{\hbar\omega}$$

可将定态薛定谔方程化为

$$\frac{\mathrm{d}^2\varphi}{\mathrm{d}y^2}+(\alpha-y^2)\varphi=0$$

为了满足当$x\to\pm\infty(y\to\pm\infty)$时$\varphi$有限，要求上式中的$\alpha$必须为奇数，即

$$\alpha=2n+1,\quad n=0,1,2,\cdots$$

由此可得线性谐振子的能量量子化条件，即谐振子的能级为

$$E_n=\left(n+\frac{1}{2}\right)\hbar\omega,\quad n=0,1,2,\cdots \tag{11.14}$$

式中$n$称为量子数。式(11.14)表明，基态能量并不为零，$E_0=\frac{1}{2}\hbar\omega\neq0$，称为零点能。这意味着即使当温度趋于绝对零度时微观粒子都不可能完全静止，完全静止时，粒子的动量和坐标同时为零，不满足不确定关系的要求。另外，谐振子的能级

是等间距的，能级间距为 $\hbar\omega$。

求解波函数的过程较为繁琐，在此省略。谐振子量子数较小的几个波函数为

$$\varphi_0(x)=\frac{\sqrt{\beta}}{\pi^{1/4}}\mathrm{e}^{-\beta^2x^2/2}$$

$$\varphi_1(x)=\frac{\sqrt{2\beta}}{\pi^{1/4}}\beta x\mathrm{e}^{-\beta^2x^2/2}$$

$$\varphi_2(x)=\frac{1}{\pi^{1/4}}\sqrt{\frac{\beta}{2}}(2\beta^2x^2-1)\mathrm{e}^{-\beta^2x^2/2}$$

它们的能级和波函数见图 11-7。在经典力学中，粒子不能到达总能量小于势能的区域，而从图中可以看出，量子力学中谐振子的波函数都延伸到了经典谐振子所不能到达的区域。

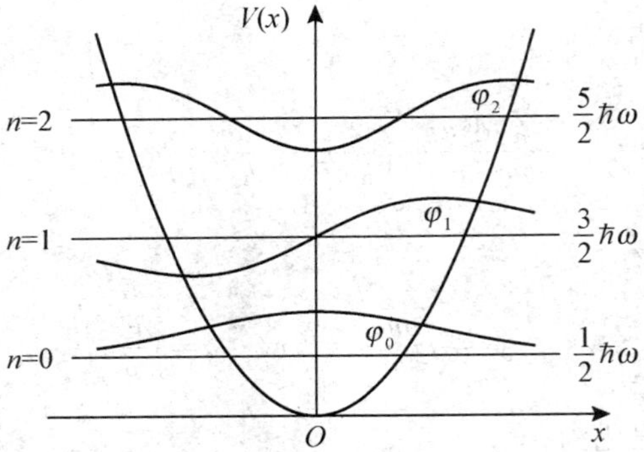


图 11-7　一维谐振子的能级和波函数

## 11.3　氢原子

量子力学发展史上最突出的成就之一就是对氢原子光谱规律给予了满意的解释。氢原子是最简单的原子，其薛定谔方程可以严格求解，但求解过程相当繁琐，本节我们只简单介绍求解的方法，并给出重要的结论。

### 11.3.1　氢原子的定态薛定谔方程

氢原子的能量主要包括质子和电子的动能，以及质子与电子之间的库仑相互作用势能。由于质子质量比电子质量大得多，所以近似认为质子处于静止状态，电子被束缚在质子的电场中运动。以质子为坐标原点，库仑势能为

$$V(x,y,z)=-\frac{1}{4\pi\varepsilon_0}\frac{e^2}{\sqrt{x^2+y^2+z^2}}$$

定态薛定谔方程为

$$-\frac{\hbar^2}{2m}\left(\frac{\partial^2\varphi}{\partial x^2}+\frac{\partial^2\varphi}{\partial y^2}+\frac{\partial^2\varphi}{\partial z^2}\right)-\frac{1}{4\pi\varepsilon_0}\frac{e^2}{\sqrt{x^2+y^2+z^2}}\varphi=E\varphi \tag{11.15}$$

为了求解方便，利用球坐标与直角坐标之间的关系（图 11-8）

$$\left.\begin{aligned}x&=r\sin\theta\cos\phi\\y&=r\sin\theta\sin\phi\\z&=r\cos\theta\end{aligned}\right\} \tag{11.16}$$

将式(11.15)变换到球坐标系。在球坐标系中，拉普拉斯算符有如下形式：

$$\nabla^2=\frac{1}{r^2}\left[\frac{\partial}{\partial r}\left(r^2\,\frac{\partial}{\partial r}\right)\right]+\frac{1}{r\sin\theta}\left[\frac{\partial}{\partial\theta}\left(\sin\theta\,\frac{1}{r}\frac{\partial}{\partial\theta}\right)\right]+\frac{1}{r^2\,\sin^2\theta}\frac{\partial^2}{\partial\phi^2}$$

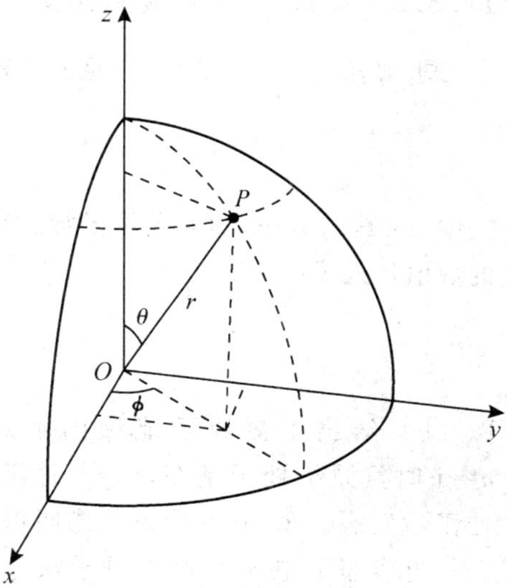

**图 11-8　球坐标与直角坐标**

于是，利用上式，氢原子的定态薛定谔方程可以写成如下简洁的形式：

$$-\frac{\hbar^2}{2m}\nabla^2\varphi-\frac{1}{4\pi\varepsilon_0}\frac{e^2}{r}\varphi=E\varphi \tag{11.17}$$

式(11.17)可以通过分离变量法求解。令

$$\varphi(r,\theta,\phi)=R(r)\Theta(\theta)\Phi(\phi) \tag{11.18}$$

式中 $R(r)$ 只是 $r$ 的函数，$\Theta$ 只是 $\theta$ 的函数，$\Phi$ 只是 $\phi$ 的函数。将式(11.18)代入式(11.17)，完成分离变量手续后，出现 3 个常微分方程：

$$\frac{1}{r^2}\frac{\mathrm{d}}{\mathrm{d}r}\left(r^2\,\frac{\mathrm{d}R}{\mathrm{d}r}\right)+\frac{2m}{\hbar^2}\left[E+\frac{e^2}{4\pi\varepsilon_0 r}-\frac{\hbar^2}{2m}\frac{l(l+1)}{r^2}\right]R=0 \tag{11.19}$$

$$\frac{1}{\sin\theta}\frac{\mathrm{d}}{\mathrm{d}\theta}\left(\sin\theta\,\frac{\mathrm{d}\Theta}{\mathrm{d}\theta}\right)+\left[l(l+1)-\frac{m_l^2}{\sin^2\theta}\right]\Theta=0 \tag{11.20}$$

$$\frac{\mathrm{d}^2\Phi}{\mathrm{d}\phi^2}+m_l^2\Phi=0 \tag{11.21}$$

式中 $l$ 和 $m_l$ 是分离变量过程中出现的常数，要使方程存在有限解，它们必须取整数。分别解上面这 3 个方程，并将它们的解代回式(11.18)便得到氢原子定态薛定谔方程的解。

## 11.3.2 氢原子的能级和光谱

求解径向波函数 $R(r)$ 满足的方程，可得氢原子的能量是量子化的，能级为

$$E_n=-\left(\frac{e^2}{4\pi\varepsilon_0}\right)^2\frac{m}{2n^2\hbar^2} \tag{11.22}$$

式中 $n=1,2,3,\cdots$，称为主量子数。氢原子的能级由主量子数决定。将各物理量的数值代入式(11.22)，有

$$E_n=-\frac{13.6\ \mathrm{eV}}{n^2} \tag{11.23}$$

图 11-9 给出了氢原子能级的示意图。$n=1$ 时氢原子处于基态，$n>1$ 时氢原子处于激发态。$E\geqslant 0$ 的能量状态叫做电离态。电离态下电子脱离了原子核电场的束缚，从而电离态的氢原子能量是连续取值的。

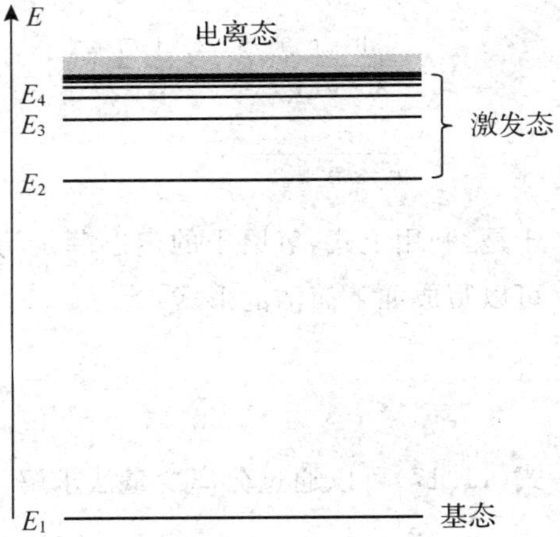


图 11-9 氢原子能级

当氢原子从较高的能量状态跃迁到较低能量状态时，将发射一个光子，光子的频率或波长满足下面的公式

$$h\nu=\frac{hc}{\lambda}=E_{n'}-E_n,\quad n'>n \tag{11.24}$$

根据 $n$ 不同的值，将氢原子光谱分成几个谱系。对应于 $n=1, n'=2,3,4,\cdots$，即高能态向基态跃迁产生的谱系为莱曼系；$n=2, n'=3,4,5,\cdots$ 为巴尔末系；$n=3, n'=4,5,6,\cdots$ 为帕邢系；$n=4, n'=5,6,7,\cdots$ 为布拉开系；$n=5, n'=6,7,8,\cdots$ 为普丰特系。这些谱系中，巴尔末系位于可见光波段，莱曼系位于紫外波段，其余谱系位于红外波段，如图 11-10 所示。氢原子光谱数据与量子理论的精确吻合证明了量子

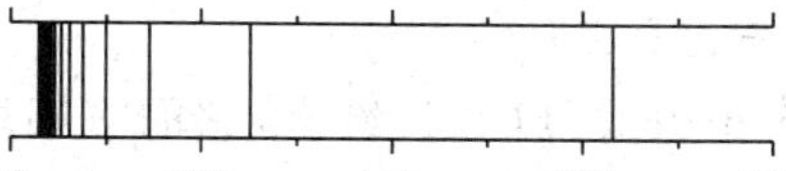

（a）莱曼系

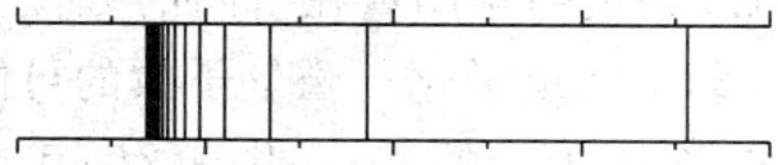

（b）巴尔末系

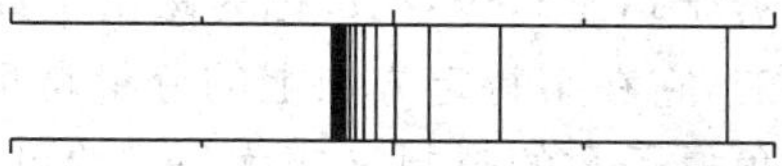

（c）帕邢系

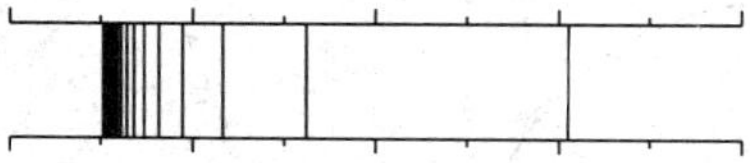

（d）布拉开系

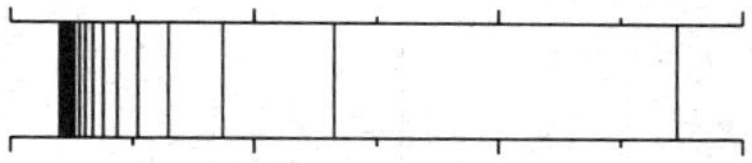

（e）普丰特系

**图 11-10　氢原子光谱系**

理论的正确性。

## 11.3.3　角动量量子化

1. 轨道角动量量子化

氢原子薛定谔方程的解给出的电子轨道角动量满足下面的量子化条件：

$$L=\sqrt{l(l+1)}\hbar \tag{11.25}$$

式中 $l$ 称为角量子数，其可能的取值为 0，1，2，…，$n-1$。由此可见，电子的角动量只能取一些特定的数值，也是量子化的。通常，角量子态用一些符号来表示，见表 11-1。s 态表示 $l=0$ 的角量子态，p 态表示 $l=1$ 的角量子态等等。也可以在角量子态符号前加上主量子数表示特定能级的角量子态，如 2s 表示 $n=2, l=0$ 的状态，4d 表示 $n=4, l=2$ 的状态等。

**表 11-1　角量子态的符号**

| $l$ | 0 | 1 | 2 | 3 | 4 | 5 |
|---|---|---|---|---|---|---|
| 符号 | s | p | d | f | g | h |

2. 轨道角动量空间量子化

角动量是矢量，它的大小由式(11.25)给出，它的空间取向有没有限制呢？求解薛定谔方程，还可以得出角动量在某特定方向(如 $z$ 轴)上的分量为

$$L_z = m_l \hbar \tag{11.26}$$

$m_l = 0, \pm 1, \pm 2, \cdots, \pm l$，称为磁量子数。式(11.26)说明角动量在空间的方位不是任意的，它在某特定方向上的分量是量子化的，即空间量子化。磁量子数的可能值要受角量子数的限制，$l$ 越大，$m_l$ 的可能值越多，对于给定的 $l$，$m_l$ 共有 $2l+1$ 个可能的取值。图 11-11 为 $l=1$ 和 $l=2$ 时角动量空间取向量子化的示意图。

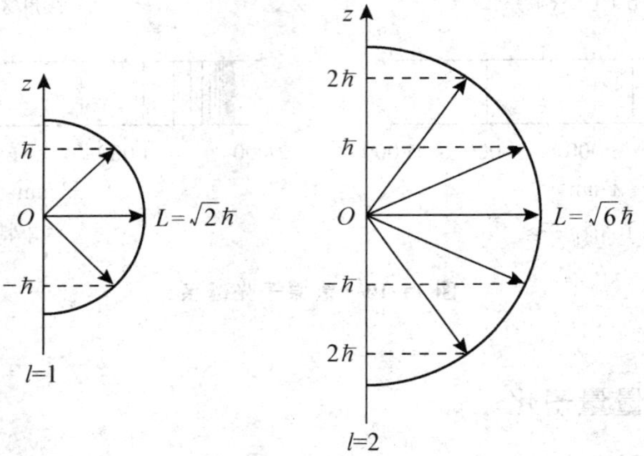


**图 11-11 角动量空间量子化**

根据经典电磁理论，由于电子带有负电荷，电子的轨道运动将产生与角动量方向相反的磁矩 $\boldsymbol{p}_{\mathrm{m}}$，它与角动量 $\boldsymbol{L}$ 之间的关系为

$$\boldsymbol{p}_{\mathrm{m}} = -\frac{e}{2m}\boldsymbol{L}$$

在外磁场 $\boldsymbol{B}$ 中，磁矩受到力矩的作用使角动量绕磁场方向旋进(图 11-12)，并使电子具有附加能量

$$-\boldsymbol{p}_{\mathrm{m}} \cdot \boldsymbol{B} = \frac{e}{2m} B L_z$$

根据经典理论，$L_z$ 是连续取值的，而由式(11.26)可知，它只能取特定的值。若为后者，在外磁场中，原子能级将发生分裂，例如对于 $l=1$ 能级将分裂为 3 个，向 s 态跃迁时的光谱也将分裂为 3 条(图 11-13)。原子谱线在磁场中的三分裂现象，是

1896 年荷兰物理学家塞曼首先发现的，称为正常塞曼效应。量子力学对正常塞曼效应给出了正确解释。

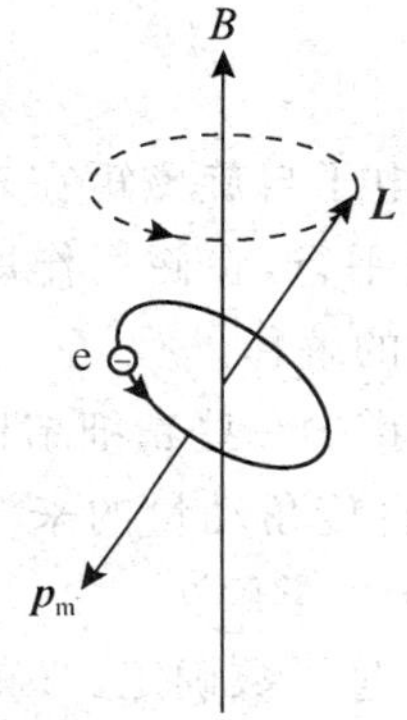


图 11-12　电子角动量在外磁场方向旋进

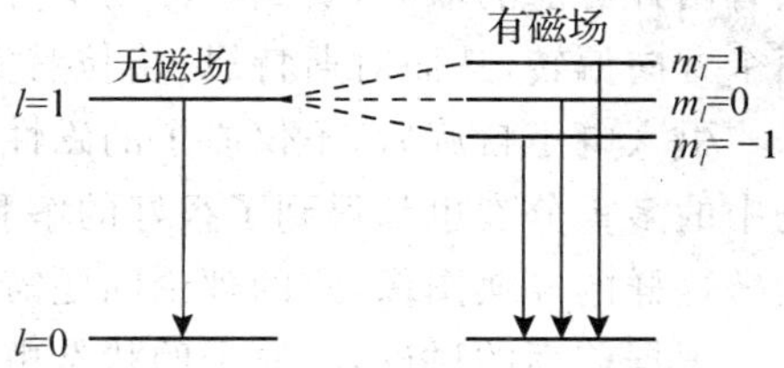


图 11-13　能级和光谱分裂示意图

## 11.3.4　电子自旋角动量量子化

1921 年斯特恩-格拉赫使用中性顺磁的银原子通过一个不均匀磁场，如图 11-14 所示。由于银粒子束是中性的，不受洛仑兹力的作用，又由于银原子在高温下蒸发出来成束时，其磁矩方向是随机的，因此，磁矩和磁场之间的夹角也是随机的，最终在屏上应该沉积为一条带。但实验却给出彼此明显对称分开的两条沉积带。实验中的银原子处于基态，$l=0$，因此原子本身没有轨道角动量和轨道磁矩。应该如何理解该实验现象呢？

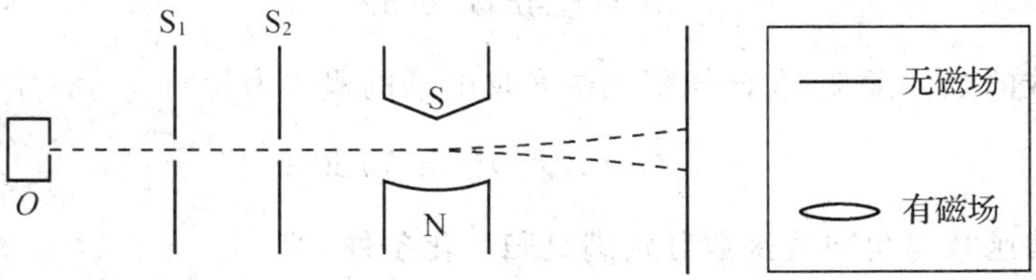


图 11-14　斯特恩-格拉赫实验

为了解释斯特恩-格拉赫实验，1925 年古兹米特和乌伦贝克提出了电子自旋的概念。电子除空间运动外，还有自旋运动，与之相联系的有自旋角动量和自旋磁矩。自旋角动量的大小

$$S=\sqrt{s(s+1)}\hbar=\sqrt{\frac{1}{2}\left(\frac{1}{2}+1\right)}\hbar=\frac{\sqrt{3}}{2}\hbar \tag{11.27}$$

$s$ 称为自旋量子数，它仅有一个值 1/2。电子自旋角动量在空间的取向也是量子化的，在外磁场方向($z$ 轴)的投影为

$$S_z = m_s\hbar = \pm\frac{1}{2}\hbar \tag{11.28}$$

$m_s$ 称为自旋磁量子数，它只能取 2 个值±1/2。这样，电子自旋磁矩在外磁场中就只有两种可能的取向，要么与磁场平行，要么与磁场反平行，在磁场作用下就会朝两个方向偏转，从而对斯特恩-格拉赫实验作出了合理的解释。

引入电子自旋后，不仅原子的磁性质，而且原子光谱的一些精细结构以及在外场中的多重分裂也都得到了很好的解释。然而，电子自旋角动量的来源并非电子旋转这样的经典图像，它的理论问题需要相对论性量子力学解决。

根据前面的讨论，氢原子的状态由 $n, l, m_l, m_s$ 4 个量子数确定。$l$ 的取值依赖于 $n$，$m$ 的取值依赖于 $l$，而 $m_s$ 是独立于前三者的量子数，它反映了电子内禀角动量的特性。

### 11.3.5 氢原子中电子的概率密度分布

根据式(11.18)中波函数对量子数的依赖关系，可将氢原子定态波函数表示为

$$\varphi_{nlm_l}(r,\theta,\phi) = R_{nl}(r)\Theta_{lm_l}(\theta)\Phi_{m_l}(\phi)$$

在球坐标系中，位于$(r,\theta,\phi)$处的体积元为

$$\mathrm{d}V = r^2\sin\theta\mathrm{d}r\mathrm{d}\theta\mathrm{d}\phi$$

按照波函数的统计意义，在该体积元中发现电子的概率为

$$|\varphi_{nlm_l}(r,\theta,\phi)|^2 r^2\sin\theta\mathrm{d}r\mathrm{d}\theta\mathrm{d}\phi$$

式中径向波函数与角向波函数分别满足归一化条件，即

$$\int_0^\infty |R_{nl}(r)|^2 r^2\mathrm{d}r = 1,\quad \int_0^{2\pi}\mathrm{d}\phi\int_0^\pi |\Theta_{lm_l}(\theta)\Phi_{m_l}(\phi)|^2\sin\theta\mathrm{d}\theta = 1$$

因此，如果令 $\chi_{nl} = rR_{nl}(r)$，则 $|\chi_{nl}|^2$ 就是径向概率密度。在$(\theta,\phi)$附近立体角$\mathrm{d}\Omega = \sin\theta\mathrm{d}\theta\mathrm{d}\phi$ 内发现电子的概率为

$$|\Theta_{lm_l}(\theta)\Phi_{m_l}(\phi)|^2\mathrm{d}\Omega = |\Theta_{lm_l}(\theta)\Phi_{m_l}(\phi)|^2\sin\theta\mathrm{d}\theta\mathrm{d}\phi$$

于是，单位立体角的概率 $|\Theta_{lm_l}(\theta)\Phi_{m_l}(\varphi)|^2$ 提供了电子角向概率分布的信息。图

11-15 给出了氢原子几种状态的径向概率分布曲线，图中横坐标以 $a=\frac{\varepsilon_0 h^2}{\pi m e^2}\approx 0.53\times10^{-10}$ m 为单位，$a$ 称为玻尔半径，基态氢原子中电子出现在玻尔半径处的概率密度最大。角量子数相同时，主量子数越大，径向分布曲线主峰位置离原子核越远；主量子数一定时，角量子数越小，主峰离原子核越远。图 11-16 示出了氢原子 s 态、p 态和 d 态角向概率分布，从图中可以看出，所有状态的角向概率分布都与 $\phi$ 无关，即角向分布相对于 $z$ 轴具有旋转对称性；s 态的角向概率分布还与 $\theta$ 无关，所以具有球对称性。

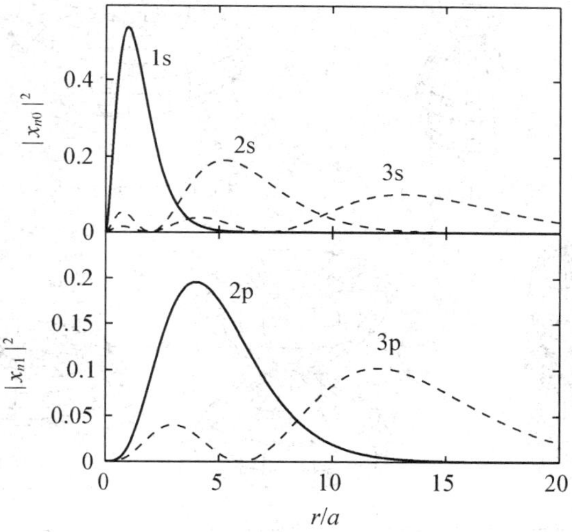


**图 11-15　氢原子中电子径向概率分布**

**例 11.3**　假设氢原子处于 $n=3, l=1$ 的激发态，则原子的轨道角动量在空间有哪些可能的取向？计算各可能取向的角动量与 $z$ 轴的夹角。

**解**　轨道动量的大小为 $L=\sqrt{l(l+1)}\hbar=\sqrt{2}\hbar$。

有 3 种可能的取向，在 $z$ 轴方向的投影值分别为 $L_z=m_l\hbar, m_l=0,\pm1$，所以它们与 $z$ 轴的夹角分别为 $\frac{\pi}{2},\frac{\pi}{4},\frac{3\pi}{4}$。

**例 11.4**　求氢原子巴尔末系最长和最短的波长。

**解**　巴尔末系波长最长的谱线是由 $n=3$ 的能态向 $n=2$ 的能态跃迁产生的。由式(11.24)和式(11.22)，可得

$$\lambda_{\max}=\frac{1}{hc}\left[-\left(\frac{e^2}{4\pi\varepsilon_0}\right)^2\frac{m}{2\hbar^2}\left(\frac{1}{3^2}-\frac{1}{2^2}\right)\right]^{-1}=658\ \text{nm}$$

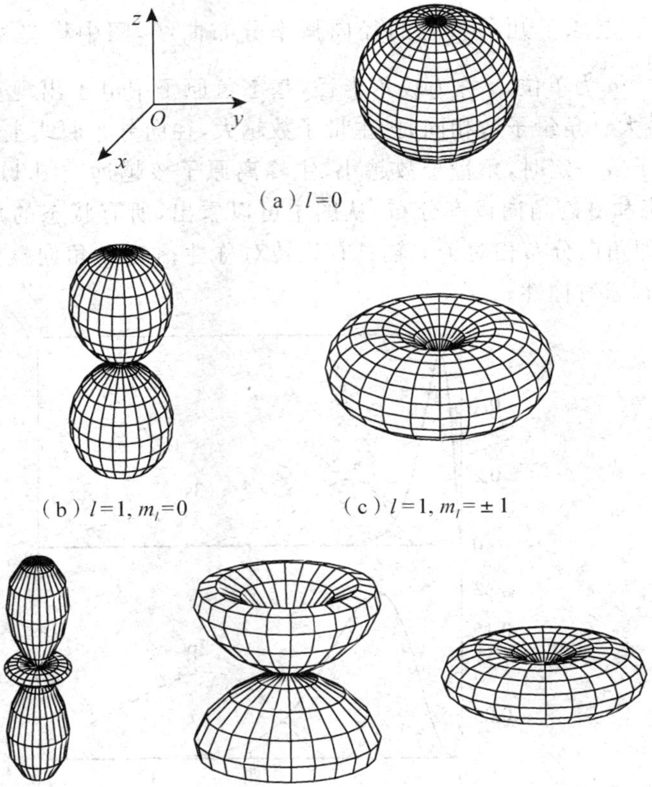


(a) $l=0$

(b) $l=1, m_l=0$　(c) $l=1, m_l=\pm 1$

(d) $l=2, m_l=0$　(e) $l=2, m_l=\pm 1$　(f) $l=2, m_l=\pm 2$

**图 11-16　氢原子中电子角概率分布**

巴尔末系波长最短的谱线是由 $n=\infty$ 的能态向 $n=2$ 的能态跃迁产生的，其波长为

$$\lambda_{\min}=\frac{1}{hc}\left[-\left(\frac{e^2}{4\pi\varepsilon_0}\right)^2\frac{m}{2\hbar^2}\left(-\frac{1}{2^2}\right)\right]^{-1}=366\ \text{nm}$$

# 11.4　分子光谱

## 11.4.1　分子的能级结构与光谱特征

我们讨论氢原子时，考虑到氢原子核的质量远远大于电子质量，近似认为原子核处于静止，在氢原子的总能量中只计入了电子动能及电子与核间的库仑势能。对这个近似的一个改进方法是采用质心坐标系，用原子的约化质量替代电子质量。

这个方法实际上计入了原子核一部分动能，没有考虑原子整体的平动。与原子类似，分子平动的能量也很小，量子化不明显，可看成是连续的，采用质心坐标系可以忽略分子平动的影响。但是，研究分子能量时，即使质心不动我们也必须考虑原子核的振动和转动，因为这部分能量对分子能量有显著的影响。分子的总能量主要由 3 部分构成，可表示为

$$E=E_e+E_v+E_r \tag{11.29}$$

式中 $E_e$ 表示电子的动能和势能，$E_v$ 表示原子核的振动能量，$E_r$ 表示原子核转动动能。这 3 种能量都是量子化的，但各能量的数量级相差悬殊。相邻电子能级之差 $\Delta E_e$ 为 1～20 eV，电子跃迁产生的吸收光谱在紫外-可见光区，称紫外-可见光谱或分子的电子光谱。振动能级间的能量差 $\Delta E_v$ 为 0.05～1 eV，跃迁产生的吸收光谱位于红外区，称红外光谱或分子振动光谱；转动能级间的能量差 $\Delta E_r$ 为 0.005～0.050 eV，跃迁产生的吸收光谱位于远红外区，称远红外光谱或分子转动光谱。后两者统称为红外光谱或振转光谱。

当分子从一个能级跃迁到另一个能级时，将辐射或吸收一个光子，其角频率为

$$\omega=\frac{E'-E}{\hbar}=\frac{E'_e-E_e}{\hbar}+\frac{E'_v-E_v}{\hbar}+\frac{E'_r-E_r}{\hbar} \tag{11.30}$$

处于同一电子能级的分子因其振动能量不同而处于不同振动能级上；当分子处于同一电子能级又同一振动能级时，还因转动能量不同，而处于不同转动能级上。当分子振动能级变化时，往往伴随转动能级的变化。分子在电子能级之间跃迁时，一般伴随着振动能级的改变，也伴随着转动状态的改变。因此分子光谱谱线远比原子光谱密集，在观测仪器分辨能力不够高时便表现为包络许多谱线的宽谱带，故又称带状光谱，如图 11-17 所示。

**图 11-17　分子光谱示意图**

不同分子在激发时所形成的带状光谱的谱带位置及谱带中特征谱线的波长不同，因此可以利用每种分子的特征分子光谱作为确定分子结构的依据。分子光谱是提供分子内部信息的主要途径，根据分子光谱可以确定分子的转动惯量、分子的键长和键强度以及分子离解能等许多性质，从而可推测分子的结构。利用物质分子对紫外和可见光的吸收光谱，可以对物质的组成含量和结构进行分析测定。这

种方法具有灵敏度高、准确度好、选择性优、操作简便等特点。近红外谱区的波长介于可见光与中红外光之间，近红外光谱分析利用分子振动的信息，几乎可以实现所有与含氢基团有关的样品的化学性质、物理性质等多项目分析或同时分析，被认为是一种"具有解决全球农业分析潜力"的当代分析方法。与紫外、可见光谱区相比，该谱区可以透入样品内部，取得样品内部的信息，因此近红外光谱分析样品可以不需要或者只要少量的物理前处理，便可用于各种快速分析，尤其适用于复杂样品的无损分析。

多原子分子的自由度较多，定量描述其分子光谱有一定困难，下面只介绍双原子分子的转动和振动能级，以及能级跃迁时光谱的特征。

## 11.4.2 双原子分子的转动能级和光谱

为简单起见，讨论双原子分子的转动时，忽略两个原子之间的振动。另外，考虑到原子核的质量远大于电子质量，以及原子之间的距离远大于原子核本身的尺度，所以每个原子可视为一个质点，双原子分子可视为一个刚性哑铃。

设两原子的质量分别为 $m_1$ 和 $m_2$，它们的质心位置为 $C$，两个原子到质心的距离分别为 $r_1$ 和 $r_2$。根据质心的定义，有

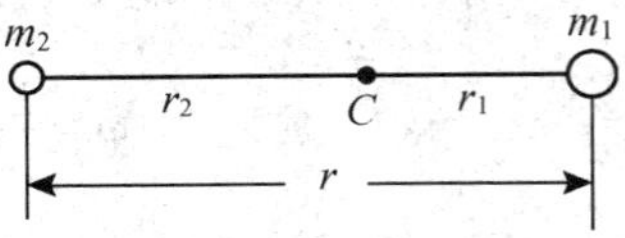


图 11-18 双原子分子的刚性哑铃模型

$$\begin{cases} m_1 r_1 = m_2 r_2 \\ r = r_1 + r_2 \end{cases}$$

于是有

$$r_1 = \frac{m_2 r}{m_1 + m_2}, \quad r_2 = \frac{m_1 r}{m_1 + m_2}$$

分子绕与两原子连线方向垂直且过质心的轴的转动动能为

$$E = \frac{1}{2} m_1 \omega^2 r_1^2 + \frac{1}{2} m_2 \omega^2 r_2^2 = \frac{1}{2} I \omega^2 = \frac{L^2}{2I}$$

其中 $L = I\omega$ 为转动角动量，

$$I = m_1 r_1^2 + m_2 r_2^2 = \frac{m_1 m_2}{m_1 + m_2} r^2 = \mu r^2$$

为分子绕穿过 $C$ 且垂直于原子连线的轴的转动惯量，$\mu = \frac{m_1 m_2}{m_1 + m_2}$ 称为分子的约化质量。

根据角动量量子化规则，有

$$L^2=l(l+1)\hbar^2,\quad l=0,1,2,\cdots$$

所以转动能级为

$$E_l=l(l+1)\frac{\hbar^2}{2I} \tag{11.31}$$

相邻能级的能量差为

$$E_{l+1}-E_l=[(l+2)(l+1)-(l+1)l]\frac{\hbar^2}{2I}=\frac{\hbar^2}{I}(l+1)$$

由上式可以看出，转动能级是不等间距的，且量子数 $l$ 越大，能级间距越大，如图 11-19 所示。根据转动能级跃迁的选择定则，只有满足 $\Delta l=\pm1$ 跃迁才可能发生，其中正号对应于光子吸收，负号对应于光子辐射。分子在量子数为 $l+1$ 与量子数为 $l$ 的能态之间跃迁时，吸收或发射光子的角频率为

$$\omega=\frac{E_{l+1}-E_l}{\hbar}=\frac{\hbar}{I}(l+1) \tag{11.32}$$

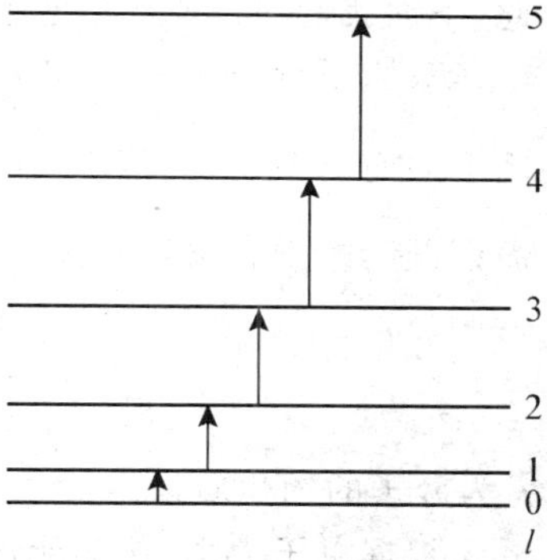


**图 11-19　双原子分子的转动能级**

综合上述讨论可知，双原子分子的纯转动光谱是一系列等频率间隔的谱线，相邻谱线角频率之差为

$$\Delta\omega=\frac{\hbar}{I} \tag{11.33}$$

如果测出了分子转动光谱的频率间隔，由式(11.33)就可以求出分子的转动惯量和原子核间距。

**例 11.5**　$H^{35}Cl$ 的远红外光谱线的波长分别为 0.094，0.118，0.157，0.236，0.472 mm，试求其转动惯量及核间距。

**解**　由光谱数据，及 $\omega=2\pi c/\lambda$ 可计算出各谱线的角频率，从而计算出平均角频率间距为 $\Delta\omega=3.99\times10^{12}\ \text{rad}\cdot\text{s}^{-1}$. 转动惯量为

$$I=\frac{\hbar}{\Delta\omega}=2.64\times10^{-47}\ \text{kg}\cdot\text{m}^2$$

分子约化质量

$$\mu=\frac{m_1m_2}{m_1+m_2}=\frac{35}{35+1}\times1.67\times10^{-27}\ \text{kg}=1.63\times10^{-27}\ \text{kg}$$

核间距为

$$r=\sqrt{\frac{I}{\mu}}=1.27\times10^{-10}\ \text{m}$$

### 11.4.3 双原子分子的振动-转动能级与光谱

双原子分子的纯转动光谱只有在其他形式的能级跃迁不存在时才能观察到，而通常情况下，两个原子间存在着振动，且振动能级间隔大于转动的能级间隔，因此，下面我们讨论原子沿它们连线方向的振动带来的影响。

双原子分子中原子在平衡位置附近的微小振动可视为在线性力 $F=-kr$ 作用下的简谐振动，势能 $V(r)=\frac{1}{2}k\,(r-r_0)^2$，式中 $r_0$ 为平衡位置两原子的间距。简谐振动的固有角频率为

$$\omega_0=\sqrt{\frac{k}{\mu}} \tag{11.34}$$

$\mu$ 为分子的约化质量。

根据量子力学，振动能量是量子化的，振动能级为

$$E_n=\left(n+\frac{1}{2}\right)\hbar\omega_0=\left(n+\frac{1}{2}\right)\hbar\sqrt{\frac{k}{\mu}},\quad n=0,1,2,\cdots \tag{11.35}$$

由此可见，振动能级是等间距的，相邻能级间距为 $\hbar\omega_0$。振动能级间的选择定则为 $\Delta n=\pm1$，当分子由量子数为 $n$ 的振动能级向量子数为 $n+1$ 跃迁时，吸收光子的角频率即为 $\omega_0$。综上所述，双原子分子在简谐振动模型下的纯振动谱线只有一条。但是，当振幅较大时，振动的势能曲线将与抛物线有明显偏离，这时量子化能级可以修正为

$$E_n=\left[\left(n+\frac{1}{2}\right)-\chi\left(n+\frac{1}{2}\right)^2\right]\hbar\omega_0 \tag{11.36}$$

式中 $\chi$ 为经验参数，由实验确定，通常 $\chi\ll1$。这时能级不再等距，选择定则也不限于 $\Delta n=\pm1$，从而产生多条谱线。

实际上，并不存在纯振动能级的跃迁。振动能级跃迁的同时必然伴随着转动能级之间的跃迁，所产生的光谱称为振动-转动光谱。谱线的角频率由下式给出：

$$\omega=\omega_0 \pm \frac{\hbar}{I}(l+1), \quad l=0,1,2,\cdots \tag{11.37}$$

图 11-20 表示双原子分子振动-转动能级结构和谱线组成。图中间的虚线表示的跃迁和谱线是振动跃迁选择定则所禁止的，其他谱线在其两侧对称排开，向长波方向延伸的一组谱线称为 P 支，向短波方向延伸的一组谱线称为 R 支。

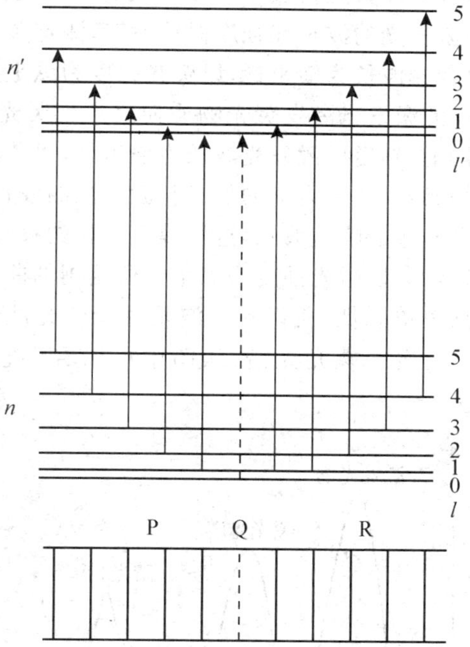


**图 11-20　双原子分子的振动-转动能级与光谱**

### 11.4.4　荧光光谱与磷光光谱

物质分子吸收光子激发到能量较高的激发态后，在返回基态时的发光现象，称为光致发光。分子吸收了特定频率的光子，由原来的基态能级跃迁至电子激发态的各个不同振动能级。处于激发态的分子经与周围分子碰撞而消耗了部分能量，或者当两个电子能级非常靠近，它们的振动能级有重叠时，电子由高能级以无辐射跃迁方式转移至低能级，这样，激发态的分子会迅速下降至第一电子激发态的最低振动能级，这个过程称为振动弛豫。通常这个能态是不稳定的，会以辐射跃迁和无辐射跃迁两种途径回到基态。无辐射跃迁是指以热量的形式辐射其多余的能量；辐射跃迁主要有荧光和磷光两种方式：荧光是自激发态的单态（电子总自旋量子数为0)向基态跃迁产生的,荧光发射速率大,产生时间通常小于$10^{-8}$ s;磷光是由激发态的三重态(电子总自旋量子数为1)向基态跃迁产生的,磷光的发射速率远小于荧光,弛豫时间为$10^{-4}\sim10$ s。

并不是所有物质都可以产生荧光或磷光:产生荧光的第一个必要条件是该物质的分子具有吸收激发光的结构,通常是共轭双键结构;第二个条件是该分子必须具有一定程度的荧光效率(即荧光物质吸光后所发射的荧光量子数与吸收的激发光量子数的比值)。使激发光的波长和强度保持不变,测定荧光物质所发出的荧光强度随波长的变化,以荧光波长为横坐标,以荧光强度为纵坐标作出的曲线图称为荧光光谱。让不同波长的激发光激发荧光物质使之产生荧光,而让荧光以固定的发射波长照射到检测器上,然后以激发光波长为横坐标,以荧光强度为纵坐标所绘制的图,称为荧光激发光谱。荧光光谱的形状与激发光的波长无关,荧光光谱的峰值波长一般要大于激发光谱的峰值波长,这种峰值波长的移动称为斯托克斯位移。同样,以磷光波长为横坐标,以磷光强度为纵坐标所绘制的曲线称为磷光光谱。由于激发三重态能量较激发单态低,所以磷光波长大于荧光波长。图11-21为常温下萘的激发光谱、荧光光谱和磷光光谱,从图中可以看出它们峰值波长大小的关系。

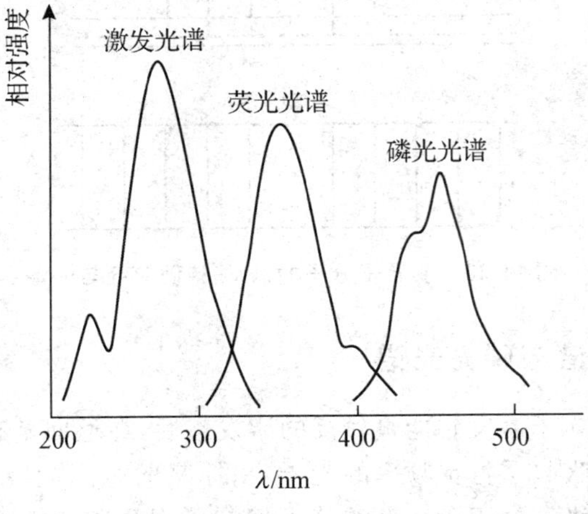


**图 11-21 萘的激发光谱、荧光光谱和磷光光谱**

需要指出,有时也会出现荧光波长小于激发波长的情况。产生这种情况的原因是在光照射之前,某些分子由于热运动而处于激发态,受光照之后,这些分子吸收光子跃迁到更高能级的激发态,之后向基态跃迁时便会辐射出比照射光波长更短的荧光。因此,温度越高,这种情况就越容易发生。

荧光光谱和激发光谱可用来鉴定有机化合物。芳香化合物多能产生荧光，脂肪族化合物往往与荧光试剂作用后才可产生荧光。无机物与荧光试剂作用后可进行荧光分析。荧光光谱分析法的优点是灵敏度高、选择性好，缺点是能产生荧光的化学体系不多。随着生命科学的发展，荧光相关光谱技术的日趋完善以及商品化专用仪器的问世，荧光相关光谱单分子检测方法在生命科学中的应用也会越来越广，特别在生物分子相互作用、活细胞分析、疾病早诊、蛋白、肽及酶研究以及高通量筛选等方面有巨大的研究潜力。荧光光谱分析法与微分离技术（毛细管电泳、微流控芯片）结合起来会进一步拓展其应用空间，在纳米材料、环境科学等领域的研究中得到更广泛的应用。

## 习　　题

1. 指出定态波函数的特点，并分析下列波函数所描述的状态是否为定态？

(1)$\varphi(x,t)=u(x)\mathrm{e}^{\mathrm{i}x-\mathrm{i}Et/\hbar}+V(x)\mathrm{e}^{-\mathrm{i}x-\mathrm{i}Et/\hbar}$；

(2)$\varphi(x,t)=u(x)\mathrm{e}^{-\mathrm{i}E_1t/\hbar}+V(x)\mathrm{e}^{-\mathrm{i}E_2t/\hbar}$；

(3)$\varphi(x,t)=u(x)\mathrm{e}^{-\mathrm{i}Et/\hbar}+V(x)\mathrm{e}^{\mathrm{i}Et/\hbar}$。

2. 设粒子处于波函数为 $\varphi(x)$ 的定态，$-a\leqslant x\leqslant a$，试写出在 $x>a/4$ 的区城中发现粒子概率的表达式。

3. 求一维无限深势阱中的粒子处于第一激发态时概率密度最大的位置。

4. 求氢原子巴耳末系第一条谱线的波长。

5. 若氢原子处于 $R_{nl}Y_{lm_l}$ 状态，在以原子核为中心的球坐标系中，写出：(1)在$(\theta,\phi)$方向单位立体角内发现电子的概率；(2)在半径为 $r$、厚度为 $\mathrm{d}r$ 的球壳中发现电子的概率。

6. 若氢原子分别处于以下各不同状态时，求有关力学量的取值：(1)若氢原子处于 $Y_{11}$ 状态时，求电子轨道角动量和角动量在磁场方向投影的取值；(2)若氢原子处于 $R_{21}Y_{10}$ 的状态，求电子能量、轨道角动量、轨道角动量在磁场方向的投影的取值。对应的电子态是什么？

# 第 12 章　专题选读

## 12.1　原子能及其应用

### 12.1.1　原子核的发现及其电荷和质量

1897 年 J·J·汤姆孙在真空放电管实验中，确认在电场作用下，由阴极材料原子中发出的射线是一种带负电的粒子流。他测定这种带电微粒的电荷 $e$ 与质量 $m$ 之比，即荷质比 $e/m$，其值比带正电的氢离子大 1 000 多倍。若假定二者电荷的绝对值相同，则这种带电微粒的质量小于氢离子的 1/1 000（后来得到的精确值为 1/1 836）。这种粒子被命名为电子。这个实验说明原子有复杂的结构，而在此以前，人们认为原子是组成物质的基本单元。中国民主主义思想的先驱者严复，就曾将 atom 一词译作“莫破尘”，“尘”在佛经中是微小的灰尘，“莫破”就是“不可分”或“原始”的意思的另一表述了。

1908 年，卢瑟福在 $\alpha$ 粒子（氦核）对金箔散射实验中，发现有相当多的 $\alpha$ 粒子被金箔弹射回去。这种情况是无法用汤姆孙的“带有葡萄干蛋糕”的原子模型解释的，所以这个实验确立了原子的核式结构。原子的全部正电荷和大部分质量都集中在很小的中心处，即集中于原子核。核半径约为 $3\times10^{-15}$ m，电子绕着核旋转，其半径约 $10^{-10}$ m。卢瑟福用这样一个类似于太阳系的模型解释了一系列有关 $\alpha$ 粒子散射的实验，所以说是他首先发现了原子核。原子核带的正电荷 $Q$ 是电子电荷的整数倍，即 $Q=Ze$，式中 $e=1.602\,2\times10^{-19}$ C，为电子电量的绝对值，$Z$ 为原子核电荷数，也是原子的核外电子数或表示元素周期表中的原子序数。自然界中原子序数最低的元素是氢（$Z=1$），最高的元素是铀（$Z=92$），其中 $Z$ 为 43，61，85，87，93 以及 93 以上的原子核在自然界中是不存在的，它们都是由人工方法获得的。

1961 年国际上采用碳原子质量单位，即取一个原子序数为 12 的碳原子质量的 1/12 作为 1 个单位。因为 1 mol 碳原子（$Z=12$）的质量为 $12\times10^{-3}$ kg，含有 $6.022\times10^{23}$ 个原子，于是原子质量单位 u 和 kg 之间的换算关系为 $1\ \text{u}=1.660\,6\times10^{-27}$ kg。如果原子核质量单位采用 u，原子核质量都很接近某个整数 $A$，称 $A$ 为核质量数。

各种原子核统称为核素，同一种核素具有相同的核电荷数 $Z$ 和核质量数 $A$。在核物理学中，核素用符号 $^{A}_{Z}X$ 标记，其中 X 为元素的化学符号。例如，氢的同位素用 $^{1}_{1}H$，$^{2}_{1}H$，$^{3}_{1}H$ 表示。

## 12.1.2　原子核的质子、中子模型

1919—1920 年期间，卢瑟福在 $\alpha$ 粒子轰击氮、硼、锂等原子核的实验中发现，从各种元素的原子核中都能击出氢核来。他认为氢的原子序数为 1，即只有单位正电荷，并将氢核命名为质子，记为"p"，其他原子核的质量大约是质子质量的整数倍。这样，卢瑟福又成为质子的发现者。1932 年查德威克在约里奥-居里夫妇的实验（用放射性钋发射的 $\alpha$ 粒子轰击铍后，会产生一种很强的中性射线）启发下，做了一系列实验后，最后得出结论：铍核在 $\alpha$ 粒子轰击下辐射出一种新的粒子，它的质量与质子的质量大致相同，但不带电荷，他将这种粒子称为"中子"，记作"n"。查德威克为此获 1935 年诺贝尔物理学奖，而约里奥-居里夫妇则因判断失误，与诺贝尔物理学奖失之交臂。在中子发现后不久，海森伯等人相继提出原子核是由质子和中子组成的。由于中子质量（$m_n = 1.008\,665\,4$ u）和质子质量（$m_p = 1.007\,276\,47$ u）非常接近，所以一个质量数为 $A$、电荷数为 $Z$ 的原子核包含 $Z$ 个质子和 $(A-Z)$ 个中子。原子核内的质子和中子统称为核子，核子的质量约等于 1 个原子质量单位。

由原子核的质量和半径（将核近似看作球形）可估算出原子核的密度为 $2.3\times 10^{17}\,\mathrm{kg\cdot m^{-3}}$。该值很大，且与核质量无关，像乒乓球（半径约 2 cm）大小一块原子核物质就有 $7.3\times 10^{10}$ t！可见原子核内的质子和中子是何等密集。宇宙中的中子星的密度可达到 $10^{17}\sim 10^{18}\,\mathrm{kg\cdot m^{-3}}$，典型的中子星的质量约为太阳的 2 倍，半径仅为 10 km，实际上中子星犹如一个大原子核。

## 12.1.3　原子核的结合能

实验发现，一切原子核的质量 $M_{核}$ 总是小于组成该核的 $A$ 个核子质量的总和，两者的差值 $\Delta M = Zm_p + (A-Z)m_n - M_{核}$，称为质量亏损。根据狭义相对论的质能关系，称 $\Delta M$ 乘以 $c^2$ 为原子核的结合能 $B$：

$$B = [Zm_p + (A-Z)m_n - M_{核}]c^2 \qquad (12.1)$$

结合能除以原子核的质量数 $B/A$ 称为原子核的核子平均结合能。核子平均结合能的大小反映了原子核的稳定性，核子平均结合能越大，则原子核内各核子结合越紧密，原子核越稳定。反之，核子平均结合能小的原子核，原子核内核子结合

得松散，原子核的稳定性差。

通常任意体系的质量均比组成体系个别质量的总和要小些，分子的质量要小于原子质量之和，原子的质量也小于原子核与电子质量的总和。它们的结合也会释放一部分能量，但相应的质量亏损很小。例如，两个氢原子结合成氢分子释放的结合能是 4.476 eV，一个质子和一个电子结合成一个氢原子要释放 13.6 eV，而通常原子核与电子结合成原子释放的结合能为 10 keV 量级。

图 12-1 绘出了核子的平均结合能曲线，由图可看出，较轻的原子核（$A<30$）和较重的原子核（$A>120$）的平均结合能都比中等质量原子核（$30<A<120$）的要小。所以，一般说来，中等质量原子核比质量数小或质量数大的原子核都稳定。轻核和重核的平均结合能都较小，这是原子能应用的基础。例如，当一个重核分裂为两个中等原子核（裂变）时将释放出能量（称为裂变能）；还有，在质量数小于 30 的原子核中，核子的平均结合能随 $A$ 有周期性变化，最大值落在 $A$ 等于 4 的倍数上，这显示出这样结构的原子核（${}_{2}^{4}He$，${}_{4}^{8}Be$，${}_{6}^{12}C$，${}_{8}^{16}O$）具有较大的稳定性，所以当较轻的原子核聚合成这些稳定的原子核时，核子平均结合能变大，也要放出能量（称为聚变能）。总之，重核的裂变和轻核的聚变可提供巨大的能量。

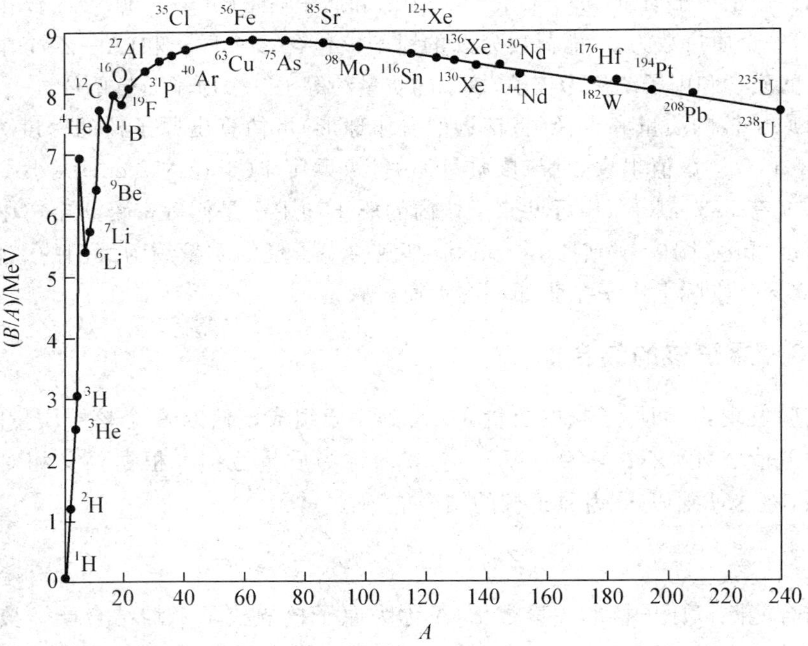


**图 12-1 核素的平均结合能**

## 12.1.4　核能的 3 种释放模式

1. 原子核的衰变

一个原子核自发地演变成另一个原子核并放出相应的粒子或核（主要是 $\alpha$ 粒子，即 ${}^{4}_{2}He$）的过程称为衰变，一个典型的例子如

$$ {}^{238}_{94}Pu \longrightarrow {}^{234}_{92}U + \alpha + 5.6\ MeV \tag{12.2}$$

在上述衰变过程中，衰变前后的电荷、质量和能量都是守恒的，衰变的半衰期（放射性核的数目减少到原数的 1/2 所需要的时间）为 87.84 年。这个衰变虽然提供的能量不算太大，但可用来做小型的能源装置，例如卫星上使用的核电池。

2. 原子核的裂变

原子核裂变有两种模式，一种是自发裂变，即重核自发地裂成 2 个半块，并释放出 200 MeV 的能量。例如：

$$ {}^{235}_{92}U \longrightarrow 2\text{ 个碎块} + 200\ MeV \tag{12.3}$$

它的半衰期为 $1.8\times10^{18}$ 年。另一种模式是在中子作用下引发的核裂变，有的核裂变同时还释放出 2 个或 3 个中子，例如 ${}^{235}_{92}U$，${}^{233}_{92}U$，${}^{239}_{94}Pu$ 等。

$$ n + {}^{235}_{92}U \longrightarrow 2\text{ 个碎块} + 2\text{ 个或 }3\text{ 个中子} + 200\ MeV \tag{12.4}$$

在上述两种裂变过程中，2 个碎块的质量往往是不相等的，且分布在一个很宽的范围内。

3. 原子核的聚变

原子核聚变是由轻原子核聚合成质量数较大的核，典型的例子如

$$\left.\begin{aligned}
&{}^{2}_{1}H + {}^{2}_{1}H \longrightarrow {}^{3}_{1}H + {}^{1}_{1}H + 4.0\ MeV\\
&{}^{2}_{1}H + {}^{2}_{1}H \longrightarrow {}^{3}_{2}He + n + 3\ MeV\\
&{}^{2}_{1}H + {}^{3}_{1}H \longrightarrow \alpha + n + 17.6\ MeV\\
&{}^{2}_{1}H + {}^{3}_{2}He \longrightarrow \alpha + {}^{1}_{1}H + 18\ MeV
\end{aligned}\right\} \tag{12.5}$$

在上述 4 个反应中共消耗 6 个 ${}^{2}_{1}H$，释放 43.15 MeV，平均每个核子释放 3.6 MeV 的能量；而式（12.4）的 ${}^{235}_{92}U$ 核裂变反应中，共有 236 个核子参加反应，共释放 200 MeV的能量，平均每个核子释放 0.85 MeV。所以轻核聚变反应中每个核子平均释放能量为重核裂变每个核子的 4 倍。

从以上所列举的可能释放的核能中可以看出，涉及单个原子核的能量变化过程，其数量均在 MeV 以上，而我们知道在化学反应中，单个分子的能量变化约

1 eV左右，二者相差的倍数为 $10^6 \sim 10^8$。所以，原子核以及相应的核能发现，为人类持续发展提供了一种远比煤、石油、天燃气等更为丰富、强大的能源。

### 12.1.5 核能的一些应用

1. 裂变能的应用

当前大量释放原子能的形式主要是利用中子激发引起的核裂变，如中子对 ${}^{235}_{92}U$，${}^{239}_{94}Pu$ 核的诱发裂变。如前所述，在一个中子轰击到上述物质引起的裂变中、在释放能量的同时会释放出 2～3 个中子，新释放的中子也会引起其他 ${}^{235}_{92}U$ 等核的裂变，这些裂变又产生更多的中子去引发核裂变，从而释放出巨大的能量。裂变时放出中子的过程是极快的，约 $10^{-12}$ s。原子弹爆炸就是利用这种不断增殖的链式反应而引发的强烈的核爆炸。1 kg 的燃料约相当于 $2\times10^4$ t TNT 黄色炸药的爆炸当量。1945 年 7 月 6 日美国在新墨西哥州的沙漠里试爆了世界上第一颗原子弹(钚弹)。同年 8 月 6 日，美军将一颗原子弹(铀弹)投到日本的广岛，8 月 8 日又将另一颗原子弹(钚弹)投向日本的长崎。8 月 15 日日本宣布无条件投降，两颗原子弹以 20 万人的生命为代价，结束了世界大战。

如果人们设法控制在链式反应中中子增长的速率，使中子的数目永远维持在某一数量上，那么链式反应就会连续地缓慢地释放出能量，这就是核反应堆或核电站的工作原理。反应堆为核能的和平利用开辟了广阔的前景。世界上第一座核电站于 1954 年 6 月 27 日在苏联建成，功率为 5 MW。截止到 2001 年底，全世界有 438 座核电站，总发电功率为 $353\times10^6$ kW，占世界发电量的 16%。法国的核电占总供电量的 78%，为世界各国之最。核电比例超过或接近 50%的国家有比利时、瑞典、斯洛伐克、匈牙利和韩国等，美国的核电占 22%，但其核电总量和核电站数都为世界之冠。我国大陆有广东的大亚湾和岭澳以及浙江的秦山和江苏的田湾共 4 座核电站，目前核电占总发电量不足 2%，计划在 2020 年核电占 4%。

当前核裂变能源的一个令人头疼的问题是核废料的处理，长半衰期的放射性核废料处理不当，会严重污染环境。

2. 聚变能的应用

释放核能的另一有效途径是利用轻核的聚变反应，但是要实现轻核聚变，需将轻核彼此靠近到短程的核力作用范围，必须克服长程的库仑斥力，即克服库仑势垒做功，由此可计算出对每个轻核提供数千电子伏特或更高一些的能量，所以进行轻核聚变反应需要高温(～$10^8$ K 的温度)。根据不可控制的轻核聚变反应原理制成的武器称为氢弹。氢弹中的高温条件是由氢弹内的原子弹的裂变反应来提供的。打个比方，聚变材料是“炸药包”，它以裂变的原子弹作为“雷管”来引爆，而这个“雷管”本身又要由普通的化学炸药来引爆。

设法持续地缓慢地实现轻核的聚变反应就是受控热核反应的设想。从 20 世纪 50 年代开始，许多国家都在研究它，当前的研究中主要有两种主导方式。一种是磁约束方式，即将轻核（主要是氘核）放置在强磁场中，注入能量后使轻核升温实现热核反应，这种装置称为托克马克装置（也称为环流器）。另一种是惯性约束方式，方法之一是用高功率的激光脉冲聚焦于聚变材料小球上，外层突然加热，形成温度和密度都很高的等离子体，并发生膨胀，挤压内层材料，使内层材料的温度和密度随之升高而发生聚变反应。10 多年前，普遍认为磁约束装置是最有可能实现的受控热核方式，而近些年来，由于惯性约束在工程上所遇到的难题远较磁约束装置少，因此它的进展较快。至今，人们在受控热核反应研究中取得不少成果，但靠它供应大量电力还要走漫长的路。

还值得一提的是，核聚变的原材料是很丰富的，每升水中含 0.03 g 氘，地球上共有 $1.38\times10^{18}$ m$^3$ 的水，因此水中有 40 多万亿 t 氘，可以说取之不尽，用之不竭。另外，受控热核反应是一种很清洁的能源，不污染环境。

3. 核衰变在农业上的一些应用

1）植物辐射诱变育种　一些放射性元素在衰变中，会放射出一些高能粒子，例如 $^{60}$Co 衰变时会放射出一个 $\beta$ 粒子和 2 个 $\gamma$ 光子，如图 12-2 所示。利用这些高能粒子辐照植物种子，打破它的基因连锁，促进基因重排，使其产生突变，并从中选择有用突变体，直间或间接地育成新的作物品种。联合国粮农组织和国际原子能机构联合处 1995 年的统计结果显示，全世界在 158 种植物上，利用辐射育成和推广了 1 932 个品种，其中我国育成 459 个品种，约占其总量的 24%。

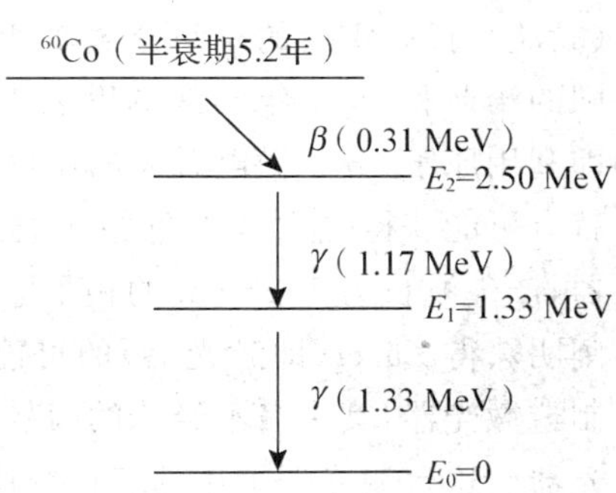


图 12-2　$^{60}$Co 的衰变

2）示踪技术　用仪器很容易探测到核衰变时放射出来的粒子踪迹，于是可利用它作为显示踪迹的工具。例如有人用放射性磷 $^{32}$P 研究磷肥对植物的作用，把少量 $^{32}$P 加在肥料中，它被植物吸收后在体内运输的情况，可用仪器测出，这样就知道磷对植物作用的一些情况。示踪技术在农业和生物学研究上有广泛的应用，其目的在于揭示农业生物生命活动的奥秘，探究农业生产过程中各种因素的机理，为农业生产技术的实施、环境评价和宏观管理提供科学依据。

3）食品辐照贮藏保鲜　利用放射性元素 $^{60}$Co 或 $^{137}$Cs 的 $\gamma$ 射线辐照食品，以其抑制发芽，延迟成熟，杀虫灭菌，防止霉变，从而达到保鲜或储存的目的。由于辐射保藏具有节约能源、方法简便、效率高和安全可靠等优点，在国内外已广泛使用。

4）昆虫辐射不育技术　利用高能粒子辐射使大量害虫个体不育，然后把它们放飞到未经处理的野生种群的环境中去，在那里让处理过的不育成虫与野生的成虫交配，造成其后代不育，这样在延续世代中重复这一做法，野生种群会逐渐减少，直至消灭。这是一项无公害的防治害虫的新技术。到目前为止，全世界已对200余种害虫进行了昆虫不育技术防治的研究，大面积防治螺旋蝇、地中海果实蝇和棉红铃虫等主要害虫取得了成功。

## 12.2 激光

### 12.2.1 发明激光器的背景

在第二次世界大战中，雷达起了很大的作用，以致战争结束后，进一步研究雷达成为科学家们的共识。因为雷达不仅在军事上有价值，而且在经济建设中，例如气象观测、飞机和轮船导航等，也是很有用处的。所以，如何寻求高质量的雷达波(微波)，提高雷达的空间分辨率和距离分辨率，一直为专家们所关注。1951年美国的汤斯和1952年苏联的巴索夫、布洛霍夫提出了微波激射器(Maser)的原理，即利用原子、分子做电磁波的振荡器，并根据爱因斯坦于1917年提出的受激辐射，就有可能获得强大的单色相干波。1953年2月，汤斯成功地制出了氨分子振荡器，产生波长为1.25 cm的相干电磁辐射。肖洛和汤斯在1958年12月从理论上阐明获得Laser(即激光器)的可能性和实验方法。此后，许多科学家纷纷致力于制造激光器，其中名不经传的梅曼捷足先登，于1960年5月制成世界上第一台激光器。这台激光器采用的工作介质是红宝石晶体(掺$Cr^{3+}$的$Al_2O_3$晶体)，用氙灯做激励源(也称泵浦源)。此后不久，用其他固体材料以及用氖、氦混合气体和半导体(砷化镓)也相继获得了激光。我国第一台激光器(红宝石激光器)于1961年6月问世，它是由中国科学院长春光学精密机械研究所克服重重困难制成的。

为了表彰汤斯、巴索夫和布洛霍夫在从事量子电子学方面的工作对制成Maser和Laser的贡献，他们共享1964年度的诺贝尔物理学奖。

由于激光器这种新型光源具有下列2个重要特性：①能量在空间高度集中，如果再使用调制技术使其能量在时间上也高度集中，例如使用Q开关的激充器，可以输出脉宽$10^{-9}$ s左右的光脉冲，使用锁模技术的激光器可产生$10^{-14}$ s的光脉冲，从而获得极高脉冲功率密度的激光；②单色性好，谱线宽度很窄，于是有很高的时间相干性和空间相干性，立即引起了人们的兴趣和重视。激光的出现，不仅为光学这门古老的学科注入了新的血液，使它焕发出新的生命，带动了傅里叶光学、全息技术、激光光谱学、非线性光学和光化学等新学科发展，而且激光迅速在各种学科和生产技术领域里得到极为广泛的应用。本节扼要介绍激光产生的原理和应用。

### 12.2.2　光的辐射和吸收

1. 自发辐射

在没有外界作用下，处在高能级的原子会自发地向低能级跃迁，从而辐射出一个光子来，这种过程称为自发辐射，如图 12-3 所示。辐射出的光子的频率要满足玻尔频率条件

$$\nu=\frac{E_2-E_1}{h} \tag{12.6}$$

普通光源（如白炽灯、日光灯等）的发光过程都属于自发辐射。自发辐射是个随机过程，辐射出的光子（或光波）的频率、相位、偏振状态、传播方向都不一定相同，所以自发辐射出的光为非相干光。

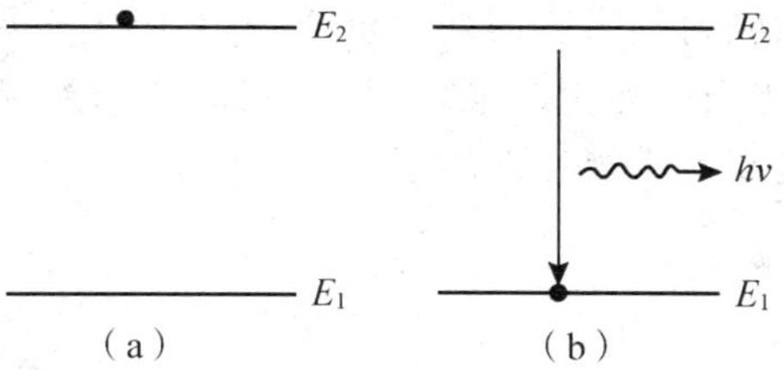


图 12-3　自发辐射

2. 受激辐射

1917 年爱因斯坦在研究光辐射与原子间相互作用时指出，在满足玻尔频率条件的外来光子的激励下，高能级的原子向低能级跃迁，并辐射出另一个同频率的光子，这种过程称为受激辐射，如图 12-4 所示。受激辐射的特点是它辐射的光子，在频率、相位、偏振状态和传播方向都与外来的光子相同，于是受激辐射过程使原来的 1 个光子变成性质完全相同的 2 个光子。从波的观点来看，受激辐射的结果产生了能量（或振幅）比入射波更强的光波，用电子学的术语讲，光波被放大了。

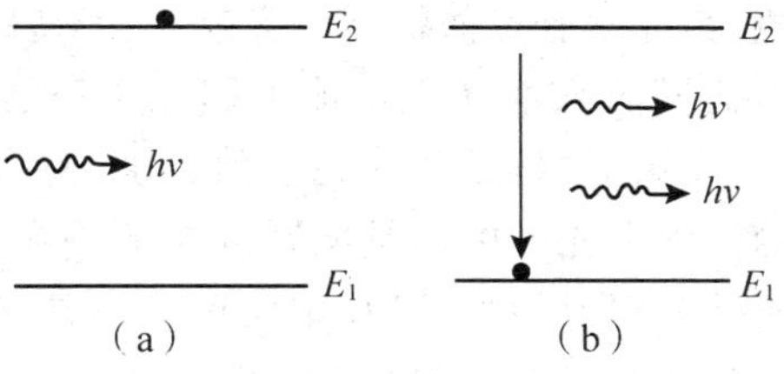


图 12-4　受激辐射

3. 受激吸收

在满足玻尔频率条件的外来光子的激励下，低能级的原子吸收外来光子的能量向高能级跃迁，这种过程称为受激吸收，简称吸收，如图 12-5 所示。

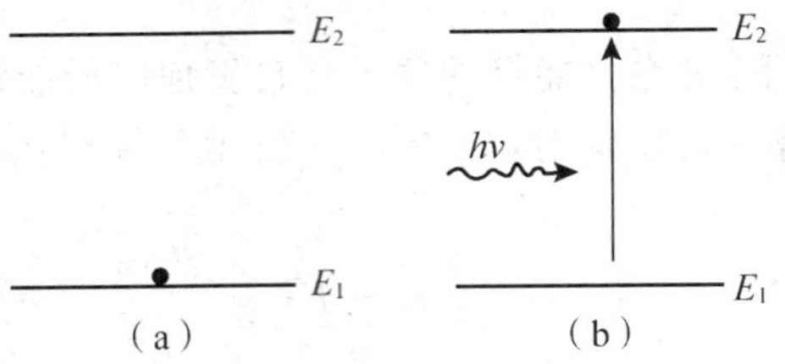


图 12-5 受激吸收

在热学章节中，我们曾提及在热平衡态条件下，粒子能级遵循玻耳兹曼正则分布，系统中粒子几乎都处在基态。当系统处于非平衡态时，在满足玻尔频率条件的外来光束照射下，受激辐射和吸收这两个过程，究竟哪个占据主导地位要由粒子能级分布情况来决定。当吸收比受激辐射强时，宏观看来光强逐渐减弱；反之，当受激辐射比吸收强时，宏观看来光逐渐增强。

## 12.2.3 激光原理

1. 粒子数反转

粒子被激发到高能级后，会很快地自发跃迁到低能级。它们停留在高能级的平均时间称为粒子在该能级的平均寿命，简称能级寿命，通常用符号“$\tau$”表示。

由于原子、离子和分子等内部结构的特殊性，它们的各个能级的平均寿命是不一样的，有的长一些，有的短一些。一般激发态能级的寿命数量级为 $10^{-8}$ s，也有些激发态能级的寿命特别长，可达 $10^{-3}$ s，甚至 1 s。例如，在红宝石晶体中铬离子的能级 $E_3$ 寿命很短，只有 $10^{-9}$ s，而能级 $E_2$ 的寿命却很长，为几个毫秒。我们将这种寿命特别长的激发态称为亚稳态，在下面会看到，这些亚稳态能级的存在，是形成激光的重要条件。

当一束光通过介质时，光子有可能被粒子吸收，从而使粒子从低能级激发到高能级，这就是光的吸收，而同时入射光也可能引起处于高能级的粒子发生受激辐射。前者使光子数减少，光束减弱；后者使光子数增加，光束增强。光吸收和受激辐射这两个相互矛盾的过程在介质中总是同时存在的。在光束经过一段介质后，若被吸收的光子数多于受激辐射的光子数，则宏观效果是光的衰减；反之，若受激辐射的光子数多于被吸收的光子数，则宏观效果是光的放大。$N_2 > N_1$ 的分布被称为粒子数反转分布。并非各种物质都能实现粒子数反转，在能实现粒子数反转的物质中，也不是在该物质的任意两个能级间都能实现粒子数反转，我们将能造成粒子数反转分布的介质称为激活介质（也就是激光器的工作介质）。

对于不同种类的激光器，实现反转分布的具体方式是不同的，但都可以用图 12-6 所抽象概括的物理过程来表明。在图 12-6(a)中，$E_1$ 为基态，$E_3$ 为一般激发态，能级寿命在 $10^{-11}\sim10^{-8}$ s，$E_2$ 为亚稳态，能级寿命长为 $10^{-3}$ s，甚至 1 s。在外界能源（电源或光源）的激励下，基态 $E_1$ 上的粒子被抽运到激发态 $E_3$ 上，因而 $E_1$ 上的粒子数 $N_1$ 减少。由于 $E_3$ 态的寿命很短，粒子将通过碰撞很快地以无辐射跃迁的方式转移到亚稳态 $E_2$ 上。由于 $E_2$ 态寿命长，其上就积累了大量粒子，即 $N_2$ 不断增加。一方面是 $N_1$ 减少，另一方面是 $N_2$ 增加，如果 $N_2>N_1$，就可实现亚稳态 $E_2$ 与基态 $E_1$ 之间的反转分布，这样的系统被称为三能级系统。三能级系统的缺点是需要外界的强激励，这是因为热平衡的基态几乎集中了全部粒子，只有强激励进行快速抽运，才可能实现粒子数反转。四能级系统[图 12-6(b)]实现粒子数反转要容易得多，其中能级 $E_1$ 不是基态而是激发态，其上的粒子数本来就很少，只要亚稳态能级 $E_2$ 上稍有积累，就容易地实现反转分布。当 $E_3$ 能级上的粒子向 $E_2$ 能级转移得越快以及当 $E_1$ 能级上的粒子向基态 $E_0$ 能级过渡得越快，则工作效益就越高。红宝石激光器发射的 694.3 nm 谱线属三能级系统，而 He-Ne 激光器发射的 632.8 nm 谱线属四能级系统。

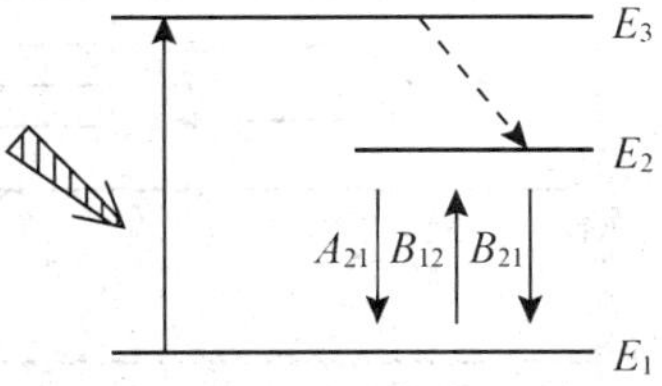


(a) 三能级图

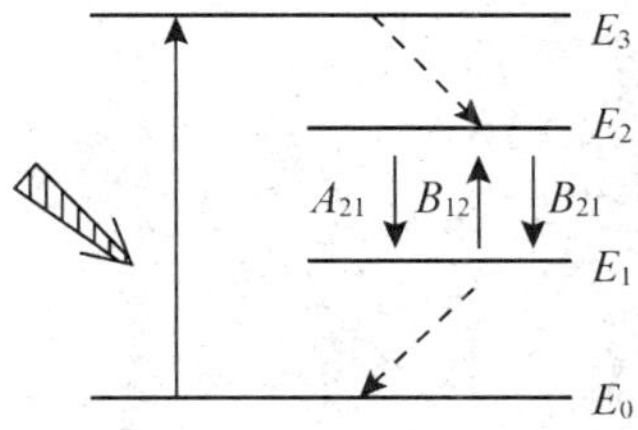


(b) 四能级图

**图 12-6　粒子数反转**

由以上可看出，要实现粒子数反转，必须内有亚稳态能级，外有激励能源（也称泵浦源），粒子的整个输运地程必定是一个循环往复的非平衡过程，可以产生雪崩式的光放大作用，即具备一定特征的光子入射后，可得到大量特征相同的光子受激辐射。如果采用适当的方法和装置就能使受激辐射以一定方式继续下去，形成一种光的受激辐射的振荡器，从这种装置中持续发射出大量特征相同的光子，这就是激光，而这种装置称为激光器。

还需指出的是，对于一种具体的激活介质来说，可能同时存在几对特定能级的反转分布，相应地发射几种波长的激光。如 He-Ne 激光器就可以发射 632.8 nm，1.15 μm 和 3.39 μm 三种波长的激光。

2. 光学谐振腔

在激光器里正是使用 $E_2$ 能级与 $E_1$ 能级的自发辐射作为“外来光子”来激励粒子，造成 $E_2$ 能级与 $E_1$ 能级间的受激辐射，也就是说激光的初始信号来源于自发辐射，而自发辐射的光在相位、偏振方向、传播方向各方面都是随机分布的，于是所得到放大的受激辐射，从总体上来看仍是随机的(图 12-7)。为了在其中选取出有一定传播方向和频率的光信号，使其具有最优的放大作用，而把其他方向和频率的光信号抑制住，最后获得单色性和方向性好的激光，可在介质的两端放置两面平行的反射镜 $M_1$ 和 $M_2$(图 12-8)，这对反射镜形成所谓光学谐振腔。为了从光学谐振腔的一端引出激光，一面反射镜($M_1$)是全反射的，另一面($M_2$)是部分透过的，激光就从 $M_2$ 的一端输出。由于安装了光学谐振腔，在激光器内只有传播方向与反射镜垂直方向的光在介质中来回反射，受激辐射强度越来越大，最后形成稳定的强光束，从部分反射镜 $M_2$ 面输出。凡传播方向偏离上述方向的光，最终从侧面逸出谐振腔，不可能形成稳定的光束。总之，光学谐振腔对光束具有选择性，使受激辐射集中于特定的方向，激光束很高的方向性就来源于此。光学谐振腔除了一对平行的平面镜形式外，尚有凹球面反射或一平一凹反射面等形状。

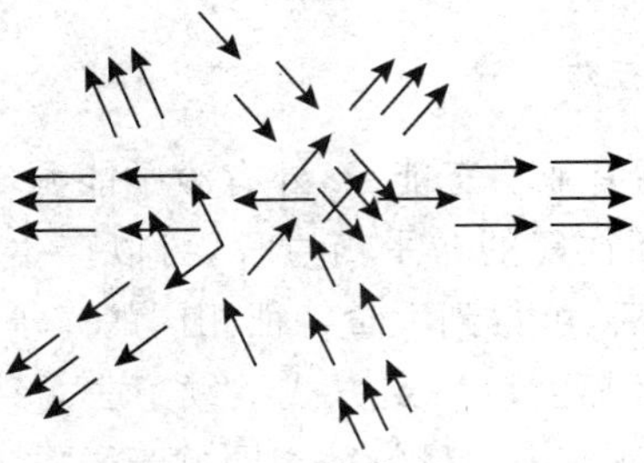

**图 12-7　受激辐射仍是随机的**

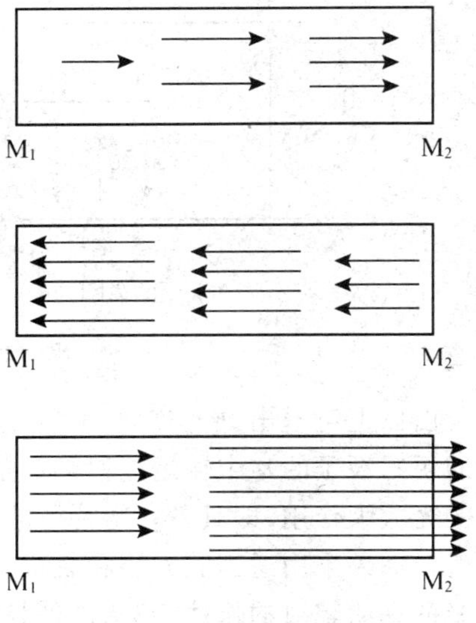


**图 12-8　光学谐振腔**

3. 增益和阈值

由以上讨论可知，在实现了粒子数反转就可以进行光的放大，放大能力用增益 $G$ 来描述。由图 12-9 所示，当一束光射入激活介质后，设它在 $x$ 处的光强 $I$，经历一段距离到达 $x+\mathrm{d}x$ 处后，光强度为 $I+\mathrm{d}I$。通过 $\mathrm{d}x$ 距离后光强改变量 $\mathrm{d}I$ 可写成

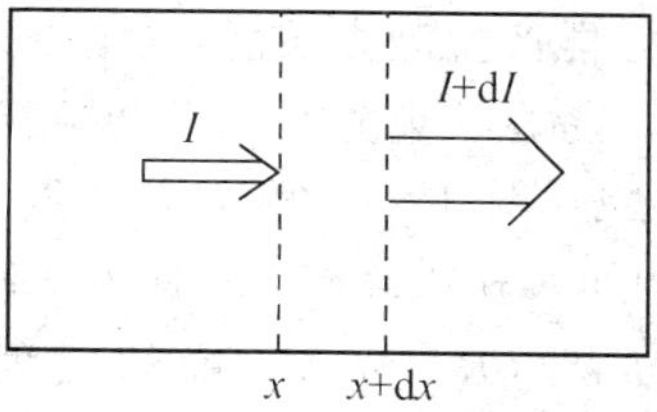


图 12-9　激活介质中光的增益

$$\mathrm{d}I=GI\mathrm{d}x \tag{12.7}$$

由式(12.7)可知，增益 $G$ 可理解成光在单位距离内光强的增加量。对式(12.7)进行积分可得到光在介质中传播一段距离($0\sim x$)以后出射光强 $I(x)$ 与入射光强 $I_0$ 的关系式

$$\int_{I_0}^{I(x)}\frac{\mathrm{d}I}{I}=\int_0^x G\mathrm{d}x$$

或

$$I(x)=I_0\mathrm{e}^{\int_0^x G\mathrm{d}x}$$

假如在 $0\sim x$ 这段距离内 $G$ 的变化可忽略，则上式可写为

$$I(x)=I_0\mathrm{e}^{Gx} \tag{12.8}$$

即光强 $I(x)$ 随 $x$ 按指数增强。

增益与频率 $\nu$ 和光强 $I$ 的关系如图 12-10 所示，增益随光强增加而下降，这一点可解释如下：增益 $G$ 随粒子数反转程度($N_2-N_1$)的增加而上升，在同样的抽运条件下，光强 $I$ 越强，意味着单位时间从亚稳态上向下跃迁的粒子数就越多，从而导致反转程度减弱，因此增益 $G$ 也随之下降。

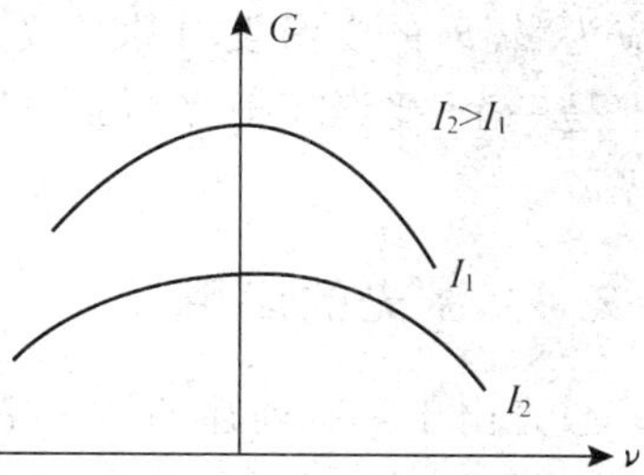


图 12-10　增益和频率、光强的关系

以下来说明，粒子数单纯达到反转分布，虽加有光学谐振腔依然不能形成激光，只有使粒子数反转达到一定的程度才能形成激光。这是因为在介质中除了由于粒子数反转而使受激辐射的光子放大因素以外，还有一些使光子数减少的因素(称为损耗)。例如，反射镜的透射和吸收、光在端面上的衍射、介质材料不均匀性造成的散射等。总之，要使光强在谐振腔内来

回反射的过程中不断得到加强，必须使增益大于损耗，这就是说，要满足一定的条件才能产生激光振荡，这个条件称为阈值条件。下面进行具体的计算。

考虑一束光在光学谐振腔内沿轴向往返一次传播时强度变化的情况。设从镜面 $M_1$（图 12-8）出发的光强为 $I_1$，经过腔长为 $L$ 的激活介质的放大，按照式(12.8)，到达镜面 $M_2$ 时的光强为 $I_2=I_1\mathrm{e}^{GL}$，经 $M_2$ 反射后，光强降为 $I_3=R_2I_2=R_2I_1\mathrm{e}^{GL}$（$R_2$ 为 $M_2$ 镜的反射率），又返回到 $M_1$ 镜时光强增为 $I_4=I_3\mathrm{e}^{GL}=R_2I_1\mathrm{e}^{2GL}$，再经 $M_1$ 镜反射（$M_1$ 镜反射率为 $R_1$），光强降为 $I_5=R_1I_4=R_1R_2I_1\mathrm{e}^{2GL}$。至此光束往返一周，若要得到激光振荡，则需 $I_5/I_1\geqslant 1$，即 $R_1R_2\mathrm{e}^{2GL}\geqslant 1$，所以满足激光振荡的最起码条件为

$$R_1R_2\mathrm{e}^{2GL}=1 \tag{12.9}$$

此时 $I_5=I_1$，光在光学谐振腔内振荡过程中强度维持稳定。式(12.9)称为光学谐振腔的阈值条件，而根据它阈值增益为

$$G_{\mathrm{m}}=\frac{-1}{2L}\ln(R_1R_2) \tag{12.10}$$

需要说明的是，当 $G>G_{\mathrm{m}}$ 时，光强也不会无限制地增长下去，因为随着光强的增大，激活介质的实际增益 $G$ 将下降（图 12-10），待 $G$ 下降到 $G_{\mathrm{m}}$ 时，光强就维持稳定了。

由以上所述可知，产生激光的机理有两方面：光在激活介质内的传播和光学谐振腔的作用，前者产生光的放大，后者维持光的振荡。laser 实际上是英文“light amplification by stimulated emission of radiation”词组中各词第一字母的缩写，直译应为“辐射的受激发射的光放大”。其实，作为激光器，其中必有谐振腔，所以实际上是一个“受激辐射光振荡器”。放大和振荡两方面结合起来，激光器就成为一个光源。

### 12.2.4 激光的应用

激光由于具有前述的两个主要特性，即能量可以在空间高度集中和单色性好带来的优良的空间相干性和时间相干性，使这种新型光源具有非常广泛的应用。激光通信、激光雷达、激光测向和测距、激光切割、激光武器、激光受控热核反应等，主要是利用激光第一方面的特性；而激光全息、激光测长、激光测流速等领域，主要是利用激光第二方面的特性。值得指出的是激光两方面特性往往不能截然分开，有的应用（如非线性光学）与激光的两方面特性都有关系。激光在各方面的应用难以描述全面，现将它在某些方面的应用列于表 12-1 中。

表 12-1　激光的广泛应用

| 应用领域 | 应用项目 |
|---|---|
| 工业加工 | 激光打孔、焊接、切割、划线、自动设计等 |
| 精密测量 | 激光测长和微定位、激光陀螺、激光流速计、激光电流计和电压计、检查平面质量、测量地震、测量纤维直径、测量产品与工件运行的速度 |
| 通讯、电视、雷达 | 激光通信(电话、遥测、水下通讯、有色信息显示、卫星间通讯、卫星与地面间通讯)、激光电视(大屏幕电视,图像面积可达 3 m×4 m 甚至更大),激光雷达(大气污染测量、云层厚度测量、宇宙探测、测距、定位、跟踪等) |
| 医疗 | 无血手术、切除肿瘤和癌组织、牙科钻孔、视网膜粘结、激光显微镜 |
| 电子计算机、光学 | 光学零件检查、高速照相、全息照相、激光干涉仪、电子计算机用的贮存器、情报处理系统、光传送高速电子计算计、电子计算机之间的信息传输 |
| 科研 | 热核聚变研究、非线性光学、无线电和计算技术 |
| 生物学、农学 | 光合作用、基因工程、细胞工程、作物诱变育种、微生物菌种选育、家禽、畜牧和水产养殖 |

自世界上第一台激光器问世以来,科学家们一直在寻求能工作在 X 射线波段的激光器。由于 X 射线激光的光子能量比普通激光的光子能量大几个数量级,因此,产生 X 射线激光不能用中性原子或分子作为激活介质,除非用内壳层电子。但普通内壳层电子不易被泵浦。理论和实验均证明,要产生 X 射线的激光,一个重要的途径是激光介质用高剥离态的离子而不是原子。一些国家(美、英、法、中、日等)的国家实验室相继进行了大量的电子碰撞类氖离子等离子态(或类镍等离子态)激发产生 X 射线激光的实验,观察到了波长从 34.8 nm 至 3.6 nm 的一系列激光辐射放大。X 射线激光的最终实现,将会对非线性光学、原子分子物理、等离子体物理、生命科学以及工业和医学等研究和应用产生重大而深远的影响。

## 12.3　半导体

### 12.3.1　半导体技术的发展

1904 年弗莱明发明真空二极管,1906 年德弗莱斯特发明真空三极管,从此人类社会进入了电子时代,通讯、电视和雷达等技术迅速发展起来。但随着真空管的广泛使用,它的一些缺点也逐渐显露出来,尤其是真空管制成的设备体积大、能耗大、性能不稳定且寿命短。例如,1946 年 2 月美国宾夕法尼亚大学制成的世界上“第一台全电子数字计算机”使用了 17 468 个真空管、7 000 个电阻器、1 000 个电容器和 6 000 个继电器,体积约 90 $m^3$,占地面积 150 $m^2$,重达 30 t。就是这样一台大设备还不能存储程序,总之,它的计算功能远不如 1975 年美国 IBM 公司推出的

PC机，更不用说能耗、性能稳定性和占地面积等诸方面的考量了。20世纪30年代，物理学家用量子力学的一般原理来研究固体中的电子运动，逐步建立起一种新的理论，即固体物理中的能带论。在此期间就有物理学家认识到有必要研制新的电子器件以取代真空管。肖克莱明确表示，只有研究半导体，以半导体作为新的电子器件材料，才有可能实现研制新电子器件的突破。在第二次世界大战中，由于战争对技术的需要，促使美国军方先后组织麻省理工学院、普渡大学、贝尔实验室等一批研究机构集中精力研制新的电子器件。从1940年至1943年间先后研制出多晶硅、硅P-N结，这些为后来晶体管的发明做了准备。

1947年12月，巴丁和布拉顿用锗材料制成了点接触式晶体管，但是它有很大的缺点（噪声大、频率低、性能不稳定），1949年肖克莱提出了P-N结理论。1950年两位材料科学家（蒂尔和利特尔）制成大的单晶锗，同年巴丁、布拉顿、肖克莱利用它制成了实用的P-N结型晶体管。晶体管的发明具有划时代的意义，它催生了微电子学时代的到来，为当今的信息时代打下基础，巴丁等3人也因为在发明晶体管及其理论方面所做的贡献而荣获1956年诺贝尔物理学奖。

1958年美国德州仪器公司的基尔比提出在同一材料上做出晶体管、电阻、电容等元件的设想，同年9月在一个玻璃板上焊上锗晶体芯片等元件并联线电极而制成了由5个元器件组成的移相振荡器，当输入10 V电压时，该电路输出了一条正弦波曲线，于是在实验室里诞生了世界第一块集成电路。从此集成电路的发展异常迅速：1968年实现了硅大规模集成电路的产业化生产；20世纪80年代实现超大规模集成电路（ULSI），90年代实现甚大规模集成电路（ULSI）。英特尔公司创始人之一的莫尔早在1965年就指出，集成电路芯片上的元件数目，将以18个月翻一番的速度稳定增长，并在今后数十年内保持着这种势头。莫尔的预言已经得到集成电路40余年发展历史的证明，成为电脑界闻名的“莫尔定律”。但是，“莫尔定律”的有效性即将走到尽头，因为小小芯片的面积毕竟有限，一旦元件数量增加使体积小到原子的尺寸，量子效应非常显著，于是就需要固体物理学家、材料科学家和电子学家共同努力来寻求建立在新原理基础上的新器件了。

## 13.3.2 半导体的基本概念

1. 能带

何谓半导体？我们称电阻率介于金属和绝缘体之间且具有负电阻温度系数的物质为半导体。半导体和金属、绝缘体之间的差异可以用固体的能带结构来解释。

能带论是研究固体中电子运动规律的一种近似理论。首先假设固体中的原子核固定不动，而且依一定的规律作周期性排列，进一步假设每个电子都是在固定的原子核周期性势场及其他电子的平均势场中运动，于是把一个多体、多电子问题简化为单电子问题。对于每个孤立原子，其核外电子可能取的能量状态(能级)完全相同。但当原子彼此靠近时，核外电子(尤其是外层电子)不仅受自身所在原子的作用，还要受到其他原子的作用，这种作用使电子能级发生变化。当原子结合成晶体时，由于最外层电子受束缚最弱，已很难分清它究竟属于哪个原子，实际上它被晶体中所有原子共有，称为共有化，如图 12-11 所示。当 $N$ 个原子相互靠近形成晶体时，孤立原子的每个能级将演化成由密集能级组成的准连续能量带，称为能带。共有化程度越高的电子，其相应的能带也越宽。分裂的每一个能带称为允带，允带之间没有能级称为禁带(图 12-12)，这是禁止电子停留的能量区域。

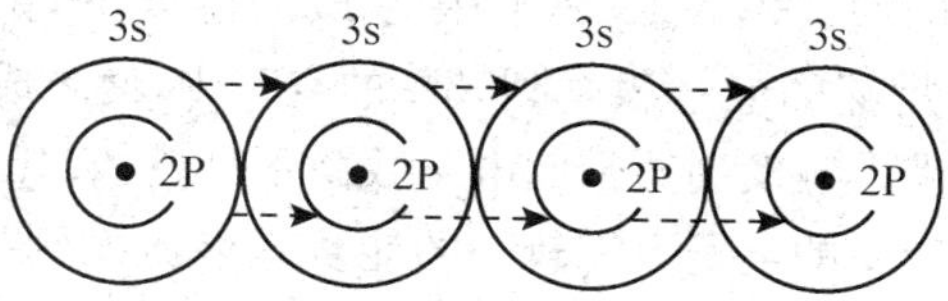


12-11　电子共有化运动

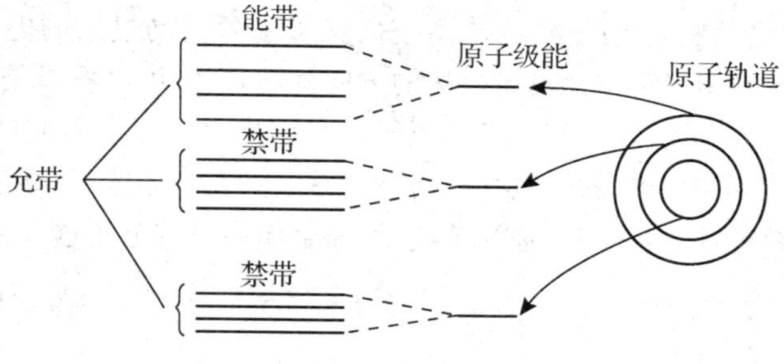


图 12-12　原子能级形成能带

若晶体由 $N$ 个原子组成，则每个能带有 $N$ 个能级，根据量子力学的泡利不相容原性，其中每个能级可被 2 个自旋相反的电子占有，故每个能带最多可容纳 $2N$ 个电子。价电子所填充的能带称为价带，凡价带中所有量子态均被电子占满则称为满带。满带中的电子以相同的概率向各方向运动，宏观上不产生电流，故满带中的电子不参与导电过程。无任何电子占据的能带称为空带；未被电子占满的能带称为未满带。例如对于由 $N$ 个一价金属原子组成的晶体，价带中的 $2N$ 个量子态仅有一半被占据，在未加外电场时，电子向各方向运动的概率相同，宏观上无电流产生，当施加外电场时，电子所占能级发生变化，代表反电场方向运动的能级被较多电子占据，而代表沿电场方向运动的能级被较少电子占据，于是形成了电子逆着电场方向的定向运动，即产生了宏观电流。可见，未满带中的电子参与导电过程，故称为导带。

金属、半导体和绝缘体有不同的能带结构，主要是它们的价带被电子占据的程度和禁带的宽度不同。图 12-13 绘出了它们的能带被电子占据情况的示意图：对一价金属，价带是导带[图 12-13(a)]，故能导电；对二价金属，价带虽是满带，但禁带宽度为零，价带与较高的空带交叠，满带中的电子可以自由地占据空带[图 12-13(a)]，因而也能导电；绝缘体和半导体的能带结构相似，在绝对零度时，价带为满带，价带与导带之间具有禁带[图 12-13(b)和图 12-13(c)]，但是它们的禁带宽度有很大的差别。例如，绝缘体金刚石的禁带宽度 $E_g=5.6$ eV，而半导体锗、硅、砷化镓的 $E_g$ 分别为 0.67，1.12，1.43 eV。在一般的温度下，由于热运动，满带中的电子总会有一些具有足够的能量激发到较高的空带中，使之成为导带。由于绝缘体的 $E_g$ 较大，常温下以满带激发到导带的电子数微不足道，宏观上表现为导电率很小。半导体的 $E_g$ 较小，满带中的电子只需较小的能量就能激发到导带中，同时在满带中留出一些空位，称为空穴。宏观上表现出稍大的导电率。对于满带，能级几乎被电子全部充满，只留出少数空穴。在外电场作用下，满带中的电子运动时会填充相邻的空穴，而原来的位置又变成新的空穴，这些空穴又被随后运动过来的电子填充。因此，满带中电子的运动相当于空穴沿着电场的方向移动，空穴可以看成是带正电的粒子。为了简化问题，用少量空穴代替大量的电子。我们把电子运动引起的导电性称为电子导电，而将空穴运动引起的导电性称为空穴导电。在半导体中，导带中的电子和满带中的空穴均参与导电，它们统称为载流子，而金属中只有电子这一种载流子。

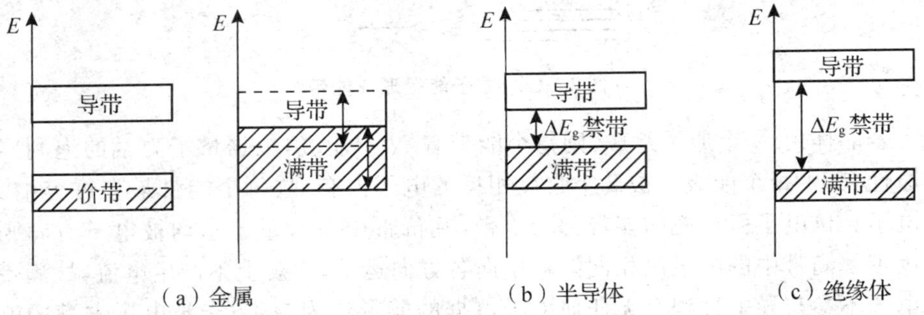


**图 12-13 电子填充能带情况**

2. 杂质态

上一节提及的半导体指的是无晶格缺陷且不含杂质的半导体，称为本征半导体。由于本征半导体中载流子数少，即电子-空穴对数少，因而电阻率较大，实际应用不多。为了增大本征半导体的导电率，常在其中施加某种微量的杂质，含有杂质的半导体称为杂质半导体。半导体中掺入杂质时，杂质原子附近的周期势场受到干扰并形成附加的束缚状态，在禁带中产生附加的杂质能级。例如，在四阶元素锗或硅晶体中掺入五价元素砷、磷、锑等杂质原子时，杂质原子作为晶体的一份子，5 个价电子中有 4 个与周围的锗或硅原子形成共价键，多余的 1 个电子被束缚于杂质原子附近，产生杂质能级。杂质能级位于靠近导带下方的禁带中，如图 12-14 所示。由于杂质能级距导带很近，杂质能级上的电子跃迁到导带所需的能量比从满带到导带所需能量小得多，所以很容易激发到导带，成为导电载流子。这种能够向导带提供电子的杂质称为施主杂质，相应的能级称为施主能级。由于在本征半导体中掺入了这样的微量杂质，使得导带中的电子浓度大大提高，从而增强了半导体的导电性能。此时导带中的电子数量远远超过满带中的空穴，成为多数载流子（简称多子），空穴则成为少数载流子（简称少子）。通常把这种主要依靠导带中电子导电的半导体称为 n 型半导体。

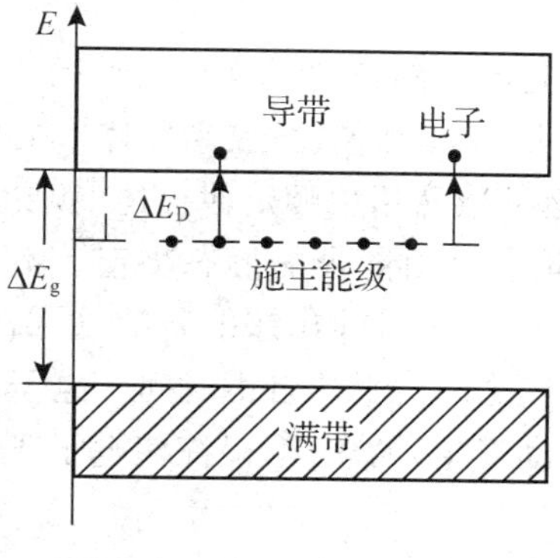


**图 12-14　施主能级**

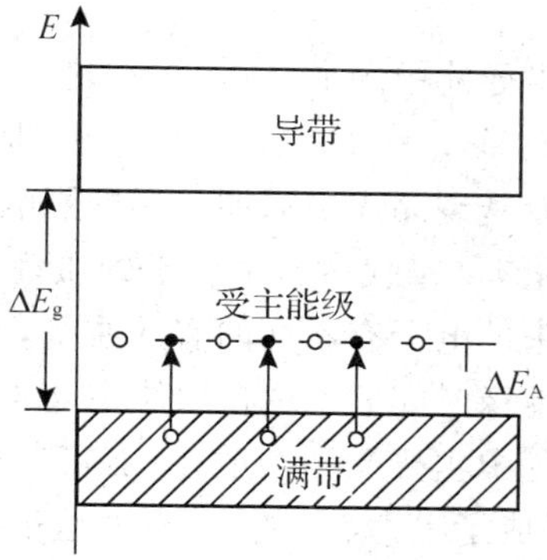


**12-15　受主能级**

如果在锗或硅晶体中掺入微量的三价元素硼、铝、镓等杂质原子，杂质原子与周围的 4 个锗或硅原子形成共价键尚缺少 1 个电子，因而产生一个空位，与此空位相应的能量状态就是杂质能级，它位于靠近满带顶上方的禁带中。由于杂质能级很靠近满带，所以满带中的电子很容易跃迁到杂质能级上填补这个空位，使杂质原子成为负离子。由于满带中缺少一个电子，形成一个能导电的空穴，如图 12-15 所示。这种能提供空穴导电的杂质称为受主杂质，相应的能级称为受主能级。把这种主要依靠满带中的空穴导电的半导体称为 P 型半导体，在这里空穴是多子，电子是少子。

以上所述的杂质能级位于导带底或满带顶附近，通常称为浅能级杂质。半导体中还存在另一类杂质或缺陷，它们包括碳、氧、氮和铁、铜、金、银等重金属原子以及晶体缺陷（空位、位错等），它们产生的能级往往在禁带中间，所以称为深能级。这类杂质或缺陷往往是在材料生长及器件制造过程中无意识地带进去的，它们能捕获载流子，或者引起电子从导带到价带的无辐射跃迁，起不好的作用，需要尽量避免。但是，深能级杂质在有些场合还是有用的，例如在 GaP 中掺氮可使它发红光以及在光电池中缩短载流子寿命，提高响应速度等。

3. 输运性质

在外加电场作用下，半导体中带负电荷的载流子（电子）在电场反方向产生一个定向运动而形成电流。电流密度 $j$ 不仅与电场强度 $E$ 的大小成正比，还与自由电子密度 $n$、电子有效质量 $m^*$ 和表征半导体中散射作用的弛豫时间 $\tau$ 有关，即

$$j=\frac{ne^2\tau}{m^*}E=ne\mu E \tag{12.11}$$

式中 $\mu$ 称为电子的迁移率，用它表征半导体的导电性能

$$\mu=\frac{e\tau}{m^*} \tag{12.12}$$

半导体中的电子运动与真空中的电子运动是不同的：在真空中，电子运动遵循牛顿定律，$F=eE=m_0a$，其中 $m_0$ 是自由电子质量，$a$ 是加速度；在半导体中的电子运动要受到晶体中周期势场的影响，如果它的运动依然用牛顿定律描述，就要用有效质量 $m^*$ 来代替自由电子的质量 $m_0$，有效质量大小由能带的形态决定。不同半导体中的电子有不同的有效质量，例如硅中 $m^*=0.5m_0$，砷化镓中 $m^*=0.07\,m_0$。

弛豫时间 $\tau$ 表示在固体中电子运动两次碰撞之间的平均自由时间。电子在运动过程中主要受到杂质、缺陷和声子（由晶格振动产生）的碰撞，碰撞使电子改变方向，形成了阻力。$\tau$ 越长，阻力越小，导电率越高。

由式(12.12)可知，为了提高半导体的导电性能，必须选择有效质量 $m^*$ 小的材料以及尽量减小散射作用、增大弛豫时间 $\tau$，使得迁移率 $\mu$ 增大。对于高频器件，要求响应时间短、截止频率高，往往选取 $\mu$ 大的材料，如砷化镓。

对于 p 型半导体，有着与上述的 n 型半导体一样的结论，只需将式(12.11)和式(12.12)中的 $n,\tau,m^*$ 都代表空穴的量即可。

## 12.3.3 半导体器件原理

1. p-n 结

p-n 结是半导体器件的核心，以下扼要介绍 p-n 结的结构和它的重要性质。

可通过高温扩散杂质的方法在一片半导体中一边做成 p 型半导体，另一边做

成 n 型半导体，在 p 型和 n 型相接触的区域形成 p-n 结。p 型区空穴浓度大，而 n 型区电子浓度大，所以在 p-n 结中空穴和电子的浓度梯度大，于是空穴从 P 型区向 n 型区扩散，而电子从 n 型区向 p 型区扩散，从而在 n 型区边缘空间产生正电荷，在 p 型区边缘空间产生负电荷，如图 12-16 所示。在空间电荷区，电子和空穴复合形成了对自由载流子的耗尽层，在耗尽层中有一个内建电场，电场方向由 n 型区指向 p 型区，它将阻止电子和空穴继续扩散，最后达到动态平衡状态。

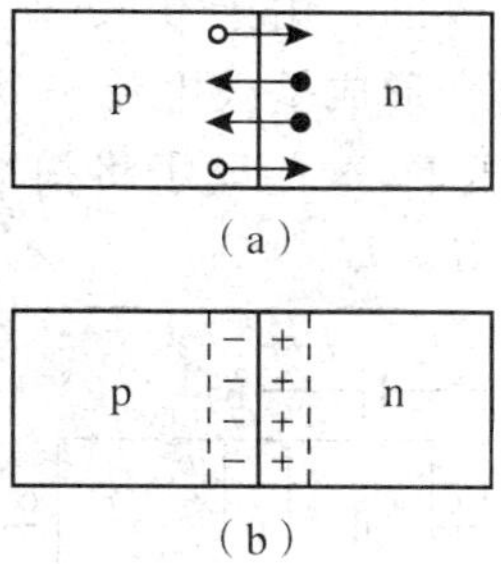


图 12-16　p-n 结内建电场

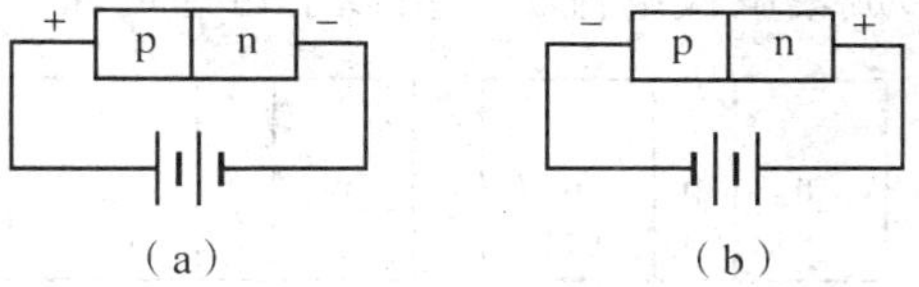


图 12-17　对 p-n 结加偏压

在 p-n 结两端加上电压，p-n 结的平衡状态受到破坏，如果在 p-n 结加上正向电压，即 p 区接正极、n 区接负极[如图 12-17(a)]，这时外加电场方向与内建电场方向相反，起到削弱内建场的作用，有利于 n 区的多子(电子)、p 区的多子(空穴)扩散通过耗尽层，形成 p 区至 n 区的宏观电流，随着外加电压增加，电流迅速增大，如图 12-18 所示。若在 p-n 结上加反向电压，即 p 区接负极，n 区接正极[图 12-17(b)]，这时外加电场方向与内建电场方向相同，使 p 区多子(空穴)和 n 区多子(电子)更难以在耗尽层中扩散，只有 p 区少子(电子)和 n 区少子(空穴)可以通过耗尽层，形成由 n 区至 p 区的很小的反向电流(图 12-18)，如果反向电压过高，p-n 结内的电场很强，耗尽层被击穿，形成急剧增大的反向电流。在一般情况下应避免出现这种情况。由图 12-18 可知，p-n 结具有非线性伏安特性，其作用如同一个整流器。表征一个晶体二极管的性能主要是下列 3 个参数：①最大正向电流；②反向电流；③反向击穿电压。对于大功率半导体二级管尚须关注它的正向压降大小。

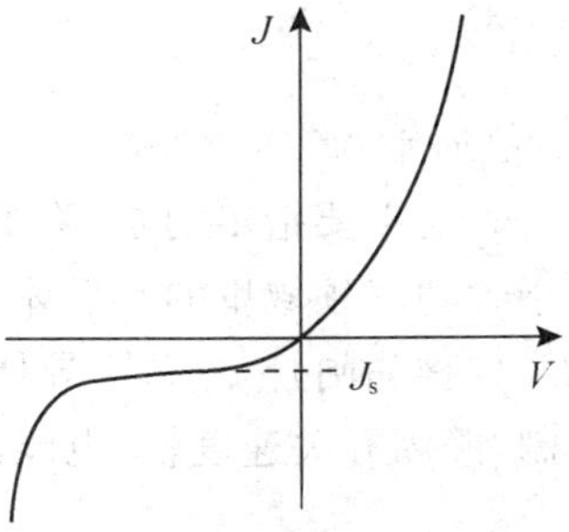


图 12-18　p-n 结伏安特性

半导体光电探测器、发光管、太阳电池和半导体激光器，基本上都是由一个 p-n 结组成。

2. 晶体三极管

晶体三极管由 n-p-n3 个区或 p-n-p3 个区组成，晶体三极管的 3 个极分别称为发射极(e)、基极(b) 和集电极(c)，基极对应的基区的厚度很薄，如图12-19所示。以下讨论 npn 晶体管的工作原理。晶体三极管工作时往往在"e-b"结(发射结)施加正向电压，而在"c-b"结(集电结)施加反向电压，如图 12-20 所示。在制造晶体管时使发射区的电子浓度远大于基区的空穴浓度，所以当发射结处在正向电压时，电流 $I_e$(称发射极电流)主要是由 n 区至 p 区的电子形成的。由于 p 区(基区)很薄，输运至 p 区的电子只有少数部分与 p 区中的空穴复合形成基极电流 $I$，大部分电子越过基区进入集电区，在"c-b"结(集中极)反向偏压下，这些电子将扫过集电区形成集电极电流 $I_c$。由以上讨论可知，$I_e=I_b+I_c$ 和 $I_b \ll I_c$。

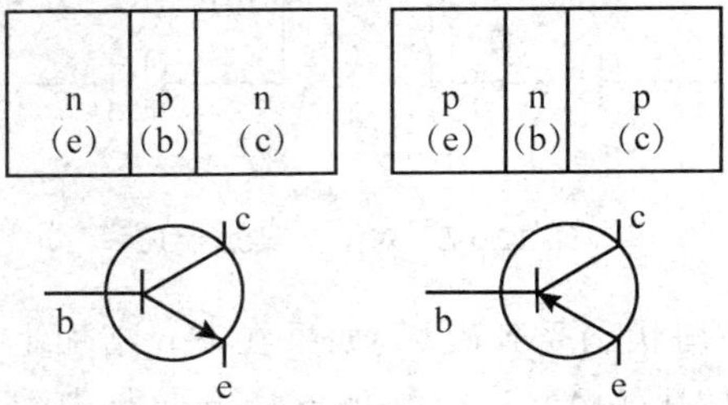


**图 12-19 晶体三极管结构及其元件符号**

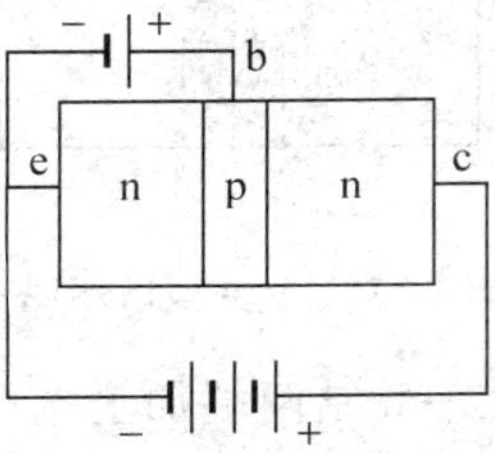


**图 12-20 npn 晶体管的电压偏置**

若在晶体三极管的基极和发射极回路中输入一个微弱的电流(或电压)信号 $\Delta I_b$，则可在集电极和发射极回路中得到一个相应的放大了的输出信号 $\Delta I_c$，实现了放大作用。通常用电流放大系数 $\beta$ 作为晶体管的一个重要参数，它的表达式为

$$\beta=\frac{\Delta I_c}{\Delta I_b} \tag{12.13}$$

$\beta$ 值通常为 100 左右。

还需要指出的是，除了应用于弱电领域里的众多半导体器件外，还有许多应用于大功率领域里的半导体器件。例如大功率整流管、可控硅整流管、巨型晶体管以及各种晶闸管，这些半导体器件在大型的电力设备中承担电能源的转换、传输及控制，并因开关速度快、电能消耗低和使用寿命长而备受重视。

## 12.4 超导电性

### 12.4.1 超导的发展

超导的发现和低温技术取得的显著进展密切相关。1877 年氧气被液化

(1 atm,90 K),随后同年氮气又被液化(1 atm,77 K);1895 年空气被液化(1 atm,81 K);1898 年氢气被液化(1 atm,20 K)。1908 年荷兰物理学家卡末林-昂纳斯把最后一个"永久气体"氦液化(4.25 K),紧接着他使用减压降温法获得了 4.25～1.15 K 的低温,这就为在极低温条件下探索各种物质的物理性质创造了必要条件。1911 年昂纳斯和他的助手们观察到水银的电阻率在 4.2 K 附近突然消失,如图 12-21 所示。后来人们又发现许多金属和合金都具有在低温下失去电阻的特性,如表 12-2 所示。值得指出的是,某些在常温下表现为良导体的金、银、铜在低温下并不出现电阻突然降为零的现象。昂纳斯将这种电阻突然降为零而显示出具有超导电性的物质状态定名为超导态,而把电阻发生突变的温度称为超导临界温度或超导转变温度,用 $T_c$ 表示。物质的超导态无法用当时传统的理论来解释。金属电子论认为在低温下金属电阻率只能平缓趋于零,不会突变为零。

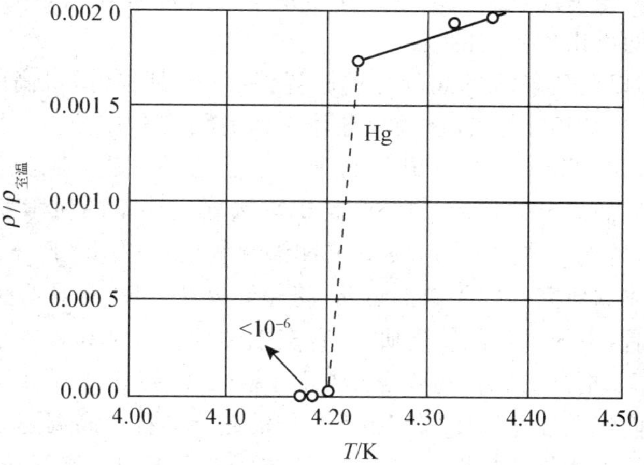


**图 12-21　在 4.2 K 水银的电阻突然消失**

**表 12-2　一些超导材料及其临界温度**

| 材料 | $T_c$/K | 材料 | $T_c$/K |
|---|---|---|---|
| W | 0.012 | Pb-In | 3.39～7.26 |
| Be | 0.026 | Pb-Bi | 8.4～8.7 |
| Cd | 0.515 | Nb-Ti | 9.3～10.02 |
| Al | 1.174 | Nb-Zr | 10.8～11.0 |
| In | 3.416 | MoC | 14.0 |
| Ta | 4.48 | $V_3Ga$ | 16.8 |
| V | 5.3 | $Nb_3Sn$ | 18.1 |
| Pb | 7.201 | $Nb_3Al$ | 18.8 |
| Nb | 9.26 | $Nb_3Ge$ | 23.2 |

在昂纳斯发现物质超导态现象以后的很长一段时间里，人们一直把它当作纯粹科学进行研究，探讨超导电性的起源。1933 年德国物理学家迈斯纳和奥森菲尔德对锡单晶球超导体做磁场分布测量时发现，在小磁场中把金属冷却进入超导态时，超导体内的磁感应线似乎立即被排斥出去，保持体内磁感应强度等于零。超导体的这一性质称为迈斯纳效应，这一发现使人们认识到超导电性是一种宏观尺度的量子效应。迈斯纳效应和零电阻特性是超导体的两个独立的基本属性，它们是判断一种材料是否具有超导电性的必要条件。

物理学家曾先后提出二流体模型、伦敦方程、金兹堡-朗道理论来解释超导体的特性，但是这些唯象理论并不十分完美。1957 年美国的巴丁、库柏和施瑞弗提出超导电性量子理论（称为 BCS 超导微观理论）。BCS 理论不仅解释了超导电性起源，而且对凝聚态物理以及整个物理学发展产生了巨大的影响，它是现代凝聚态物理的重要成就。为此，巴丁、库相和施瑞弗同获 1972 年诺贝尔物理学奖，巴丁成为获同一学科两次诺贝尔奖的人。

在 1986 年以前所发现的超导体的临界温度 $T_c$ 都很低，最高的是 $Nb_3Ge$（铌三锗），它的 $T_c=23$ K。所以，这些超导体工作时均需利用液氦，这就限制了超导体的广泛应用。20 世纪 60 年代开始物理学家们把提高超导临界温度 $T_c$ 到液氮温度以上作为他们的努力目标。1986 年 IBM 公司实验室的科学家谬勒和柏诺兹发现，在常温下是绝缘体的 Ba-La-Cu-O（镧钡铜氧化物）在 35 K 下成为超导体，这一发现为超导体的研究开辟了新的道路，将超导体从金属、合金和化合物扩展到氧化物陶瓷。随后，中国科学院物理研究所、美国休斯敦大学和日本东京大学的科学家们纷纷制造 $T_c$ 更高的氧化物陶瓷超导体，甚至 $T_c$ 可达 133.8 K 的 Hg 系氧化物超导体。我们将在液氮温度（77 K）下工作的超导体称为高温超导体。由于高温氧化物超导体的一些物理特性，例如延展性方面尚远不如金属好，所以高温超导体在强电方面的一些应用受到很大程度的限制。目前对高温超导体的机理尚不完全清楚，需要进一步求索。研究出性能优良的高温超导体和提高高温超导技术是 20 世纪十大高新技术之一。

### 12.4.2 超导体的基本物理性质

1. 零电阻效应

1）超导体的临界温度 $T_c$　如前所述，零电阻是超导体的一个重要特性，我们将电阻突然消失的温度称为超导体的临界温度 $T_c$。为了证明超导态的零电阻现象，昂纳斯利用电磁感应原理，使在 4.15 K 温度下的水银环路感应出电流来，经过 1 年以上的时间观察，未见电流有明显的衰减现象。法奥和迈奥斯利用精确核磁共振方法测量超导电流产生的磁场来研究管内超导电流的衰变，结论是超导电流衰减时间（电流降低为电流初始值的 1/e 所需的时间）不低于 10 万年。

2）超导体的临界磁场强度 $H_c(T)$　当超导体的温度高于 $T_c$ 时，超导态被破坏而转变成正常态（有电阻的状态）。实验表明，超导态也可被外加磁场所破坏，对于温度为 $T(<T_c)$ 的超导体，破坏其超导电性的最小磁场强度值称为该温度下的临界磁场 $H_c$。实验还表明对一定的超导体，临界磁场是温度的函数，不同的材料的 $H_c$ 值是不同的，但 $H_c$ 随温度的变化规律是相同的，可用下式描述

$$H_c(\mathrm{T})=H_c(0)\left[1-\left(\frac{T}{T_c}\right)^2\right],\quad T<T_c \tag{12.14}$$

式中 $H_c(0)$ 表示 $T=0$ K 时的临界磁场强度，图 12-22 表示了 $H_c$ 随 $T$ 的变化规律，$H_c$-$T$ 曲线将上方的正常态和下方的超导态区分开来。

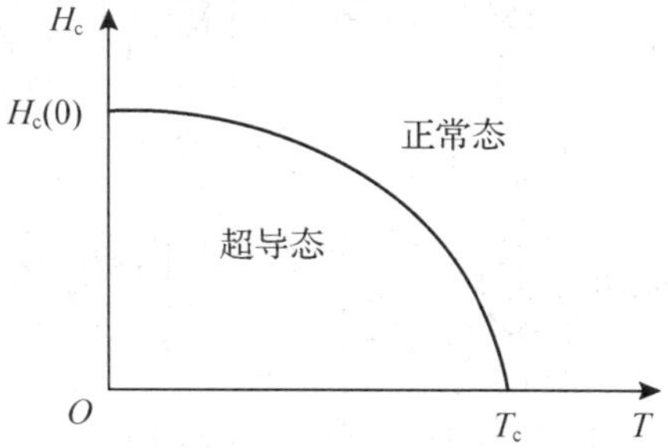


**图 12-22　临界磁场与温度的关系**

2. 迈斯纳效应

如果我们将电阻率为零的物体定义为理想导体，那么 1933 年迈斯纳和奥森菲尔德所发现的迈斯纳效应，则说明具有零电阻率特性的超导体还有另一个基本特性，即超导体内部排斥磁感应线（完全抗磁性），所以，超导体和单纯的理想导体不是同一类物体了。

由欧姆定律 $j=\sigma E$ 可知，在理想导体（电阻率等于零，电导率 $\sigma$ 等于无穷大）通以电流的情况下（$j$ 为有限值），其内部的电场强度 $E$ 必然趋于零。另一方面，由麦克斯韦方程之一的

$$\frac{\partial \boldsymbol{B}}{\partial t}=-\nabla\times\boldsymbol{E} \tag{12.15}$$

可知，既然 $E$ 为零，就有 $\frac{\partial \boldsymbol{B}}{\partial t}=0$，说明 $\boldsymbol{B}$ 不随时间变化，即在理想导体中的磁通量是

不可能改变的。

如果把超导体看成是单纯的理想导体，由电磁学理论我们就会得到图 12-23 所示的结论。在无外磁场($B=0$)的条件下，将温度降到 $T_c$ 以下，导体的电阻消失[图(a)至图(b)]，加外磁场 $B_{外}$ 后磁感应线不进入导体[图(c)]，再去掉 $B_{外}$ 后导体内保持无磁通[图(d)]；在有 $B_{外}$ 的条件下将温度降到 $T_c$ 以下，导体电阻消失，由于$\frac{\partial \boldsymbol{B}}{\partial t}=0$，磁场分布不变[图(e)至图(f)]，去掉 $B_{外}$ 时导体内保持原有磁通[图(g)]。然而超导体的实际情况是，只要在 $T_c$ 以下，超导体是完全抗磁性的，与外磁场是否施加无关。总之，我们不能把超导电性看成是单纯电阻消失的效应，还应包括完全抗磁性。

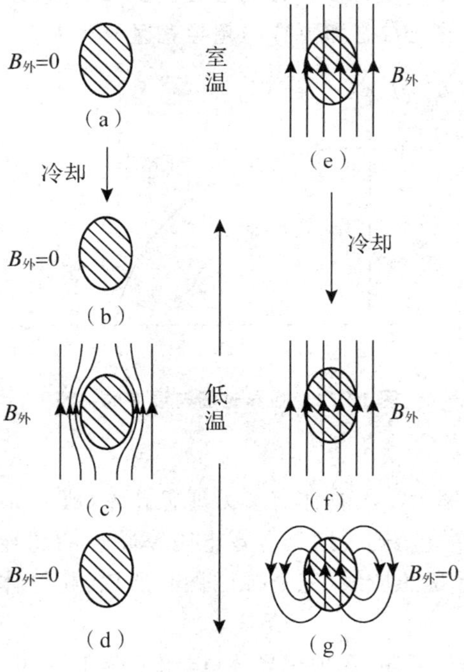


**图 12-23　理想导体的磁性能**

为了说明超导体的完全抗磁性，1935 年伦敦兄弟二人在二流体模型(该模型认为金属处于超导态时有两类自由电子，一类是正常电子，另一类是超流电子)的基础上得出半无穷大平板超导体(如图 12-24 所示，超导体占据 $x \geqslant 0$ 的空间，$x<0$ 的区域为真空)内磁感应强度分布公式为

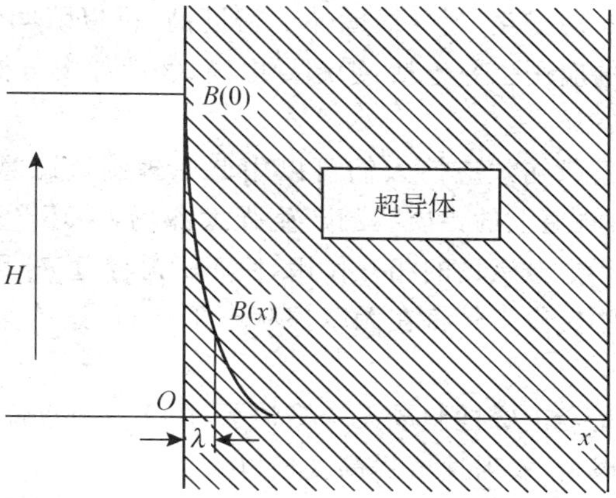


图 12-24　磁场在超导体中的磁感应强度分布和穿透深度

$$B(x)=B(0)e^{-x/\lambda} \tag{12.16}$$

式中 $B(0)$ 为超导体表面的磁感应强度，$B(x)$ 为超导体内距表面为 $x$ 距离的磁感应强度。穿透深度 $\lambda$ 和温度、超流电子密度有关，若 $T\approx 0$ K 和 $n_s=3\times10^{28}\ \mathrm{m}^{-3}$，则 $\lambda\approx3\times10^{-8}$ m。由此可见，迈斯纳效应指出的超导体内 $B=0$ 并不意味着超导体表面也是如此，即在超导体极薄表层内还是存在着磁场的。

超导体完全抗磁性最生动的演示是磁悬浮实验。图12-25中的乒乓球表面上镀有超导材料（如铅），并放在铅直的外磁场中，由于超导体抗磁电流生成的磁矩与外磁场方向相反，它将受到一个向上的排斥力，排斥力 $\boldsymbol{F}$ 与重力 $m\boldsymbol{g}$ 平衡时，球就悬浮在空中。当重力发生微小变化时，乒乓球就会上、下移动。若用特殊的方法把球的位置上、下变化情况精确地记录下来，就可以精确地测定重力的微小变化。根据这个原理，可以制造出极灵敏的超导重力仪，这种仪器可以用于勘探矿藏。

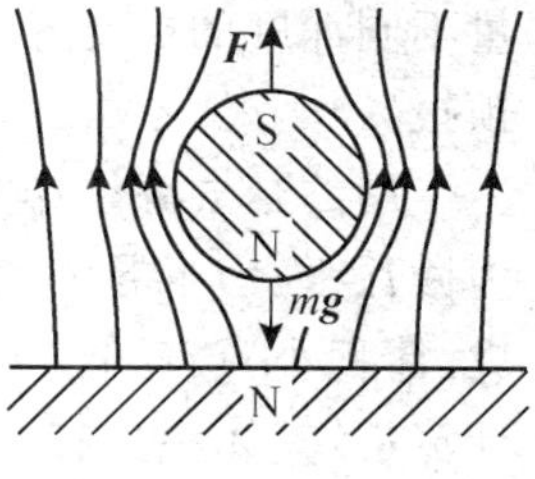


图 12-25　超导磁悬浮原理

## 12.4.3　超导体的应用

超导技术的应用十分广泛，主要涉及输电、电机、交通运输、微电子和电子计算机、生物工程、医疗、军事等领域。

传统输电过程中电能的损耗已成为日益严重的问题，而超导输电，只要电流密度不超过临界电流，超导体无电阻，原则上可以做到完全没有焦耳热的损耗，因而可以节省大量能源。用超导线绕制并构成闭合回路，对其励磁，超导线圈中储存的能量可以无损耗的长期保存，超导线圈储能密度高，可以瞬间输出巨大脉冲电能。高温超导在这方面的应用主要包括：①超导电缆；②超导发电机；③超导储能；④超导变压器；⑤超导限流器。

超导现象中的迈斯纳效应使人们可以用此原理制造磁悬浮列车。列车运行时，超导磁体向地面轨道上的铝质线圈产生强大磁场，铝环产生强大感应电流，由于超导体磁场和铝环中电磁场的相互作用，使车辆悬浮起来，因而车辆不受地面阻力的影响。由于这些交通工具将在无摩擦状态下运行，这将大大提高它们的速度和安静性能。

利用超导体的完全抗磁性制成无摩擦轴承，用于发射火箭，可避免发射导板与导轨直接接触的摩擦，将发射速度提高3倍以上。

利用约瑟夫森器件可制成高灵敏度的磁传感器。超导量子干涉器(SQUID)是约瑟夫森效应的一个重要应用，超导量子干涉器是包含一个或两个弱连接结的超导环，弱连接结是两超导体之间有某种可以交换电子对的微弱联系体系。电子对的相干结果使超导体间出现了宏观的量子干涉效应。用超导量子干涉器制成的强磁针可以探测微弱的磁场和磁场变化。以SQUID为基本元件制成的磁强计、磁场梯度计、检流计、伏特计、温度计、重力仪及射频衰减测量仪等装置，具有灵活敏度高、噪声低、响应快、损耗小等特点。SQUID可用于地球物理的勘测，通过测量不同深度的电导率，确定地热、石油及其他矿藏的位置和储量，并可用于地震预报。

用约瑟夫森结作为计算机元件，开关速度比半导体快1 000倍左右，而功耗仅为微瓦级，为半导体元件的1/1 000。超导芯片制成的超导计算机，速度快、容量大、体积小、功耗低，美国IBM公司研制的一台运算速度为每秒8 000万次的超导计算机，其体积只有电话机那么大，且故障低，可长时间高效率运行。

1973年世界上第一张核磁成像图问世，核磁共振成像技术立即引起了人们的关注。目前，这项技术已广泛应用于医学诊断中，用于早期肿瘤和心血管疾病的诊断。核磁共振成像技术用的磁铁，有超导磁铁、电磁铁和永久磁铁三种方式。对人体进行医学诊断时，需要全身进入磁场空间，采用超导磁铁就很容易产生强度为0.15～1.15 T的均匀磁场，从而提高图像的信噪比和空间分辨率。例如，它可以分辨仅为1.3 mm大小的早期肿瘤。应用高温超导体可使磁铁小型化和轻型化，提高磁铁的可靠性，制冷剂补给容易处理，低温容器结构简单，成本大为降低，在易于普及等方面都有很大魅力。目前世界上医院中的核磁成像仪有80%以上都采用超导磁体。

在军事方面，超导技术也具有广阔的应用领域。

利用超导量子干涉器制成的灵敏低频信号接收机，在海军低频通信中具有重要的意义。当信号频率降低时，电磁波在海水中的穿透深度增大。利用 SQUID 作高灵敏度低噪声放大器，与一个用超导线构成的环形天线相连接，就可以构成一个比常规系统体积小、灵敏度高的低频通信接收机。该接收机可用于航海中的潜艇。在军事预警领域中，利用约瑟夫森结做成的超导开关对红外辐射的敏感性可以制成红外探测器，此探测器可以探测处于自由飞行阶段的洲际弹道导弹，也可以用于反卫星系统，根据微弱红外辐射确定敌方卫星的位置。

自 20 世纪 70 年代以来，各国积极开展超导技术在海军舰艇方面的应用研究，并已初见成效。用超导电磁力推进装置代替螺旋桨推进部件，超导舰艇具有结构简单、推力大、航速快、无震动、无噪声、造价低等优点，降低红外辐射，不易被敌方发现，从而大大提高了自我生存的能力和快速机动突防能力。

超导技术还可用于超导电磁炮、超导雷达天线、超导卫星等。可见超导技术的发展前景是极其诱人的，超导技术在未来高科技条件下的战争中，将起到巨大的作用。

# 附　　录

## 附录 A　基本物理常量 1998 年的推荐值

| 物　理　量 | 符号 | 数　值 |
| --- | --- | --- |
| 真空中光速 | $c$ | $299\,792\,458\ \mathrm{m \cdot s^{-1}}$ |
| 真空磁导率 | $\mu_0$ | $12.566\,370\,614 \times 10^{-7}\ \mathrm{N \cdot A^{-2}}$ |
| 真空电容率 | $\epsilon_0$ | $8.854\,187\,817 \times 10^{-12}\ \mathrm{F \cdot m^{-1}}$ |
| 万有引力常量 | $G$ | $6.673(10) \times 10^{-11}\ \mathrm{m^3 (kg \cdot s)^{-1}}$ |
| 普朗克常量 | $h$ | $6.626\,068\,76(52) \times 10^{-34}\ \mathrm{J \cdot s}$ |
| 元电荷 | $e$ | $1.602\,176\,462(63) \times 10^{-19}\ \mathrm{C}$ |
| 磁通量子 | $\Phi_0$ | $2.067\,833\,636(81) \times 10^{-15}\ \mathrm{Wb}$ |
| 玻尔磁子 | $\mu_B$ | $9.274\,008\,99(37) \times 10^{-24}\ \mathrm{J \cdot T^{-1}}$ |
| 核磁子 | $\mu_N$ | $5.050\,783\,17(20) \times 10^{-27}\ \mathrm{J \cdot T^{-1}}$ |
| 里德伯常量 | $R_\infty$ | $10\,973\,731.568\,549(83)\ \mathrm{m^{-1}}$ |
| 玻尔半径 | $a_0$ | $0.529\,177\,208\,3(19) \times 10^{-10}\ \mathrm{m}$ |
| 电子质量 | $m_e$ | $9.109\,381\,88(72) \times 10^{-31}\ \mathrm{kg}$ |
| 电子磁矩 | $\mu_e$ | $9.284\,763\,62(37) \times 10^{-24}\ \mathrm{J \cdot T^{-1}}$ |
| 质子质量 | $m_p$ | $1.672\,621\,58(13) \times 10^{-27}\ \mathrm{kg}$ |
| 质子磁矩 | $\mu_p$ | $1.410\,606\,633(58) \times 10^{-26}\ \mathrm{J \cdot T^{-1}}$ |
| 中子质量 | $m_n$ | $1.674\,927\,16(13) \times 10^{-27}\ \mathrm{kg}$ |
| 中子磁矩 | $\mu_n$ | $-0.966\,236\,40(23) \times 10^{-26}\ \mathrm{J \cdot T^{-1}}$ |
| 阿伏伽德罗常量 | $N_A$ | $6.022\,141\,99(47)05 \times 10^{23}\ \mathrm{mol^{-1}}$ |
| 摩尔气体常量 | $R$ | $8.314\,472(15)\ \mathrm{J \cdot (mol \cdot K)^{-1}}$ |
| 玻耳兹曼常量 | $k$ | $1.380\,650\,3(24) \times 10^{-23}\ \mathrm{J \cdot K^{-1}}$ |
| 斯特藩常量 | $\sigma$ | $5.670\,400(40) \times 10^{-8}\ \mathrm{W \cdot m^{-2} \cdot K^{-4}}$ |

# 附录 B　保留单位和标准值

| 物　理　量 | 符号 | 数　值 |
|---|---|---|
| 电子伏特 | eV | $1.602\,177\,33\times10^{-19}$ J |
| 原子质量单位 | u | $1.660\,540\,2\times10^{-27}$ kg |
| 标准大气压 | atm | 101 325 Pa |
| 标准重力加速度 | $g_n$ | $9.806\,65$ m·s$^{-2}$ |

# 附录 C　SI 单位和量纲

物理学中有许多物理量。通过对物理规律的分析，人们认识到可以选择某几个量作为基本量，基本量的单位叫基本单位，其他物理量可依据定义或物理关系式由基本单位导出。这些也叫做导出量，它们的单位可表示为基本单位的组合，叫做导出单位。基本量及其单位可以有不同的选择方法，基本量及其单位的选择不同，就形成不同的单位制。目前国际上通用的单位制叫做国际单位制，也叫 SI 制。本书采用 SI 制。

SI 单位制规定的基本量和基本单位如表 1 所示。力学只涉及长度、质量和时间 3 个基本量，所以在力学中，SI 制又叫做 MKS 制。

**表 1**

| 基本量 | 基本单位 | |
|---|---|---|
| | 名称 | 符号 |
| 时间 | 秒 | s |
| 长度 | 米 | m |
| 质量 | 千克 | kg |
| 电流 | 安培 | A |
| 热力学温度 | 开尔文 | K |
| 物质的量 | 摩尔 | mol |
| 发光强度 | 坎德拉 | cd |

长度的 SI 单位是米(m)。历史上，人们曾把保存在巴黎国际度量衡局中的一根铂铱合金尺的长度规定为 1 米。这根特殊的尺叫做米原器。随着科学技术的发展，这种规定显得欠精确。1983 年国际计量会议规定：1 米是光在真空中在 1/299 792 458秒内所经过的距离。

质量的 SI 单位是千克(kg)。千克的标准是保存在巴黎国际度量衡局的一个铂铱合金圆柱体,叫做千克原器。各国以它的精确复制品作为标准。

时间的 SI 单位是秒(s)。以前曾规定 1 秒是平均太阳日的 1/86 400,1967 年起规定 1 秒是铯($^{123}$Cs)的一种微波辐射周期的 9 192 631 770 倍。利用这种原理制成的计时装置,叫铯原子钟。

导出量的单位可以由基本单位导出。例如速度(速率)是由长度除以时间来定义的,因而速度的单位可表示为长度单位除以时间单位,这就是 $m \cdot s^{-1}$。

如果以 L,M,T 分别表示长度、质量、时间,则力学量的单位可用 L,M,T 的幂次组合来表示。导出量的单位的普遍形式是

$$L^p M^q T^r$$

导出单位的这种表示式,叫做相应的导出量的量纲。导出量的单位名称及符号如表 2 所示。

**表 2**

| 量的名称 | 单位名称 | 单位符号 | 其他表示式例 |
|---|---|---|---|
| 频率 | 赫[兹] | Hz | $s^{-1}$ |
| 力、重力 | 牛[顿] | N | $kg \cdot m \cdot s^{-2}$ |
| 压强 | 帕[斯卡] | Pa | $N \cdot m^{-2}$ |
| 能量、功、热 | 焦[耳] | J | $N \cdot m$ |
| 功率、辐射通量 | 瓦[特] | W | $J \cdot s^{-1}$ |
| 电荷量 | 库[仑] | C | $A \cdot s$ |
| 电位、电压、电动势 | 伏[特] | V | $W \cdot A^{-1}$ |
| 电容 | 法[拉] | F | $C \cdot V^{-1}$ |
| 电阻 | 欧[姆] | Ω | $V \cdot A^{-1}$ |
| 电导 | 西[门子] | S | $A \cdot V^{-1}$ |
| 磁通量 | 韦[伯] | Wb | $V \cdot s$ |
| 磁通量密度、磁感应强度 | 特[斯拉] | T | $Wb \cdot m^{-2}$ |
| 电感 | 亨[利] | H | $Wb \cdot A^{-1}$ |
| 摄氏温度 | 摄氏度 | ℃ | |
| 光通量 | 流[明] | lm | $cd \cdot sr$ |
| 光照度 | 勒[克斯] | lx | $lm \cdot m^{-2}$ |
| 放射性活度 | 贝可[勒尔] | Bq | $s^{-1}$ |
| 吸收剂量 | 戈[瑞] | Gy | $J \cdot kg^{-1}$ |
| 剂量当量 | 希[沃特] | Sv | $J \cdot kg^{-1}$ |

实际的物理量,往往比基本单位或由它们导出的单位大很多或小很多。为了

便于表示实际的物理量，常用规定的单位的倍数或分数作单位。这些单位叫辅助单位。辅助单位的符号，是在规定的单位的符号前，加一个表示倍数或分数的词头组成。例如词头 k 表示 $10^3$，m 表示 $10^{-3}$，则 km 和 mm 的意义分别是

$$1\ \text{km}=10^3\ \text{m},\quad 1\ \text{mm}=10^{-3}\ \text{m}$$

表 3 列出的就是常用的词头。

**表 3　国际单位制所用的词头**

| 因数 | 英文 | 符号 | 中文 | 因数 | 英文 | 符号 | 中文 |
|---|---|---|---|---|---|---|---|
| $10^{-1}$ | deci | d | 分 | 10 | deca | da | 十 |
| $10^{-2}$ | centi | c | 厘 | $10^2$ | hecto | h | 百 |
| $10^{-3}$ | milli | m | 毫 | $10^3$ | kilo | k | 千 |
| $10^{-6}$ | micro | $\mu$ | 微 | $10^6$ | mega | M | 兆 |
| $10^{-9}$ | nano | n | 纳[诺] | $10^9$ | giga | G | 吉[咖] |
| $10^{-12}$ | pico | p | 皮[可] | $10^{12}$ | tera | T | 太[拉] |
| $10^{-15}$ | femto | f | 飞[母托] | $10^{15}$ | peta | P | 拍[它] |
| $10^{-18}$ | atto | a | 阿[托] | $10^{18}$ | exa | E | 艾[可萨] |
| $10^{-21}$ | zepto | z | 塞托 | $10^{21}$ | zetta | Z | 塞它 |
| $10^{-24}$ | yocto | y | 约托 | $10^{24}$ | yotta | Y | 约它 |

# 附录 D　常用的重要物理性质

| | |
|---|---|
| 干燥空气中的声速(20 ℃,1 atm) | $331\ \text{m}\cdot\text{s}^{-1}$ |
| 干燥空气的密度(20 ℃,1 atm) | $1.29\ \text{kg}\cdot\text{m}^{-3}$ |
| 水的密度(20 ℃,1 atm) | $1.00\times10^3\ \text{kg}\cdot\text{m}^{-3}$ |
| 地球的质量 | $5.98\times10^{24}\ \text{kg}$ |
| 地球的平均半径 | $6.367\times10^6\ \text{m}$ |
| 标准重力加速度 $g$ | $9.81\ \text{m}\cdot\text{s}^{-2}$ |
| 标准大气压 | $1.013\times10^5\ \text{Pa}$ |
| 标准状态 $p_0$ | 1 atm |
| 标准状态 $T_0$ | 273.15 K |
| 氢的摩尔质量 $\mu_{H_2}$ | $2.016\times10^{-3}\ \text{kg}\cdot\text{mol}^{-1}$ |
| 氦的摩尔质量 $\mu_{He}$ | $4.003\times10^{-3}\ \text{kg}\cdot\text{mol}^{-1}$ |
| 碳的摩尔质量 $\mu_C$ | $1.201\times10^{-2}\ \text{kg}\cdot\text{mol}^{-1}$ |
| 氮的摩尔质量 $\mu_{N_2}$ | $2.801\times10^{-2}\ \text{kg}\cdot\text{mol}^{-1}$ |
| 氧的摩尔质量 $\mu_{O_2}$ | $3.200\times10^{-2}\ \text{kg}\cdot\text{mol}^{-1}$ |
| 氖的摩尔质量 $\mu_{Ne}$ | $2.018\times10^{-2}\ \text{kg}\cdot\text{mol}^{-1}$ |

# 附录E 常用的重要换算因子

1 rad(弧度)＝57.30°

π rad(弧度)＝180°＝0.5 rev(转)

1 km(千米)＝1 000 m(米)
＝0.621 4 mi(英里)
＝0.540 0 nautical mile(海里)

1 m(米)＝3.281 ft(英尺)＝39.37 in(英寸)

1 Å(埃)＝$10^{-10}$ m(米)

1 L(升)＝$10^{-3}$ $m^3$(立方米)

1 km・$h^{-1}$(千米・小时$^{-1}$)＝0.277 m・$s^{-1}$(米・秒$^{-1}$)

1 m・$s^{-1}$(米・秒$^{-1}$)＝3.6 km・$h^{-1}$(千米・小时$^{-1}$)

1 atm(大气压)＝$1.013\times10^5$ Pa(帕斯卡)
＝760 mmHg(Torr)(乇)

1 cal(卡)＝4.186 J(焦耳)

1 J(焦耳)＝0.239 cal(卡)

1 F(法拉)＝$10^6$ μF(微法拉)
＝$10^{12}$ pF(皮法拉)

1 eV(电子伏特)＝$1.602\times10^{-19}$ J(焦耳)

1 T(特斯拉)＝$10^4$ G(高斯)

# 附录F 希腊字母表

| 希腊字母 | 英文读音 |
|---|---|
| Α α ∝* | alpha[ˈælfə] |
| Β β | beta[ˈbiːtə, ˈbeitə] |
| Γ γ | gamma[ˈgæmə] |
| Δ δ ə* | delta[ˈdeltə] |
| Ε ε | epsilon[ˈepsilən, epˈsailən] |
| Ζ ζ | zeta[ˈziːtə] |
| Η η | eta[ˈiːtə, ˈeitə] |
| Θ θ ϑ* | theta[ˈθiːtə] |
| Ι ι | iota[aiˈoutə] |
| Κ κ | kappa[ˈkæpə] |
| Λ λ | lambda[ˈlæmdə] |
| Μ μ | mu[mjuː] |
| Ν ν | nu[njuː] |
| Ξ ξ | xi[ksai, gzai, zai] |
| Ο ο | omicron[ouˈmaikrən] |
| Π π | pi[pai] |
| Ρ ρ | rho[rou] |
| Σ σ ς** | sigma[ˈsigmə] |
| Τ τ | tau[tau] |
| Υ υ | upsilon[ˈjuːpsilən, juːpˈsailən] |
| Φ ϕ φ* | phi[fai] |
| Χ χ | chi[kai] |
| Ψ ψ | psi[psiː] |
| Ω ω | omega[ˈoumigə, ouˈmiːgə] |

注：* 老体字母，** 字尾字母。

# 附录G　习题答案

## 第1章　流体力学

2. $p(r)=p_0+\rho\omega^2 r/2$

3. $7.3\times10^8$ N

4. $H/2$

5. $v=\sqrt{2gh'}$, $p_A=p_0-\rho gh'$, $p_B=p_0-\rho g(h+h')$, $p_C=p_0$

6. $\sqrt{2ghS_1^2/(S_1^2-S_2^2)}$

7. $\sqrt{2gS_1^2(h_2+\rho_1 h_1/\rho_2)/(S_1^2-S_2^2)}$

8. $2S(p-p_0)$

9. 227 s

10. $v=0.769\ \mathrm{m\cdot s^{-1}}$, $Re=8.5$

11. $1.63\times10^4$ s

12. (2)$R=[2k/(\pi\gamma)]^{1/6}Q^{1/3}$, $P_{\min}=3\pi R^2\gamma/2$

13. $7.9\times10^{-2}\ \mathrm{m\cdot s^{-1}}$

## 第2章　液体的表面性质

1. $7.0\times10^{-2}\ \mathrm{N\cdot m^{-1}}$

3. $\rho=\rho_0\exp(2\alpha\beta/r)$

4. $1.269\times10^4$ Pa

5. $5.19\times10^{-5}$ m

6. $3.09\times10^{-2}$ m

7. $1.8\times10^{-4}$ m

8. $5.96\times10^{-2}$ m

9. 0.02 m

10. 548 N

## 第3章　气体动理论

1. (1)$2.45\times10^{25}\ \mathrm{m^{-3}}$；(2)$1.30\ \mathrm{kg\cdot m^{-3}}$；(3)$5.32\times10^{-26}$ kg；(4)$3.44\times10^{-9}$ m；(5)$6.21\times10^{-21}$ J；(6)$2.51\times10^{-5}$

2. 301 K

3. (1)494 $m \cdot s^{-1}$;(2)$28\times10^{-3}$ $kg \cdot mol^{-1}$,氮气

4. $H_2$：$\bar{v}=2\ 057$ $m \cdot s^{-1}$,$\sqrt{\overline{v^2}}=2\ 233$ $m \cdot s^{-1}$,$v_p=1\ 823$ $m \cdot s^{-1}$;$O_2$：$\bar{v}=514$ $m \cdot s^{-1}$,$\sqrt{\overline{v^2}}=558$ $m \cdot s^{-1}$,$v_p=456$ $m \cdot s^{-1}$

5. 75 K,4 368 K

6. $\sqrt{\dfrac{2m}{\pi kT}}$,$\dfrac{\overline{1/v}}{1/\bar{v}}=\dfrac{4}{\pi}$

7. 0.85

8. $\left(\dfrac{4}{\sqrt{\pi}}\right)^{1/3}\left(\dfrac{2kT}{m}\right)^{1/2}$,$\left(\dfrac{15}{4}\right)^{1/4}\left(\dfrac{2kT}{m}\right)^{1/2}$

9. (1)$a=N/(3v_0)$;(2)$N/3$;(3)$2.5v_0$

10. 453.5 K

11. $kT/2$

12. (1)0;(2)0;(3)$1.61\times10^{29}$ $m^2 \cdot s^{-2}$;(4)$2.87\times10^{26}$ $m \cdot s^{-1}$

14. $\bar{v}=\sqrt{\dfrac{9\pi kT}{8m}}$,$\sqrt{\overline{v^2}}=\sqrt{\dfrac{4kT}{m}}$

15. 1 959 m

16. 2 298 m

17. $1.33\times10^4$ Pa

18. 73.0 J

19. (1)1.45;(2)$3.25\times10^{-7}$ m

20. $3.21\times10^{17}$个$\cdot m^{-3}$;7.78 m;60.2 $s^{-1}$

## 第4章　热力学基础

1. 150 J

3. 80;208

4. 140 J

5. $-A\ln\left(\dfrac{p_2}{p_1}\right)+\dfrac{1}{2}C(p_2^2-p_1^2)+\dfrac{2}{3}D(p_2^2-p_1^2)+\cdots$

6. $-\gamma p/V$

7. (1)0,786 J;$-786$ J;(2)902 J,902 J,0;(3)$-1\ 418$ J,567 J,$-1\ 985$ J

8. (1)$1.14\times10^{-2}$ $m^3$;(2)$1.02\times10^5$ Pa;(3)11.4 J

9. (2)$1.25\times10^4$ J;(3)0;(4)$1.25\times10^4$ J;(5)0.113 $m^3$

10. $9.13\times10^4$ Pa;$1.2\times10^{-2}$ $m^3$;265 K

11. 2.4

12. (1)1.33;(2)2 519 J;(3)831 J

13. (1)$p_0V_0$;(2)$3T_0/2$;(3)$21T_0/4$;(4)$19p_0V_0/2$

14. 13.4%

15. (1)473 K;(2)42.3%

17. (1)$[V/(V+\Delta V)]^N$,$Nk\ln\left(1+\frac{\Delta V}{V}\right)$

19. (1)487.5 K,$1.097\times10^5$ Pa;(2)2.73 $\mathrm{J\cdot K^{-1}}$

20. (1)9 216 J;(2)23.04 $\mathrm{J\cdot K^{-1}}$;(3)0

## 第 5 章　静电场

1. (1)$\frac{1}{2\pi\varepsilon_0}\frac{qQx}{(x^2+l^2/4)^{3/2}}$

2. (1)$\frac{pQ}{2\pi\varepsilon_0 r^3}$,0;(2)$\frac{pQ}{4\pi\varepsilon_0 r^3}$,$\frac{pQ}{4\pi\varepsilon_0 r^2}$

3. $\frac{q}{36\pi\varepsilon_0 R^2}$,0

4. $\pi a^2 E$

5. $4\varepsilon_0$

6. $2.03\times10^7$ V·m

7. $0(r<R_1)$;$\frac{\sigma R_1}{\varepsilon_0 r}(R_1<r<R_2)$;$\frac{\sigma(R_1-R_2)}{\varepsilon_0 r}(r>R_2)$

8. $\rho r/\varepsilon_0(|r|<d/2)$;$\rho d/(2\varepsilon_0)\,|r|>d/2$

9. $\frac{q_0}{4\pi\varepsilon_0 a_0^2}\left(2+\frac{2a_0}{r}+\frac{a_0^2}{r^2}\right)e^{-2r/a_0}$

10. $y=\frac{-eE}{2mv_0^2}x^2$

11. $3.25\times10^7$ $\mathrm{m\cdot s^{-1}}$

12. $3.0\times10^{11}$ J,$7.2\times10^5$ kg

13. (1)$\frac{\sqrt{5}-1}{\sqrt{5}}\frac{q}{4\pi\varepsilon_0 R}$;(2)$\frac{q}{6\pi\varepsilon_0 R}$

14. $2.4\times10^{21}$ $\mathrm{V\cdot m^{-1}}$

15. $4.35\times10^{-18}$ J,27.2 eV

16. $\frac{Q}{2S}$,$\frac{Q}{2S}$,$-\frac{Q}{2S}$,$\frac{Q}{2S}$;$\frac{Q}{2\varepsilon_0 S}$

17. $U=\dfrac{Q}{4\pi\varepsilon_0(R^2+x^2)^{1/2}}$, $E=\dfrac{Qx}{4\pi\varepsilon_0 r(R^2+x^2)^{3/2}}$

18. $-\dfrac{p}{4\pi\varepsilon_0}\dfrac{y^2-2x^2}{(x^2+y^2)^{5/2}}\boldsymbol{i}+\dfrac{p}{4\pi\varepsilon_0}\dfrac{3xy}{(x^2+y^2)^{5/2}}\boldsymbol{j}$

19. $-\boldsymbol{p}\cdot\boldsymbol{E}$

20. $q_1=\dfrac{4\pi\varepsilon_0 R_1R_2}{R_2-R_1}(U_A-U_B)$, $q_2=-\dfrac{4\pi\varepsilon_0 R_1R_2}{R_2-R_1}(U_A-U_B)$, $q_3=4\pi\varepsilon_0 R_3U_B$;

$E=0(r<R_1)$, $E=\dfrac{R_1R_2}{(R_2-R_1)r^2}(U_A-U_B)(R_1<r<R_2)$,

$E=0(R_2<r<R_3)$, $E=\dfrac{R_3}{r^2}U_B(r>R_3)$;

连接导线后，$q_1=q_2=0$, $q_3=4\pi\varepsilon_0 R_3U_B$;

$E=0(r<R_1)$, $E=0(R_1<r<R_2)$, $E=0(R_2<r<R_3)$, $E=\dfrac{R_3}{r^2}U_B(r>R_3)$

21. $D=\begin{cases}0, & r<R\\ \dfrac{q}{4\pi r^2}, & r>R\end{cases}$

$$E=\begin{cases}0, & r<R\\ \dfrac{q}{4\pi\varepsilon_0 r^2}, & R<r<a\\ \dfrac{q}{4\pi\varepsilon_0\varepsilon_r r^2}, & a<r<b\\ \dfrac{q}{4\pi\varepsilon_0 r^2}, & r>b\end{cases}$$

$$U=\begin{cases}\dfrac{q}{4\pi\varepsilon_0}\left[\left(\dfrac{1}{R}-\dfrac{1}{a}\right)+\dfrac{1}{\varepsilon_r}\left(\dfrac{1}{a}-\dfrac{1}{b}\right)+\dfrac{1}{b}\right], & r<R\\ \dfrac{q}{4\pi\varepsilon_0}\left[\left(\dfrac{1}{r}-\dfrac{1}{a}\right)+\dfrac{1}{\varepsilon_r}\left(\dfrac{1}{a}-\dfrac{1}{b}\right)+\dfrac{1}{b}\right], & R<r<a\\ \dfrac{q}{4\pi\varepsilon_0}\left[\dfrac{1}{\varepsilon_r}\left(\dfrac{1}{r}-\dfrac{1}{b}\right)+\dfrac{1}{b}\right], & a<r<b\\ \dfrac{q}{4\pi\varepsilon_0 r}, & r>b\end{cases}$$

22. (1) $C/C_0=2$; (2) $C/C_0=2\varepsilon_r/(1+\varepsilon_r)$

23. $\dfrac{\ln\left(\dfrac{b}{a}\right)}{\ln\left(\dfrac{br_1}{ar_2}\right)+\dfrac{1}{\varepsilon_r}\ln\left(\dfrac{r_2}{r_1}\right)}$

24. $E=\frac{q}{4\pi\varepsilon_0\varepsilon_r r^2}$，$q'=q(1/\varepsilon_r-1)$

25. (1)$\frac{q^2d}{2\varepsilon_0 S}$；(2)$\frac{q^2d}{2\varepsilon_0 S}$

26. (1)$1.1\times10^{-2}$ J·m$^{-3}$，$2.2\times10^{-2}$ J·m$^{-3}$；(2)$1.1\times10^{-7}$ J，$3.3\times10^{-7}$ J；(3)$4.4\times10^{-7}$ J

27. (1)$\frac{q^2}{8\pi^2\varepsilon L^2 r^2}$，$\frac{q^2\mathrm{d}r}{4\pi\varepsilon L r}$；(2)$\frac{q^2}{4\pi\varepsilon L}\ln\left(\frac{b}{a}\right)$，$\frac{2\pi\varepsilon L}{\ln b-\ln a}$

28. $\frac{2\pi(\varepsilon+\varepsilon_0)R_1R_2}{R_2-R_1}$

## 第6章　恒定磁场

1. (1)$\frac{I}{\sigma_1 S}$，$\frac{I}{\sigma_2 S}$；(2)$\frac{Id_1}{\sigma_1 S}$，$\frac{Id_2}{\sigma_2 S}$

2. $\frac{1}{2\pi\sigma L}\ln\left(\frac{b}{a}\right)$

3. (1)0.1 A，200 V；(2)0.05 W

4. 2.00 V，0.02 Ω

6. $1.32\times10^7$ A·m$^{-2}$，$9.74\times10^{-4}$ m·s$^{-1}$

7. 10 V，0 V

8. $I=0.32$ A，$I_1=0.24$ A，$I_2=-0.08$ A

9. 6.4 km

10. 0，$1.0\times10^{-4}$ T

11. 0

12. (1)$8.0\times10^{-5}$ T；(2)$3.24\times10^{-5}$ T

13. 12.5 T

14. (1)$\frac{\sqrt{2}\mu_0 I}{\pi a}$，$\frac{2\mu_0 Ia^2}{\pi(x^2+a^2)\sqrt{x^2+2a^2}}$；(2)$2.82\times10^{-4}$ T，$3.92\times10^{-7}$ T

15. $3.18\times10^{-5}$ T

16. $\frac{\mu_0\sigma\omega}{2}\left(\frac{2x^2+R^2}{\sqrt{x^2+R^2}}-2x\right)$

17. $B=\begin{cases}0, & r<a\\ \frac{r^2-a^2}{b^2-a^2}\frac{\mu_0 I}{2\pi r}, & a<r<b\\ \frac{\mu_0 I}{2\pi r}, & r>b\end{cases}$

18. $IlB\sin\theta$

19. $8.32\times10^{-7}$ N

20. $1.07\times10^{-4}$ N

21. 120 N

22. $7.85\times10^{-2}$ N

23. $7.56\times10^{6}$ m·s$^{-1}$

24. 2.98 mm

25. $3.57\times10^{-10}$ s, $1.31\times10^{-3}$ m, $4.73\times10^{-3}$ m

26. $2.23\times10^{-5}$ V

27. $B=\begin{cases}\dfrac{\mu_1 rI}{2\pi R_1^2}, & r<R_1\\ \dfrac{\mu_2 I}{2\pi r}, & R_1<r<R_2\\ \dfrac{\mu_0 I}{2\pi r}, & r>R_2\end{cases}$

28. (1) $H=300$ A·m$^{-1}$, $M=0$, $B=3.77\times10^{-4}$ T; (2) $H=300$ A·m$^{-1}$, $M=5.97\times10^{4}$ A·m$^{-1}$, $B=7.54\times10^{-2}$ T

29. $H=0$, $\boldsymbol{B}=\mu_0\boldsymbol{M}$

## 第 7 章　电磁感应与麦克斯韦方程组

1. $3.1\times10^{-2}$ V

2. (1) $\dfrac{\mu_0 Li}{2\pi}\ln\left(\dfrac{b}{a}\right)$; (2) $-\dfrac{\mu_0 L}{2\pi}i_0\omega\cos\omega t\ln\left(\dfrac{b}{a}\right)$

3. $\dfrac{\mu_0 Ia^2b\omega}{\pi}\left(\dfrac{1}{a^2+b^2+2ab\cos\omega t}+\dfrac{1}{a^2+b^2-2ab\cos\omega t}\right)\sin\omega t$

4. $-7.0\times10^{-3}$ V

5. $-3.84\times10^{-5}$ V

6. $\pi\cos100\pi t$ V

7. $5.0\times10^{-4}$ V·m$^{-1}$, $1.25\times10^{-3}$ V·m$^{-1}$, $2.5\times10^{-3}$ V·m$^{-1}$, $1.25\times10^{-3}$ V·m$^{-1}$

8. $\dfrac{L}{2}\dfrac{\mathrm{d}B}{\mathrm{d}t}\sqrt{R^2-\dfrac{L^2}{4}}$

9. $\dfrac{\mu_0 l_1}{2\pi}\left[\ln\left(\dfrac{b+l_2}{b}\right)-\ln\left(\dfrac{a+l_2}{a}\right)\right]\dfrac{\mathrm{d}I}{\mathrm{d}t}$

10. $4.74\times10^{-3}$ V

11. 1 209

12. (1)$6.28\times10^{-6}$ H;(2)$3.14\times10^{-4}$ V

13. $M_{12}=M_{21}=\mu_0 N_1 N_2 \pi R_2^2/l$

14. $\dfrac{\mu_0 N_1 N_2 \pi R^2 r^2}{2(R^2+l^2)^{3/2}}$

15. (1)30 A;(2)2.25 J

16. $4.43\times10^{-5}$ J,398 J,$9.0\times10^6$

17. (1)1.4 A;(2)$\dfrac{\mu_0 \varepsilon_0 r}{2}\dfrac{dE}{dt}$,$5.6\times10^{-6}$ T

18. $1.0\times10^6$ V·$s^{-1}$

19. $\omega\rho\varepsilon_0$,$2.7\times10^{-18}$

20. $1.01\times10^3$ V·$m^{-1}$,2.68 A·$m^{-1}$

21. $3.98\times10^{-7}$ W·$m^{-2}$,$1.73\times10^{-2}$ V·$m^{-1}$,$4.6\times10^{-5}$ A·$m^{-1}$

22. 167 W

## 第 8 章　振动和波

1. (1)$8\pi$ rad·$s^{-1}$,0.25 s,0.05 m,$\pi/3$,1.26 m·$s^{-1}$,31.6 m·$s^{-2}$;(2)$25\pi/3$,$49\pi/3$,$241\pi/3$;(3)$(n+1/6)/8$,$n=0,1,2,\cdots$

2. $mAa_{\max}/2$,$\pm\sqrt{2/3}A$

3. 4.40 m·$s^{-1}$,0.70 m

4. $\dfrac{1}{2\pi}\sqrt{\dfrac{k_1 k_2}{(k_1+k_2)m}}$

5. $\dfrac{1}{2\pi}\sqrt{\dfrac{2q}{L}}$

6. (1)0.25 m;(2)0.2 J

7. $0.061\cos(2t+0.082)$m

8. $0.02\cos(2\pi t+\pi x/5+\phi)$m,$0.02\cos(2\pi t+\pi x/5-0.01\pi+\phi)$m

9. $0.04\cos(0.4\pi t-5\pi x-\pi/2)$m

10. (1)$5\cos(20-4y)$cm;(2)$5\cos(3t-11)$cm;(3)0.75 cm·$s^{-1}$;(4)0

11. (1)$x$ 轴正向;(2)$2\times10^{-3}$ m,262 Hz,0.3 m,78.6 m·$s^{-1}$;(3)$7.18\pi$,2.07 m;(4)1.79 m·$s^{-1}$

12. (1)$x_B=\cos200\pi t$,$x_C=\cos(200\pi t+\pi)$;

(2) $x_B(t,y)=\cos 200\pi(t-y/430)$, $x_C(t,y)=\cos\{200\pi[t-(30-y)/430]+\pi\}$

(3) $y=15+2.15k$, $k=0,\pm1,\pm2,\cdots,\pm6$

13. 1.12

14. 77 dB

15. 1.0 $W\cdot m^{-2}$, 114 dB

16. $4.55\times10^{-6}$ J

17. 15.7 $m\cdot s^{-1}$

18. 1.71 Hz

## 第9章 光 波

1. 2.53 mm, $4\times10^3$

2. 1.58

3. 5

4. $\pm1$

5. 同心半圆,明暗相间的条纹

6. 673 nm

7. 反射 420 nm,700 nm;透射 525 nm

8. $1.90\times10^3$ nm

9. 凹,$a\lambda/(2b)$

10. 1.00 m, $6.96\times10^{-7}$ m

11. (1)432.1 nm;(2)16

12. (1)亮点;(2)5.76 cm

13. 510 nm

14. 500 nm

15. $d=7a$

16. (1)0.003 nm;(2)1.02 nm

17. $8.9\times10^3$ m

18. 0.139 m

19. $2.24\times10^{-4}$ rad$\approx1'$, 8.9 m

20. $44.975°$, $45.031°$, $0.056°$, $0.019'$

21. 600～760 nm

22. (1)6 000 nm, 1 500 nm;(2)$0,\pm1,\pm2,\pm3,\pm5,\pm6,\pm7,\pm9$

23. (1)700 nm;(2)3

24. 12.5%

25. $I_3=\frac{I_0}{8}\sin^2 2\alpha$

26. $9I_1/4$

27. $(I_1/2+I_2\cos^2\alpha)\cos^2\theta$

28. 2∶1

29. 10%

30. 1.54

31. 33.7°，是

32. (1)1/3；(2)1 713 nm；(3)60°

33. 右旋圆偏振光

34. 4.15 mm

35. 0.05 $g\cdot cm^{-3}$

36. 4.4 g

## 第 10 章　波粒二象性

1. 1 416 K

2. $2.898\times10^{-3}$ m，$6.83\times10^{-16}$ J

3. $7.1\times10^{-12}$ m

4. 2.5 V，$1.25\times10^4$ V

5. (1)$6.6\times10^{-35}$ m；(2)0.1 nm；(3)$2.86\times10^{-14}$ m；(4)0.07 nm

## 第 11 章　原子的量子理论

1. (1)是；(2)否；(3)否

2. $\int_{a/4}^{a}|\varphi(x)|^2\mathrm{d}x$

3. $a/4$，$3a/4$

4. 658 nm

5. (1)$|Y_{lm}|^2$；(2)$|R_{nl}|^2r^2\mathrm{d}r$

6. (1)$\sqrt{2}\hbar$，$\hbar$；(2)$-3.4$ eV，$\sqrt{2}\hbar$，0

**图书在版编目(CIP)数据**

大学物理简明教程/金仲辉,申兵辉主编. —2 版. —北京:中国农业大学出版社,2007.7(2017.12 重印)

ISBN 978-7-81117-231-7

Ⅰ. 大… Ⅱ. ①金…②申… Ⅲ. 物理课-高等学校-教材 Ⅳ. O4

中国版本图书馆 CIP 数据核字(2007)第 090176 号

**书　　名** 大学物理简明教程

**作　　者** 金仲辉　申兵辉　主编

**策划编辑** 席　清　　**责任编辑** 张苏明

**封面设计** 郑　川　　**责任校对** 王晓凤　陈　莹

**出版发行** 中国农业大学出版社

**社　　址** 北京市海淀区圆明园西路 2 号　　**邮政编码** 100193

**电　　话** 发行部 010-62818525,8625　　读者服务部 010-62732336

编辑部 010-62732617,2618　　出　版　部 010-62733440

**网　　址** http://www.cau.edu.cn/caup　　**e-mail** cbsszs@cau.edu.cn

**经　　销** 新华书店

**印　　刷** 涿州市星河印刷有限公司

**版　　次** 2007 年 7 月第 1 版　　2017 年 12 月第 6 次印刷

**规　　格** 787×980　16 开本　21.75 印张　401 千字

**定　　价** 30.00 元